·中国现代养殖技术与经营丛书·

专家与成功养殖者共谈——

现代高效大宗淡水鱼养殖实战方案

ZHUANJIA YU CHENGGONG YANGZHIZHE GONGTAN
XIANDAI GAOXIAO DAZONG DANSHUIYU YANGZHI SHIZHAN FANGAN

丛书组编 中国畜牧业协会　　本书主编 戈贤平

金盾出版社

内 容 提 要

本书为《中国现代养殖技术与经营丛书》中的一册。由国家大宗淡水鱼产业技术研发中心专家编著。内容包括：大宗淡水鱼产业发展现状与趋势，水产养殖场建设规划与运营，渔场布局和鱼池设计，大宗淡水鱼的品种介绍与繁殖技术，大宗淡水鱼的营养需要与饲料，大宗淡水鱼养殖模式与饲养管理，渔场的安全生产与疫病防控，养殖用水处理与环境保护，养殖场养殖档案与数据分析等九个方面。本书全面系统地介绍了近年来大宗淡水鱼养殖的新技术、新成果和新经验，集科学性、权威性、创新性、实用性和针对性于一体，内容新颖，语言通俗，既可以供大宗淡水鱼养殖者决策参考，也适合大型水产养殖场各级管理者和技术人员阅读，还可以供水产院校师生和科研单位研究人员了解现代养殖生产观念、技术和方法时使用。

图书在版编目(CIP)数据

专家与成功养殖者共谈——现代高效大宗淡水鱼养殖实战方案/戈贤平主编．—北京：金盾出版社，2015.12
(中国现代养殖技术与经营丛书)
ISBN 978-7-5186-0488-3

Ⅰ.①专… Ⅱ.①戈… Ⅲ.①淡水鱼—鱼类养殖 Ⅳ.①S965.1

中国版本图书馆 CIP 数据核字(2015)第 193874 号

金盾出版社出版、总发行
北京太平路 5 号(地铁万寿路站往南)
邮政编码：100036 电话：68214039 83219215
传真：68276683 网址：www.jdcbs.cn
中画美凯印刷有限公司印刷、装订
各地新华书店经销
开本：787×1092 1/16 印张：21.75 彩页：16 字数：350 千字
2015 年 12 月第 1 版第 1 次印刷
印数：1～1 500 册 定价：130.00 元

从书组编简介

中国畜牧业协会（China Animal Agriculture Association, CAAA）是由从事畜牧业及相关行业的企业、事业单位和个人组成的全国性行业联合组织，是具有独立法人资格的非营利性的国家5A级社会组织。业务主管为农业部，登记管理为民政部。下设猪、禽、牛、羊、兔、鹿、骆驼、草、驴、工程、犬等专业分会，内设综合部、会员部、财务部、国际部、培训部、宣传部、会展部、信息部。协会以整合行业资源、规范行业行为、维护行业利益、开展行业互动、交流行业信息、推动行业发展为宗旨，秉承服务会员、服务行业、服务政府、服务社会的核心理念。主要业务范围包括行业管理、国际合作、展览展示、业务培训、产品推荐、质量认证、信息交流、咨询服务等，在行业中发挥服务、协调、咨询等作用，协助政府进行行业管理，维护会员和行业的合法权益，推动我国畜牧业健康发展。

中国畜牧业协会自2001年12月9日成立以来，在农业部、民政部及相关部门的领导和广大会员的积极参与下，始终围绕行业热点、难点、焦点问题和国家畜牧业中心工作，创新服务模式、强化服务手段、扩大服务范围、增加服务内容、提升服务质量，以会员为依托，以市场为导向，以信息化服务、搭建行业交流合作平台等为手段，想会员之所想，急行业之所急，努力反映行业诉求、维护行业利益，开展卓有成效的工作，有效地推动了我国畜牧业健康可持续发展。先后多次被评为国家先进民间组织和社会组织，2009年6月被民政部评估为“全国5A级社会组织”，2010年2月被民政部评为“社会组织深入学习实践科学发展观活动先进单位”。

出席第十三届（2015）中国畜牧业博览会领导同志在中国畜牧业协会展台留影

左四为于康震（农业部副部长），左三为王智才（农业部总畜牧师），右五为刘强（重庆市人民政府副市长），左一为王宗礼（中国动物卫生与流行病学中心党组书记 、副主任），右四为李希荣（全国畜牧总站站长、中国畜牧业协会常务副会长），右三为何新天（全国畜牧总站党委书记、中国畜牧业协会副会长兼秘书长），右一为殷成文（中国畜牧业协会常务副秘书长），右二为宫桂芬（中国畜牧业协会副秘书长），左二为于洁（中国畜牧业协会秘书长助理）

领导进入展馆参观第十三届（2015）中国畜牧业博览会

中为 于康震（农业部副部长）
右为 刘　强（重庆市人民政府副市长）
左为 于　洁（中国畜牧业协会秘书长助理）

本书主编简介

戈贤平博士，中国水产科学研究院淡水渔业研究中心党委书记、副主任，研究员，南京农业大学博士生导师，中国水产科学研究院首席科学家。

在专业领域，主要从事大宗淡水鱼健康养殖研究工作。在“十一五”和“十二五”期间，任农业部、财政部下达的国家大宗淡水鱼产业技术体系首席科学家，主要研究解决大宗淡水鱼优质高产、模式升级、提高养殖效率、延长产业链等技术问题。自2008年国家大宗淡水鱼产业技术体系成立以来，已获国家二等奖3项、省部级一等奖6项，并入选农业部主导品种4种、主推技术5项。兼任中国水产学会常务理事，江苏省水产学会副理事长，中国水产学会《科学养鱼》杂志社社长、主编。

在学术领域，主要研究方向是水产动物营养与饲料学，重点研究团头鲂营养需求，以及营养与免疫、营养与环境的关系。主持国家自然科学基金面上项目、江苏省自然科学基金等科研项目10多项；以第一作者和通讯作者发表学报级论文80多篇，其中SCI论文20多篇；获授权专利20多项；主编出版著作10余部。近年来多次获得国家和省部级奖励，其中国家科技进步奖二等奖1项，中华农业科技奖一等奖2项，全国农牧渔业丰收奖一等奖1项、二等奖1项，江苏省科技进步一等奖1项、二等奖2项，中国水产学会范蠡科学技术一等奖1项，中国水产科学研究院科技进步一等奖2项、二等奖2项，无锡市腾飞奖1项，无锡市科技进步一等奖2项、二等奖1项等。

《中国现代养殖技术与经营丛书》编委会

本书编委会

主 编

戈贤平

编 委（以拼音排列为序）

陈 洁　农业部农村经济研究中心研究员
　　　　国家大宗淡水鱼产业技术体系产业经济功能研究室主任、岗位专家

刘 波　中国水产科学研究院淡水渔业研究中心副研究员
　　　　国家大宗淡水鱼产业技术体系华东区养殖岗位团队成员

李 谷　中国水产科学研究院长江水产研究所研究员
　　　　国家大宗淡水鱼产业技术体系池塘养殖与生态岗位专家

刘兴国　中国水产科学研究院渔业机械仪器研究所研究员
　　　　国家大宗淡水鱼产业技术体系设施与工程岗位团队成员

缪凌鸿　中国水产科学研究院淡水渔业研究中心助理研究员
　　　　国家大宗淡水鱼产业技术体系首席办公室副主任

谢 骏　中国水产科学研究院珠江水产研究所研究员
　　　　国家大宗淡水鱼产业技术体系华南区养殖岗位专家

曾令兵　中国水产科学研究院长江水产研究所研究员
　　　　国家大宗淡水鱼产业技术体系病毒病防控岗位专家

赵永锋　中国水产科学研究院淡水渔业研究中心助理研究员
　　　　国家大宗淡水鱼产业技术体系首席办公室副主任

建 鲤

福 瑞 鲤

津 新 鲤

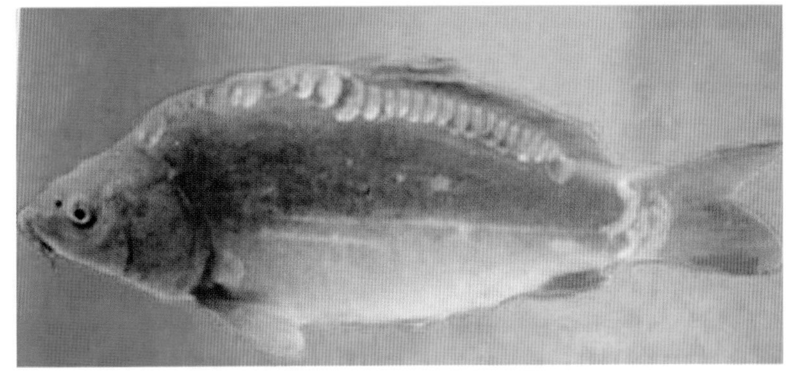
德国镜鲤

豫选黄河鲤

乌克兰鳞鲤

松 荷 鲤

松浦镜鲤

松浦红镜鲤

异育银鲫

异育银鲫
“中科3号”

彭 泽 鲫

湘 云 鲫

芙蓉鲤鲫

团头鲂“浦江1号”

长 丰 鲢

易捕鲤

鲫鱼造血器官坏死症

孵化环道

投饵机

孵化缸

人工催产

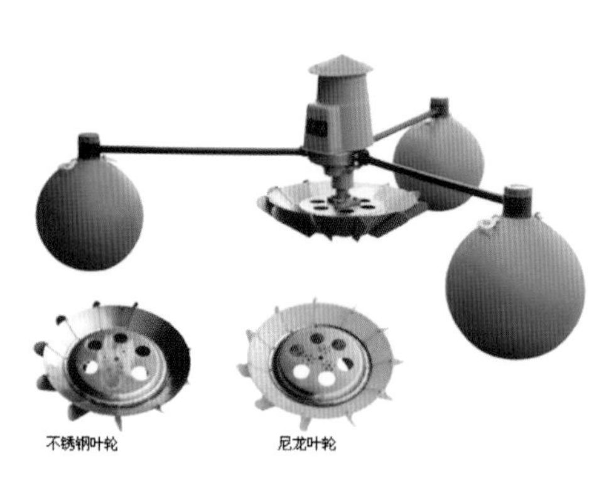

叶轮式增氧机

水车式增氧机

水质检测取样柜

水质在线检测

鱼苗拉网锻炼

鱼苗质量鉴定

鱼苗装袋

鱼苗袋充氧

集聚式内循环流水养鱼池

集聚式内循环流水高密度养鱼池

生态护坡

水泥预制板护坡

人工湿地

综合生态池塘

水产养殖场鱼池

丛书序言

改革开放以来，中国养殖业从传统的家庭副业逐步发展成为我国农业经济的支柱产业，为保障城乡居民菜篮子供应，为农村稳定、农业发展、农民增收发挥了重要作用。当前，我国养殖业已经进入重要的战略机遇期和关键转型期，面临着转变生产方式、保证质量安全、缓解资源约束和保护生态环境等诸多挑战。如何站在新的起点上引领养殖业新常态、谋求新的发展，既是全行业迫切需要解决的重大理论问题，也是贯彻落实党和国家关于强农惠农富农政策，推动农业农村经济持续发展必须认真解决的重大现实问题。

这套由中国畜牧业协会和国家现代农业产业技术体系相关研究中心联合组织编写的《中国现代养殖技术与经营丛书》，正是适应当前我国养殖业发展的新形势新任务新要求而编写的。丛书以提高生产经营效益为宗旨，以转变生产方式为切入点，以科技创新为主线，以科学实用为目标，以实战方案为体例，采取专家与成功养殖者共谈的形式，按照各专业生产流程，把国家现代农业产业技术体系研究的新成果、新技术、新标准和总结的新经验融汇到各个生产环节，并穿插大量图表和典型案例，回答了当前养殖生产中遇到的许多热点、难点问题，是一套理论与实践紧密结合，经营与技术相融合，内容全面系统，图文并茂，通俗易懂，实用性很强的好书。知识是通向成功的阶梯，相信这套丛书的出版，必将有助于广大养殖工作者（包括各级政府主管部门、相关企业的领导、管理人员、养殖专业户及相关院校的师生），更加深刻地认识和把握当代养殖业的发展趋势，更加有效地掌握和运用现代养殖模式和技术，从而获得更大的效益，推进我国养殖业持续健康地向前发展。

中国畜牧业协会作为联系广大养殖工作者的桥梁和纽带，与相关专家学者和基层工作者有着广泛的接触和联系，拥有得天独厚的资源优势；国家现代农业产业技术体系的相关研究中心，承担着养殖产业技术体系的研究、集成与示范职能，不仅拥有强大的研究力量，而且握有许多最新的研究成果；金盾出版社在出版“三农”图书方面享有响亮的品牌。由他们联合编写出版这套丛书，其权威性、创新性、前瞻性和指导性，不言而喻。同时，希望这套丛书的出版，能够吸引更多的专家学者，对中国养殖业的发展给予更多的关注和研究，为我国养殖业的发展提出更多的意见和建议，并做出自己新的贡献。

农业部总畜牧师 王智才

本书前言

大宗淡水鱼主要包括青鱼、草鱼、鲢、鳙、鲤、鲫、鲂 7 个品种，这 7 大品种是我国主要的水产养殖品种，其养殖产量占淡水养殖产量的比重较大。据统计，2014 年全国大宗淡水鱼养殖产量为 2 008 万吨，占全国淡水养殖产量 2 935万吨的 68%。其中，草鱼、鲢、鳙、鲤、鲫的产量均在 270 万吨以上，分别居我国鱼类养殖品种的前五位。大宗淡水鱼养殖业对社会的贡献巨大，产业地位十分重要：一是大宗淡水鱼对保障粮食安全、满足城乡居民消费发挥着非常重要的作用。在我国主要动物源农产品肉、鱼、蛋、奶中水产品占到 31%，而大宗淡水鱼产量占我国鱼产量的 50%，在市场水产品有效供给中起到了关键作用。二是大宗淡水鱼满足了国民摄取水产动物蛋白的需要，提高了国民的营养水平。大宗淡水鱼几乎 100%满足国内的居民消费（包括港、澳、台地区），是我国人民食物构成中主要蛋白质来源之一，在居民的食物构成中占有重要地位。三是大宗淡水鱼养殖业已从过去的农村副业转变成为农村经济的主要产业和农民增收的重要增长点，对调整农村产业结构、扩大就业、增加农民收入、带动相关产业发展等方面发挥了重要作用。此外，大宗淡水鱼养殖业在提供丰富食物蛋白的同时，也在改善水域生态环境方面发挥了不可替代的作用。

当前，我国正处在由传统水产养殖业向现代水产养殖业转变的重要发展机遇期。一是发展现代水产养殖业的条件更加有利；二是发展现代水产养殖业的要求更加迫切；三是发展现代水产养殖业的基础更加坚实；四是发展现代水产养殖业的新机遇逐步显现。

但是，我国水产养殖业发展仍面临着各种挑战。一是资源短缺问题。如随着工业发展和城市的扩张，很多地方的可养或已养水面被不断蚕食和占用，北方地区存在水资源短缺问题，南方一些地区存在水质型缺水问题，使水产养殖规模稳定与发展受到限制。二是环境保护问题。一方面周边的陆源污染、船舶污染等对养殖水域的污染越来越严重，水产养殖成为环境污染的直接受害者。

另一方面，养殖自身污染问题在一些地区也比较严重。三是病害和质量安全问题。由于养殖环境恶化和管理方式落后，病害问题成为制约养殖业可持续发展的主要瓶颈。四是投入与基础设施问题。由于财政支持力度较小，长期以来投入不足，养殖业面临基础设施老化失修，养殖系统生态调控、良种繁育、疫病防控、饲料营养、技术推广服务等体系不配套、不完善，影响到水产养殖综合生产能力的增强和养殖效益的提高。五是生产方式问题。我国的水产养殖大部分仍采取“一家一户”的传统生产经营方式，存在着过多依赖资源的短期行为，同时，由于养殖从业人员的素质普遍较低，也影响了先进技术的推广应用，养殖生产基本上还是沿袭传统经验进行。

因此，当前必须推进现代水产养殖业建设，坚持生态优先的发展方针，大力加强水产养殖业基础设施建设和技术装备升级改造，健全现代水产养殖业产业体系和经营机制，提高水域产出率、资源利用率和劳动生产率，增强水产养殖业综合生产能力、抗风险能力、国际竞争能力、可持续发展能力，形成生态良好、生产发展、装备先进、产品优质、渔民增收、平安和谐的现代水产养殖业发展新格局。为此，我们组织有关专家编写了《现代高效大宗淡水鱼养殖实战方案》一书。本书以国家大宗淡水鱼产业技术体系为依托，全面系统地反映大宗淡水鱼产业的科技进展和关键技术、实用技术，供广大水产养殖人员、技术推广人员和相关管理人员参考。

在本书的编写过程中，多位专家参与了编写工作，其中第一章由戈贤平、缪凌鸿、陈洁联合编写，第二章由陈洁编写，第三章由刘兴国编写，第四章由戈贤平、赵永锋编写，第五章由刘波编写，第六章由谢骏编写，第七章由戈贤平、赵永锋、曾令兵联合编写，第八章由李谷编写，第九章由陈洁编写。此外，国家大宗淡水鱼产业技术体系各综合试验站站长提供了大量基础资料，在此一并致谢。

由于时间匆忙，加上水平有限，书中会有错误或不当之处，敬请广大读者批评指正。

戈贤平

2015 年 11 月 16 日

目　录

第一章

大宗淡水鱼产业发展现状及趋势

阅读提示：

本章介绍了我国大宗淡水鱼产业发展现状、存在问题和取得的成就。简要概述了我国渔业渔政管理机构的历史沿革与目前渔业主管部门的主要职责，重点介绍了国家对大宗淡水鱼产业扶持的相关政策，世界大宗淡水鱼主要出口国家和地区，我国大宗淡水鱼产业流通、消费的特点以及近几年来价格走势及其影响因素。通过阅读本章，旨在让有志于从事大宗淡水鱼养殖的生产者对产业的政府决策管理机构及其职能有所了解，清楚如何合规办理水产养殖场的手续和获取相关证件，以及国家对从事大宗淡水鱼养殖的扶持政策，促进科学发展大宗淡水鱼养殖，增强养殖者对产业发展的信心。

第一节 大宗淡水鱼产业发展概况

一、大宗淡水鱼产业发展情况

我国是世界第一渔业大国。目前，我国渔业已经发展成为一个由养殖、捕捞、加工、流通以及科研、教育相互配套的产业体系。2013 年全国水产品总产量 6 172 万吨，其中水产养殖产量 4 542 万吨，占全国水产品总量的 73.59%。淡水养殖鱼类中，大宗淡水鱼类仍然是养殖的主要品种，占淡水养殖产量的 67.13%（图 1-1）。淡水养殖鱼类中，草鱼、鲢鱼、鲤鱼、鳙鱼、鲫鱼的产量均在 240 万吨以上。其中，草鱼的产量最大，为 507 万吨，鲢鱼其次，为 381.5 万吨，鲤鱼与鳙鱼产量分别为 302.2 万吨和 301.5 万吨，鲫鱼产量为 259.4 万吨，鳊鲂和青鱼产量分别为 73.1 万吨和 52.5 万吨（图 1-2）。大宗淡水鱼类的主产省区分别为湖北、江苏、湖南、广东、江西、安徽、山东、四川、广西、辽宁

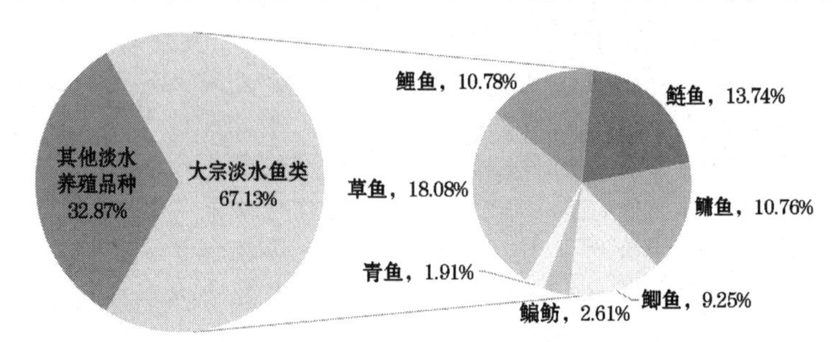

图 1-1 2013 年大宗淡水鱼与淡水养殖产品的产量比较

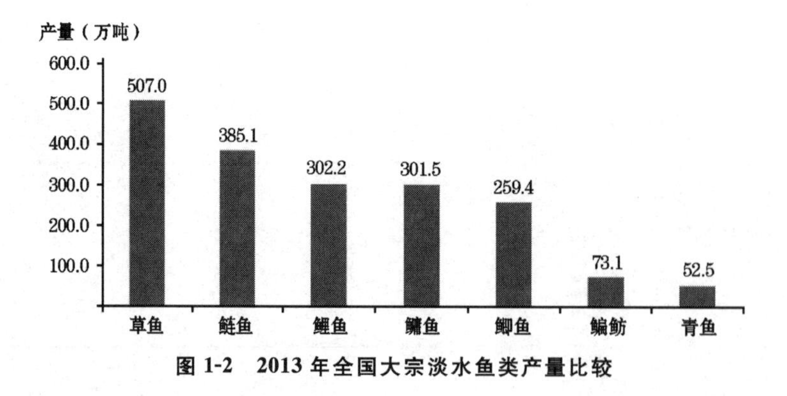

图 1-2 2013 年全国大宗淡水鱼类产量比较

等省、自治区（图 1-3）。

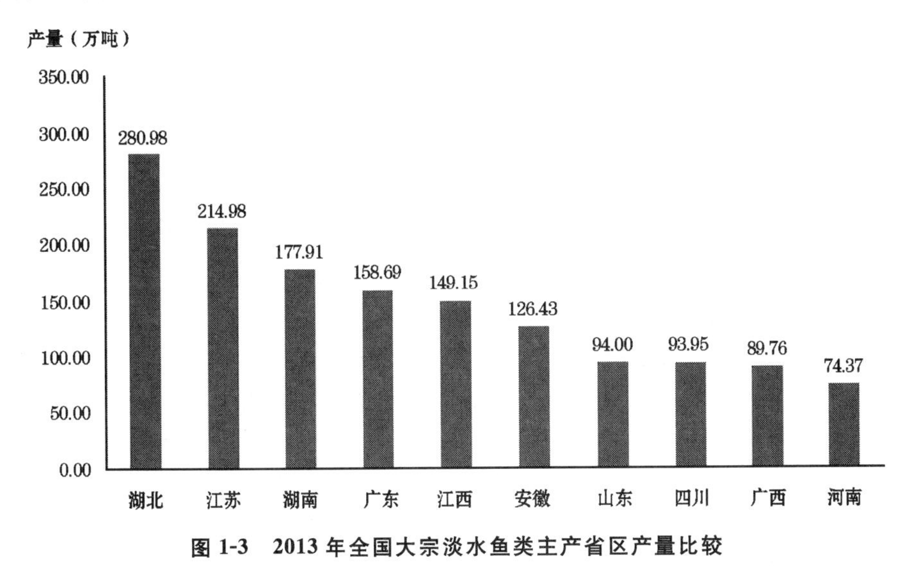

图 1-3　2013 年全国大宗淡水鱼类主产省区产量比较

近年来随着池塘养殖条件的不断改善和健康养殖的推广，加上国内市场需求较大，市场容量和消费群体稳定，大宗淡水鱼价格一直呈平稳略升的态势。我国大宗淡水鱼主要以满足国内需求为主，出口量较小，海关统计中只有鲤鱼出口的相关数据。我国活鲤鱼出口量由 1992 年的 125 吨增长至 2011 年的 2 304.90吨，增长 17 倍；出口额由 18.6 万美元增长至 541.3 万美元，增长 28 倍，年均增长率分别达到 16.58%和 19.4%。

从出口市场分布来看，我国香港、澳门特别行政区以及韩国是我国鲤科鱼类的前三大出口市场。从出口来源省份看，广东省由于输港条件便利，鲤科鱼类出口量、出口额分别达到 3.89 万吨和 1.22 亿美元，占鲤科鱼类出口总量和出口总额的 91.6%和 91.93%。出口量在 800 吨以上的省份还有湖南、辽宁和山东。

二、大宗淡水鱼产业存在的问题

我国大宗淡水鱼产业已经进入增长方式转型的关键时期，其高效健康发展有赖于科技创新的有力支持。目前，在大宗淡水鱼产业发展方面的关键环节还存在一些重要的技术瓶颈问题。解决了这些问题，会使我国大宗淡水鱼类发展步入一个新的阶段。

（一）高效、定向、多性状的现代良种选育技术体系尚未形成

我国大宗淡水鱼类产业可持续发展的基础是水产种业，而种业的核心是良种化水平，制约良种化水平的关键性技术瓶颈问题是高效、定向、多性状的现代良种选育技术体系的建立，制约因素主要有以下 4 个方面：一是种质混杂现象严重。苗种场保种意识淡薄，亲本来源不清，近亲繁殖严重，导致生产的苗种质量差。二是良种少。到目前为止“四大家鱼”中青鱼、草鱼、鳙鱼还没有人工选育的良种，全部为野生种的直接利用。鲤鱼、鲫鱼、团头鲂虽有良种，但良种筛选复杂，更新慢，特别是高产抗病的新品种极少。三是保种和选种技术缺乏。当前不少育苗场因缺乏应有的技术手段和方法，在亲鱼保种与选择方面仅靠经验来选择，使得繁育出的鱼苗成活率低，生长慢，抗逆性差，体型与体色产生变异等。四是育种周期长、难度大。由于“四大家鱼”的性成熟时间长，而按常规选择育种，需要经过 5～6 代的选育，所以培育一个新品种需 20 年以上；同时，由于这些种类的个体大，易死亡，保种难度很大，没有稳定的科研力量与经费支持很难完成这种持续性的研究。

（二）养殖设施工程化水平落后，不符合现代水产养殖生态、精准、高效的发展要求

池塘养殖、大水面“三网”养殖、大水面增殖放养是我国大宗淡水鱼的主要生产方式。池塘养殖的集约化、工程化水平相对较高，产出效率远高于其他生产方式。而以“鱼池＋进排水沟渠”为主要基础设施，以增氧机、投饵机、水泵为基本设备配置，以养殖场及生产管理系统为主要组织形式，对应现代渔业的发展条件与现代社会的发展要求，生产方式明显粗放，品质安全与生产效率问题突出。

养殖环境生态化调控手段主要依靠换水、机械增氧和生态制剂，难以抵御环境水域污染、气候条件变化、池塘老化淤积的侵袭，病害严重，药物残留难以控制，造成品质安全危机。养殖过程依赖传承的经验，在水质状况、饲喂、摄食、品质管理等环节精准化程度极低，养殖环境的应激状态、波动过程和无效干预难以控制，产品品质管控乏力。养殖生产资源效率需要提高，单位土地的产出率、水资源的利用率以及养殖尾水富营养物质无节制地排放，不符合现代社会可持续发展的要求，与工业社会水产养殖模式存在着很大差距；养殖生产机械化、自动化程度需要提高，从业人员老龄化、劳动力成本日益增高的危机极其突出。

（三）病害防控技术体系面临巨大挑战，疫苗、高效绿色渔药等不能满足实践需要

我国大宗淡水鱼产量及产值近年来一直处于高位平稳运行的状态，现有病害防控技术体系为保障其稳定供应起到了重要的支撑作用。然而大宗淡水鱼产业的可持续发展对我国渔业病害防控技术提出了更高的要求，从而为进一步提高产量和水产品质量提供保障。从更高的高度和长远的角度看，现有渔业病害防控技术体系中存在的重大关键性技术瓶颈问题，主要表现在新生疫病防控缺乏前期工作基础、疫苗的基础研究和应用技术不能满足生产实践需要、水产专用高效绿色渔药研制缺乏发展空间、水产品的质量安全隐患缺乏技术手段完全消除等。

（四）营养学基础研究滞后，低成本、高效和替代性强的饲料研发不足

水产饲料业是确保水产养殖业持续较快发展的重要支撑性产业。2011 年，我国水产饲料产量为 1 540 万吨，占商品饲料总量的 9%，为猪饲料的 25%，同比上年增长 3%。但与水产养殖业的需求增长相比，水产饲料业发展目前面临着原料紧张、原料价格高涨的问题，一些成本低廉且低质的原料进入饲料原料中，直接威胁渔用配合饲料的营养和质量。因此，降低饲料成本和确保饲料质量不仅是水产饲料企业和养殖户的客观要求，也是水产科技需要研究的一个重要课题。

（五）能实现增值、资源综合利用的加工技术仍显薄弱

近年来，我国在冰温和微冻保鲜、速冻加工、鱼糜生物加工、低温快速腌制、糟醉、低强度杀菌和鱼肉蛋白的生物利用等方面取得了系列进展，研发了一批新产品，建立了一批科技创新基地和产业化示范生产线，储备了一批具有前瞻性和产业需求的关键技术，淡水鱼加工关键技术和装备水平取得了明显提升。但总体来看，大宗淡水鱼类加工业发展滞后，淡水鱼加工水平弱，加工企业普遍规模小，新产品研发能力不足，技术与装备现代化程度不高，淡水鱼加工副产品利用率不高，淡水鱼产品附加值低，不能满足多样化的需求。

此外，大宗淡水鱼产业发展还存在养殖户组织化水平低、政策支持不足的问题。政策支持上，政府对于农业的扶持政策还未完全惠及水产养殖业，信贷服务、补贴保险、养殖确权、基础设施等方面要加大政策支持力度。

三、大宗淡水鱼产业技术体系取得的成就

（一）构建了大宗淡水鱼良种繁育推广技术体系，提高了良种覆盖率，产生了显著的经济效益和社会效益

国家大宗淡水鱼产业技术体系，设计完成的《大宗淡水鱼类种质鉴定管理系统软件》已经获得软件著作权。利用候选基因法，已鉴定出 6 个基因序列 SNPs 位点以及 6 个微卫星位点与草鱼生长性状显著相关。构建草鱼、鲢鱼第一代遗传连锁基因图谱，获得与鲢鱼低氧胁迫相关基因 31 个。调取鲤鱼免疫相关基因 703 个。获得了 1 个与福瑞鲤体重、体长都显著相关的 TRAP 标记。筛选到 4 个微卫星位点与团头鲂体重、体长、体高相关，获得了 3 种性状优势或劣势基因型或等位基因，获得 2 个与生长性状关联的候选 SNPs 位点，获得了 3 个与抗病性状相关联的候选 SNPs 位点。建立了以转铁蛋白电泳区分银鲫克隆的技术体系，异育银鲫“中科 3 号”与其他银鲫品系具有不同的转铁蛋白电泳表型，以此区分亲本；开发了与银鲫抗病相关的转铁蛋白和 MHC 分子标记。

建立分子标记结合形态差异的新品种亲本鉴定技术和保种技术体系，保证亲本优良性状稳定遗传，确保繁殖的良种子代质量。构建了完善配套的新品种苗种大规模人工扩繁技术体系，使育苗“三率”（催产率、孵化率和出苗率）平均达到 80%以上；研究建立了成熟良种苗种规模化培育技术体系，规模化苗种培育成活率平均达到 60%以上，形成了与品种配套的健康养殖模式 12 个，以上技术均在产业上得到广泛应用。3 年多来累计繁育新品种良种鱼苗 350 亿尾以上，在全国 28 个省、自治区、直辖市进行推广养殖，推广养殖面积达 25.33 万公顷以上，平均每 667 米^2 产量增加达 20%以上，累计新增产量 30 万吨以上，新增产值达 30 多亿元，产生了显著的经济效益和社会效益，提高了大宗淡水鱼类的良种覆盖率，为大宗淡水鱼类产业结构调整、渔民增收做出了积极的贡献。

（二）突破了大宗淡水鱼主要病害防控技术瓶颈，保障了大宗淡水鱼养殖业稳定发展

国家大宗淡水鱼产业技术体系制定了大宗淡水鱼 20 多种重要疾病的诊断技术，研制了相关的诊断试剂盒，保证了疾病的准确、快速诊断。建立了草鱼呼肠孤病毒的三重 RT-PCR 检测方法、RT-LAMP 检测方法、3 种类型毒株的荧光定量检测方法；研制了鲤春病毒血症病毒、锦鲤疱疹病毒（CyHV-3）、鲤疱疹病毒 2 型（CyHV-2）的分子诊断技术与诊断试剂盒；建立了致病性嗜水气单

胞菌 Dot-ELISA 检测、气单胞菌属特异性 PCR 检测、柱状黄杆菌 LAMP 检测方法，研制了嗜水气单胞菌胶体金快速检测试纸；制定了 19 种重要寄生虫病（如黏孢子虫病、小瓜虫病、指环虫病等）的诊断技术规范；建立了水霉病的 LAMP 诊断技术，并研发了快速检测试剂盒。

研制了大宗淡水鱼重大疾病的防控技术和产品，对疾病的控制起到重要作用。研制出“草鱼出血病活疫苗”和“嗜水气单胞菌败血症灭活疫苗”，并获得国家的生产批号。在全国范围内开展了草鱼出血病及细菌性败血症的流行病学调查，弄清了草鱼呼肠孤病毒和嗜水气单胞菌的流行株（型）分布情况，对于不同株型的疫苗研制和使用起到重要的指导作用。草鱼出血病活疫苗、淡水鱼嗜水气单胞菌灭活疫苗，以及草鱼细菌病三联灭活疫苗在全国各综合试验站进行了示范和应用，免疫鱼的平均成活率达 85.95%，提高成活率达 24.95%，显著降低了大宗淡水鱼类出血性疾病的发病率，免疫防病效果明显。另外，研制的水霉病防治药物，较好地替代了禁用药物孔雀石绿；对我国单殖吸虫病的主要国标杀虫药物进行了评价，提出了合理的用药方案，并筛选出 1 种防治效果较好的环保型药物；研制了几种改善养殖水环境的微生物制剂。

通过对我国大宗淡水鱼类病害的调查，确定了主要疾病种类和病原，建立了相关疾病的诊断技术和重要疾病的防控技术，并将以上技术进行集成，在全国的各综合试验站进行了广泛的应用和示范，示范面积达 3.33 万公顷以上，辐射面积近 33.33 万公顷，减少经济损失约 5 亿元，为保证我国淡水鱼类养殖业的可持续发展、保障水产品质量安全发挥了重要作用。

（三）开发池塘养殖环境调控技术，创制数字化信息设备，建立区域化科学健康养殖技术体系

国家大宗淡水鱼产业技术体系围绕大宗淡水鱼养殖生产方式，开展养殖池塘菌相、藻相与水质理化指标形成及影响机制研究，着重把握溶解氧、光照、水温、pH 值、碳、氮、磷等关键影响因子，并以工程化手段强化池塘初级生产力、有益微生物群落，形成了异位、原位池塘生态调控技术及工程化设施模式，可有效控制水质、减少排放；提升初级生产力，减少磷肥投入，缓解池底淤积；改善水质，降低饲料系数。随着过程参数的构建与不断完善，这些技术的实用性不断提高，已成为全国性池塘改造和健康养殖小区构建的核心技术，一些技术方法如植物浮床设施等，已为广大养殖户所普遍使用。

重点围绕精准投喂、高效调控和机械化生产、信息化管理，开展新装备、软件研发和系统构建，以应用远程通信与多点控制技术、多管分配与气力输送技术为核心，结合投喂策略，研发了具有智能增氧、精准投喂、预测预警、远

程管理等功能的池塘养殖监控与信息管理系统，实现了精准养殖，并以此形成水产养殖物联网技术基础，初步形成养殖生产机械化与信息化技术体系。

以大宗淡水鱼健康养殖模式构建为目标，集成养殖环境调控与高效生产关键核心技术，结合品种、投喂、病害等相关技术，重点构建了9个核心示范点，直接推广面积达4 866.7公顷，辐射面积6.73公顷，指导规范化养殖产业基地建设0.87万公顷。随着技术集成度的不断提高，核心示范区健康养殖成效开始显现。

（四）开展高效安全饲料配方研究，建立精确投喂模型

国家大宗淡水鱼产业技术体系对大宗淡水鱼类的肉质品质、营养需求、饲料原料利用和投喂技术等方面开展了一系列研究。建立了大宗淡水鱼品质评价技术，包括形态学指标、物理学指标、常规生化指标、肌肉组织结构、风味物质、异味物质、氨基酸组成的测定及感官评价等。研究获得不同生长阶段大宗淡水鱼对蛋白质水平、脂肪水平、糖类、蛋能比、维生素、氨基酸和矿物元素等50个营养素的需求。通过对大宗淡水鱼最佳投喂节律、投喂频率的研究，建立了基于能量学模型的投喂模型，结合水温的变化和鱼类的生长，进行动态的投喂量估算，通过合理的投喂，可以做到生产1吨异育银鲫减少0.86吨饲料投入、降低31千克氨氮排放。在江浙地区建立青鱼池塘环境友好型养殖模式示范点15.33公顷，辐射和推广400公顷，累计实现养殖产值2亿元，总利润约2 400万元，经济效益和社会效益显著。同时，配套的优质、高效青鱼膨化颗粒饲料已商业化生产，实现总产值约1.2亿元，毛利润约1 150万元。

（五）开发淡水鱼类加工系列产品，发酵鱼糜加工技术获得突破

国家大宗淡水鱼产业技术体系结合现代食品与生物发酵技术，对发酵鱼糜的优良微生物菌种、发酵工艺参数优化、产品品质特性等方面进行了大量的研究，开发了一种具有良好风味和感官品质的淡水发酵鱼糜，该产品具有鱼糜凝胶强度大、无腥味、可适合室温保藏的优势，且营养价值高和易于消化吸收。开发了速冻生鲜鱼肉包子、风味即食鱼肉豆腐、风味休闲鱼干、生鲜调理鱼片、高钙鱼糜制品、鱼丝、鱼鳞蛋白肽、鱼骨粉—蛋白肽补钙咀嚼片等系列休闲鱼食品和保健产品。

大力开展了大宗淡水鱼类加工技术研发，包括大宗淡水鱼类加工系列产品开发以及大宗淡水鱼类深加工、贮藏保鲜与品质控制技术、贮藏条件以及贮藏过程中产品理化特性及微生物的变化规律的研究等。围绕淡水鱼糜发酵技术的产业化，进一步将淡水鱼糜发酵技术扩展到鲢鱼外的其他淡水鱼种，并进一步开发淡水发酵鱼糜保鲜保藏技术。

第二节　国家对大宗淡水鱼的产业政策

一、我国大宗淡水鱼产业政策的决策管理部门有哪些

国家对渔业的监督管理实行统一领导、分级管理。国家设置渔业渔政管理局，隶属渔业行政主管部门——农业部，负责渔业行业管理和职责范围内的渔政管理。各省、自治区、直辖市及以下的市、县基本以行政区域设置渔政监督管理机构。

（一）我国渔业渔政管理机构的沿革[①]

1953 年农业部水产总局设立渔政科，其主要职能是组织生产和为生产提供贷款、防风抗灾等服务，还没有渔业资源保护和渔业执法职能。1956 年设立水产部，1957 年水产部设立渔政司，负责全国的渔政工作。1958—1977 年期间，受当时国内特殊政治环境的影响，我国渔政机构建设出现萎缩。1958—1964 年间，国家曾先后两次撤销又恢复渔政机构。1970 年水产部被撤销，水产工作并入农林部，原有的行政机构被撤销，渔政管理工作基本停止。

1978 年 3 月，国家水产总局成立并下设渔政渔港监督管理局，主管水产资源繁殖保护、渔航安全、渔船检验和渔业电信。1982 年对外加挂中华人民共和国渔政渔港监督管理局的牌子，代表国家行使渔政渔港监督管理权。同年，黄渤海区、东海区和南海区三个海区渔业指挥部以及许多省、自治区和直辖市都先后设立了渔政管理机构。至此，国家渔政机构体系开始建立。

1982 年 5 月 4 日，农业部、农垦部、国家水产总局合并为农牧渔业部。1983 年 9 月，三个海区渔业指挥部划归农牧渔业部领导，加挂海区渔政分局的牌子，并在沿海若干个重要港口设立渔政管理站。1985 年，海区指挥部的主要职能从生产指挥向管理和服务转变，逐步强化渔政管理职能，海区渔业指挥船改名为渔政船。

1988 年 4 月 9 日，农牧渔业部更名为农业部，下设水产局、渔政渔港监督管理局。1989 年 3 月 1 日，农业部水产局改为水产司。1993 年 7 月 30 日，水

① 唐议．渔政管理机构的建立与发展——2000 年 5 月农业部成立中国渔政指挥中心［A］．中国渔业改革开放三十年［C］．2008 年．

产司和渔政渔港监督管理局合署办公。1994年6月28日，水产司和渔政渔港监督管理局合并，设立渔业局，对外称“中华人民共和国渔政渔港监督管理局”。

1990年6月，三个海区渔政分局更名为海区渔政局，所属渔政船队改为渔政检查大队。1995年6月，各海区渔政局被进一步授予渔港监督和渔业安全管理的职能，更名为“农业部××海区渔政渔港监督管理局”，对外称“中华人民共和国××海区渔政渔港监督管理局”。

2000年5月17日，中国渔政指挥中心（即农业部渔政指挥中心）成立，专门负责组织协调全国重大渔业执法行动，特别是跨海域、大流域、跨省（自治区）的渔业执法行动，维护国家海洋权益，并指导全国渔政队伍建设工作。中国渔政指挥中心统一指导与协调中国三个海区渔政局和三个流域委员会的渔政事务，县级以上地方渔政管理机构实施具体的渔政执法体系。

2008年10月23日，农业部渔业局（中华人民共和国渔政渔港监督管理局）更名为农业部渔业局（中华人民共和国渔政局），三个海区渔政渔港监督管理局（中华人民共和国××海区渔政渔港监督管理局）更名为农业部××海区渔政局（中华人民共和国××海区渔政局）。

2014年1月20日，农业部办公厅印发《关于我部渔业局更名及启用新印章的通知》。该《通知》指出，根据《中央编办关于农业部有关职责和机构编制调整的通知》（中央编办发〔2013〕132号）和《农业部关于机关有关司局加挂牌子及更名的通知》（农人发〔2013〕9号）要求，农业部渔业局（中华人民共和国渔政局）更名为农业部渔业渔政管理局。

（二）我国各级渔政管理机构的主要职责

我国的国家渔政机构、海区渔政机构和地方渔政机构都有各自的管辖范围和权限。例如，《中华人民共和国渔业法实施细则》第六条规定：“国务院渔业行政主管部门的渔政渔港监督管理机构，代表国家行使渔政渔港监督管理权。国务院渔业行政主管部门在黄渤海、东海、南海三个海区设渔政监督管理机构；在重要渔港、边境水域和跨省、自治区、直辖市的大型江河，根据需要设渔政渔港监督管理机构。”第三条规定：“内陆水域渔业，按照行政区划由当地县级以上地方人民政府渔业行政主管部门监督管理；跨行政区域的内陆水域渔业，由有关县级以上地方人民政府协商制定管理办法，或者由一级人民政府渔业行政主管部门及其所属的渔政监督管理机构监督管理；跨省、自治区、直辖市的大型江河的渔业，可以由国务院渔业行政主管部门监督管理。”

1. 农业部渔业渔政管理局的主要职责 农业部渔业渔政管理局是全国海洋、内陆渔业水域渔业渔政管理的最高领导机关和仲裁单位。根据《农业部办公厅关于印发渔业渔政管理局主要职责内设机构和人员编制规定的通知》（农办人〔2014〕47号），农业部渔业渔政管理局的主要职责是：负责渔业行业管理和职责范围内的渔政管理；拟订渔业发展和渔政管理战略、政策、规划、计划并指导实施；起草有关法律、法规、规章并监督实施；编制渔业渔政基本建设规划，提出项目安排建议并组织实施；编制渔业渔政财政专项规划；负责渔业渔政统计工作；负责渔业行业生产、水生动植物疫情、渔业灾情等信息监测、汇总和分析，参与水产品供求信息、价格信息的收集分析工作，承担渔业渔政信息系统建设和管理工作；指导渔业产业结构和布局调整；承担促进休闲渔业发展的相关工作；指导渔业标准化生产，拟订渔业有关标准和技术规范并组织实施；指导水产技术推广体系改革与建设；组织实施水产养殖证制度；负责水产苗种管理，组织水产新品种审定；指导水产健康养殖等。

根据以上职责，渔业渔政管理局设12个内设机构：综合处、政策法规处、计划财务处、渔情监测与市场加工处、科技与质量监管处、养殖处、渔船渔具管理处、远洋渔业处、资源环保处（水生野生动植物保护处）、国际合作与周边处、渔政处、安全监管与应急处（渔港监督处）。

2. 地方渔政管理机构的主要职责　地方各级渔政管理机构的管辖范围包括：沿海滩涂、浅海、养殖业和定置渔业渔场；养殖渔业；海洋机动渔船底施网禁渔区线内侧水域；本行政区内的内陆水域等。跨行政区域的内陆水域渔业，由有关县级以上地方人民政府协商制定管理办法，或者由一级人民政府渔业行政主管部门及其所属的渔政机构管理。

地方各级渔政管理机构的主要职责是：负责本行政区域内渔业捕捞许可管理的组织和实施工作；监督渔业资源的人工增殖；组织有关市、县监督管理省辖海域和内陆跨界渔业水域渔业资源保护工作；监督伏季休渔等资源养护措施的落实；查处违反渔业生产秩序和破坏渔业资源的各类违法行为；对水生野生动物实施救助；查处本行政区域内违反水生野生动物保护管理的违法行为；指导、协调辖区内渔业水域生态环境监测网络工作；调查处理渔业水域污染事故；负责水产养殖中兽药使用实施监督管理；负责组织管理渔业通讯；调查处理渔事纠纷，维护渔业生产秩序；完成上级领导交办的其他工作等。

二、新建水产养殖场需要办理的手续和取得的证件

各地新建水产养殖场需要办理的手续和取得的证件可能略有差异，例如在湖南省邵阳市创办水产养殖场一般不需要畜牧水产局审批，但要到畜牧水产局办理养殖证。在一些地方，如果是使用土地新建精养池和使用现成的池塘，要有土地

承包合同和土地使用许可证；如果是使用大水面进行养殖，需要有内陆水面养殖许可证。在《农业部水产健康养殖示范场创建标准》（农办渔［2011］15 号）中规定，申报单位须持有效的《水域滩涂养殖证》，农民专业合作社全部社员持有《水域滩涂养殖证》，工厂化养殖场应具备土地使用证或者土地租赁合同。可见，新建水产养殖场一般应持有土地使用合同或土地租赁合同和水域滩涂养殖证。

土地使用合同或土地租赁合同由水产养殖场投资者和土地提供方之间订立。

水域滩涂养殖证需要到相应的政府部门办理。根据《水域滩涂养殖发证登记办法》（农业部令 2010 年第 9 号）规定：申办养殖证的水域、滩涂必须是经县级以上地方人民政府依法规划或者以其他形式确定可以用于水产养殖的水域、滩涂（池塘、河沟、湖泊等）。养殖证分全民所有水域滩涂养殖证和集体所有水域滩涂养殖证两类，由农业部统一印制。

图 1-4 列示了《水产养殖证》，其中左侧为苏州市阳澄湖渔业管理委员会印制的水产养殖证，右侧为新疆维吾尔自治区印制的水产养殖证；图 1-5 列示了《水域滩涂养殖使用证》。

图 1-4　水产养殖证

图 1-5　水域滩涂养殖使用证

根据我国有关法规的规定，水域滩涂养殖证的办理一般程序包括提出申请、审核、公示、批准、登记和公告等。

（一）国家所有水域滩涂的发证登记

1. 提出申请 使用国家所有的水域、滩涂从事养殖生产的，应当向县级以上地方人民政府渔业行政主管部门提出申请，并提交以下材料：①养殖证申请表；②公民个人身份证明、法人或其他组织资格证明、法定代表人或者主要负责人的身份证明；③依法应当提交的其他证明材料。根据《养殖证发放管理办法》（2009年），申请使用集体所有的水域、滩涂从事养殖生产时，除提供上述材料外，还应提供有效的水域、滩涂承包经营合同。

2. 审核 县级以上地方人民政府渔业行政主管部门应当在受理后15个工作日内对申请材料进行书面审查和实地核查。

3. 公示和发证 对符合规定的，应当将申请在水域、滩涂所在地进行公示，公示期为10日；不符合规定的，书面通知申请人。公示期满后，符合下列条件的，县级以上地方人民政府渔业行政主管部门应当报请同级人民政府核发养殖证，并将养殖证载明事项载入登记簿：①水域、滩涂依法可以用于养殖生产；②证明材料合法有效；③无权属争议。

（二）集体所有或者国家所有由集体使用水域滩涂的发证登记

农民集体所有或者国家所有依法由农民集体使用的水域、滩涂，以家庭承包方式用于养殖生产的，依照下列程序办理发证登记：①水域、滩涂承包合同生效后，发包方应当在30个工作日内，将水域、滩涂承包方案、承包方及承包水域、滩涂的详细情况、水域、滩涂承包合同等材料报县级以上地方人民政府渔业行政主管部门；②县级以上地方人民政府渔业行政主管部门对发包方报送的材料进行审核。符合规定的，报请同级人民政府核发养殖证，并将养殖证载明事项载入登记簿；不符合规定的，书面通知当事人。

农民集体所有或者国家所有依法由农民集体使用的水域、滩涂，以招标、拍卖、公开协商等方式承包用于养殖生产，承包方申请取得养殖证的，依照下列程序办理发证登记：①水域、滩涂承包合同生效后，承包方填写养殖证申请表，并将水域、滩涂承包合同等材料报县级以上地方人民政府渔业行政主管部门；②县级以上地方人民政府渔业行政主管部门对承包方提交的材料进行审核。符合规定的，报请同级人民政府核发养殖证，并将养殖证载明事项载入登记簿；不符合规定的，书面通知申请人。

（三）水产养殖证的基本内容和适用期限

根据《养殖证发放管理办法》规定，养殖证应当载明以下内容：①持证单位和个人基本情况；②发包方情况（限集体所有水域、滩涂）；③养殖水域的坐落位置（地址）及平面界址图；④养殖水域、滩涂面积及范围（方位坐标）；⑤养殖类型、养殖方式、品种及密度；⑥养殖证有效期限；⑦年审记录；⑧养殖证编号。

淡水鱼养殖地多在浅海、滩涂、湖泊、水库、河沟和内陆池塘，不同类型养殖地的水产养殖证的有效期限依据生态环境、养殖方式、投资风险、收益等综合因素，分为：①浅海养殖最高使用期限 10 年；②滩涂养殖最高使用期限 15 年；③湖泊养殖最高使用期限 10 年；④水库养殖最高使用期限 8 年；⑤淡水池塘养殖最高使用期限 10 年；⑥河沟养殖最高使用期限 5 年；⑦临时养殖证使用期限 1 年。

三、国家对大宗淡水鱼产业扶持的政策

对大宗淡水鱼类产业而言，可以享受的补贴主要包括以下几个方面：

（一）渔用柴油价格补贴

渔业柴油价格补贴政策是党中央、国务院出台的一项重要强渔惠渔政策，是渔业历史上获得的资金规模最大、受益范围最广、对渔民最直接的中央财政补助，是中央“三农”政策在渔业的具体体现。2006－2012 年，中央财政共下达渔业柴油补贴资金 728.78 亿元，占全部补贴资金的 81.66%，在几个补贴行业中资金量位居首位。需要说明的是，在淡水渔业中，只有淡水捕捞渔船可以享受到这一政策，一般的淡水养殖业很少能享受该政策。

（二）渔业资源保护和转产转业财政项目

大宗淡水鱼涉及此项目的为其中的水生生物增殖放流。该项目以省及计划单列市为单位安排资金，对水生生物资源衰退严重或生态荒漠化严重水域，以及放流技术成熟、苗种供应充足、增殖效果明显、渔民受益面大的品种，在增殖放流资金安排上给予重点支持。2013 年，国家安排中央财政专项转移支付资金 30 995 万元用于渔业资源增殖放流。

（三）渔业互助保险保费补贴

2008 年 5 月，农业部正式启动渔业互助保险中央财政保费补贴试点工作。

试点险种确定为渔船全损互助保险和渔民人身平安互助保险，中央财政分别补贴保费的25%，渔民人身平安互助保险最高补贴保险金额每人20万元。渔船全损互助保险试点区域为辽宁省、山东省、江苏省、福建省、广东省、海南省部分重点渔区。渔民人身平安互助保险试点区域为浙江省岱山县。其中，2009年8月，江苏省的渔业政策性保险正式启动，省财政对参加渔业保险试点的投保渔民给予投保保费25%的补贴基础上，为有效控制经营风险，确保渔业政策性保险试点工作达到预期目标，探索出了一种新型保险组织模式，将渔业互助保险年度保费“打包”再保险，即渔业互助保险巨灾超赔再保险。

（四）发展水产养殖业的补贴

1. 水产养殖机械补贴 2008年，增氧机、投饵机和清淤机3类水产养殖机械首次纳入补贴目录。

2. 水产良种补贴 水产良种补贴的起步是2006年的《水产养殖业增长方式行动实施方案》中提出要“开展国家级水产原良种场运行机制调研，探讨水产良种补贴方法”。2007年农业部水产健康养殖及水产良种补贴政策调研组奔赴各地进行调研取证，一些地方的水产良种补贴已经启动，但大多数涉及的是经济价值较高的淡水鱼类。

3. 养殖基地补贴 目前，国家对水产良种方面的补贴主要包括：原（良）种场建设，引种育种中心及其配套设施建设，名优品种养殖基地和基础设施建设，“名特优新”品种和种苗的引进、选育和繁殖，水产种苗补助费。

为了扶持水产养殖新品种、新技术的应用推广，优化当地水产养殖产业结构，部分地区逐渐建立起水产养殖专项资金，如福建省福州市出台了《2014年福州市水产养殖专项资金项目申报指南》，符合申报条件的水产养殖企业可申报新品种引进及新技术应用推广项目、养殖特色品牌建设项目，两类项目分别补助5万～8万元/项目、3万～5万元/项目。

（五）渔业贷款贴息

1. 渔业救灾复产贷款贴息 2009年7月，福建省清流县发放贴息贷款助养鱼户渡难关。特大洪灾发生后，县政府决定由“清流溪鱼”发展协会担保，依托清流农行“惠农卡”这一载体，采取三户或四户联贷方式，并由县财政支付利息，给予每户受灾养鱼专业户5万元的3年授信贷款。

2. 渔业企业技改、新产品开发贷款贴息，养殖贷款贴息，水产龙头企业贷款贴息等 例如，2006年海南省海口市出台《海口市本级财政支农贷款贴息资金管理暂行办法》规定，养殖面积达0.67公顷（10亩）以上的水产养殖专业户可获得不超过50万元的财政支农贷款年贴息资金，养殖面积达3.33公顷（50亩）以上的企业及其他组织可获得的财政支农贷款年贴息资金不超过100万元，贴息期限为1～3年。

（六）水产品加工补助

以福建省福州市为例，该市2014年共设置了6类水产品加工补助项目：龙头企业示范项目（拟补助5～8家，补助标准40万元/家）、新建水产品加工项目（按实际验收投产数给予补助，补助标准20万～25万元/家）、改扩建项目（不超过10家，补助标准10万～15万元/家）、新技术应用和新产品开发项目（拟补助15～20家，补助标准7万～10万元/家）、品牌建设项目（8万～30万元/家）、水产品市场推广项目（拟补助25～30家，补助总额不超过100万元）。符合条件的养殖企业均可申报。此外，水产品加工企业还能享受到出口退税政策扶持。

（七）休闲渔业政策支持

农业部印发了《关于促进休闲渔业持续健康发展的指导意见》（农渔发［2012］35号），首次出台政策支持休闲渔业发展。支持政策包括鼓励金融机构对信用状况良好、资源优势明显的休闲渔业项目适当放宽担保抵押条件，在贷款利率上给予优惠；争取休闲渔业经营户、合作社减免营业税政策，休闲渔业场所销售自产的初级农产品及初级加工品享受免税政策，水电享受农业用水用电收费政策等。

（八）税收优惠

为支持引进和推广良种，加强物种资源保护，发展优质、高产、高效渔业，我国对用于培育、养殖以及科学研究与实验的进口鱼种（苗）免征进口环节增值税。

第三节　大宗淡水鱼产业的市场运行情况

一、大宗淡水鱼的国际贸易情况

由于消费习惯不同，大宗淡水鱼主要为主产国本地消费，全球贸易比例不高。近年来，随着全球亚洲移民数量的增加，大宗淡水鱼消费也被带到世界其他地区，但活鱼消费为主的特点又限制了其在世界范围内的规模扩张。根据海关统计的分类，大宗淡水鱼贸易主要体现在鲤科鱼类贸易中，没有区分具体鱼种。

（一）欧亚国家为主要消费国，贸易主要集中于中国大陆与香港地区之间

根据联合国商品贸易数据库相关数据计算，2013 年世界鲤科鱼类出口总量 6.5179 万吨，欧亚国家是鲤科鱼类的主要消费国家，其中亚洲地区集中了鲤科鱼类进口的 70%以上，仅中国香港特别行政区 2013 年就进口鲤科鱼类 3 504.7 吨，占世界进口总量的 68.9%，韩国、波兰、德国进口量在 200 吨以上，罗马尼亚进口量 154.5 吨，其他国家和地区进口规模均不足 100 吨。近几年非洲的一些国家如突尼斯、南非、博茨瓦纳、津巴布韦等国也开始少量进口，但规模较小，年进口量均在 1 吨以下（表 1-1）。

表 1-1　2013 年世界前十位鲤科鱼类进口国和地区　（按进口量排序）

进口国和地区	进口量（吨）	占世界进口量的比重（%）	进口额（万美元）	占世界进口额的比重（%）
中国香港	3504.7	68.9	82033.4	67.2
韩　国	251.4	4.9	6843.7	5.6
波　兰	226.0	4.4	5188.8	4.3
德　国	204.6	4.0	5276.0	4.3
罗马尼亚	154.5	3.0	3187.3	2.6
斯洛伐克	94.9	1.9	2468.9	2.0
新加坡	83.5	1.6	1338.1	1.1
英　国	75.1	1.5	2089.3	1.7
塞尔维亚	59.3	1.2	1540.5	1.3
法　国	55.4	1.1	1882.4	1.5

数据来源：UN comtrade，表中鲤科鱼类统计包含 HS 2012 编码的 030193 活鲤科鱼、030273 鲜、冷鲤科鱼和 030325 冻鲤科鱼。

从出口国和地区来看，中国是最大的鲤科鱼类出口国家，2013 年中国鲤科鱼类的出口总量为 37 531.4 吨，出口额 11 951.5 万美元，分别占世界鲤科鱼类出口总量和出口总额的 57.6%和 69.7%。其中，85%左右出口到中国香港地区，另有少部分出口到中国澳门、韩国、墨西哥、美国、澳大利亚、加拿大以

及俄罗斯等国家和地区。除中国外，捷克和土耳其也是世界鲤科鱼类出口规模相对较大的国家。捷克是著名的鲤鱼出产国，所产的鲤鱼驰名欧洲。捷克人认为鲤鱼能带来好运和财富，大多数人家至今还保持着圣诞节晚餐吃鲤鱼的习俗，为此，捷克大多数养鱼场早在 10 月份就开始捕捞，然后把鲤鱼放到清水池塘放养，以便在上市前 2 个月里去掉鱼的土腥味。在出口市场中，捷克的出口贸易量和出口额位居第二，2013 年鲤科鱼类出口量、出口额分别为 10 060.2 吨和 2 616.6万美元，分别占世界鲤科鱼类出口总量和出口总额的 15.4%和 15.3%。捷克的鲤科鱼类主要出口到一些欧洲国家。土耳其是南欧新兴的水产养殖国家，主要是在地中海地区养殖，因为自然条件优越，又靠近欧洲主要市场，有较好的市场潜力。2013 年土耳其出口鲤科鱼类 8 912.0 吨，出口额 656.7 万美元，分别占世界鲤科鱼类出口量和出口额的 13.7%和 3.8%（表 1-2）。

表 1-2 2013 年世界前十位鲤科鱼类出口国和地区 （按进口量排序）

进口国和地区	进口量（吨）	占世界进口量的比重（%）	进口额（万美元）	占世界进口额的比重（%）
中 国	37531.4	57.6	11951.5	69.7
捷 克	10060.2	15.4	2616.6	15.3
土耳其	8912.0	13.7	656.7	3.8
匈牙利	1393.5	2.1	337.3	2.0
泰 国	1320.8	2.0	183.8	1.1
立陶宛	1281.0	2.0	306.9	1.8
哈萨克斯坦	914.6	1.4	71.5	0.4
克罗地亚	686.4	1.1	149.8	0.9
白俄罗斯	571.8	0.9	140.6	0.8
美 国	478.7	0.7	99.2	0.6

数据来源：UN comtrade，表中鲤科鱼类统计包含 HS 2012 编码的 030193 活鲤科鱼、030273 鲜、冷鲤科鱼和 030325 冻鲤科鱼。

（二）世界鲤科鱼类出口以活鱼形式为主，加工产品比例略有提升

从贸易结构看，大多数进口国消费鲤科鱼类以鲜活消费为主，所以活鱼是目前鲤科鱼类出口的主要形式，2013 年活鲤科鱼类出口量 51 807.42 吨，占鲤科鱼类出口总量的接近 80%，出口额 15 502.65 万美元，占出口总额的 90.47%。鲜冷鱼出口量 9 574.95 吨，占 14.69%，出口额 988.15 万美元，占 5.77%。冻鱼出口量 3 797.20 吨，出口额 644.75 万美元，分别占 5.83%和 3.76%（图 1-6）。与 2009 年相比，鲜冷鱼和冻鱼的出口量占比分别提高了

12.22%和2.46%，可见加工比例有所提升。

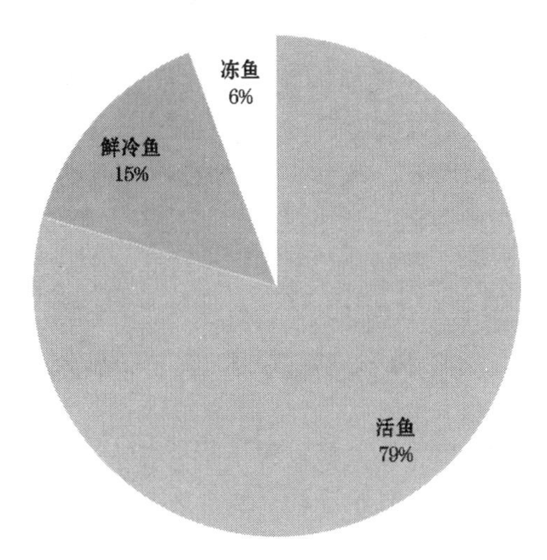

图 1-6 2013 年世界鲤科鱼类出口结构 （按出口量统计）

数据来源：UN comtrade。

（三）21 世纪以来价格上升趋势明显

据 FAO fishstat 数据库中的贸易数据粗略测算，世界鲤科鱼类出口单价在 1.3～3.2 美元/千克（图 1-7）。进入 21 世纪以来，世界鲤科鱼类出口价格呈上升趋势明显，2007 年以后出口单价基本在 2 美元/千克以上。据联合国商品贸

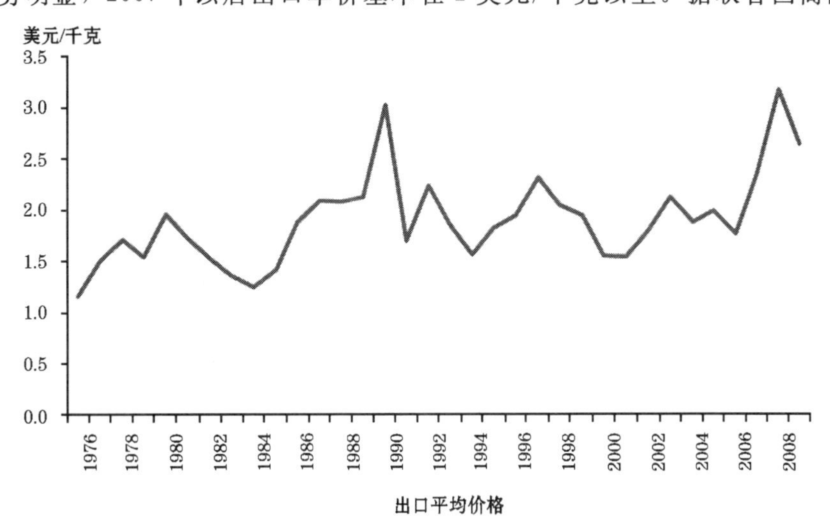

图 1-7 1976—2009 年世界鲤鱼进出口平均价格

数据来源：根据 FAO fishstat plus 数据库相关数据计算。

易数据库 HS2012 编码 2013 年鲤科鱼类贸易数据测算，鲤科鱼类出口单价约 2.63 美元/千克。与其他鱼类产品相比，鲤科鱼类的价格相对低廉，能被中低收入阶层接受。但由于鲤科鱼类肌间刺较多，很多国家的消费者不习惯食用，所以短期内鲤科鱼类贸易量大幅上升的可能性较小。鲤科鱼类贸易量占世界水产品贸易量的比重一直较低，一般在 0.05%左右，最高的年份 2006 年也仅达到 0.08%。受消费习惯的限制，未来鲤科鱼类也不太可能成为影响世界水产品贸易的重要品种。

二、我国大宗淡水鱼市场状况

大宗淡水鱼属易腐农产品，主要以鲜活形式消费，流通半径相对较短，加工比例低，消费具有明显的季节性特点。多年来大宗淡水鱼类价格稳定、适中，迎合了普通消费者的需求，也在大多数消费者的经济承受范围内，因而市场需求量大，行情相对稳定。由于鲜活消费的特点和消费习惯的差异，大宗淡水鱼以满足国内需求为主，少量出口到我国港澳地区以及韩国、俄罗斯等周边国家。

（一）流通消费特点

1. 批发市场是主要分销环节，鱼贩是重要的销售渠道 目前，大宗淡水鱼主要是通过水产批发市场进行分销。据调查，批发市场的淡水鱼交易一般集中在晚上 10 时至次日凌晨，大量的活鱼运输车会把鱼从产地运往批发市场，然后通过批发市场把淡水鱼销往农贸市场、宾馆酒店、超市等地。批发市场的销售对象一般以农贸市场为主，其次是宾馆酒店。农贸市场一般是在下半夜取货，个体商贩则用三轮车从事中小量批发，若有固定客户则采用较大批量散装运输。宾馆酒店的采购大多以自身规模而定，一般每周采购 2～3 次（吴慧曼等，2010）。调查显示，坐等鱼贩上门收购是养殖户的主要销售渠道，约占养殖户售鱼形式的 78.72%，通过其他渠道销售产品所占比重较低，其中，通过合作社销售、企业收购和自己送到批发地的分别占 7.34%、6.55%和 5.47%。销售渠道的地区差异较大，在经济欠发达或偏远地区坐等上门收购的养殖户的比重相对于其他地区较低。从销售渠道的地区分布来看，卖给上门收购的鱼贩的比重最高的是辽宁省和广东省，分别占到 86.57%和 83.53%；而通过合作社销售和卖给企业的比重最高的是湖北、辽宁、广东和河南等省。此外，养殖户的市场信息需求也主要是通过鱼贩来满足。随着通信技术的发展，养殖户了解市场信息的渠道也发生了变化，特别是在拥有手机之后，养鱼户主要通过手机与中间商以及其他养鱼户交流，这一比例占受访养殖户的 81.02%。手机等新媒介对养殖户信息获取和交流发挥了重要作用。

2. 流通半径短，流通环节多　由于大宗淡水鱼消费以鲜活为主，所以流通半径相对较短，大宗淡水鱼的主产区一般也是主销区，区域间流通情况近年来有增多的趋势，运输距离则以中短途为主。大宗淡水鱼流通一般经过“收获—产地暂养—装鱼—运输—卸鱼—市场暂养—分销”等多个环节，其中，收获、产地暂养和装鱼环节的主体多为小规模养殖户，运输和卸鱼环节的主体或是养殖户，或是鱼贩或经纪人，市场暂养和分销环节的主体多为批发商及零售商。小规模养殖户、鱼贩、批发及零售商之间所形成的关系多数是纯粹的市场交易关系。随着合作次数增多，部分鱼贩与小规模养殖户、批发及销售商之间建立起相对长期的信用合作关系。调查中发现，很多批发商都有固定客户，如往垂钓中心送货的多是有稳定关系的，还有一些是经营多年的人，供销两方面的渠道都比较畅通。总体而言，这种合作形式松散而灵活。而在物流环节上，由于基本采取活鱼运输的形式，90%以上的交易是由养殖户、鱼贩或批发商自行组织，由第三方物流企业配送的比例不足10%。流通渠道示意见图1-8。

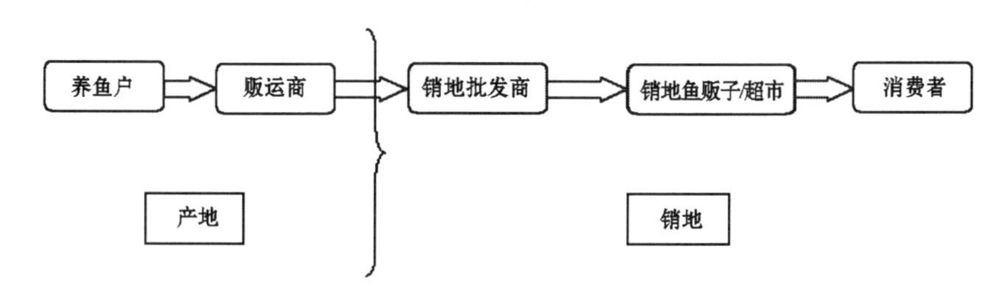

图1-8　流通渠道示意

3. 鲜销为主，加工利用率较低　目前，我国城乡居民消费的水产品主要有鲜活水产品和冷冻品、半成品、熟制干制品等加工水产品，其中鲜活水产品和冷冻水产品是家庭消费的主体。2013年全国用于加工的水产品总量2 168.73万吨，加工比例为35.1%，其中用于加工的淡水产品555.52万吨，加工比例仅为18.3%。受我国居民淡水鱼消费习惯的限制，目前大宗淡水鱼七成以上为鲜销，这种消费习惯也导致大宗淡水鱼的加工利用率很低。一方面，大宗淡水鱼鲜销，需要在运输中进行活水运输，一定程度上消耗了水资源，增加了运输成本；另一方面，宰杀后的大宗淡水鱼废弃物利用率不高，对环境造成一定污染。据水产品加工专家统计，鲜活大宗淡水鱼约产生20%的废弃物，以每年1 500万吨鲜销计算，就会产生300万吨的废弃物。

4. 消费的季节性、地域性特征明显　我国大宗淡水鱼消费具有季节性特点。据产业经济研究室监测，我国大宗淡水鱼消费集中在传统节假日和农忙时，居民喜好的品种有鲫、鳙、草鱼和鲢等。大宗淡水鱼价格在每年的6～8月份和春节前后（1～2月份和12月份）相对较高，而一般年后价格较低。在我国四川、湖南等劳动力输出大省，每年的春节前到正月十五之间，大宗淡水鱼价格涨幅很大；而在平时，大宗淡水鱼价格较为平稳。一般情况下，元旦、春节前长江以南地区老百姓腌鱼需求大，大规格的青鱼和草鱼价格高；而节后大规格鱼少了，价格普遍回落。由于区域之间大宗淡水鱼的丰度存在差异，使得主产区和北方、西北内陆地区的消费频度存在明显差别。在大宗淡水鱼第一主产省的湖北，城镇里遍布活鱼馆，一般家庭每周消费1～2次大宗淡水鱼，而且在北方的黑龙江省和辽宁省的城镇对鲤鱼的消费也比较多。但在其他北方地区和西北内陆地区，大宗淡水鱼的消费频度则不高。根据产业经济研究室在北京地区的调查，显示消费者平均每隔16.8天买1次淡水鱼，其中15天买1次以上淡水鱼的比例为74.4%，30天买1次以上淡水鱼的比例为92.07%。

（二）市场价格情况

1. 大宗淡水鱼市场价格总体稳中有升，品种间差异大 与其他水产类别相比，大宗淡水鱼类价格一直相对稳定，根据中国农业信息网监测的草鱼、鲢、鳙、鲤、鲫、鳊等6个品种的淡水鱼批发市场价格计算，大宗淡水鱼价格在2009—2014年6年间年均增长4.6%（图1-9）。与其他淡水鱼类相比，大宗淡水鱼价格还存在一定差距，不利于渔民增收。2014年活鲤鱼、活草鱼、活鲫鱼、白鲢活鱼、花鲢活鱼和武昌鱼平均批发价分别为11.71元/千克、14.18元/千克、14.57元/千克、7.25元/千克、12.77元/千克和16.11元/千克（表1-3），而同时期的黑鱼、泥鳅、黄鳝、罗非鱼、活鳜鱼、白鳝和虹鳟价格

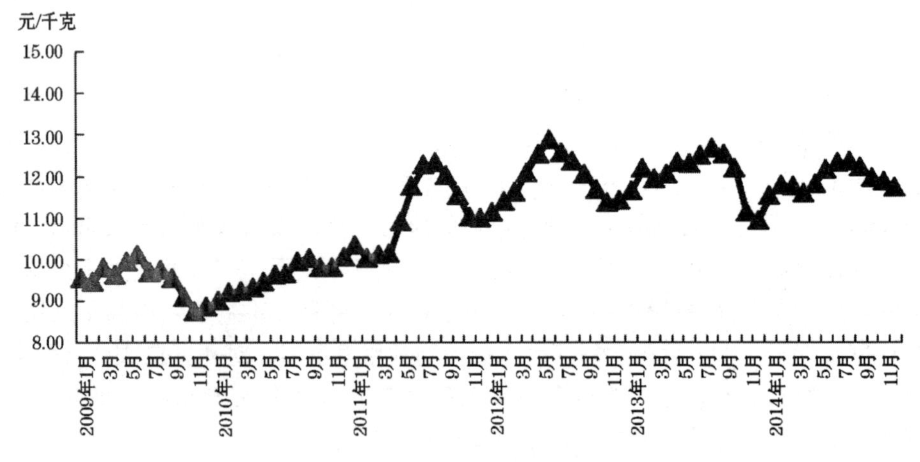

图1-9　2009—2014年大宗淡水鱼类批发价格

数据来源：中国农业信息网

分别为 21.84 元/千克、41.47 元/千克、55.89 元/千克、21.42 元/千克、72.77 元/千克、131.95 元/千克和 35.11 元/千克，大宗淡水鱼价格均低于上述淡水鱼类。不过也正是因为大宗淡水鱼价格适中稳定，适合普通消费者的承受能力，所以市场需求历来也比较大。

表 1-3 2014 年大宗淡水鱼批发市场交易情况

品 种	平均价（元/千克）	同 比（%）	成交量（吨）	同 比（%）
活鲤鱼	11.71	6.40	297166.47	9.88
活草鱼	14.18	−1.42	342727.05	−1.70
活鲫鱼	14.57	−5.62	258997.65	34.83
白鲢活鱼	7.25	−7.87	332925.68	−8.69
花鲢活鱼	12.77	5.35	124583.35	46.52
武昌鱼	16.11	−5.71	12893.13	35.95

数据来源：中国农业信息网

2. 2014 年大宗淡水鱼价格弱势运行，月均价先扬后抑 据对中国农业信息网监测品种数据统计，2014 年我国淡水鱼[①]成交总量达到 147.14 万吨，平均批发价 13.16 元/千克，同比分别提高 9.96%和 1.68%。其中，6 个监测大宗淡水鱼品种价格平均价为 11.92 元/千克，成交总量 136.93 万吨，同比分别提高 0.85%和 7.79%。与前 2 年价格相比，大宗淡水鱼整体价格水平仍然处于弱势运行区间，只有 11～12 月份价格高于前 2 年同期水平（图 1-10）。从月度变化

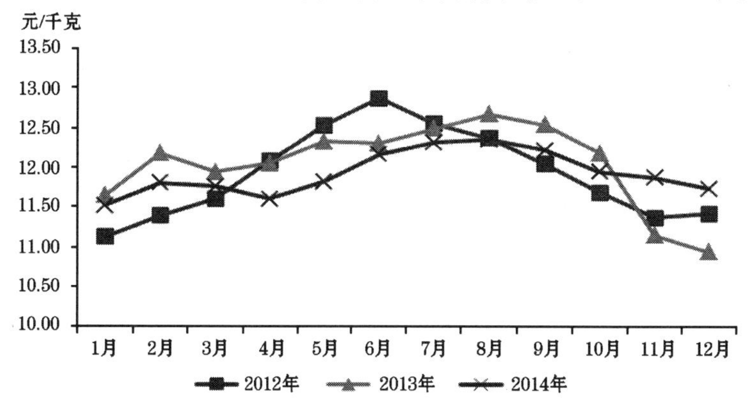

图 1-10 2012—2014 年大宗淡水鱼平均月批发价对比

数据来源：中国农业信息网

① 此处统计了 14 种淡水鱼，分别为活鲤鱼、活草鱼、活鲫鱼、白鲢活鱼、花鲢活鱼、武昌鱼、黑鱼、泥鳅、黄鳝、养殖鲶鱼、罗非鱼、活鳜鱼、白鳝鱼和虹鳟。

来看，大宗淡水鱼价格的季节性较强。受春节消费刺激及春季投苗期的影响，月均价1～4月份起伏震荡，5～8月份成鱼上市淡季及休渔期间，月均价保持了连续上升态势，9月份以后随着成鱼上市的增加，价格进入下降通道（图1-11）。分不同品种来看，活鲤鱼和花鲢活鱼价格高于上年，活鲫鱼、活草鱼、白鲢活鱼和武昌鱼价格均同比下跌，武昌鱼价格波动相对较大，其他鱼种价格走势平稳。

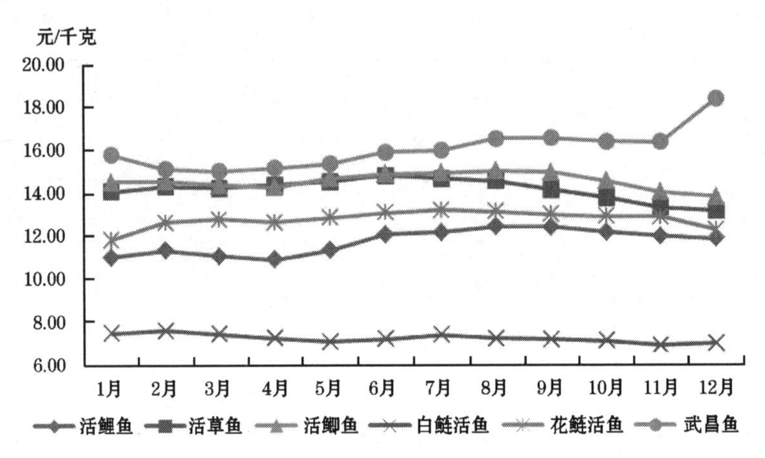

图1-11　2014年大宗淡水鱼月均批发价走势

数据来源：中国农业信息网

（三）出口贸易情况

从贸易形势来看，大宗淡水鱼主要以满足国内居民消费为主，贸易规模相对于整个产业规模微乎其微。不过，随着国内水产养殖业的迅速发展，以及亚洲人种移民，将鲤科鱼类消费习惯带到美国等国家和地区，促进了这些地区的大宗淡水鱼消费需求，鲤科鱼类贸易发展势头良好，出口单价也呈上升趋势。

以活鲤鱼为例，我国活鲤鱼出口量由1992年的125吨增长至2011年的2 304.9吨，增长17倍；出口额由18.6万美元增长至541.3万美元，增长28倍，年均增长率分别达到16.58%和19.4%。根据贸易数据测算，21世纪以来鲤科鱼类的出口单价直线上升，每千克活鲤鱼由2001年的0.8美元提高到2011年的2.3美元，且有进一步上涨的趋势（图1-12）。

从出口产品结构来看，随着出口需求增加和产品加工技术的提高，鲤科鱼类出口的产品结构日渐丰富，不再仅限于活鱼出口，也有鲜冷制品、冻品及鱼片等产品类别。出口市场也逐渐扩大至目前的12个国家和地区，据海关统计，2014年我国鲤科鱼类出口量47 682.97吨、出口额16 395.97万美元，同比分别提高8.78%和15.46%。从量、额增长比例来看，出口价格上升的趋势仍非常

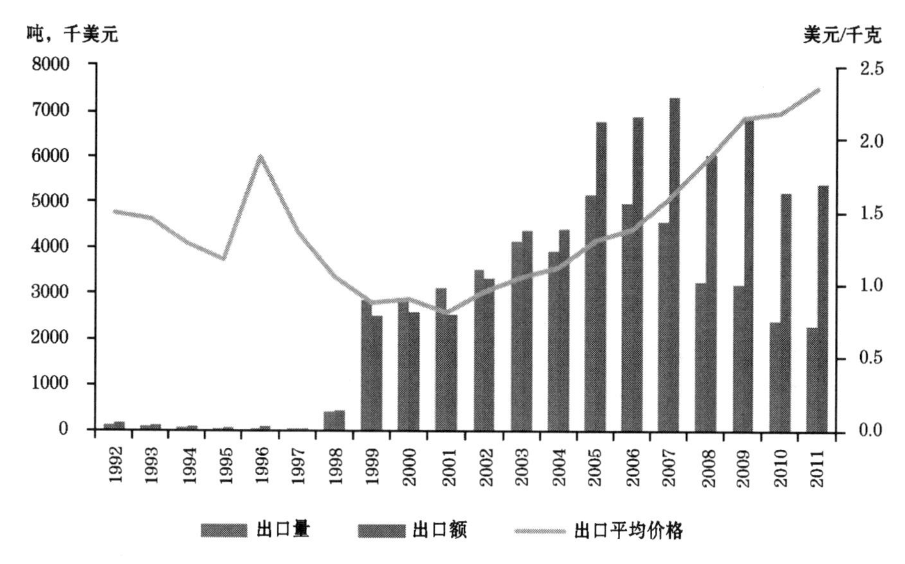

图 1-12　1992—2011 年我国活鲤鱼出口情况

数据来源：1992—2008 年数据来源于 fishstat plus；2009—2011 年数据来源于 UNcomtrade，由于统计口径在 2012 年发生变化，导致贸易规模相差较大，不具可比性，故此处仅统计到 2011 年。

明显。从出口类别看，除鱼苗外，其他活鲤科鱼、鲜、冷鲤科鱼、冻鲤科鱼、鲜、冷鲤科鱼片和鲤科鱼苗的出口量分别为 38 380.79 吨、12 542.41 吨、34.65 吨、134.87 吨、1 425.07 吨和 4.55 吨，出口额分别为 13 082.77 万美元、4 464.97万美元、2.92 万美元、37.71 万美元、476.09 万美元和 0.38 万美元。从出口流向来看，我国香港特别行政区是最大的出口市场，输港产品占鲤科鱼类出口总量的 85.03%；其次是韩国和澳门市场，对其他国家和地区的出口量都非常小。具体出口国和地区以及出口来源省份情况分别见表 1-4 和表 1-5。

表 1-4　2014 年我国鲤科鱼类出口流向

出口市场	出口量（吨）	同　比（%）	出口额（万美元）	同　比（%）
中国香港	44658.98	4.97	15472.59	12.13
中国澳门	3909.03	—5.43	1344.74	0.88
韩　国	3815.26	18.79	1209.45	36.31
民主刚果	47.61	—	9.05	—

续表 1-4

出口市场	出口量（吨）	同　比（%）	出口额（万美元）	同　比（%）
刚　果	25.87	—	4.92	—
纳米比亚	25.00	—	4.70	—
墨西哥	19.09	−84.78	12.52	−84.78
加拿大	9.56	91.24	3.34	96.41
马来西亚	4.55	—	0.38	—
澳大利亚	3.88	−68.92	1.50	−68.18
美　国	2.00	−96.15	0.77	−96.00
秘　鲁	1.50	—	0.90	—

数据来源：中国海关。

表 1-5　2014 年我国鲤科鱼类出口来源省份

出口省份	出口量（吨）	同　比（%）	出口额（万美元）	同　比（%）
广　东	47933.94	6.33	16593.20	13.72
辽　宁	1602.36	30.08	503.57	36.17
山　东	1329.00	−25.71	359.01	−24.09
天　津	602.90	—	269.41	—
湖　南	674.65	−62.38	243.53	−62.49
江　苏	227.50	19.11	64.70	45.32
广　西	98.48	—	18.66	—
湖　北	53.50	—	12.78	—

数据来源：中国海关。

三、影响我国大宗淡水鱼市场的因素

虽然大宗淡水鱼价格总体稳定，但也在不同年份间有所波动，影响大宗淡水鱼市场的原因是多种的，生产和流通成本以及供求关系是最根本和最直接的原因；此外，宏观政策调整以及气候变化、病害发生等也正越来越多地影响市场波动。

（一）生产和流通成本增长是导致价格上升的根本原因

近年来养殖成本和流通成本的增加，是推动大宗淡水鱼价格持续小幅上涨的根本因素。据粗略测算，2014 年的饲料价格与 2008 年价格相比涨幅在 40%以上，而大宗淡水鱼价格涨幅却仅为 16.7%，饲料成本约占大宗淡水鱼直接生产成本的 60%左右。此外，鱼塘租金、人工费等渔业生产成本更是不断上升，养殖户的效益明显下滑，生产积极性受挫。

流通成本也是推高大宗淡水鱼价格的重要因素。我国大宗淡水鱼流通成本约占总成本的 40%，发达国家鲜活农产品的流通成本普遍占总成本的 10%，相对而言，我国大宗淡水鱼的流通成本较高。一方面是损耗成本较高。目前，因在流通过程中活鱼失重或死亡所导致的大宗淡水鱼损耗成本约占流通成本的 25%；另一方面是运输成本日益升高。燃油价、人工成本等上升直接增加了运输流通环节的成本。

（二）供求关系是影响大宗淡水鱼价格波动的直接原因

虽然大宗淡水鱼价格相对其他品种更加稳定，但产业内部不同品种间也有明显的此消彼长关系。价格及其增长潜力是养殖户在选择养殖品种时最重要的考量因素。例如，无论餐饮消费还是家庭消费，草鱼一直以来都有着稳定的消费群体，近年来随着“水煮鱼”等餐饮形式的发展，草鱼深受广大消费者的喜爱，近 10 年来草鱼的批发价增长也是较快的，年均增长率达到了 4.29%。鲫鱼在池塘养殖过程中虽然一直属于配角，通常与青鱼、草鱼、鲢、鳙等混养在一起，但由于鲫鱼的变异性很大，目前我国已培育了方正银鲫、异育银鲫和彭泽鲫等优良品种，加上鲫鱼和鳊鲂的大小适中，是适应城市化快速发展的品种，鲫鱼的价格增速也较快，在过去 10 年中实现了 4.49%的年均增长率。20 世纪 80 年代以前，鲢鱼曾是主要水产养殖品种之一，但进入 20 世纪 90 年代后，鲢鱼的经济价值下降，虽然一些地方仍有养殖，但主要是将其粉碎后拌入商品鱼饲料，投喂青鱼、龟、鳖等。鲢鱼的价格也是大宗淡水鱼中最低的，近几年批发价一般每千克在 7～8 元，年均增长率较低，近 10 年增长率仅为 3.04%。

（三）宏观政策、天气变化及病害等越来越多地影响到价格变化

宏观政策对水产品的价格产生一定影响，自 2012 年底以来，高档水产品的价格虚高受到抑制，高档水产品消费明显下降，中低档水产品消费虽然没有受到制约，但 2014 年也出现了结构性卖鱼难。除鲤鱼和鳙鱼价格同比上涨外，其

他几种大宗淡水鱼价格均出现了下滑。此外，灾害性天气、病害和突发事件对大宗淡水鱼价格的影响也越来越显著。例如，台风发生时以及每年伏季休渔期间，大宗淡水鱼价格都有较明显的上升。

第二章
水产养殖场建设规划与运营

阅读提示：

本章向养殖户介绍了水产养殖场建设所需资金的融资渠道和融资方式，说明了各种融资方式的融资成本计算，简述了水产养殖场建设规划的主要内容，分析了水产养殖场的经营成本和经营利润来源，并从资产负债表、损益表和毛利润 3 个方面对水产养殖场进行了财务分析方法介绍，最后对水产养殖者选择合适的养殖场建设投资规模和投资时机提出了一些判断准则。本章还介绍了当前我国大宗淡水鱼市场产品的主要形式、交易方式和定价原则；教会养殖场主如何签订有效的商品鱼销售合同，以及获得商品鱼价格与相关信息的主要渠道。通过阅读本章，不但有助于水产养殖者在养殖场建设和运营过程中解决资金短缺难题，为养殖者总体上把握养殖场的经营成本和经营收益提供简便的计算方法，而且养殖户也可根据自身实际情况调整投资规模和投资时机，并掌握简便易行的合同签订方式和获取有价值的市场信息。

第一节 水产养殖场建设规划

一、资金筹措与融资成本

（一）资金筹措

资金短缺是当前渔业发展的“瓶颈”，如何拓宽水产养殖场建设融资的渠道是摆在水产养殖经营者面前的一个重要问题。资金筹措是任何企业或经济主体进行生产经营活动的基础，筹资的目的是在满足自身资金需要的前提下寻求资金成本的最小化。在现代市场经济中，水产养殖经营者只有正确选择融资方式来筹集生产经营活动中所需要的资金，才能保障水产养殖场的顺利建设、水产养殖经营活动的正常运行和养殖规模的扩大。所谓资金筹措，是指渔业经营者（养殖场、渔业企业等）向外部有关单位或个人或从内部筹集养殖场投资建设及后续养殖经营所需资金的一种财务活动。

1. 资金筹措的原则 水产养殖场进行资金筹措是一项重要而复杂的工作，为了有效地筹集养殖场所需资金，需要遵循以下基本原则。

（1）*合法原则* 养殖场的筹资活动属于经济行为，必须遵循国家相关法律法规。国家没有专门制定规范各类经济主体筹资的法律法规，相关的规范条款通常包含在一些基本的经济法律之中，例如公司法、税法等均有相关的条款。为此，水产养殖场筹措资金时，必须自觉履行法律法规，遵守投资合同约定，合法合规筹资，维护市场经济秩序。

（2）*规模适当原则* 水产养殖场筹措资金时，首先要根据养殖场的计划建设规模，认真分析本期的投资规模及后续的生产经营计划，预测养殖场资金的需要量和筹资可能性，确定合理的筹资规模，使筹资规模和资金需求量尽量相匹配。确定合理的筹资规模的主要目的是提高资金的利用效率，如果筹资不足，则无法达到筹资目的；筹资规模超出需要，则会带来资金闲置，增加养殖场的资金成本，降低资金使用效率。

（3）*筹措及时原则* 水产养殖场建设及投产在不同时点的资金需要量各不相同，在筹措资金的过程中，不仅要合理确定资金筹措规模，还要合理预测资金到位时间，以免形成资金阶段性短缺或闲置。因此，根据资金需求的具体情况，尽可能合理安排资金的筹措时间，组织资金供应，保证所需资金及时到位。

（4）来源经济原则　水产养殖场不管采用何种资金筹措渠道和筹措方式，都需要付出一定的资金成本，包括资金占用费和资金筹集费等。不同来源的资金，其资金成本、风险报酬及筹资的难易程度也不同，对水产养殖场的收益和成本产生不同的影响。因此，水产养殖场应认真研究资金来源渠道和资金筹集方式，合理选择资金来源，寻求筹资方式的最佳组合，尽量降低资金成本。

（5）结构合理原则　从性质上看，水产养殖场筹集的资金由权益资本和债务资金构成。在一定条件下，债务资金能够产生一系列的积极作用，如提高自有资金的利润率和降低综合资金成本；但也可能因负债率较高而丧失偿债能力，面临较大的财务风险，以致最终面临破产。从时间上看，筹资还有长期资金和短期资金的区别，偿还期限的长短也可能对养殖场的生产经营产生影响。因此，养殖场要综合考虑权益资本和债务资金、长期资金和短期资金的关系，合理安排资本结构。

2. 资金筹措的渠道　筹资渠道是指筹集资金来源的方向与通道，体现着资本的源泉和流量。从筹集资金的来源角度看，筹资渠道可分为外部渠道和内部渠道。其中，外部渠道包括国家财政资金、银行信贷资金、非银行金融机构资金、民间资金等，内部渠道是养殖场的自留资金。水产养殖场进行资金筹措的渠道主要有如下几种：

（1）国家财政资金　国家财政资金历来是国有渔业企业中长期资金的主要来源，包括国家投入的固定基金、流动基金和专项拨款等。当前，国家支持发展农业和农村经济的建设项目，中央和地方安排财政资金支持水产养殖示范场建设，这些扶持资金一般是无偿的，大多通过项目以奖代补方式直接拨款。对于这类资金，水产养殖场应该积极争取。

（2）银行信贷资金　银行信贷资金是水产养殖场的重要资金来源。水产养殖场可通过向商业银行申请基本建设贷款、流动资金贷款、贴现和各种专项贷款等方式进行筹资。政策性贷款由政策性银行提供。

（3）非银行金融机构资金　非银行金融机构包括保险公司、信托投资公司、财务公司等，它们可以为水产养殖场直接提供部分资金或为水产养殖场的筹资提供服务。

（4）其他社会资金　水产养殖场的自有资金。自有资金是水产养殖场通过投资人或合伙人认购的股金、留用利润（包括盈余公积金、公积金和留存收益等）等方式筹集到的资金，是养殖场依法筹集并拥有的、可自主支配的资金。

社会法人资金。其他的水产养殖场或其他行业的企业在经营过程中往往形成闲置资金，它们通过投资或参股方式对新建的水产养殖场形成法人资本金。

社会个人资金。即通常说的民间私人资金。

3. 资金筹措的方式 随着我国金融市场的发展，水产养殖场的筹资有多种方式可以选择，除了国家财政拨款、银行贷款、私人借款、内部积累等方式外，还有发行股票、企业债券、租赁、联营、商业信用等方式。水产养殖场应根据自身的实际情况选择合理的方式。

（1）银行贷款和私人借款 借款是水产养殖场依照借款合同从银行、非银行金融机构和个人借入各种款项的筹资方式，也是目前我国各类水产养殖场最为普遍使用的筹资方式。借款适用于各类水产养殖场，正如大有大借，小有小借。

（2）国家财政拨款 国家财政资金通常需要水产养殖场在建成后申报相关部门的农业扶持项目，获得项目支持的养殖场就能获得财政资金支持。也有一些大型水产养殖场在项目投资规划环节申请国家财政资金支持的，这类养殖场通常在建成后需要验收审计。

（3）内部积累 内部积累是水产养殖场通过生产经营活动而形成的资本增值，也就是通常所说的经营净利润，利润资本化是水产养殖场内部筹资的实质。水产养殖场的内部积累主要包括从税后利润中提取的盈余公积金、公益金和未分配利润。

（4）发行股票 发行股票筹资是水产养殖场依照公司章程依法出售股票直接筹集资金，构成公司股本的一种筹资方式。它以股票为媒介，仅适用于上市水产养殖公司，是上市水产养殖公司获得股权资本的根本办法。

（5）发行企业债券 水产养殖场（企业）为取得资金，依照法定程序发行有价证券，约定在一定期限内还本付息。发行企业债券有利于将社会闲散资金集中起来转化为生产建设资金。这一方式与借款有很大的共同点，但债券融资的来源更广，筹集资金的余地更大。

（6）租赁 租赁是出租人（企业或个人）将资产租让给水产养殖场使用并按约定的时间和数额收取租金。水产养殖场可以通过这种方式筹集到一定的资金。租赁包括经营性租赁和融资性租赁，经营性租赁是指水产养殖场租用出租人提供的养殖场地、设备等而向出租人支付租金。融资租赁是出租人按养殖场的要求出资购买设备或出资建设养殖场，在较长时期内提供给养殖场使用的信用业务。

（7）联营 联营是水产养殖场吸收其他养殖场（或企业）或个人投资，或者几个企业或个人共同出资建设新的水产养殖场，主要表现为合资经营、合伙经营。

（8）商业信誉筹资 水产养殖场在商品交换中采用延期付款或预收货款进行购销活动而形成的借贷关系。例如，水产养殖场采用“赊账”方式向水产品经销商筹资建设新养殖场，然后承诺向水产品经销商供应水产品折抵筹资款项。

（二）融资成本

融资成本是资金所有权与资金使用权分离的产物，融资成本的实质是资金使用者支付给资金所有者的报酬。资金使用者为了能够获得资金使用权，就必须支付相关的费用。

水产养殖场的融资成本实际上包括两部分：融资费用和资金使用费。其中，融资费用是水产养殖场在资金筹措过程中发生的各种费用；资金使用费是水产养殖场因使用资金而向资金所有者支付的报酬，如银行借款利息、私人借款利息、股票的股息和红利、债券利息、场地或设备租金等。

通常来说，融资成本通过融资成本率去反映，但融资成本率因融资渠道和融资方式不同而不同，例如：

$$\text{银行贷款融资成本率}=\frac{\text{贷款利息}+\text{抵押物评估费用}+\text{抵押登记费}+\text{担保费}+\text{融资服务费}}{\text{实际使用资金额}}\times 100\%$$

$$\text{私人借款融资成本率}=\frac{\text{借款利息}+\text{担保费}+\text{融资服务费}}{\text{实际使用资金额}}\times 100\%$$

$$\text{企业债券融资成本率}=\frac{\text{利息}+\text{抵押物评估费用}+\text{抵押登记费}+\text{担保费}+\text{融资服务费}}{\text{实际使用资金额}}\times 100\%$$

上述融资成本只包括水产养殖场融资的财务成本（显性成本）。除了财务成本外，融资还存在着机会成本（隐性成本），即水产养殖场将某种资源用于某种特定用途而放弃的其他各种用途中的最高收益。例如，水产养殖场使用自有资金时，一般无须支付自有资金的使用费，但自有资金用于其他用途时也能取得相应的报酬，这和其他融资方式应该是没有区别的，不同之处只是自有资金不用对外支付使用费，而其他融资方式必须对外支付使用费。

二、养殖场投资规划

制定投资规划有利于论证项目实施的可行性和指导项目方案实施的执行。一个完整的水产养殖场投资规划应侧重于项目的可行性研究，主要包括以下几个方面：项目背景、项目必要性、养殖场建设地点、养殖场建设的各种条件、养殖技术方案、养殖场建设目标、投资估算、投资产生的经济效益和社会效益等。

（一）项目背景

投资建设水产养殖场项目的背景一般包括国家或水产行业发展的相关规划、

经济社会对待建设项目的期待、养殖场建设的发起人和发起缘由，养殖场所在地的基本情况和养殖项目发展概况等。

（二）养殖场投资的必要性

投资水产养殖场之前必须搞清楚这个项目的投资是否有必要，概括来说，就是水产养殖场的建设是否符合国家及当地的产业政策需求，如当地是否把水产养殖业作为调整农业结构的战略举措；还要考虑当地的自然和生物环境是否适宜养殖场的建设，如气候资源、水土资源、水产生物资源等能否支撑养殖场的生产经营需要。如果是水产养殖场扩建，还需要考虑原有养殖场的发展资金是否充足、水产市场的开拓等。

（三）建设的生产条件和场址方案

建设水产养殖场时，应充分考虑到养殖场所在地的自然条件（水文、地形、地质等）、工程地质（如场址下面是否有断层、滑坡、塌方、流沙淤泥、暗流、地下水位等），还要考虑场址所在地的径流资源是否丰富，水源是否有污染，养殖场供电设施齐全与否，能否满足养殖场经营的需要。此外，养殖场所在地的交通运输条件是否便利，社会经济条件（如劳动力资源是否丰富）能否支撑养殖场的建设。

（四）产品方案和建设目标

产品方案主要是说明所建养殖场以养殖哪类水产品为主，整个生产工艺流程是鱼苗繁育—成鱼养殖—水产品销售，还是购买鱼苗—成鱼养殖—水产品销售，养殖销售多大规格的水产品等。

水产养殖场的建设目标主要包括养殖场的建设规模（如建成后年产草鱼多少吨，实现年销售收入多少万元等）、主要建设内容（即鱼池或池塘多少平方米、饲料加工及供氧设备多少台、办公厂房面积多少平方米、购置或繁育鱼苗多少尾、需购置饲料多少吨等）、养殖场的建设周期（即建设养殖场大概需要几个月）等。

（五）投资估算和资金来源

根据当地的水产养殖设备现行市场价格、房屋建设、路面维修等经费测算标准，初步概算整个水产养殖场的总投资需要多少资金，编制养殖场建设项目总投资估算表，内容应考虑到：①固定资产投资（如鱼池、颗粒机、搅拌机、发电机、供氧机、运输设备、办公室等的预计投资额）；②分期的生产成本投入（如建成后第一年的鱼苗投入、饲料成本、药品和器材支出、人工支出、销售费用等）；③流动资金；④贷款利息；⑤利润预估。

在估算出投资总额后，明确水产养殖场的资金来源有哪些，包括融资资金能有多少、自有资金能提供多少。为了保证资金的合理利用，资金到账后还应实行报账制，设立专门账户，专人管理，专款专用，制定详细的资金分年度使用安排。

（六）效益评价

效益评价包括经济效益、社会效益和生态效益3个方面的评价。

①经济效益。主要是财务可行性分析，可分别计算水产养殖场投资的静态投资回收期、投资利税率、财务内部收益率、财务净现值等指标。还可计算项目的年投资利润率。

②社会效益。就是说水产养殖场建成后对当地甚至国内的水产品供应产生哪些影响，对当地农民的收入和水产品消费有哪些有利影响。

③生态效益。就是水产养殖场可能应用生态养殖技术、健康高效养殖技术等，可以达到节能减排的目的，有利于改善生活环境，实现人与自然的和谐。

（七）养殖场建设的可行性研究结论

在完成上述6个方面的分析后，对水产养殖场的建设是否可行进行综合评价。

三、养殖场成本构成及经营利润的主要来源

（一）水产养殖场的成本及构成

1. 成本概念和水产养殖成本的特点 成本是商品经济的价值范畴，是商品价值的组成部分，是生产和销售一定种类和数量产品以耗费资源用货币计量的经济价值。成本对生产经营者的经营活动产生重要的影响作用：一是补偿生产耗费的尺度；二是制定产品价格的基础；三是计算盈亏的依据；四是进行决策的依据；五是反映工作业绩的重要指标；六是衡量生产经营管理水平的综合指标。

水产养殖业的成本具有鲜明的行业特点：①成本具有不确定性，特别是容易受到自然条件变化、渔业生产资料价格波动等的制约，导致这一生产周期的成本与上一周期的成本差别比较大；②生产周期长、资金周转慢，不算养殖场的建设时间，从鱼苗投放到成鱼捕捞出售的整个生产周期，一般也在1年及以

上，资金占用时间长，资金周转速度慢；③生产季节性强，资金占用量大，如大宗淡水鱼的养殖一般是春放秋捕，生产周期内基本都是资金的大量投入。

2. 水产养殖场成本的分类 水产养殖场的成本是指水产养殖场在一定时期内生产经营水产品所发生的各项支出，包括直接费用和间接费用。据《全国农产品成本收益资料汇编》的成本统计方式，将水产品养殖的费用分为两大类：直接费用（物质费用），包括种苗费、饲料费、药物费、人工费、承包费；间接费用（固定资产折旧），包括建设费用和船只费用。固定资产折旧计算方法为：年摊前期建设费用=前期建设总额/摊销年限（使用年限），其结果再除以养殖面积得到建设费用支出。

确定成本核算对象是水产养殖场进行成本归集和核算的前提。一般来说，水产品品种是水产养殖场成本核算的对象，也就是对养殖期间所发生的各项品种费用进行分类和归集，例如淡水养殖主要按养殖鱼苗、鱼种和商品鱼、淡水虾、蟹、贝类等主要品种来计算产品成本。但由于我国农户或养殖场的淡水养殖一般采取的是混养模式，同一养殖池（区）可能同时饲养草鱼、鳙、鲤等多个品种，按鱼类品种进行核算较为困难，特别是饲料成本分摊到各类水产品品种较为困难，面临技术上不可行的难题。因此，为了便于分类和核算，水产养殖场根据实际情况，应设立苗种费、饲料（饵料）费、材料费、工资及福利费、承包费、固定资产折旧、其他费用等项目。上述成本的分类在会记记账时应列入相应的会计科目。水产养殖场的成本构成见图 2-1。

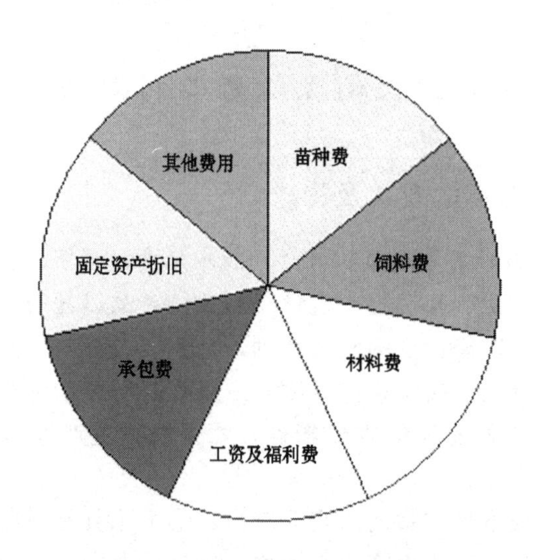

图 2-1 水产养殖场的成本构成

（1）苗种费　主要归集核算直接用于养殖场自主生产鱼苗、鱼种的成本，或者养殖场从外部购买的投放鱼苗、鱼种的费用支出，虾、蟹、贝、藻类等的苗种费计算也类似。如果是养殖场自主繁育苗种，繁育所用的鱼类、虾类、蟹类等的亲本养殖费用也应计入本项目。

（2）饲料（饵料费）　主要归集核算水产养殖场用于养殖环节各种饲料、饵料的支出。养殖场从外部直接购买成品饲料或饵料的费用比较容易核算，如果养殖场购买饲料原料（如玉米、小麦、豆粕、鱼粉等）自己加工成饲料，则将饲料原料的费用、用于饲料加工的水电费用和人工支出都列入饲料成本。

（3）材料费　主要归集核算水产养殖场生产所需的各类渔需物资、渔具、渔药、低值易耗品等的费用开支，还包括用于水产养殖的机油、柴油、水电等开支。

（4）工资及福利费　主要归集核算水产养殖场直接从事水产养殖的人员工资、津贴、福利费、奖金等。

（5）承包费　主要归集核算水产养殖场租用他人的场地、池塘等的费用，按生产周期分摊计入项目。

（6）固定资产折旧　主要归集核算水产养殖场建设养殖场的投资分摊，包括养殖场馆（地）的建设投入、运输设备、饲草料加工设备、水泵和供氧设备等的购置支出，按各类设施设备的使用年限分摊计提列入该项目。

（7）其他费用　主要归集核算为养殖销售等经营环节提供服务的管理部门发生的费用，以及不能直接计入各分类项目的各种费用支出。

（二）水产养殖场的利润来源

1. 水产养殖场的利润构成　利润是经营主体在一定时期内生产经营的财务成果，在数值上等于销售商品的总收益和生产商品的总成本之间的差额。利润通常包括营业利润、投资净收益和营业外收支净额。

水产养殖场的利润，是指水产养殖场从事水产养殖经营活动及其他业务所取得的净收益。水产养殖场的利润来源跟一般企业没有区别，营业利润、投资净收益和营业外收支净额构成水产养殖场利润的主要来源。

计算公式为：

利润总额＝营业利润＋投资净收益＋营业外收入－营业外支出＋以前年度损益调整

（1）营业利润　营业利润是水产养殖场从事水产品养殖销售活动所获得的净收益，包括主营业务利润和其他业务利润。主营业务就是水产养殖场的水产品养殖和销售活动。营业利润的计算公式为：

营业利润＝主营业务收入＋其他业务收入－管理费用－财务费用

其中：

主营业务收入＝产品销售净收入－产品生产成本－产品销售费用－产品销售税金及附加

其他业务收入＝其他销售收入－其他生产成本－其他销售费用－其他销售税金及附加

（2）投资净收益　投资净收益是水产养殖场的投资收益扣除投资损失后的净额。

投资收益包括对外投资分得的利润、股利和债券利息，投资到期收回或者中途转让取得款项大于账面价值的差额，以及按照权益法记账的股票投资、其他投资在被投资单位增加的净资产中所拥有的数额等。

投资损失包括对外投资到期收回或者中途转让取得款项少于账面价值的差额，以及按照权益法记账的股票投资、其他投资在被投资单位减少的净资产中所分担的数额等。

（3）营业外收支净额　营业外收支净额是指与水产养殖场的生产经营活动无直接关系的各项收支，是水产养殖场在一定期间内正常经营活动以外的各项收入和支出之间的差额。营业外收支与水产养殖场的生产经营活动没有多大的关系，但同样带来收入或形成支出，也是增加或减少利润的影响因素，对水产养殖场的利润总额和净利润产生直接的影响。

营业外收入包括固定资产盘盈、处置固定资产净收益、处置无形资产净收益、罚款净收入、补贴收入等。营业外支出包括固定资产盘亏、处置固定资产净损失、处置无形资产净损失、债务重组损失、计提的无形资产减值准备、计提的固定资产减值准备、计提的在建工程减值准备、罚款支出、捐赠支出、非常损失等。

水产养殖场的利润总额扣除应缴纳所得税就是净利润，它是水产养殖场进行利润分配的依据。计算公式为：

净利润（或净亏损）＝利润总额（或亏损总额）－应交所得税

2. 水产养殖场的利润分配　利润分配的顺序根据《中华人民共和国公司法》等有关法律法规的规定，当年实现的净利润，一般应按照下列内容、顺序和金额进行分配：

第一，支付各项税收滞纳金和罚款。

第二，弥补以前年度的亏损。

第三，提取法定盈余公积金。在弥补以前年度亏损后仍有盈余的前提下，法定盈余公积金按照税后净利润的10%提取。法定盈余公积金已达注册资本的50%时可不再提取。提取的法定盈余公积金用于弥补以前年度亏损或转增资本金。但转增资本金后留存的法定盈余公积金不得低于注册资本的25%。

第四，提取盈余公积金。按照税后利润的5%提取，主要用于集体福利设施支出。

第五，向投资者分配利润。

经过上述分配后，水产养殖场仍有的剩余利润为未分配利润，可以结转下年继续使用。

四、养殖场财务分析

水产养殖场财务分析的内容主要根据信息使用者的不同而有所差异，进行财务分析时，可以借鉴工商业企业的财务分析方法，但也应结合水产养殖业的生产特性，使财务分析便捷和可操作性强。水产养殖场及时进行财务分析，不断地从经济角度来看自己的实际经营状况，评价经营的好坏，找出问题，以便采取相应措施，达到增收节支的目的，实现水产养殖效益最大化。常用的财务分析方法有以下几种：

（一）资产负债表分析

利用资产负债表对水产养殖场进行经济分析，养殖者不仅可以了解到自己养殖场的资本价值有多少，水产养殖活动能否盈利，还可以帮助水产养殖场（户）了解自己的资金状况，当养殖场需要新扩建或更新房舍、养殖设备时，养殖场可以及时知道是否有充足的资金进行投资。需要注意的是，进行水产养殖场建设之前，首先要做好项目预算，一定要量力而行，不能盲目投资，避免养殖场建设过程中出现资金周转不畅的问题，避免因延误工期而影响生产并造成重大损失。

规范的资产负债表内容见表2-1。根据会计平衡原理，资产负债表左右两边的资产总计与负债及所有者权益总计是相等的。水产养殖场在编制资金负债表时应根据自身情况编制，表明水产养殖场的经济状况即可。一般来说，流动资产与流动负债的差额就能衡量出水产养殖场现有流动资金的多少。如果差额大于零，除留足季节性资金需要外，还可根据剩余流动资金的多少来确定是否投资新项目。

表 2-1　资产负债表

编制单位：　　　　201×年××月　　　　（单位：元）

项　　目	年初数	年末数	项　　目	年初数	年末数
流动资产：			流动负债：		
货币资金			短期借款		
短期投资			应付票据		
应收票据			应付账款		
应收股利			预收账款		
应收利息			应付工资		
应收账款			应付福利费		
其他应收款			应付股利		
预付账款			应交税金		
应收补贴款			其他应交款		
存　货			其他应付款		
待摊费用			预提费用		
一年内到期的长期债权投资			预计负债		
其他流动资产			递延收益		
流动资产合计			一年内到期的长期负债		
长期投资：			其他流动负债		
长期股权投资			流动负债合计		
长期债权投资			长期负债：		
长期投资合计			长期借款		
固定资产：			应付债券		
固定资产原价			长期应付款		
减：累计折旧			专项应付款		
固定资产净价			其他长期负债		
减：固定资产减值准备			其中：待转销汇兑收益		
固定资产净额			长期负债合计		
工程物资			递延税项：		
在建工程			递延税款贷项		
固定资产清理			负债合计		
固定资产合计			所有者权益：		
无形资产及其他资产：			实收资本		
无形资产			资本公积		
长期待摊费用			盈余公积		
其他长期资产			其中：法定盈余公积		
其中：待转销汇兑损失			法定公益金		
无形资产及其他资产合计			任意盈余公积		
递延税项：			本年利润		
递延税款借项			未分配利润		
			所有者权益合计		
资产总计			负债和所有者权益总计		

单位负责人：　　　　财会负责人：　　　　复核：　　　　制表：

（二）损益表分析

损益表反映了整个水产养殖场一定时段（月、年）的财务状况，它不分水产品的养殖批次，是按照业务往来发生的时间先后顺序，做好财务记录，制成财务报表，通过这个财务报表进行详细分析，可以及时全面了解水产养殖场的经营情况是否良好，判断今后将如何发展，为水产养殖者的决策提供依据。损益表包括内容见表 2-2。

表 2-2 损益表

编制单位： 201××年××月 （单位：元）

项　　目	行　次	本月数	本年累计数
一、主营业务收入	1		
减：主营业务成本	2		
营业费用	3		
主营业务税金及附加	4		
二、主营业务利润	5		
加：其他业务利润	6		
减：管理费用	7		
财务费用	8		
三、营业利润	9		
加：投资收益	10		
补贴收入	11		
营业外收入	12		
减：营业外支出	13		
加：以前年度损益调整	14		
四、利润总额	15		
减：所得税	16		
五、净利润	17		

单位负责人： 财会负责人： 复核： 制表：

（三）毛利润分析

毛利润分析法是分析水产养殖场经济效益的常用方法，以一批水产品为单位计算的可比性较强，水产养殖场只要根据收入支出的记录计算出某一批次的毛利润，就能不断检查自己养殖场的财务和技术状况。毛利润分析法可以让养殖场对养殖不同鱼类的盈利情况进行横向比较，还可以与同一鱼类的不同养殖批次的经济效益进行纵向比较。

将水产养殖场生产经营的成本区分为可变成本和固定成本。可变成本是能够分摊给每批水产品的支出消费。例如，苗种费、饲料（饵料）费、渔药费等。固定成本是整个养殖场所承担的、固定的费用支出。例如，养殖场（池塘）承包费、设备折旧、人工及福利、租金、燃料、水电等。水产养殖场将某一批次水产品的销售收入减去可变成本，余额就是毛利润，再减去分摊的固定成本就能得到净利润。

五、如何选择养殖场的投资规模及投资时机

（一）投资多大规模合适

1. 养殖场建设规模 养殖场建设规模的大小应根据自身财务状况和筹资情况决定，不能盲目建设，应依据不同鱼类养殖的行业投资水平（包括固定资产投资和饲草、饲料等流动资金）进行资金综合考虑，最后决定各种鱼类的养殖数量。发展规模养殖应遵循先小后大、先少后多的模式稳步发展，在运转盈利后，根据需要扩大规模。

2. 固定资产投资 固定资产投资一般只能占总投资的50%左右，固定资产投资过大则养殖成本过高，容易造成借款偿还期延长，财务利息费用增加，养殖经济效益降低。

3. 流动资金安排 流动资金包括购买鱼苗鱼种、饲料饵料、渔药、水电、工资福利、利息支出等。一般来说，流动资金要占到水产养殖场总投资的30%以上，流动资金过小容易造成购买苗种、药品、低值易耗品时缺乏资金，进而影响整个养殖场的正常运作。

4. 保本养殖数量 采用盈亏平衡分析法正确计算水产养殖场的保本养殖规模，这对防止养殖发生亏损具有重要作用。计算公式为：

$$保本养殖数量=\frac{固定成本}{每千克鱼的销售价格-每千克鱼的可变成本}$$

当养殖数量小于保本数量时，养殖场处于亏损区，发生亏本；等于保本数量时，盈亏平衡，仅保本无积累；大于保本数量时，处于盈利区。例如，草鱼的塘边价格是12元/千克，生产1千克草鱼的可变成本为4元，固定成本当年的分摊为40 000元，那么，养殖场盈亏平衡点的产量为：40 000÷（12－4）＝5 000千克。养殖场的产量超过5 000千克就可盈利，否则就会亏损。假定该养

殖场当年的盈利目标是50 000元，那么，要实现盈利目标，需要的草鱼产量是（40 000＋50 000）÷（12－4）＝11 250千克。

（二）什么时候投资合适

选择合适的入市时机能增大获利的可能性和增加获利。建议从3个方面进行考虑：一是自身已经准备好的时候，这主要是资金是否能及时到位，投资的资金都有着落了，东风具备，只等实施投资。二是水产品市场价格低迷的时候，投资决策时必须进行市场调查，以市场需求为导向，考察各地的水产品存塘量，考虑价格变动及其发展趋势，因为水产养殖业有一个生产周期，当前某类水产品价格低迷可能让一部分养殖者少养或不养该类产品，此时进行投资，等到成鱼出售时，市场价格就到了回暖时期。三是在自己看准投资机会的时候，养殖者通过多种渠道把握水产养殖业的发展信息，尽量做到有一定的超前意识，一旦看准机会，就立即行动，以免错过大好时机。

［案例2-1］　如何减少养殖场的融资成本

一般来说，很多水产养殖场（企业）不具备上市条件或发行债券的资质，不能通过发行股票和企业债券的方式进行融资。大部分水产养殖场的融资方式是银行贷款、私人借款和自有资金。鉴于此，本案例将介绍一种另类的融资模式。

2014年，广东省博罗县吴波畜牧水产有限公司（以下简称吴波水产）创造性地提出了“吴氏模式”，并建成了首个13.33公顷（200亩）示范养殖场。在2015年，吴波水产计划继续完善和大力推广“吴氏模式”，带领加盟养殖户走上一条资本和土地相结合的现代农业道路。

2014年，吴万冠制定了“吴氏模式”（图2-2)：公司作为牵头者，出面协调成片鱼塘用地和完善鱼塘设施条件，公司和投资人共同出资，另外指定专人进行生产管理，利润则按公司、投资人和管理者协商好的比例分成。具体方案为：公司出资51%，作为组织者，出面协调用地，负责完善鱼塘建设，收入占年度利润75%中的51%。投资者可以多人，出资共占49%股份，可提意见，但不参与和干涉生产管理，收入包括与银行存款相近的利息和年度利润75%中的49%。管理者只有1人，无须出资，由股东投票选出，全权负责生产管理；除了按月领取工资外，还享有年度利润25%的分红。

吴万冠介绍说，这个13.33公顷（200亩）的养殖场初次投资预算如需200万元，则以1万元为1股，共分成200股，公司为大股东，占51%股份，其余股东共占49%股份。资金使用包括鱼塘转手费、租金（按市场平均价）及后期

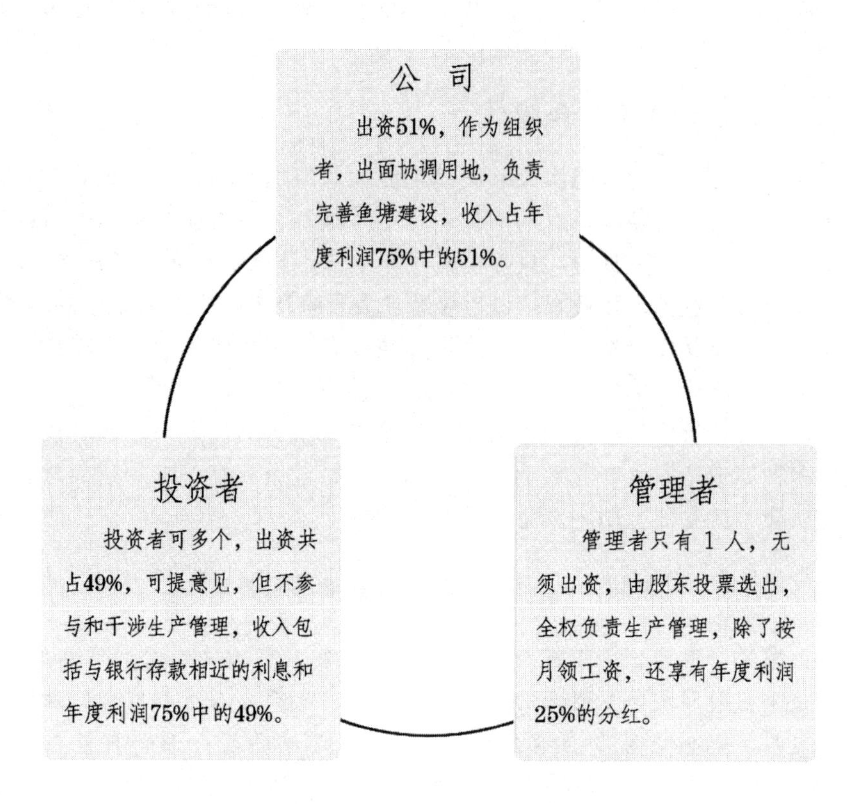

图 2-2 “吴氏模式”结构与分工

投入。后期投入包括鱼塘修整，通水、路、电等费用，购买饲料、渔药和鱼苗，工人工资等。养殖场投资和分红以年为周期，每年独立运作。作为公司，想发展壮大就要不断扩张。在这之前，按 100％注资的形式，公司出 200 万元只够建 1 个场；而现在通过这种新的融资方式，200 万元就可以建成 2 个场，即用同样的付出就开拓了更大的市场。

点评：吴波水产公司的融资模式将当地百姓手中的“散钱”聚合起来再投资，让农户作为股东入股水产公司，一方面对农户的股金支付银行同期存款利息，还让农户按股参与利润分配，对利用农户手中的闲散资金有很大的吸引力。对公司来说，相比于从银行贷款，融资利率降低了，也无须向银行提供贷款抵押担保物，融资额度也更大，有效缓解了贷款难问题。

（案例提供者 陈石娟 李敏强）

第二节 养殖场运营及效益分析

一、当前我国大宗淡水鱼市场产品的主要形式

目前，鲜活产品是我国大宗淡水鱼最主要的产品形式。为了适应鲜活运输的要求，运输和暂养成为大宗淡水鱼流通中最关键的环节，为了保证淡水鱼的成活率与保鲜，养殖户、鱼贩需要投入一定的技术、装备与设施。据调查，一般短距离的大宗淡水鱼运输多使用较为简陋的设施装备，如低端三轮车、拖拉机、农用车等，稍长距离的运输则会采用中型活鱼运输车，而大型进口集装箱式活鱼运输车在大宗淡水鱼运输中很少见到。在中长途运输中，主要采用有水运输技术，运输装备多使用改装式国产皮卡汽车、特质转运桶或鱼箱和气态或液态增氧装置。在暂养环节，装备和设施主要包括换水站、暂养池、增氧机组等。

除鲜活形式外，近年来随着大宗淡水鱼产业规模的不断壮大，我国大宗淡水鱼加工产业得到了快速发展，国家在“十五”“十一五”“十二五”期间先后立项实施了“淡水和低值海水鱼类深加工鱼综合利用技术的研究与开发”“大宗低值淡水鱼加工新产品开发及产业化示范”“国家大宗淡水鱼产业技术体系”等多项国家攻关计划、支撑计划项目以及现代农业产业技术体系建设项目，形成了一系列创新性成果。在冰温和微冻保鲜、速冻加工、鱼糜生物加工、低温快速腌制、糟醉、低强度杀菌和鱼肉蛋白的生物利用等方面取得了系列进展。

第一，大宗淡水鱼糜加工产业开始发展，出现了包心鱼丸、竹轮、天妇罗、蟹足棒等淡水鱼糜新产品，并开始规模化、标准化生产。例如，开发了系列产品，将鱼头采用基于质构的组合杀菌技术加工成方便易保藏的软罐头产品，将采肉后副产物进行煮汤调味做成鱼汤粉，利用酶解技术将鱼肉、鱼皮、鱼鳞开发成了蛋白多肽、胶原蛋白肽或鱼蛋白饮料等产品。

第二，在大宗淡水鱼贮藏保鲜技术方面开发了以鱼鳞和鱼皮蛋白酶解物为基料的可食性涂膜保鲜技术和等离子体臭氧杀菌、混合气体包装、冰温贮藏相结合的生鲜调理鱼片的保鲜技术。利用这些技术可开发出生鲜鱼片等方便食品，但目前市面上还不多见大宗淡水鱼的此类产品，多以一些高端海水鱼类品种为主。

第三，利用现代食品加工技术原理和工程技术对深受消费者欢迎的传统水

产制品进行工业化开发和示范，对传统腌制、发酵、杀菌、熏制、干制、糟醉等技术进行升级改造，研发了发酵鱼糜制品、裹粉调理制品、调味鱼片、即食鱼羹等一批新产品。

总体来看，目前大宗淡水鱼类的产品结构不断完善，精深加工比例显著增加。虽然目前我们没有大宗淡水鱼类加工产品的完整统计数据，但从近些年我国水产加工制品的发展可见一斑。我国的水产品加工制品一般分为冷冻产品、干腌制品、鱼糜及其制品、罐头制品、藻类加工品、水产饲料、鱼油制品和其他加工产品等类型。2013 年我国冷冻产品、干腌制品、鱼糜及其制品、罐头制品、藻类加工品、水产饲料、鱼油制品和其他加工产品的产量分别为 1 229.98 万吨、157.95 万吨、132.68 万吨、37.49 万吨、98.99 万吨、99.55 万吨、7.70 万吨和 189.68 万吨，比 2011 年分别增加 126.26 万吨、0.18 万吨、28.67 万吨、10.94 万吨、2.03 万吨、－82.61 万吨、2.90 万吨和 80.88 万吨。2013 年水产饲料产量较 2011 年下降，其他各类加工产品均有所增长，鱼糜制品、罐头制品、鱼油制品和其他水产加工品增速较快，2011—2013 年年均增长率均在 10%以上。

虽然近年来我国大宗淡水鱼加工技术得到明显提升，但受消费习惯和技术本身的限制，我国大宗淡水鱼加工能力仍显不足，加工业整体发展水平与大宗淡水鱼产业的地位不相匹配。从加工方式来看，还是以传统型加工工艺为主，一些符合我国消费者饮食习惯和深受欢迎的传统特色水产品还多采用小规模的手工作坊，技术装备落后，缺乏工业化生产技术。在 6 家上市水产企业中仅 1 家是淡水企业，且是以养殖为主，而非加工企业。此外，淡水鱼加工后剩余的鱼鳞、鱼皮、鱼骨等下脚料虽然也开发生产了一些如胶原蛋白、蛋白胨、添加剂、鱼粉、鱼油、甲壳素、壳聚糖等产品，但综合利用程度不高，大多数下脚料仍被废弃，有些综合利用技术又会造成环境的二次污染。由于基础研究和应用基础研究薄弱，一些制约水产加工产业的关键技术问题仍未解决，如淡水鱼土腥味重、蛋白冷冻易变性、水产品保活保鲜技术、水产动物蛋白高效利用技术等关键技术长期得不到有效解决。

二、我国有哪些地区属于大宗淡水鱼的主要产销区

2013 年，我国大宗淡水鱼养殖产量 1 881 万吨，占淡水养殖产量的 67.1%。大宗淡水鱼的养殖地主要集中在湖北、江苏、湖南、广东、江西等省区。其中，湖北、江苏两省的大宗淡水鱼年产量超过了 200 万吨。各品种的产量增长情况和产量占比分别见图 2-3 和图 2-4。

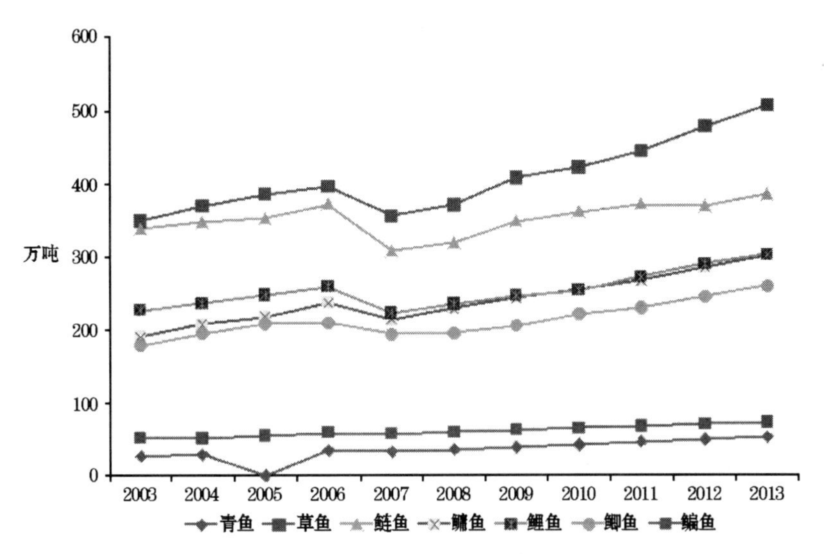

图 2-3　2003—2013 年大宗淡水鱼产量增长情况

数据来源：中国渔业统计年鉴相关年份

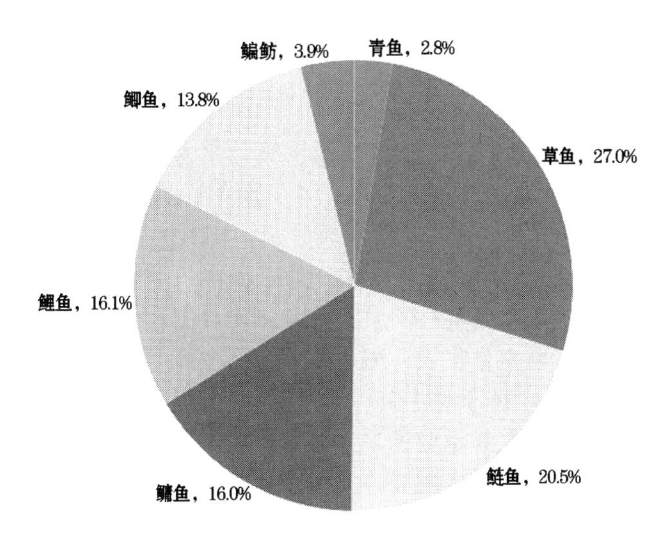

图 2-4　2013 年大宗淡水鱼产量分布情况

数据来源：2014 中国渔业统计年鉴

2013 年，我国淡水养殖产量在 50 万吨以上的省份有 13 个，其中，产量在 300 万吨以上的省份有湖北、广东和江苏，湖南、江西两省的淡水养殖量超过 200 万吨，安徽、山东、广西、四川等省、自治区的产量达到百万吨以上（图 2-5）。在淡水养殖业产值较大的江苏、湖北、广东、江西、安徽和湖南 6 省，

2013年淡水养殖业产值占渔业第一产业产值的比重分别是62.36%、83.36%、48.24%、82.34%、78.48%和92.19%，淡水养殖业产值占渔业经济总产值的比重分别是35.8%、40.0%、22.8%、41.0%、48.4%和75.9%。可见，淡水养殖业在这些省份渔业经济中的重要地位。

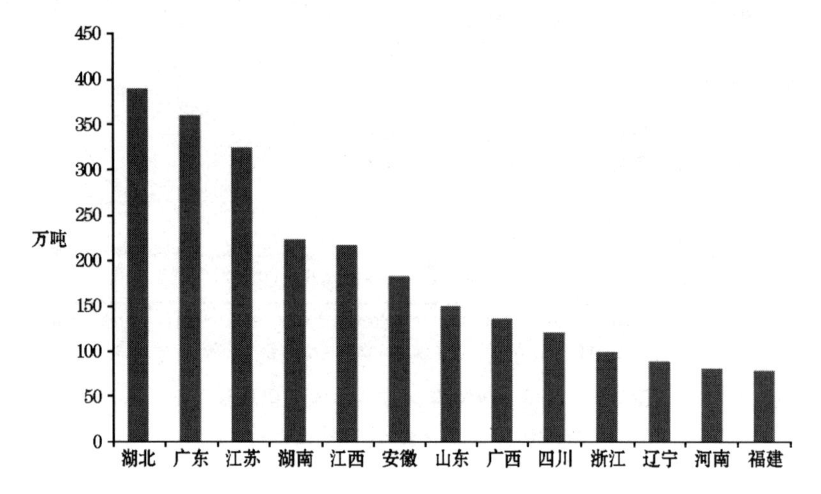

图2-5　2013年淡水养殖年产量50万吨以上的省份

数据来源：2014中国渔业统计年鉴

目前，我国珠江流域和长江中下游地区虽然仍是大宗淡水鱼的主产区之一，但受成本收益变化和加工业发展需求影响，其生产将逐步向着规模化、标准化方向发展。“十一五”“十二五”以来，受科技进步、技术扩散加快的影响，我国西南、西北地区的大宗淡水鱼产业发展很快，大宗淡水鱼综合生产能力不断提高。总体上，我国大宗淡水鱼产业重心发生了由南向北、由东向西的逐渐扩展。

我国水产品消费市场容量很大，城乡居民有悠久的食鱼传统。目前，随着居民消费逐渐由温饱型向营养型转变，水产品在食物消费中的地位逐渐提升。大宗淡水鱼养殖占我国淡水养殖业的2/3强，因此在消费者饮食结构中占有重要地位。近年来，随着区域经济发展，北方地区和西北内陆地区的大宗淡水鱼的消费也在增长。但从全国情况来看，京、沪等地区人口较多，为淡水鱼消费的主要集中地区，而且京、沪四通八达，周边省（市）大宗淡水鱼主产区的水产品均可便捷到达，供应量也相对较大。相对来说，西北、西南、东北等非主产省（自治区）未来大宗淡水鱼消费还会增长。

三、当前我国大宗淡水鱼的主要交易方式及定价原则

受消费习惯和加工业发展较缓慢的影响，我国大宗淡水鱼基本为鲜销，因

此，畅通的销售渠道对于大宗淡水鱼养殖者至关重要。

目前，我国大宗淡水鱼交易方式仍沿用传统的面对面交易方式，小规模、大群体的特征比较明显。根据国家大宗淡水鱼产业技术体系产业经济研究室调查，78.72%的养殖户是坐等鱼贩上门收购，通过合作社销售、企业收购和自己送到批发地的各占7.34%、6.55%和5.47%。而水产品批发市场基本都采取对手交易方式，网上交易、拍卖交易、标价交易、委托代理交易等现代交易手段基本没有使用。在多数小城镇和乡村，水产品连锁经营方式尚未发育。目前，批发市场的结算手段和物流配送落后，所有的交易仍是现金结算，第三方物流配送的意识和手段仍比较落后。

养殖户销售信息的获取主要依赖鱼贩，另一方面也会通过熟人询问和直接到产地批发市场询价来了解价格信息。根据国家大宗淡水鱼产业技术体系产业经济研究室调查，一般给鱼贩打电话获取大宗淡水鱼价格信息的占37.11%。这是因为，鱼贩掌握着最及时准确的市场信息，也拥有广泛的销售渠道，在水产品市场中扮演着不可或缺的角色，是养殖户生产与销售的主要联系人。其次，还有34.71%和23.71%的养殖户采取直接市场询价方式和询问其他养殖户。这是因为大部分从事大宗淡水鱼养殖的养殖者已有超过20年的从业时间，已经形成了稳定的销售渠道，这一类养殖户比较依赖多年来形成的价格信息来源渠道。个别养殖户会通过合作社和协会获取市场价格信息。而通过看电视、上网、手机短信等新渠道获取价格信息的养殖户寥寥无几。

总体来说，大宗淡水鱼的产业规模和市场规模大，价格不贵，消费者众多，市场比较均衡，鱼贩不容易形成价格垄断，养殖户也相对容易了解价格信息，实践中，大宗淡水鱼定价基本上是随行就市的。从事大宗淡水鱼产销经营，必须充分掌握市场信息，根据供求基本情况变化来进行定价，几个基本的定价原则如下。

第一，成本导向原则。以成本为中心，即以成本加利润为基础，完全按卖方意图来确定价格。其优点是保证企业不亏本，计算简单。但所定价格实现与否，要看市场是否接受。具体又可以采用：

①成本加成定价法。其公式为：

$$单位产品销售价格=\frac{单位产品总成本}{1-税率-利润率}$$

该法适用于产量与单位成本相对稳定，供求双方竞争不太激烈的产品。

②目标利润定价法。根据企业的总成本和计划的销售量（或总产量）及按投资收益率制订的目标利润而制定的产品销售价，再加单位产品目标利润额。其公式为：

$$单位产品销售价格=\frac{总成本+目标利润总额}{总产量}$$

③盈亏平衡定价法。按照生产产品的总成本和销售收入维持平衡的原则，来制订产品的保本价格，其公式为：

$$单位产品销售价格=\frac{固定成本+可变成本}{总产量}$$

第二，需求导向定价原则。根据消费者对大宗淡水鱼的认知和需求程度来确定价格。一般先拟订一个消费者可以接受的价格，然后根据所了解的中间商成本加成情况，逆推计算出出塘鱼价。

第三，竞争导向原则。根据主要竞争对手的商品价格来确定自己商品价格、以竞争为中心的定价方法。这种定价方法并不要求企业把自己的商品价格定得与竞争对手商品的价格完全一致，而是使企业的产品价格在市场上具有竞争力。

四、商品鱼销售合同的签订原则及内容

（一）签订原则

1. 遵守国家的法律和政策　签订销售合同是一种法律行为，合同的内容、形式、程序及手续都必须合法。这里说的“合法”是指销售合同的订立必须符合国家法律和政策的要求。只有遵循合法原则，订立的销售合同才能得到国家的认可和具有法律效力，当事人的权益才能受到保护，并达到订立销售合同的预期目的。

2. 遵守平等互利、协商一致、等价有偿的原则　这一原则在销售合同关系中的具体体现是：双方当事人在法律地位上是平等的，所享有的经济权利和承担的义务是对等的。双方的意思表示必须真实一致，任何一方不得把自己的意志强加于对方，不允许一方以势压人、以强凌弱或利用本身经济实力雄厚、技术设备先进等优势条件，签订“霸王合同”“不平等条约”，也不允许任何单位和个人进行非法干预。

3. 遵守诚实信用原则　销售合同的双方当事人，应诚实遵守合同的规定，积极履行合同，稳定地开展工作，为提高自己的信誉而努力。

（二）合同内容

当事人双方在销售合同签订过程中一定要对合同所具备的主要条款逐一审明，详尽规定，使之清楚、明确，合同内容应至少包括以下几个要素。

第一，标的。标的是销售合同当事人双方权利和义务所共同指向的对象，具体到商品鱼销售合同中即指涉及的具体商品鱼。

第二，数量和质量。销售合同中一定要明确商品鱼的具体数量和质量，这是确定销售合同标的特征的最重要因素，也是衡量销售合同是否履行的主要尺度。在确定数量时，还应明确计量单位和计量方法。

第三，价款。合同要明确规定定价数额，并说明它们的计算标准、结算方式和程序等。

第四，履行期限、地点和方式。这是确认销售合同是否按时履行或延期履行的时间标准。双方当事人在签订合同时，必须明确规定具体地点和履行期限，切忌使用“可能完成”“一定完成”“要年内完成”等模糊两可、含糊不清的措辞。履行地点应冠以省、市名称，避免因重名而发生错误。履行方式要交代清楚当事人履行义务的具体方法，例如是一次履行还是分期分批履行，是提货还是代办托运等。

第五，违约责任。合同中应明确当事人违反销售合同约定条款时应承担的法律责任。下面是笔者根据上述原则和内容虚拟的一份某餐饮管理公司和某水产养殖场的商品鱼销售合同，仅供参考。

商品鱼销售合同书

甲方（需方）：××餐饮管理有限公司

乙方（供方）：××水产养殖场

就乙方向甲方供货事宜，本着平等互惠互利的原则，经甲、乙双方友好协商一致，特订立本供货合同书。

一、供货清单（单位：元）

序　号	名　称	规　格	数　量	单　价	总　价
1	草　鱼				
2	鲤　鱼				
3	白　鲢				
4	花　鲢				
5	鲫　鱼				
6	……				
总　计	人民币（大写）				¥

二、质量保证

成活率100%，要求光洁健壮，无斑点、无畸形，规格较为均匀。

三、供货时间、地点

乙方须按照甲方要求的时间及时供货，并由乙方承担相应运输费用，供货时间误差不超过3小时，交货地点：

四、订货方式

甲方在本协议有效期内可根据经营需要，向乙方以订单销售订货或以电话、传真等方式订货，属订单订货的，乙方在拿订单时应予签字；属甲方传真、电话订货的，乙方应予确认。乙方电话需随时保持开机状态，但甲方需在头1天晚上9时前报第二天需求计划。

五、付款方式

乙方提供的商品鱼经双方结算确认后，乙方须开具发票，在甲方的指定时间和地点，于当月的28日前，一次性用现金或转账方式付清货款，甲方逾期未向乙方支付货款，乙方有权随时终止向甲方供货，并每天按所欠货款的0.3%收取违约金。

六、双方的权利与义务

（一）甲方的权利和义务

1. 甲方有权对乙方供货的货物进行质量检查。甲方有权对乙方供货质量问题（濒死不鲜活、不合规格、短斤少两等）按照本合同第七条的相关条款追究乙方责任。

2. 甲方有义务按时为乙方结清货款；有义务维护乙方的供货权益。

（二）乙方的权利与义务

1. 乙方有向甲方销售供应本合同约定的供货品名范围内的货物供货权，有权要求甲方按时结算货款。

2. 乙方有义务按甲方订货的要求保质保量按时供货。

七、违约责任

甲、乙双方均应遵守本合同各项约定，任何一方违约均应承担违约责任。

（一）甲方有下列情形之一的，视为违约：

1. 甲方未按合同收购或在合同期内退货的，应按未收或退货部分货款总值的10%，向乙方偿付违约金。

2. 乙方按合同规定交货，甲方无正当理由拒收的，除按拒收部分货款总值的10%向乙方偿付违约金外，还应承担乙方因此而造成的实际损失和费用。

（二）乙方有下列情形之一的，视为违约：

1. 乙方逾期交货或交货少于合同规定的，如需方仍然需要的，乙方应如数补交，并应向甲方偿付逾期不交或少交部分货物总值的10%的违约金；如甲方不需要的，乙方应按逾期或应交部分货款总值的20%支付违约金。

2. 乙方交货时间比合同规定提前，需经甲方同意接收，并按合同规定付款；乙方无正当理由提前交货的，甲方有权拒收。

3. 乙方交售的产品规格与合同规定不符时，甲方可以拒收。乙方如经有关部门证明确有正当理由，甲方仍然需要乙方交货的，乙方可以延迟交货，不按违约处理。

八、不可抗力

合同执行期内，如发生自然灾害或其他不可抗力的原因，致使当事人一方不能履行、不能完全履行或不能适当履行合同的，应向对方当事人通报理由，经有关主管部门证实后，不负违约责任，并允许变更或解除合同。

九、争议的解决

执行本合同发生争执，由当事人双方协商解决。协商不成，双方同意由仲裁委员会仲裁或向人民法院提起诉讼。

十、其　他

1. 当事人一方要求变更或解除合同，应提前通知对方，并采用书面形式由当事人双方达成协议。接到要求变更或解除合同通知的一方，应在7天之内做出答复，逾期不答复的，视为默认。

2. 违约金、赔偿金应在有关部门确定责任后10天内偿付，否则按逾期付款处理，任何一方不得自行扣付货款来充抵。

3. 本合同如有未尽事宜，须经甲乙双方共同协商，做出补充规定，补充规定与本合同具有同等效力。

十一、合同生效及期限

1. 本合同有效期自 年 月 日至 年 月 日，经甲乙双方签字、盖章后生效。

2. 本合同一式贰份，甲乙双方各执壹份，共同遵守。本合同涂改处无双方盖章为无效条款。

甲方：	乙方：
法定代表人：	法定代表人：
地址：	地址：
电话：	电话：
签订日期：　　年　月　日	签订日期：　　年　月　日

五、从哪里可以获取商品鱼价格及相关的信息

目前，商品鱼价格等信息主要来源于传统媒体（涉农报纸、农业电视频道）和新媒体（农业网站、微博、微信），其中，新媒体获取信息的比重越来越大。

（一）传统媒体

1. 涉农报纸 目前我国农业方面的报纸较少，《农民日报》作为发行量最大的全国性涉农大报，主要注重宏观的报道，并无专门的农产品信息发布版面，只有周三的“市场信息”专刊中每周定期发布国内外大宗农产品价格信息。《中国渔业报》是我国目前唯一覆盖全国渔业行业的权威性专业报纸，重点宣传党和国家有关渔业方面的政策法规，传递渔业生产、科技、加工、流通、管理、服务、消费等信息，主要设有综合新闻、渔业信息、产业动态、政策法规、科技视野、企业经纬、国际渔业、文化消费、资源环保等专版，也是一张综合性的报纸。此外，各省、自治区、直辖市也有涉农报纸，但发行量和影响力不大。

2. 农业电视频道 中央电视台第七套农业频道的节目内容比较丰富，向观众提供大量致富信息、科技信息、种养殖技术和成功典型事例等。全国地方电视台中也有部分省、自治区、直辖市开通了农业频道，其中，山东卫视农科频道是为数不多的开设较为成功的涉农频道，拥有“乡村季风”“致富招招鲜”“农资超市”和“城乡大卖场”等栏目，同时还建有比较完善的网络平台，提供节目在线直播。

通过以上这些传统媒体获取的商品鱼信息较为综合，更多侧重的是生产养殖和加工技术等方面，要得到市场流通等更为详细及时的信息还需要依靠新媒体。

（二）新媒体

1. 农业综合网站 网络媒体的优势在于能够让网民免费发布各种供求信

息，门槛低，信息更新速度快，覆盖面大，信息来源广。在各省、自治区、直辖市农业行政主管部门中，已有83个地级和45个县级农业部门建立了农业信息网站。从商品鱼信息获取数量、质量以及更新速度看，以下几个网站做得比较成功。

(1) 中国农业信息网　中国农业信息网是农业部官方网站，自1996年建成以来已经形成了集54个精品频道、28个专业网站以及各省、自治区、直辖市农业网站为一体的国家农业综合门户网站，其最大特点是权威性和可信度高，统领农业和农村经济社会发展的全局，高屋建瓴地传播各种信息。其下设的全国农产品批发市场价格信息网是集农产品价格采集、市场动态信息发布、农产品趋势分析一体的专业性网站，目前已有748家大中城市的农产品批发市场入网，信息源覆盖大陆各省、自治区、直辖市行政辖区，主要产品包括粮油、畜禽、蛋、水产品、蔬菜、水果等六大类别，涵盖品种近500个，全年365天不间断采集农产品价格、交易量、质量检测、市场动态等信息，每天数据更新1万余笔。此外，农产品批发市场信息网还将各地市场报送的信息经汇总整理分析后，产生价格日报、周报、月报、市场动态及专题报告等信息产品。该网站是目前国内最权威最可靠的商品鱼信息获取渠道之一。

(2) 全国农产品商务信息公共服务平台　全国农产品商务信息公共服务平台的前身是新农村商网，是商务部主办的公共信息服务类网站，以收集、发布涉农政策信息和农副产品流通信息为主要内容，同时与其他相关部门开展信息合作。2014年商务部通过全面升级改造和资源融合将新农村商网建设成农产品流通领域的公共信息服务平台，利用现代信息技术，进一步发挥政府在涉农公共信息服务方面的指导作用，帮助农产品供需双方更好地实现良性互动和日常对接，拓宽农产品销路，促进农产品流通，带动农村经济发展，帮助农民增收。全国平台由“信息发布”“购销对接”“咨询互动”三大基础功能构成，下设农业资讯、购销信息、采购大厅、价格行情、区域农产、培训课堂、咨询互动、省（市）子站8个频道，将通过发布海量涉农数据、建立行业专题平台、手机无线应用、网上网下常态化对接等功能与服务，共享内部资源、汇聚社会力量，为农产品流通环节的涉农商家提供全方位数据信息，使信息服务更加贴近农民的生产和生活，为农产品生产、流通、推广等各环节提供一站式线上服务。该平台更侧重于商品鱼交易流通等信息的发布，是我国目前由政府主导的又一大农产品信息服务网站。

(3) 农博网　农博网的投资主体是北京一家农业信息科技企业，其前身是成立于1999年的中国农网，2002年更名为农博网，并获得“2004年中国商业网站100强”称号。农博网以“服务农业、E化农业”为己任，为广大用户提供农业信息和科技知识，成功打造了“农业资讯”“报价中心”和“数据中心”三大平台。农博水产作为其子域涵盖了行业资讯、市场动态、品种大全、企业大全、企业动态、政策法规、实用技术、展会信息、行业人物、水产专题和报价中心等11个版块，为及时准确地了解商品鱼价格行情等提供了信息支持。

2. 水产网站

（1）中国水产门户网　中国水产门户网成立于2000年10月，是我国最早的水产行业综合性网络媒体，累计浏览超过1 000万次，受到400万行业人群关注，站内拥有数十万水产用户数据资源。2004—2010年被农业部评为农业网站100强，成为连续7年获得“中国农业网站百强”称号的唯一水产类网站。

（2）中国水产养殖网　中国水产养殖网成立于2006年9月，网站以提供水产业信息、资讯及水产品供求贸易与行业交流为主，具体涉及行业动态、市场行情、养殖技术、热门品种推荐、水产饲料、水产加工、水产人才、水产论坛、水产供求、技术培训、市场推广、会展等内容和服务。目前，该网站拥有超过10万个行业内注册用户，每天有6万～10万人次专业访问人群，是一家专业的水产综合性服务网站。

（3）中国水产频道　中国水产频道是跨平台网络传媒，全方位整合多种媒体形式、内容资源、技术平台、传播渠道，努力打造全球领先的华人水产综合服务机构。

此外，除了传统的农业网站外，还可以通过微博、微信、热线短信平台等媒体更加精准地获取信息服务，及时掌握商品价格和市场流通等信息。目前，已有多家水产网站开通了微博和微信服务平台，如“中国水产门户网”“中国水产网”等，为广大用户提供多样化、个性化和普泛化的全方位资讯。12582农信通热线是中国移动为广大客户提供的全国最大规模的公益性农民信息服务平台，该平台通过中国移动覆盖农村地区的网络资源，基于手机、PC等终端，通过语音热线、短信等方式，将政府农业部门、农业科研机构、涉农企业、信息服务站提供的农业信息及时传递到涉农客户，满足农村市场的农产品产供销和农民关注的民生问题等信息化需求的一项业务。通过这些新媒体，用户可以获得更加丰富多样的信息服务，成为当前了解商品鱼价格等信息的一个重要途径。

六、如何进行售后质量跟踪

目前，水产养殖场进行商品鱼售后质量跟踪主要有以下几种方法：

（一）电话跟踪

养殖场通过电话回访的方式直接向客户了解商品鱼质量。其优点是省时、省力、费用低、速度快；缺点是容易受通讯条件限制，跟踪的系统性差。采用这种方式时，应事先做好跟踪调查准备，做好跟踪记录。

（二）上门回访

养殖场定期或不定期地进行上门回访，了解客户商品鱼售后情况，同时及时了解客户的需求和意见，这是大家比较欢迎的一种方式。其优点是可获真实、准确的情况，易发现问题，利于质量改进；缺点是费时、费力，不可能经常进行。采用这种方式时，应事先通知客户，同时养殖场应当派出比较熟悉业务情况的人员参加回访。

（三）配送人员

通过配送人员进行及时的信息反馈，第一时间了解商品鱼售后质量存在的问题。这种方式的优点是反应迅速，可以及时掌握产品质量的第一动态，缺点是反馈出的信息的实际性和准确性较差。

（四）发放质量跟踪卡

养殖场在为客户供应商品鱼的同时，向客户发放质量跟踪卡，请客户填写后下次配送时收回。这种方式的优点是实施周期短、费用低；缺点是信息反馈时间较长，有一定的滞后性。

以上是养殖场比较常用的几种跟踪商品鱼质量的方法，目前国际上在产品质量追溯方面使用最为广泛的是 EAN・UCC 系统，它可以将产品生产、包装、贮藏、运输、销售的全过程进行标志，利用条形码和人工可读方式使其相互连接，一旦产品出现卫生安全等问题可通过这些标志追溯产品源头。该系统的应用在我国还处于起步阶段，使用较多的是水产品加工出口企业，并且主要针对的用户群为消费者（客户）。随着我国水产品市场的进一步放开以及该系统针对养殖场等供应商户的优化升级，商品鱼售后质量跟踪将更加方便快捷。

[案例 2-2]　如何经营好一个水产养殖场

在市场化水平提高、消费者需求升级、产业多元化发展的今天，水产养殖经营活动应该如何开展？适应市场变化，优化品种结构；推行健康养殖，确保产品品质；创新经营管理，走集约化养殖之路，挖掘渔业与其他产业融合的潜力；转变营销理念，拓宽推广渠道等，是经营好一个水产养殖场必须考虑的因素。江苏省扬州市渌洋湖、江西省九江县赛城湖、福建省明溪县等水产养殖场在养殖经营实践中进行了有益的探索，值得水产养殖者参考借鉴。

一、用好市场指挥棒

水产养殖和经营不能盲目决策，必须把握需求的脉搏，用好市场的指挥棒。随着人们生活水平的提高和膳食结构的升级，消费者对水产品的需求出现了新特点：一是水产品的消费量稳步提高，消费者对大宗淡水鱼的需求由季节性逐渐转为常年需求，大众化消费是大宗淡水鱼消费的主力；二是消费者越来越重视产品品质的提高、规格的适度、外形的讨巧、口感的改进和肉质的改善等产品特征；三是消费多元化发展，水产品市场步入了差异化发展新阶段。大宗淡水鱼的消费量大，产销较为稳定，想要提高利润就要在养殖品种上做文章，生产名、优、新品种。

国家大宗淡水鱼产业技术体系培育的养殖鱼类5个新品种，包括长丰鲢、异育银鲫“中科3号”、松浦镜鲤、福瑞鲤、芙蓉鲤鲫，具有适应力强、生长速度快、体型规格优、含肉率高等特点。这些品种顺应了市场需求，受到消费者欢迎，价格比较高，有一定的发展潜力。江苏省扬州市渌洋湖水产养殖场就利用异育银鲫“中科3号”亲鱼和鳜鱼混养技术，5 336米^2（8亩）混养池塘的产值和效益高达14万元和9.2万元。水产养殖者可以及时根据市场需求变化选择合适的养殖品种，优化生产布局结构，因时因地找准卖点，以适应市场供求关系变化，获得更大的利润。当然，在引进新的养殖品种时，也要考虑自身的技术管理能力以及养殖条件。

二、站好质量安全岗

健康养殖是水产业发展对市场需求的呼应。在农产品质量安全日益受到重视的今天，水产养殖者只有坚持健康养殖，规范养殖行为，生产消费者认可的产品，才能有销路、出效益。江西省九江县赛城湖水产养殖场推行科学生态养殖，坚持“以鱼养水、以水养鱼”，在生态养殖中保护“一湖清水”。2010年通过国家农业部水产健康养殖示范场验收。由于是天然纯生态养殖，出产的水产品肉质鲜美、营养丰富，每到捕鱼季节市场就供不应求，江苏、浙江、广东、湖北、安徽等省的水产商户就会提前预约，排队等候购鱼。

因此，水产养殖者要自觉树立质量安全责任意识，保持良好的行业自律，应用健康养殖方法，切实加强质量控制。在养殖水域选择、鱼种选养培育、饲料肥料使用、鱼病防治、渔药使用等各方面都必须按照国家规定的相关标准执行。根据养殖品种的生态和生活习性建造适宜养殖的场所；选择和投放品质健壮、生长快、抗病力强的优质苗种，并采用合理的养殖模式、养殖密度，通过科学管水、科学投喂优质饲料、科学用药防治疾病和科学管理，促进养殖品种健康、快速生长。此外，及时准确填写水产养殖生产记录和用药记录，做好档案管理工作，实现水产品从池塘到餐桌全过程的质量控制。

三、打好经营管理牌

水产养殖需要技术，也要重视管理。水产养殖者要通过优化经营策略，推进养殖集约化，发展综合经营，来提高水产养殖经济效益。江西省九江县赛城湖水产养殖实行公司化运作，产业化经营。为凸显赛城湖丰富的水面特色资源，赛城湖水产场实行“公司＋基地＋农户”的经营模式，建立规模化养殖基地，对养殖池塘进行标准化改造，应用高效池塘养殖技术和模式，推进标准化、集约化、信息化，提高水产养殖的科技含量，促进水产养殖由数量型向质量型转变，由粗放式管理向精细化管理转变，加快产业化进程。

发展综合渔业，在产业融合发展中寻求发展突破口。水产养殖者要转变观念，跳出养鱼的小圈子，因地制宜地通过综合经营实现提质增效，如开展鱼一猪、鱼一稻复合养殖模式；或促进渔业与其他产业融合，如发展休闲渔业，把养鱼同旅游、休闲、餐饮、服务等联系起来，利用自然环境打造特色旅游新景观，创造性地开展渔家乐、垂钓乐等休闲娱乐活动。福建省明溪县雪峰镇城关中元休闲渔庄，荣获全省首批“水乡渔村”休闲渔业示范基地称号，建设成集休闲垂钓、健身游泳、餐饮、娱乐与住宿等为一体的山庄。通过综合经营拓展渔业发展空间，延长渔业产业链，为增收增效开辟了新途径。

四、念好推广营销经

养好鱼还要卖好鱼。水产养殖场实现盈利和持续发展，就要念好推广营销经。水产养殖经营者要注重品牌建设，提升品牌附加值；巧用营销策略，广开销售渠道，提高经济效益。

近年来，赛城湖水产养殖场全力做好品牌建设。2009 年通过农业部无公害农产品基地认证，获得四大家鱼及螃蟹五类水产品无公害产品证书，并申请注册“鹤问”商标；2010 年通过国家农业部水产健康养殖示范场验收；2013 年又申报认证了绿色有机农产品和“市级农业产业化龙头企业”。品牌建设提高了江西省九江县赛城湖水产养殖场的影响力和经济效益，带给消费者更高品质的水产品。

要改变“长年养鱼，年终卖鱼”的传统做法，采取灵活上市的营销策略，让定期捕捉定期放苗轮流进行，争取做到什么时候赚钱什么时候卖，尤其要抢抓节假日或重大活动的机遇上市，避免集中上市导致的货多价低，难于实现较大的利润。销售渠道上，水产养殖者可以考虑与超市、连锁商店、餐饮企业对接；或通过网络平台，关注水产品交易电子商务平台寻找商机；还可以考虑加入合作社，让经纪人帮忙找销路。此外，水产养殖者可以根据各地的消费习惯和货源的情况，巧妙利用地区差价销售，提高养殖经营效益。

（案例提供者　张静宜）

第三章
渔场布局和鱼池设计

阅读提示：

本章重点介绍了渔场规划的总体布局、鱼池设计、鱼池施工、鱼池维护、渔场配套建筑物的设计要求和新型鱼池设计，并介绍了一批现代水产养殖场的规划及设计方案。旨在为养殖企业开展养殖场改造建设提供技术参考，推动我国养殖池塘规范化、设施化、生态化、集约化建设，促进池塘养殖模式转变，引导产业升级。同时，也为相关人员研究学习池塘建设标准化提供参考。

第一节　渔场的场地选择和总体布局

一、渔场的场地选择

渔场选址前应首先了解当地的区域规划，了解是否允许或适合开展水产养殖，对于可开展水产养殖的区域，要调研了解当地的社会、经济、环境等发展需要，合理地确定养殖场的规模和养殖品种等，渔场的场地选择应注重考虑以下因素。

（一）自然条件

新建渔场要充分考虑建设地区的水文、水质、气候等因素。渔场的建设规模、标准以及养殖品种和养殖方式应结合当地的自然条件。在规划设计渔场时，要充分勘查了解规划建设区的地形、水利等条件，有条件的地区可以充分考虑利用地势使进排水自流，节约动力提水所增加的电力成本。规划建设渔场时还应考虑洪涝、台风等灾害因素的影响，在设计渔场进排水渠道、塘埂、房屋等建筑物时应注意考虑排涝、防风等问题。

北方地区规划建设渔场时，需要考虑寒冷、冰雪等对养殖设施的影响，建设渠道、护坡、路基等应考虑防寒措施。

南方地区建设渔场时，还要考虑夏季高温等对养殖设施的影响。

（二）水源、水质

新建渔场要充分考虑养殖用水的水源、水质条件。水源分为地面水源和地下水源，无论是采用哪种水源，一般应选择在水量丰足、水质良好的地区建场。水产养殖场的规模和养殖品种要结合水源情况来决定。采用河水或水库水作为养殖水源，要设置防止野生鱼类进入的设施，以及周边水环境污染可能带来的影响。使用地下水作为水源时，要考虑供水量是否满足养殖需求，供水量的大小一般要求在 10 天左右能够把池塘注满为宜。

选择养殖水源时，还应考虑工程施工等方面的问题，利用河流作为水源时需要考虑是否筑坝拦水，利用山溪水流时要考虑是否建造沉沙排淤等设施。

水产养殖场的取水口应建在上游部位，排水口建在下游部位，防止养殖场排放水流入取水口。

水质对于养殖生产影响很大，养殖用水的水质一般应符合《渔业水质标准（GB 11607—1989）》规定。对于部分指标或阶段性指标不符合规定的养殖水源，应考虑建设原水处理设施，并计算相应设施设备的建设和运行成本。

（三）土壤、土质

在规划建设渔场时，要充分调查了解当地的土壤、土质状况，不同的土壤和土质对养殖场的建设成本和养殖效果影响很大。池塘土壤要求保水力强，最好选择黏质土或壤土、沙壤土的场地建设池塘，这些土壤建塘不易透水渗漏，筑基后也不易坍塌。

沙质土或含腐殖质较多的土壤，保水力差，做池埂时容易渗漏、崩塌，不宜建塘。含铁质过多的赤褐色土壤，浸水后会不断释放出赤色浸出物，对鱼类生长不利，也不适宜建设池塘。pH 值低于 5 或高于 9.5 的土壤地区不适宜挖池塘。表 3-1 所列为土壤的基本分类。

表 3-1　土壤分类表

基本土名	黏粒含量	亚类土名
黏　土	＞30％	重黏土，黏土，粉质黏土，沙质黏土
壤　土	30％～10％	重壤土，中壤土，轻壤土，重粉质壤土，轻粉质壤土
沙壤土	10％～3％	重沙壤土，轻沙壤土，重粉质沙壤土，轻粉质沙壤土
沙　土	＜3％	沙土，粉沙
粉　土	黏粒＜3％，沙粒＜10％	—
砾质土	沙粒含量 10％～50％	—

注：黏粒：粒径＜0.005 毫米；粉粒：粒径 0.005～0.05 毫米；沙粒：粒径 0.05～2 毫米。

（四）道路、交通、电力、通讯等

渔场需要有良好的道路、交通、电力、通讯、供水等基础条件。新建、改建渔场最好选择在“三通一平”的地方建场，如果不具备以上基础条件，应考虑这些基础条件的建设成本，避免因基础条件不足而影响到养殖场的生产发展。

二、场地布局的基本原则

渔场建设应本着“以渔为主、合理利用”的原则来规划和布局，渔场的规划建设既要考虑近期需要，又要考虑到今后发展。场地布局的基本原则有以下几个方面。

（一）功能合理

根据渔场规划要求合理安排各功能区，做到布局协调、结构合理，既满足生产管理需要，又适合长期发展需要。

（二）利用地形结构

充分利用地形结构规划建设养殖设施，做到施工经济、进排水合理、管理方便。

（三）就地取材，因地制宜

在养殖场设计建设中，要优先考虑选用当地建材，做到取材方便、经济可靠。

（四）搞好土地和水面规划

养殖场规划建设要充分考虑养殖场土地的综合利用问题，利用好沟渠、塘埂等土地资源，实现养殖生产的良性循环发展。

三、布局形式

养殖场的布局结构一般分为养殖区、办公生活区、水处理区等。养殖区又可分为苗种养殖区、成鱼养殖区、越冬繁育区等，以养殖为主的场内，池塘的面积一般占养殖场面积的65%～75%。在规划养殖场布局时，应根据场地地形进行规划，同时注意办公生活区应建在进出便捷、管理方便的位置，鱼苗池应靠近孵化繁育设施，各类养殖池塘应连片，以便于管理等。

狭长形场地内的池塘排列一般为“非”字形；地势平坦场区的大型养殖场池塘排列一般采用“围”字形布局；由多个养殖单元组成的养殖小区一般采取“镶嵌组合式”布局结构。

第二节　鱼池设计

一、池塘建设条件

池塘结构主要有形状、朝向、面积、深度和底型结构等。

（一）池塘形状

池塘形状主要取决于地形、养殖品种等要求，一般为长方形，也有圆形、正方形、多角形的池塘。长方形池塘的长宽比为2～4∶1。长宽比大的池塘水流状态较好，管理操作方便。长宽比小的池塘，池内水流状态较差，存在较大死角和死区，不利于养殖生产。

（二）池塘朝向

池塘朝向一般为东西向长、南北向宽。在规划具体朝向时，应结合场地的地形、水文、风向等因素，考虑是否有利于风力搅动水面，增加溶氧量，尽量使池面充分接受阳光照射，满足水中天然饵料的生长需要。在山区建造养殖场，应尽量根据地形选择背山向阳的位置。

（三）池塘面积

池塘的面积取决于养殖模式、品种、池塘类型、结构等。面积较大的池塘建设成本低，但不利于生产操作，进排水也不方便。面积较小的池塘建设成本高，便于操作，但水面小，风力增氧、水层交换差。大宗鱼类养殖池塘按养殖功能不同，其面积不同。在南方地区，成鱼池一般0.33～1.33公顷，鱼种池一般0.13～0.33公顷，鱼苗池一般0.07～0.13公顷；在北方地区养鱼池的面积有所增加。

（四）池塘水深

池塘水深是指池底至水面的垂直距离，池深是指池底至池堤顶的垂直距离。池塘深度和水深取决于养殖需要，一般养鱼池塘的有效水深不低于1.5米，成鱼池的深度在2.5～3.0米，鱼种池在2.0～2.5米。北方越冬池塘的水深应达到2.5米以上。池埂顶面一般要高出池中水面0.5米左右。

水源季节性变化较大的地区，在设计建造池塘时应适当考虑加深池塘，维持水源缺水时池塘有足够水量。

深水池塘一般是指水深超过3米以上的池塘，深水池塘可以增加单位面积的产量，节约土地，但需要解决水层交换、增氧等问题。

（五）底型结构

池塘底部要平坦，为了方便池塘排水、水体交换和捕鱼，池底应有相应的坡度，并开挖相应的排水沟和集水坑。池塘底部的坡度一般为1∶200～500，在池塘宽度方向，应使两侧向池中心倾斜。面积较大且长宽比较小的池塘，底部应建设主沟和支沟组成的排水沟（图 3-1）。主沟最小纵向坡度为≥1∶1 000，支沟最小纵向坡度为 1∶200。相邻的支沟相距一般为 10～50 米，主沟宽一般为 0.5～1.0 米、深 0.3～0.8 米。面积较大的池塘可按照回形鱼池建设，池塘底部建设有台地和沟槽（图 3-2）。台地及沟槽应平整，台面应倾斜于沟，坡降为 1∶1 000～2 000，沟、台面积比一般为 1∶4～5，沟深一般为 0.2～0.5 米。

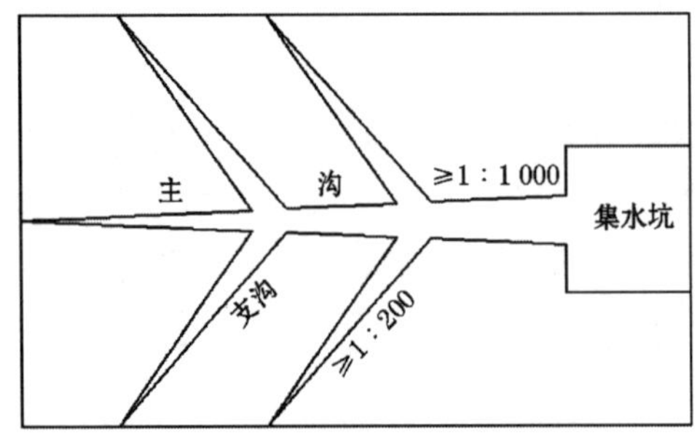

图 3-1　池塘底部沟、坑示意图

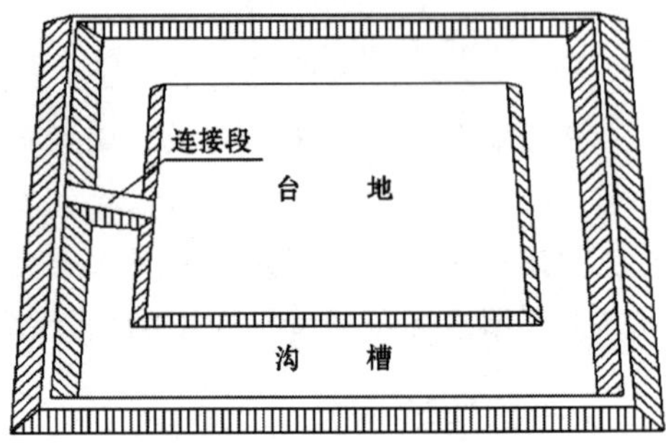

图 3-2　回形鱼池示意图

在较大的长方形池塘内坡上，为了投饵和拉网方便，一般应修建一条宽度约 0.5 米的平台（图 3-3），平台应高出水面。

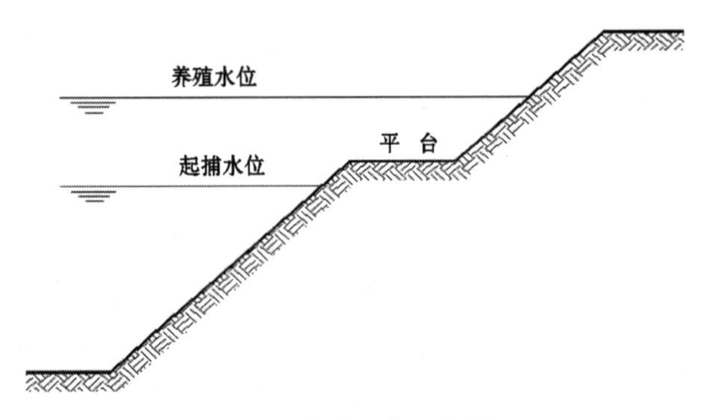

图 3-3　鱼池平台示意图

二、鱼池的种类及水系配套

（一）鱼池种类

按照养殖功能划分，池塘可分为亲鱼池、鱼苗池、鱼种池和成鱼池等。按照养殖品种划分有养虾池、养蟹池、养鱼池等。

渔场内各类池塘所占的比例一般根据养殖模式、养殖特点、品种等来确定。不同类型池塘规格参考表 3-2。

表 3-2　不同类型池塘规格参考表

项目 类型	面积（米^2）	池深（米）	长：宽	备注
鱼苗池	600～1300	1.5～2.0	2：1	可兼作鱼种池
鱼种池	1300～3000	2.0～2.5	2～3：1	
成鱼池	3000～35000	2.5～3.5	3～4：1	
亲鱼池	2000～10000	2.5～3.5	2～3：1	应接近产卵池
越冬池	1300～10000	3.0～4.0	2～4：1	应靠近水源

（二）池塘进排水设施

1. 池塘的进水闸门、管道　池塘进水一般是通过分水闸门控制水流通过输水管道进入池塘，分水闸门一般为凹槽插板的方式（图 3-4），很多地方采用预埋 PVC 弯头拔管方式控制池塘进水（图 3-5），这种方式防渗漏性能好、操作简单。

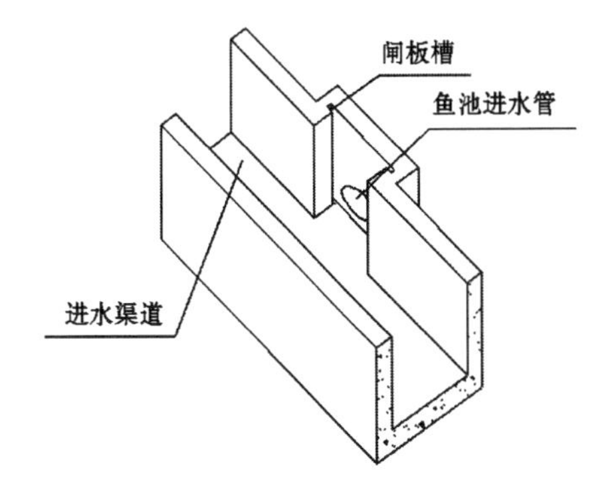

图 3-4　插板式进水闸门示意图

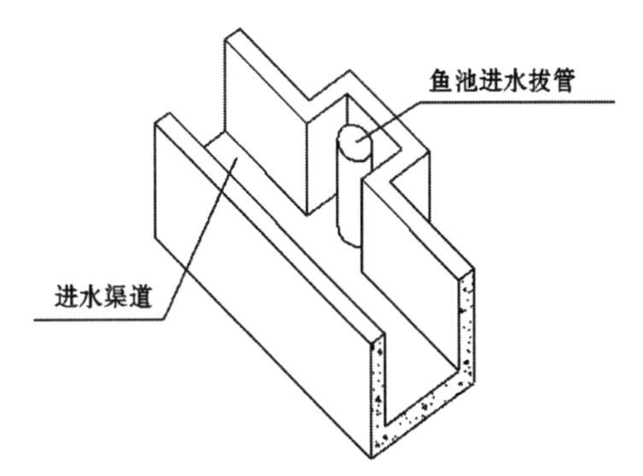

图 3-5　拔管式进水闸门示意图

池塘进水管道一般用水泥预制管或 PVC 波纹管，较小的池塘也可以用 PVC 管或陶瓷管。池塘进水管的长度应根据护坡情况和养殖特点决定，一般在 0.5～3 米。进水管太短，容易冲蚀塘埂；进水管太长，又不利于生产操作和成本控制。

池塘进水管的底部一般应与进水渠道底部平齐，渠道底部较高或池塘较低时，进水管可以低于进水渠道底部。进水管中心高度应高于池塘水面，以不超过池塘最高水位为好。进水管末端应安装口袋网，防止池塘鱼类进入水管和杂物进入池塘。

2. 池塘排水井、闸门 每个池塘一般设有一个排水井。排水井采用闸板控制水流排放，也可采用闸门或拔管方式进行控制。拔管排水方式易操作，防渗漏效果好。排水井一般为水泥砖砌结构，有拦网、闸板等凹槽（图 3-6，图 3-7）。池塘排水通过排水井和排水管进入排水渠，若干排水渠汇集到排水总渠，排水总渠的末端应建设排水闸。

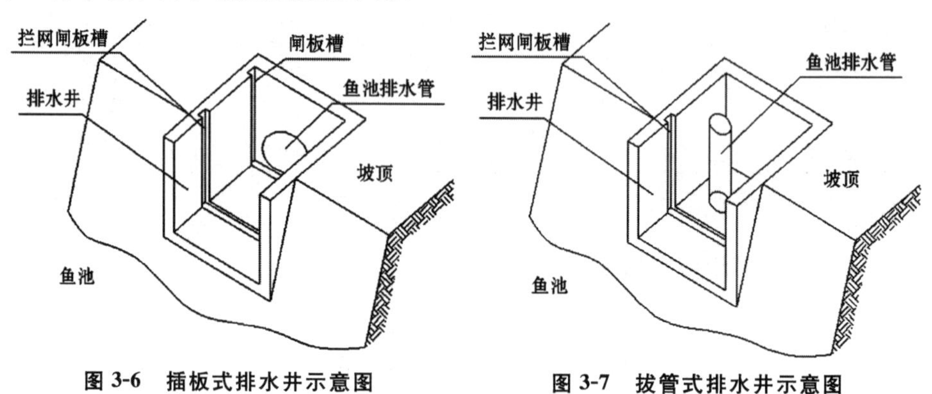

图 3-6 插板式排水井示意图　　**图 3-7 拔管式排水井示意图**

排水井的深度一般应到池塘的底部，可排干池塘全部水为好。有的地区由于外部水位较高或建设成本等问题，排水井建在池塘的中间部位，只排放池塘50%左右的水，其余的水需要靠动力提升，排水井的深度一般不应高于池塘中间部位。

（三）进排水渠道

淡水池塘养殖场的进排水系统是养殖场的重要组成部分，进排水系统规划建设的好坏直接影响到养殖场的生产效果。水产养殖场的进排水渠道一般是利用场地沟渠建设而成，在规划建设时应做到进排水渠道独立，严禁进排水交叉污染，防止鱼病传播。设计规划养殖场的进排水系统还应充分考虑场地的具体地形条件，尽可能采取一级动力取水或排水，合理利用地势条件设计进排水自流形式，降低养殖成本。

养殖场的进排水渠道一般应与池塘交替排列，池塘的一侧进水另一侧排水，使得新水在池塘内有较长的流动混合时间。

1. 泵站、自流进水 池塘养殖场一般都建有提水泵站，泵站大小取决于装配泵的台数。根据养殖场规模和取水条件选择水泵类型和配备台数，并装备一定比例的备用泵，常用的水泵主要有轴流泵、离心泵、潜水泵等。

低洼地区或山区养殖场可利用地势条件设计水自流进池塘。如果外源水位变换较大，可考虑安装备用输水动力，在外源水位较低或缺乏时，作为池塘补充提水需要。自流进水渠道一般采取明渠方式，根据水位高程变化选择进水渠道截面大小和渠道坡降，自流进水渠道的截面积一般比动力输水渠道要大一些。

2. 进水渠道 进水渠道分为进水总渠、进水干渠、进水支渠等。进水总渠设进水总闸，总渠下设若干条干渠，干渠下设支渠，支渠连接池塘。总渠应按全场所需要的水流量设计，总渠承担一个养殖场的供水，干渠分管一个养殖区的供水，支渠分管几口池塘的供水。

进水渠道大小必须满足水流量要求，要做到水流畅通，容易清洗，便于维护。

进水渠道系统包括渠道和渠系建筑物两部分。渠系建筑物包括水闸、倒虹吸管、涵洞、跌水与陡坡等。按照建筑材料不同，进水渠道分为土渠、石渠、水泥板护面渠道、预制拼接渠道、水泥现浇渠道等。按照渠道结构可分为明渠、暗渠等。

（1）明渠结构　明渠具有设计简单、便于施工、造价低、使用维护方便、不易堵塞的优点，缺点是占地较多、杂物易进入等。池塘养殖场一般采用明渠进排水，对于建设困难的地方，可以采用暗管和明渠相结合的办法。明渠一般采用梯形断面，用水泥预制板、水泥现浇或砖砌结构。

（2）明渠的设计要点　明渠在开挖过程中以地形不同可分为3类：一是过水断面全部在地面以下，由地面向下开挖而成，称为挖方明渠。二是过水断面全部在地面以上，依靠填筑土堤而成的，称为填方明渠。三是过水断面部分在地面上，部分在地面以下，称为半填半挖明渠。不管建设哪种明渠，都要根据实际情况进行选择建设。

明渠断面的设计应充分考虑水量需要和水流情况，根据水量、流速等确定断面的形状、渠道边坡结构、渠深、底宽等。明渠断面一般有三角形、半圆形、矩形和梯形4种形式，一般采用水泥预制板护面或水泥浇筑，也有用水泥预制槽拼接或水泥砖砌结构，还有沥青、块石、石灰、三合土等护面。建设时可根据当地的土壤情况、工程要求、材料来源等灵活选用。

（3）渠道的引水量计算　各类进水渠道的大小应根据池塘用水量、地形条件等进行设计。渠道过大会造成浪费，渠道过小会出现溢水冲损等现象。渠道水流速度一般采取不冲不淤流速，表3-3所示为不同渠道的最大允许流速。进水渠的水位高度一般为渠道高度的60%～80%，进水干渠的宽度在0.5～0.8米，进水渠道的安全超高一般在0.2～0.3米。

进水渠道所需满足的流量计算方法如下：

$$\text{流量（米}^3\text{/小时）}=\frac{\text{池塘总面积（米}^2\text{）}\times\text{平均水深（米）}}{\text{计划注水时数（小时）}}$$

表 3-3　不同明渠的最大允许平均流速

护面种类 \ 流速（米/秒） \ 水深（米）	0.4	1.0	2.0	3.0 以上
松黏土及黏壤土	0.33	0.40	0.46	0.50
坚实黏土	1.00	1.20	0.85	1.50
草皮护坡	1.50	1.80	2.00	2.20
水泥砌砖	1.60	2.00	2.30	2.50
水泥砌石	2.90	3.50	4.00	4.40
木　槽	2.50	—	—	—

（4）渠道的坡度　进水渠道一般需要有一定的比降，尤其是较长的渠道其比降是设计建设中必须考虑的。渠道比降的大小取决于场区地形、土壤条件、渠道流量、灌溉高程、渠道种类等。支渠的比降一般为 1/500～1 000，干渠的比降一般为 1/1 000～2 000，总渠的比降一般为 1/2 000～3 000。

（5）暗渠结构　进水渠道也可采用暗管或暗渠结构。暗管有水泥管、陶瓷管和 PVC 波纹管等；暗渠结构一般为混凝土或砖砌结构，截面形状有半圆形、圆形、梯形等。

铺设暗管、暗渠时，一定要做好基础处理，一般是铺设 10 厘米左右厚的碎石作为垫层。寒冷地区水产养殖场的暗管应埋在不冻土层，以免结冰冻坏。为了防止暗渠堵塞，便于检查和维修，暗渠一般每隔 50 米左右设置 1 个竖井，其深度要稍深于渠底。

3. 分水井　分水井又称集水井，设在鱼塘之间，是干渠或支渠上的连接结构，一般用水泥浇筑或砖砌。

分水井一般采用闸板控制水流（图 3-8），也有的采用预埋 PVC 拔管方式控制水流（图 3-9），采用拔管方式控制分水井结构简单，防渗漏效果较好。

4. 排水渠道　排水渠道是养殖场进排水系统的重要部分。水产养殖场排水渠道的大小深浅要结合养殖场的池塘面积和地形特点、水位高程等。排水渠道一般为明渠结构，也有的采取水泥预制板护坡形式。

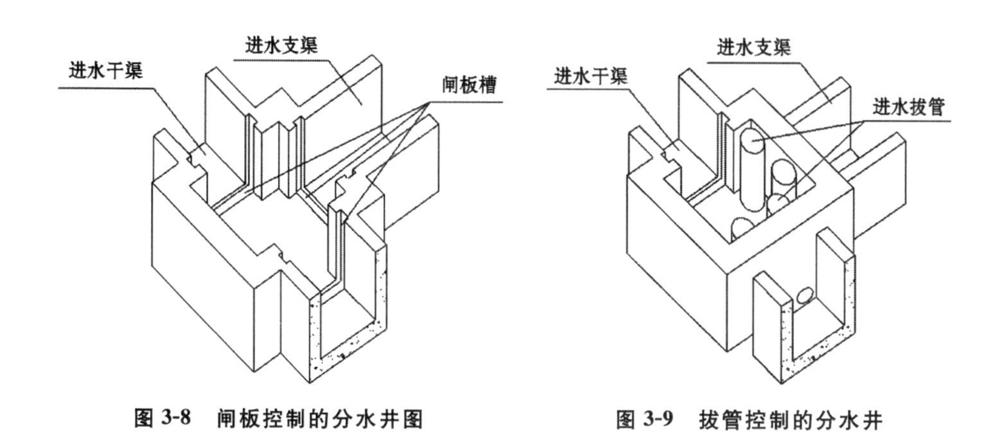

图 3-8 闸板控制的分水井图　　图 3-9 拔管控制的分水井

排水渠道要做到不积水、不冲蚀、排水通畅。排水渠道的建设原则是：线路短、工程量小、造价低、水面漂浮物及有害生物不易进渠、施工容易等。图 3-10 为一种排水渠道截面图。

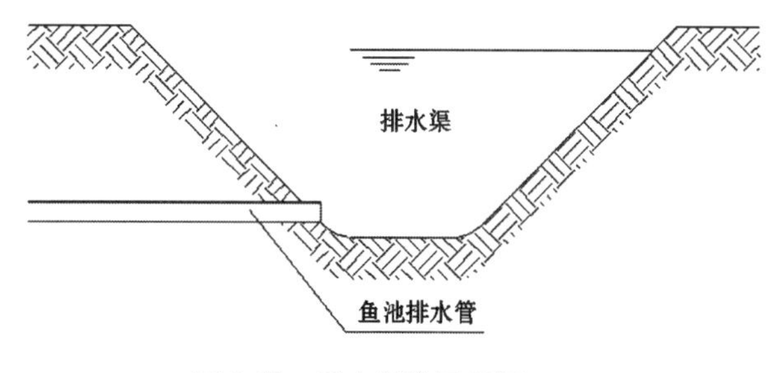

图 3-10 排水渠道示意图

养殖场的排水渠一般应设在场地最低处，以利于自流排放。排水渠道应尽量采用直线，减少弯曲，缩短流程，力求工程量小、占地少、水流通畅、水头损失小。排水渠道应尽量避免与公路、河沟和其他沟渠交叉，在不可避免发生交叉时，要结合具体情况，选择工程造价低、水头损失小的交叉设施。排水渠线应避免通过土质松软、渗漏严重的地段，无法避免时应采用砌石护渠或其他防渗措施，以便于支渠引水。

养殖场排水渠道一般低于池底 30 厘米以上，排水渠道同时作为排洪渠时，其横断面积应与最大洪水流量相适应。

三、鱼池的施工

（一）规划与丈量

1. 定　线

（1）直线定线　即两点延长线上定线，是在两个已知的点上树立标杆，由观测者携带一个标杆沿两点延长线前进，至一定距离时立起标杆进行观测，直至三根标杆完全重合为止，并以测钎进行标记。同样的方法可以在延长线上继续标定其他各点。主要有两点间定线、坡面定线、坡谷定线等形式。

（2）*放垂线* 有等腰三角形方法和勾股弦法。

2. 直线丈量

（1）*平坦地面的直线丈量* 一般是在直线的起点及终点木桩处各设立标杆，然后两人由起点沿直线方向丈量。

直线长度＝测钎数×尺子长度＋补尺长度

（2）*倾斜地面的直线丈量* 在斜坡上丈量距离时，需使软尺拉成水平状，用吊锤球的方法测定尺子上某一刻度处的位置。

3. 水准测量原理 是利用水准仪给出的水平视线在水准尺上读数，测出地面两点间的高差，经过计算，算出各点高度。

高度的计算方法是：

前视点高度＝后视点高度＋后视读数－前视读数

（二）测量方法

测量就是根据规划要求，将某一工程线位置测放在地面上，并进行纵横断面测量，为设计施工提供基本资料。下面介绍池塘进排水渠道测量的基本方法。

1. 定线、打桩 定线是按照规划的渠道位置，将渠道的中心线实地确定出来。一般是先确定一个起点，然后沿中心线每隔一段距离（30 米或 50 米）做一个桩记，并在桩上标注桩号，桩号标注方法是 K＋M，K 为千米数，M 为米数。一般设起点桩号为 0＋000，起点桩号以后 K、M 值为正，起点桩号之前 K、M 值为负。如设定桩距为 30 米，某桩距起点的距离为 2 350 米，则桩号应写成 2＋350。

2. 纵断面测量 利用水准仪测定渠道各中心桩的高程绘成的纵断面图，为各桩处的填挖深度提供依据。

（1）*计算方法* 计算高程时应先算仪器的视线高，再算出各桩的高程。

视线高程＝后视高程＋后视读数

中间点高程＝视线高程－中间点的前视读数

（2）*测量注意事项*

①如渠道附近设有固定水准点，可在渠道附近选一固定点作为高程的起算依据。

②中间点的读数应严格读至毫米，当上一测点测完前视高程后，仪器搬动

过程中尺子不要动，待下一测点测完中间点后视读数后，才可以移动尺子。

③渠道沿线须选择适当地点作为临时水准点，做出标记，并测定其高程，便于纵断面测量和施工时使用。

④为了测量准确，对同一测线应进行往返测量。

3. 横断面测量 即测出与渠道中线成垂直方向上的地形变化情况，便于绘制横断面图和计算土方以及施工放样。最简易的测量方法是用花杆、皮尺进行测量，以中心桩为起点沿垂直于中线方向，向两侧测量。

（三）池塘养殖场施工

1. 确定设计方案和工程概算 设计方案应根据规划要求制订，在制订设计方案时应分析了解以下几个方面的情况。

①养殖场的地理位置以及周边的环境情况。

②地理、水文、地形结构以及土质等。

③规划区范围内的人口、劳动力情况。

④规划区及周边范围的河流、水源、水质状况等。

⑤当地的水产资源现状和市场等情况。

2. 工程规划和概算 主要包括以下几个方面。

①规划的原则和建设目标。

②规划项目、数量与投资金额。主要包括池塘数目、面积、土方总量、排灌渠结构长度、桥涵数量、动力设备数量、办公库房、场地道路、供水供电等方面。

③经济性分析。即对整个工程项目，应根据自然资源、技术力量和社会需求等，编制年度产量、产值、效益分析表，并分析投资回收计划，争取实现良好的经济、社会、生态效益。

3. 施工组织 池塘养殖场施工过程中，应做好以下几个方面的工作。

（1）成立项目组 成立包括管理、技术、施工等方面人员组成的项目组，明确管理结构。项目组负责审定规划、指挥施工工作。

（2）绘制图纸 工程施工前应根据工艺要求精心绘制图纸，工程图纸一般包括地形平面图、规划图、水利布置图、施工图等。不能在没有图纸的情况下施工。

（3）筹措资金 养殖场建设的资金一般来自企业投资、银行贷款、政府扶持、自筹资金等方面。项目施工前应充分落实资金渠道，避免因资金问题而影响施工。

（4）筹备材料物资 施工物资应根据施工计划进行准备，避免因物资短缺影响施工进度。

4. 放样 是指按照施工图纸在现场准确地描出工程实样。放样时，用经纬仪、软尺、花杆、木桩、石灰粉等定出各个池塘塘埂的中心线，划出池塘和沟渠的轮廓，经复查无误后，再按塘埂宽度和坡度比例画出各个池塘坡底线和各个鱼池的进排水口线。在中心线上要竖一定距离的塘埂高程桩作为筑堤高程的参考依据。在池塘沟渠的挖土范围内也要插一些木桩，标明挖土或填土深度。

四、鱼池的维护与改造

(一) 改造原则

鱼池经过多年的使用后池底会出现淤积坍塌等现象，不能满足养殖生产需要，还有的养殖池塘因布局结构不合理，无法满足养殖需要，就必须对池塘进行改造。池塘改造的原则主要有以下几个方面。

①池塘规格要合理。

②池塘深度要符合养殖需要。

③进排水通畅。

④塘埂宽度、坡度要符合生产要求。

⑤池底平坦、有排水的沟槽和坡度。

(二) 改造措施

池塘改造的措施有以下几个方面。

1. 小塘改大塘、大塘改小塘 根据养殖要求，把原来面积较小的池塘通过拆埂、合并改造成适合成鱼养殖的大塘。把原来面积较大的池塘通过筑埂、分割成适合育苗养殖的小塘。

2. 浅水池塘挖深 通过清淤疏浚，把池塘底部的淤泥挖出，加深池塘，使之能达到养殖需要。

3. 进排水渠道改建 进排水渠道分开，减少疾病传播和交叉污染；通过暗渠改明渠，有利于进排水和管理。

4. 塘埂加宽 随着养殖生产的机械化程度越来越高，池塘塘埂的宽度应满足一般动力车辆进出的需要；同时，加宽塘埂还有利于生产操作和增加塘埂的寿命。

5. 增加排放水处理设施 养殖排放水污染问题已成为重要的面源污染问题，引起了社会的关注，严重制约了水产养殖业的发展。通过池塘改造建设人工湿地、生态沟渠等生态化处理设施，可以有效地净化处理养殖排放水。

（三）维护内容

1. 防渗 池塘防渗是为了防止和减少鱼池渗漏损失而实施的维护措施。池塘渗漏不仅增加了生产成本，还可以造成当地的水位上升，出现冷底地、泛酸地等现象。常见的池塘防渗漏维护措施主要有以下几种方法。

（1）*压实法* 是一种采用机械或人工夯压池塘表层，增加土壤密实度来减少池塘渗漏的方法，有原状土压实和翻松土压实两种。原状土压实主要用于沙壤土池塘，在池塘成型后，先去除表面的碎石、杂草等杂物后，通过机械或人工夯实的办法进行压实。翻松土压实是将池塘底部和坡面的土层挖松耙碎后进行压实的一种方法。土壤湿度是影响压实质量的一个重要因素，表 3-4 是土壤压实的适宜湿度。

表 3-4 不同土壤压实的湿度

沙壤土	壤 土			黏 土
	轻壤土	中壤土	重壤土	
12%～15%	15%～17%	21%～23%	20%～23%	20%～25%

（2）*覆盖法* 即利用黏性土壤在池塘表面覆盖一层一定厚度的覆盖层，以达到防渗漏的方法。覆盖土壤一般为黏土，覆盖厚度一般要超过 5 厘米。覆盖法施工的工序包括挖取黏土，拌和调制用料，修正清理池塘覆盖区，铺放黏土，碾压护盖层等。

（3）*填埋法* 即利用池塘水体中的细沙粒填充池塘土壤缝隙，达到降低池塘土壤透水性和防渗漏的一种方法。一般情况下填埋的深度越大，防渗漏效果越好，厚度 2～10 厘米的填埋层可以减少 50%～85%的渗漏。填埋法可在净水或动水中进行，池塘的不同部位填埋厚度不同。

（4）*塑膜防渗法* 是利用塑膜覆盖在池塘表面，防止池塘渗漏的一种方法。目前，常用的防渗塑膜主要有聚氯乙烯和聚乙烯地膜、HEPE 塑胶防渗膜、土工布等。塑膜的厚度一般为 0.15～0.5 毫米，抗拉强度超过 20 兆帕。塑膜覆盖防渗法施工简单，防渗效果好，有表面铺设和铺设埋藏 2 种形式。施工时要注意平整池塘底面，清除碎石、树枝等杂物；铺设后应注意防止利器刮破塑膜，并定期检查接缝处是否破裂，发现破裂应及时黏结。

2. 清淤整形

（1）*清淤* 淤泥的沉积使池塘变浅，有效养殖水体减少，产量下降。淤泥较多的池塘一定要进行清淤，一般精养池塘至少 3 年清淤 1 次。一般草鱼、团头鲂、鲤鱼池池底淤泥厚度应小于15厘米，鲢鱼、鳙鱼、罗非鱼池在20～40厘米为宜。

（2）*池塘整形*　池塘的塘埂等部位因经常受到雨水、风浪等的冲蚀出现坍塌，若不及时修整维护，会影响到池塘的使用寿命。一般每年冬春季节应对池塘堤埂进行1次修整。

3. 进排水设施维护　池塘的进排水管道、闸门等设施因使用频繁，常常会出现进水管网破裂、排水闸网损坏、进排水管道堵塞等现象。在养殖过程中，应定期检查池塘的进排水设施，发现问题及时维修更换，确保养殖生产的正常运行。

五、养殖场配套建筑物的设计要求

渔场应按照生产规模、要求等建设一定比例的生产、生活、办公等建筑物。建筑物的外观形式应做到协调一致、整齐美观。生产、办公用房应按用途合理布局，尽可能设在水产养殖场中心或交通便捷的地方。生活用房可以集中布局，也可以分散布局。渔场建筑物的占地面积一般不超过养殖场土地面积的0.5%。

（一）办公、库房等建筑物

1. 办公、生活房屋　水产养殖场一般应建设生产办公楼、生活宿舍、食堂等建筑物。生产办公楼的面积应根据养殖场规模和办公人数决定，适当留有余地，一般以1∶667的比例配置为宜。办公楼内一般应设置管理、技术、财务、档案、接待办公室和水质分析与病害防护实验室等。

2. 库房　水产养殖场应建设满足养殖场需要的渔具仓库、饲料仓库和药品仓库。库房面积根据养殖场的规模和生产特点决定。库房建设应满足防潮、防盗、通风等功能。

3. 值班房屋　水产养殖场应根据场区特点和生产需要建设一定数量的值班房屋。值班房屋兼有生活、仓储等功能。值班房的面积一般为30～80米^2。

4. 大门、门卫房　水产养殖场一般应建设大门和门卫房。大门要根据养殖场总体布局特点建设，做到简洁、实用。

大门内侧一般应建设水产养殖场标示牌。标示牌内容包括水产养殖场介绍、养殖场布局、养殖品种、池塘编号等。

养殖场门卫房应与场区建筑协调一致，一般在20～50米^2。

（二）生产设施建筑物

1. 围护设施　水产养殖场应充分利用周边的沟渠、河流等构建围护屏障，以保障场区的生产、生活安全。根据需要可在场区四周建设围墙、围栏等防护设施，有条件的养殖场还可以建设远红外监视设备。

2. 供电设备设施 水产养殖场需要稳定的电力供应，供电情况对养殖生产影响重大，应配备专用的变压器和配电线路，并备有应急发电设备。

水产养殖场的供电系统应包括以下部分：

(1) 变压器 水产养殖场一般按每667米^2 0.75千瓦以上配备变压器。

(2) 高、低压线路 高、低压线路的长度取决于养殖场的具体需要，高压线路一般采用架空线，低压线路尽量采用地埋电缆，以便于养殖生产。

(3) 配电箱 配电箱主要负责控制增氧机、投饵机、水泵等设备，并留有一定数量的接口，便于增加电气设备。配电箱要符合野外安全要求，具有防水、防潮、防雷击等性能。水产养殖场配电箱的数量一般按照每两个相邻的池塘共用一个配电箱，如池塘较大较长，可配置多个配电箱。

(4) 路灯 在养殖场主干道路两侧或辅道路旁应安装路灯，一般每30～50米安装路灯1盏。

3. 生活用水 水产养殖场应安装自来水，满足养殖场工作人员生活需要。条件不具备的养殖场可采取开挖可饮用地下水，经过处理后满足工作人员生活需要。自来水的供水量大小应根据养殖小区规模和人数决定，自来水管线应按照市政要求铺设施工。

4. 生活垃圾、污水处理设施 水产养殖场的生活、办公区要建设生活垃圾集中收集设施和生活污水处理设施。常用的生活污水处理设施有化粪池等。化粪池大小取决于养殖场常驻人数，三格式化粪池（图3-11）应用较多。水产养殖场的生活垃圾要定期集中收集处理。

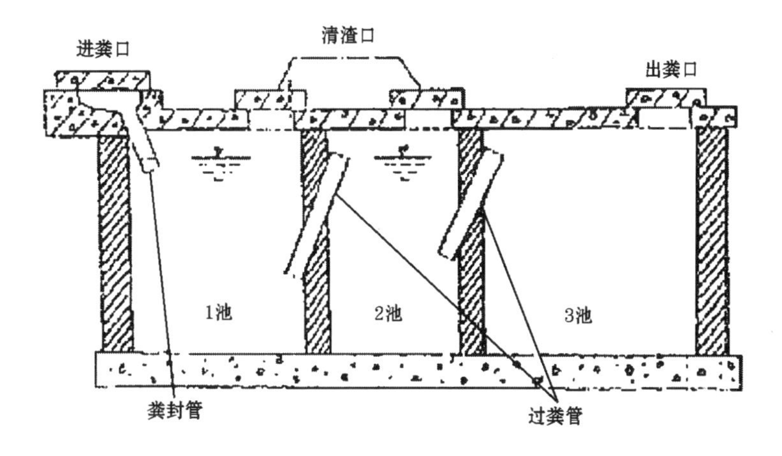

图3-11 三格式化粪池结构示意图

（三）水处理设施

水产养殖场的水处理包括原水处理、养殖排放水处理、池塘水处理等方面。养殖用水和池塘水质的好坏直接关系到养殖的成败，养殖排放水必须经过净化处理达标后，才可以排放到外界环境中。

1. 原水处理设施 水产养殖场在选址时应首先调查水源水质情况，如果水源水质存在问题或阶段性不能满足养殖需要，应考虑建设原水处理设施。原水处理设施一般有沉淀池、快滤池、杀菌消毒设施等。

（1）沉淀池 沉淀池是应用沉淀原理去除水中悬浮物的一种水处理设施，沉淀池的水停留时间一般应大于 2 小时。

（2）快滤池 快滤池是一种通过滤料截留水体中悬浮固体和部分细菌、微生物等的水处理设施（图 3-12）。对于水体中含悬浮颗粒物较高或藻类寄生虫等较多的养殖原水，一般可采取建造快滤池的方式进行水处理。

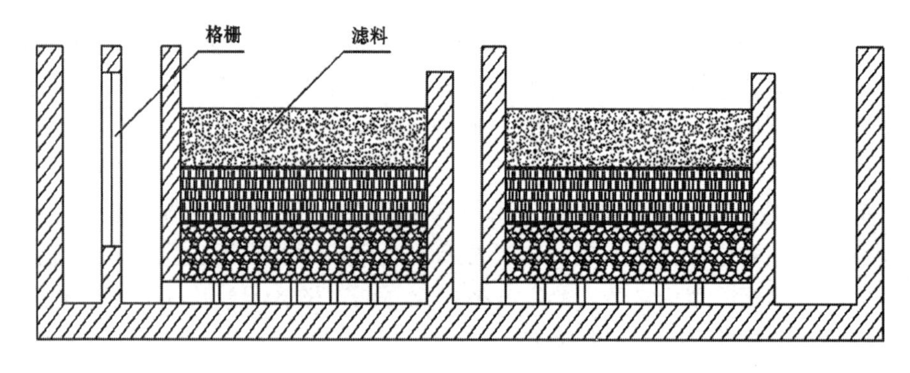

图 3-12 一种快滤池结构示意图

快滤池一般有 2 节或 4 节结构，快滤池的滤层滤料一般为 3～5 层，最上层为细沙。

（3）杀菌、消毒设施 养殖场孵化育苗或其他特殊用水需要进行原水杀菌消毒处理。目前，一般采用紫外线杀菌装置或臭氧消毒杀菌装置，或臭氧一紫外线复合杀菌消毒等处理设施。杀菌消毒设施的大小取决于水质状况和处理量。

紫外线杀菌装置是利用紫外线杀灭水体中细菌的一种设备和设施，常用的有浸没式、过流式等。浸没式紫外线杀菌装置结构简单，使用较多，其紫外线杀菌灯直接放在水中，既可用于流动的动态水，也可用于静态水。

臭氧是一种极强的杀菌剂，具有强氧化能力，能够迅速广泛地杀灭水体中的多种微生物和致病菌。

臭氧杀菌消毒设施一般由臭氧发生机、臭氧释放装置等组成。淡水养殖中臭氧杀菌的剂量一般为每立方米水体1～2克，臭氧浓度为0.1～0.3毫克/升，处理时间一般为5～10分钟。在臭氧杀菌设施之后，应设置曝气调节池，去除水中残余的臭氧，以确保进入鱼池水中的臭氧低于0.003毫克/升的安全浓度。

2. 排放水处理设施 养殖过程中产生的富营养物质主要通过排放水进入外界环境中，已成为主要的面源污染之一。对养殖排放水进行处理回用或达标排放是池塘养殖生产必须解决的重要问题。

目前，养殖排放水的处理一般采用生态化处理方式，也有采用生化、物理、化学等方式进行综合处理的案例。

养殖排放水生态化处理，主要是利用生态净化设施处理排放水体中的富营养物质，并将水体中的富营养物质转化为可利用的产品，实现循环经济和水体净化。养殖排放水生态化水处理技术有良好的应用前景，但许多技术环节尚待研究解决。

（1）生态沟渠　生态沟渠是利用养殖场的进排水渠道构建的一种生态净化系统，由多种动植物组成，具有净化水体和生产功能。图3-13为生态沟渠的构造示意图。

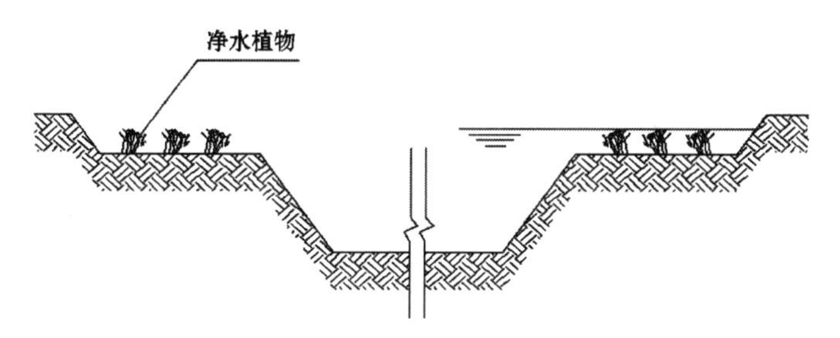

图3-13　生态沟渠示意图

生态沟渠的生物布置方式一般是在渠道底部种植沉水植物、放置贝类等，在渠道周边种植挺水植物，在开阔水面放置生物浮床、种植浮水植物，在水体中放养滤食性、杂食性水生动物，在渠壁和浅水区增殖着生藻类等。

有的生态沟渠是利用生化措施进行水体净化处理。这种沟渠主要是在沟渠内布置生物填料如立体生物填料、人工水草、生物刷等，利用这些生物载体附着细菌，对养殖水体进行净化处理。

（2）人工湿地　人工湿地是模拟自然湿地的人工生态系统，它类似自然沼泽地，但由人工建造和控制，是一种人为地将石、沙、土壤、煤渣等一种或几种介质按一定比例构成基质，并有选择性地植入植物的水处理生态系统。人工湿地的主要组成部分为人工基质、水生植物、微生物等。人工湿地对水体的净化效果是基质、水生植物和微生物共同作用的结果。人工湿地按水体在其中的流动方式，可分为表面流人工湿地和潜流型人工湿地（图 3-14）。

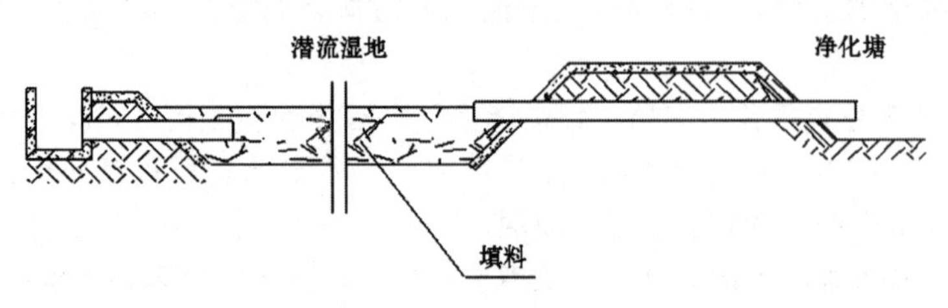

图 3-14 潜流湿地立面图

人工湿地水体净化包含了物理、化学、生物等净化过程。当富营养化水流过人工湿地时，砂石、土壤具有物理过滤功能，可以对水体中的悬浮物进行截流过滤；砂石、土壤又是细菌的载体，可以对水体中的营养盐进行消化吸收分解；湿地植物可以吸收水体中的营养盐，其根际微生态环境，也可以使水质得到净化。利用人工湿地构筑循环水池塘养殖系统，可以实现节水、循环、高效的养殖目的。

（3）**生态净化塘** 生态净化塘是一种利用多种生物进行水体净化处理的池塘。塘内一般种植水生植物，以吸收净化水体中的氮、磷等营养盐；通过放养滤食性鱼、贝等吸收养殖水体中的碎屑、有机物等。

生态净化塘的构建要结合养殖场的布局和排放水情况，尽量利用废塘和闲散地建设。生态净化塘的动植物配置要有一定的比例，要符合生态结构原理要求。

生态净化塘的建设、管理、维护等成本比人工湿地要低。

3. 池塘水体净化设施 池塘水体净化设施是利用池塘的自然条件和辅助设施构建的原位水体净化设施。主要有生物浮床、生态坡、水层交换设备、藻类调控设施等。

（1）**生物浮床** 生物浮床净化是利用水生植物或改良的陆生植物，以浮床作为载体，种植在池塘水面，通过植物根系的吸收、吸附作用和物种竞争相克机理，消减水体中的氮、磷等有机物质，并为多种生物生息繁衍提供条件，重建并恢复水生态系统，从而改善水环境。生物浮床有多种形式，构建材料也有很多种。在池塘养殖方面应用生物浮床，须注意浮床植物的选择、浮床的形式、维护措施、配比等问题。

（2）**生态坡** 生态坡是利用池塘边坡和堤埂修建的水体净化设施。一般是利用砂石、绿化砖、植被网等固着物铺设在池塘边坡上，并在其上栽种植物，利用水泵和布水管线将池塘底部的水提升并均匀地布洒到生态坡上，通过生态坡的渗滤作用和植物吸收截流作用去除养殖水体中的氮、磷等营养物质，达到净化水体的目的。

六、新型鱼池的设计

（一）高能效大宗淡水鱼养殖池塘系统

在一个池塘内分隔养殖吃食性鱼类和滤杂食性鱼类，池塘20%水面构建养殖不同规格吃食性鱼类的流水养殖池区，池塘的80%水面为滤杂食性鱼类养殖区；所述流水养殖池区由集中设置的多排鱼池组成，每排鱼池由3种规格的鱼池组为一个养殖单元，分别为切角方形成鱼养殖池、矩形大规格鱼种养殖池和小规格鱼种养殖池；在所述流水养殖池区一侧安装水轮机，在流水养殖池区集水端安装涌浪扰动机，在成鱼池外侧安装集污排污管；所述流水养殖池区和滤杂食性鱼类养殖区中间设置有分隔墙，分隔墙两侧有水流通道，与滤杂食性鱼类养殖区中间设置的导流墙一起引导水流（图3-15）。

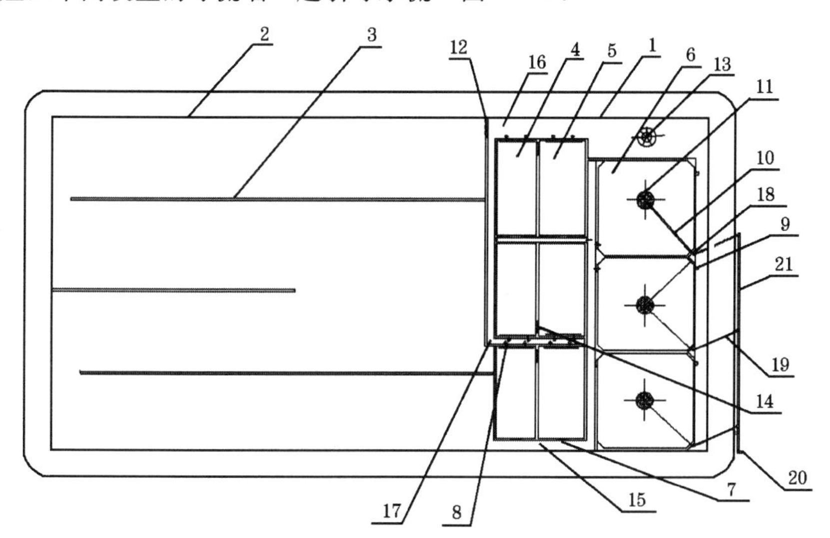

图3-15 高能效大宗淡水鱼养殖池塘系统

1. 流水养殖池区 2. 循环养殖区 3. 导流墙 4. 小规格鱼种养殖池 5. 矩形大规格鱼种养殖池 6. 切角方形成鱼养殖池 7. 进水口 8. 吸污出水装置 9. 排水管 10. 集污管 11. 集污口 12. 水轮机 13. 涌浪扰动机 14. 过鱼闸门 15. 进水通道 16. 出水通道 17. 排水渠 18. 排污插口 19. 提污管 20. 吸污口 21. 总集污管道

（二）一种多功能水产养殖池塘

由T形隔水墙将长方形池塘分隔成80∶20组分，80部分用于养殖吃食性鱼类，20部分养殖滤食性鱼类。T形墙的横隔墙体上分别设有过水闸门，闸门上设有可动闸板和闸网槽。80部分的T形墙纵向墙体末端与鱼池塘埂有3～5米间距，使池塘的80部分均分形成U形结构，并与20部分的闸门形成跑道式结构。20部分安装2个三节式集鱼网箱，用于捕鱼时分隔滤食性鱼类和集中吃食性鱼类。80部分放置水车增氧机、涌浪机用于水体增氧和制造水流，投饵机放置在靠近T形墙横墙进水的2个闸门附近，同时放置底泥起浮机，闸门上的可动闸板通过插孔插销控制水流从闸板上溢水或者从闸板下出水，从而改变水流态。利用底泥起浮机将投料后鱼类产生的粪便残饵等起浮，随着水流从闸板上部溢流进入20区，在20区内自然沉淀分解。本功能鱼池可以将大宗淡水鱼类的立体混养分隔开来，将池塘分隔成生长区、饲养区、粪便处理再利用区等，充分利用生态位，既达到混养效果又有利于鱼类生长，提高生态效率和养殖效益，同时也有利于捕捞和工业化管理（图3-16）。

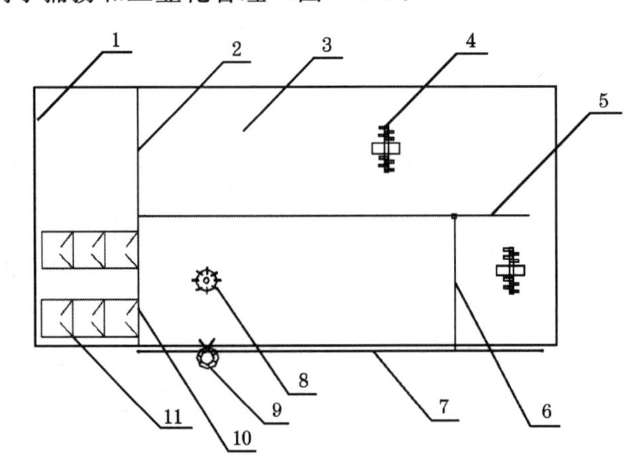

图3-16　生态位分隔养殖池塘

1. 20区　2. 回水闸门　3. 80区　4. 水车增氧机　5. T形分水墙　6. 赶鱼电栅　7. 导轨　8. 底泥起浮机　9. 投饵机　10. 进水闸门　11. 三节式集鱼网箱

七、越冬、繁育设施的建造

（一）越冬设施

鱼类越冬、繁育设施是水产养殖场的基础设施。根据养殖特点和建设条件不同，越冬温室有面坡式日光温室、拱形日光温室等形式。

水产养殖场的温室主要用于一些养殖品种的越冬和鱼苗繁育需要。水产养殖场温室建设的类型和规模取决于养殖场的生产特点、越冬规模、气候因素以及养殖场的经济情况等。水产养殖场温室一般采用坐北朝南方向。这种方向的温室采光时间长、阳光入射率高、光照强度分布均匀。温室建设应考虑不同地区的抗风、抗积雪能力。

1. 面坡式温室 面坡式温室是一种结构简单的土木结构或框架结构温室，有单面坡温室、双面坡温室等形式。单面坡温室在北方寒冷地区使用较多，一般为土木结构，左右两侧及后面为墙体结构，顶面向前倾斜，棚顶一般用塑料薄膜或日光板铺设。单面坡日光温室具有保温效果好、防风抗寒、建造成本低的特点，缺点是空间矮，操作不太方便。双面坡日光温室一般为金属或竹木框架结构，顶部一般用塑料薄膜或采光板铺设。双面坡日光温室具有建设成本低、生产操作方便、适用性广的特点，适合于各类养殖品种的越冬需要。

2. 拱圆形日光温室 拱形日光温室是一种广泛使用的越冬温室，依据骨架结构不同，分为竹木结构温室、钢筋水泥柱结构温室、钢管架无柱结构温室等。按照室顶所用材料不同又可分为塑料薄膜拱形日光温室和采光板拱形日光温室（图 3-17，图 3-18）。

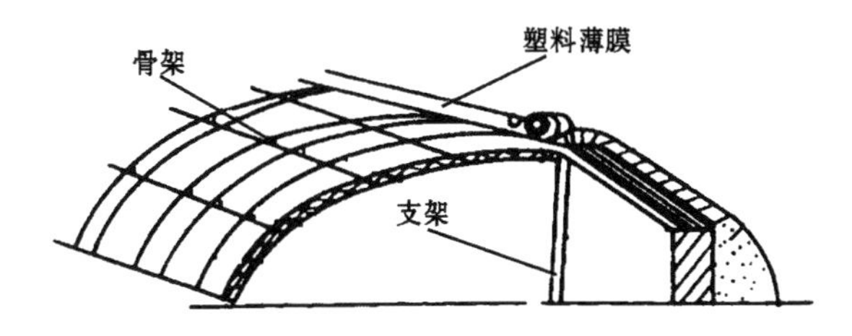

图 3-17 钢架式采光板拱形温室

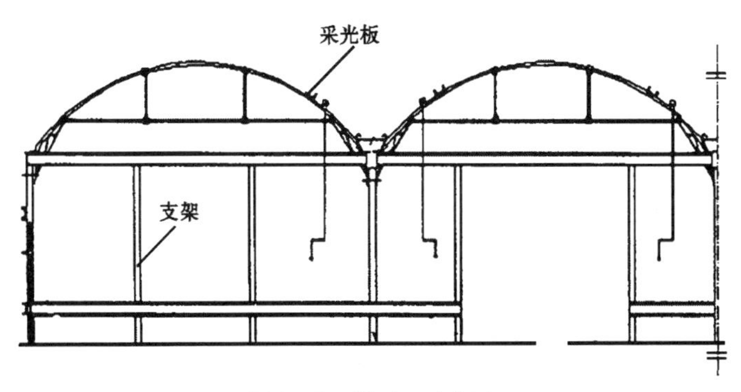

图 3-18 拱形日光温室

采光板拱形日光温室一般采用镀锌钢管拱形钢架结构，跨度10～15米，顶高3～5米，肩高1.5～3.5米，间距4米。采光板温室的特点是结构稳定、抗风雪能力强、透光率适中，使用寿命长。图3-17为一种钢架式采光板拱形温室。塑料薄膜拱形日光温室的塑料薄膜主要有聚乙烯薄膜、聚氯乙烯薄膜等。聚乙烯薄膜对红外线光的穿透率较高，增温性能强，但保温效果不如聚氯乙烯薄膜。

（二）繁育设施

鱼苗繁育是水产养殖场的一项重要工作，对于以鱼苗繁育为主的水产养殖场，需要建设适当比例的繁育设施。鱼类繁育设施主要包括产卵设施、孵化设施、育苗设施等。

1. 产卵设施 产卵设施是一种模拟江河天然产卵场的流水条件建设的产卵用设施。产卵设施包括产卵池、集卵池和进排水设施。产卵池的种类很多，常见的为圆形产卵池（图3-19），目前也有玻璃钢产卵池、PVC编织布产卵池等。

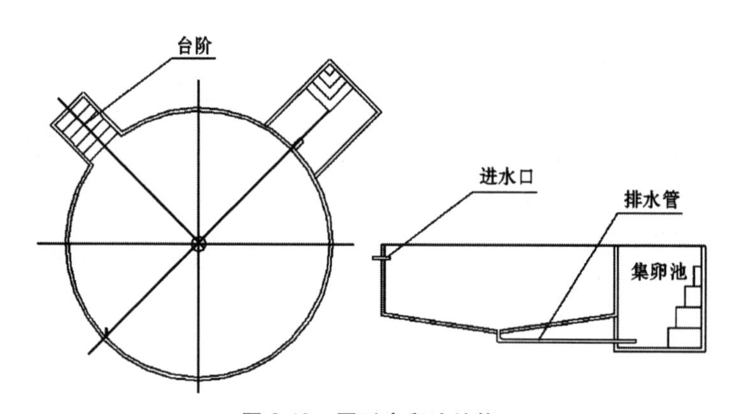

图3-19 圆形产卵池结构

传统产卵池面积一般为50～100米^2，池深1.5～2米，水泥砖砌结构，池底向中心倾斜。池底中心有一个方形或圆形出卵口，上盖拦鱼栅。出卵口由暗管引入集卵池，暗管为水泥管、搪瓷管或PVC管，直径一般20～25厘米。集卵池一般长2.5米、宽2米，集卵池的底部比产卵池底低25～30厘米。集卵池尾部有溢水口，底部有排水口。排水口由阀门控制排水。集卵池墙一边有阶梯，集卵绠网与出卵暗管相连，放置在集卵池内，以收集鱼卵。

产卵池一般有一个直径15～20厘米进水管，进水管与池壁呈40°角左右切线，进水口距池顶端40～50厘米。进水管设有可调节水流量的阀门，进水形成的水流不能有死角，产卵池的池壁要光滑，便于冲卵。

玻璃钢产卵池和PVC编织布材料产卵池，是用玻璃钢或PVC编织布材料制作产卵池，这种产卵池对土建和地基要求低，具有移动方便、便于组装、操作简便等特点，适合于繁育车间和临时繁育的需要。

2. 孵化设施 鱼苗孵化设施是一类可形成均匀的水流，使鱼卵在溶氧量充足、水质良好的水流中孵化的设施。鱼苗孵化设施的种类很多，传统的孵化设施主要有孵化桶（缸）、孵化环道和孵化槽等，也有矩形孵化装置和玻璃钢小型孵化环道等新型孵化设施系统。

近年来，出现了一种现代化的全人工控制孵化模式，这种模式通过对水的循环和控制利用，可以实现反季节的繁育生产。鱼苗孵化设施一般要求壁面光滑，没有死角，不堆积鱼卵和鱼苗。

（1）孵化桶 一般为马口铁皮制成，由桶身、桶罩和附件组成。孵化桶一般高1米左右，上口直径60厘米左右，下口直径45厘米左右，桶身略似圆锥形。桶罩一般用钢筋或竹篾做罩架，用60目的尼龙纱网做纱罩，桶罩高25厘米左右。孵化桶的附件一般包括支持桶身的木、铁架，胶皮管以及控制水流的开关等。图3-20为一种常用的孵化桶。

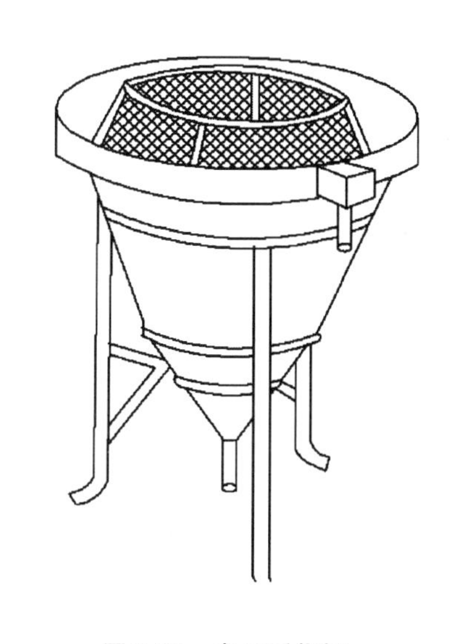

图3-20 常用孵化桶

（2）孵化缸 孵化缸是小规模育苗情况下使用的一种孵化工具，一般用普通水缸改制而成，要求缸形圆整，内壁光滑。孵化缸分为底部进水孵化缸和中间进水孵化缸。孵化缸的缸罩一般高15～20厘米，容水量200升左右。孵化缸一般每100升水放卵10万粒。

（3）孵化环道 孵化环道是设置在室内或室外利用循环水进行孵化的一种大型孵化设施。孵化环道有圆形和椭圆形两种形状，根据环数多少又分为单环、双环和多环几种形式。椭圆形环道水流循环时的离心力较小，内壁死角少，在水产养殖场使用较多。

孵化环道一般采用水泥砖砌结构，由蓄水池、过滤池、环道、过滤窗、进水管道、排水管道等组成。图3-21是椭圆形孵化环道的结构图。

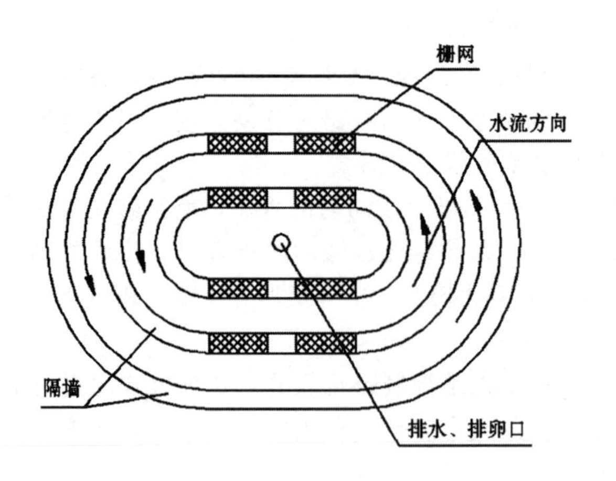

图 3-21 椭圆形孵化环道结构图

孵化环道的蓄水池可与过滤池合并，外源水进入蓄水池时一般安装 60～70 目的锦纶筛绢或铜纱布过滤网。过滤池一般为快滤池结构，根据水源水质状况配置快滤池面积、结构。孵化环道的出水口一般为鸭嘴状喷水头结构。

孵化环道的排水管道直接将溢出的水排到外部环境或水处理设施，经处理后循环使用。出苗管道一般与排水管道共用，并有一定的坡度，以便于出水。

过滤纱窗一般用直径 0.5 毫米的乙纶或锦纶制作成网，高25～30 厘米，竖直装配，略往外倾斜。环道宽度一般为 80 厘米。

（4）矩形孵化装置　矩形孵化装置是一种用于孵化黏性卵和卵径较大的沉性卵的孵化装置。矩形孵化池一般为玻璃钢材质或砖砌结构，规格有 2.0 米×0.8 米×0.6 米和 4.0 米×0.8 米×0.6 米等形式。图 3-22 为一种矩形孵化装置。

（5）玻璃钢小型孵化环道　是一种主要用于沉性和半沉性卵脱黏后孵化的设施。图 3-23 为一种玻璃钢池体的孵化环道，孵化池有效直径为 1.4 米、高

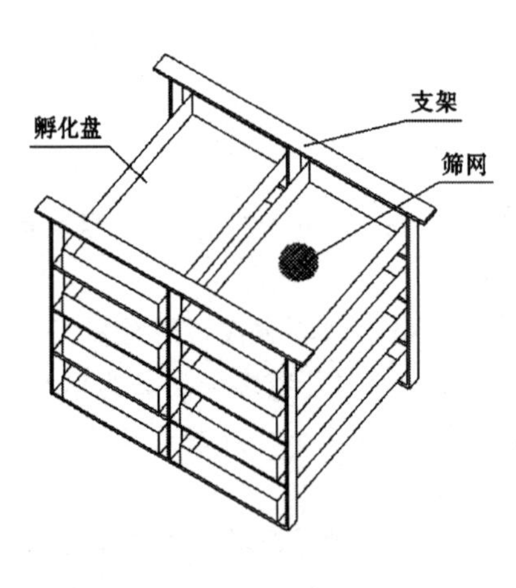

图 3-22 矩形孵化装置

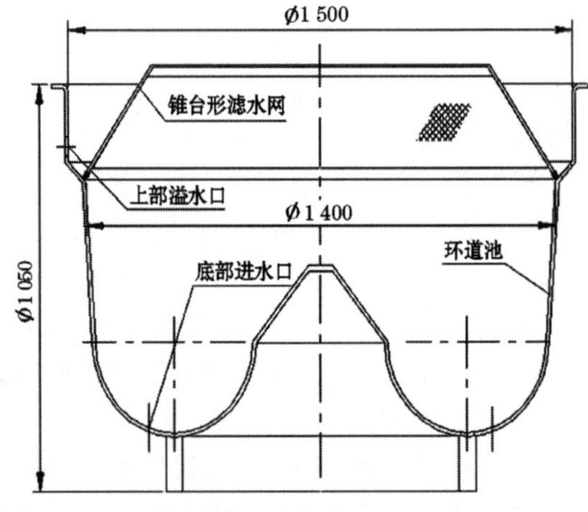

图 3-23 玻璃钢小型环道孵化装置　单位：毫米

1.0米、水体约0.8米^3。采用上部溢流排水，底部喷嘴进水。其结构特点是环道底部为圆弧形，中间为向上凸起的圆锥体，顶部有一进水管，锥台形滤水网设在圆池上部池壁内侧。

[案例3-1] 宁夏贺兰现代渔业科技示范园区设计方案

一、项目简介

宁夏现代渔业科技示范园区位于宁夏贺兰县习岗镇桃林村，距黄河干流15千米，规划总面积为38公顷（570亩），由宁夏回族自治区水产研究所投资建设，为该所重要科研基地。

二、项目规划

整个园区拟规划为养殖数字化管理示范区、苗种培育示范区、特色鱼类网箱养殖区、生态养殖示范区、循环水养殖示范区、工厂化育苗、养殖区以及水体生态湿地循环区及研发培训中心等8个功能区（图3-24）。

Ⅰ区：养殖数字化管理示范区，池塘水质在线监测与远程投喂系统控制与管理示范，面积约9.67公顷（145亩）。

Ⅱ区：苗种培育示范区，水产新品种的引进与选育，面积6公顷（90亩）。

Ⅲ区：特色鱼类网箱养殖区，特色鱼类网箱养殖技术集成与试验，面积约2公顷（30亩）。

Ⅳ区：生态养殖示范区，根据水生态学原理，构建鱼蟹与水生植物的合理搭配，面积约5.33公顷（80亩）。

Ⅴ区：循环水养殖示范区，开展以黄河鲶、黄河鲤、大鮈为代表的原产地鱼类以及引进的优良鱼类种质资源保护和养护，面积约4.67公顷（70亩）。

Ⅵ区：工厂化育苗、养殖区，建设工厂化繁育和养殖车间、温室大棚等，开展苗种的工厂化循环水繁育以及成鱼的养殖试验，面积约2.67公顷（40亩）。

Ⅶ区：水体生态湿地循环区，建设人工构建生态水处理设施，通过表流湿地和潜流湿地以及生态湖对池塘废水进行净化，面积约4.33公顷（65亩）。

Ⅷ区：研发培训中心，为集研发、培训、办公为一体的综合功能区，面积约3.33公顷（50亩）。

三、功能定位

以优质苗种繁育及渔业科技示范为主，在对原有养殖池塘进行升级改造，建成我国西北地区领先的水产优质苗种繁育与渔业高新技术产、学、研、科普教育有机融合的科技创新与示范平台。建成后达到国家级水产良种场建设标准，成为宁夏回族自治区水产领域领先的科技示范园区。

附件：设计平面图

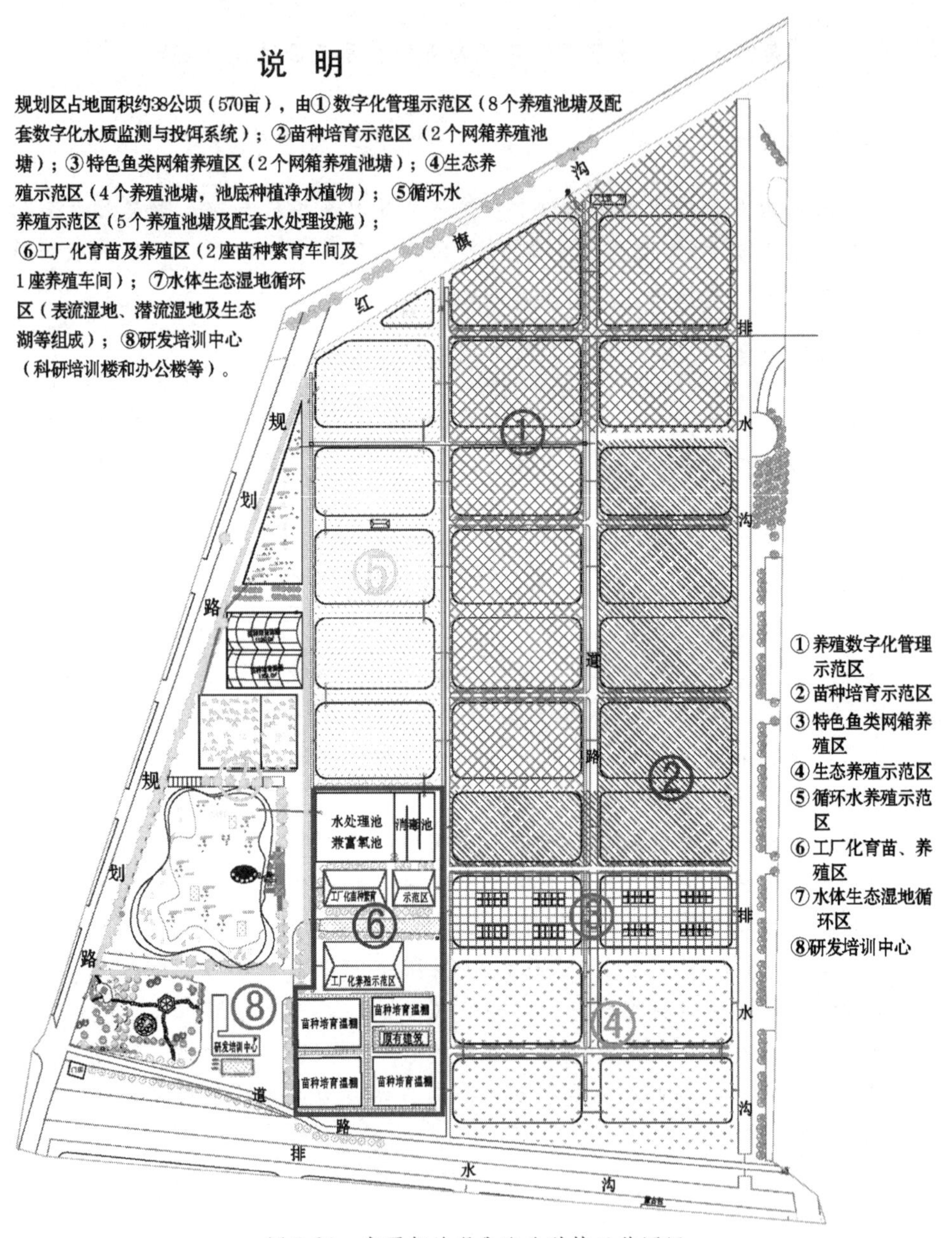

图 3-24 宁夏贺兰现代渔业科技示范园区

（案例提供者 刘兴国）

［案例 3-2］ 乌鲁木齐综合试验站示范基地设计方案

总体思路：按照《大宗淡水鱼产业技术体系重点示范点（区）建设要求》的要求，结合新疆昌吉地区池塘养殖生产的实际情况，在原养殖场池塘布局的基础上进行生态型规范化改建，将该示范场建设成为代表新疆地区池塘养殖特点的生态化种养示范基地。

重点开展养殖示范场布局规划，改造池塘，进排水系统构建，修建道路、场地等基础设施，新建办公区和垂钓区，改建生态养蟹池，利用部分池塘改建苜蓿地等。另外，配置满足养殖场需要的机械设备和数字化管理系统等。

1. 主要改建内容

（1）体现生态化种养复合特点的布局规划。根据养殖场地形特点，充分考虑工程经济性并发挥土地功能，对全场进行生态化布局规划，规划建设水产养殖区、生态养蟹区、苜蓿种植（水稻田）区等生态种养殖区域，合理建设办公区、休闲垂钓区等（图 3-25）。

（2）养殖池塘改建。在原有的鱼池布局的基础上，对鱼池进行清淤整形和护坡，对部分结构不合理的鱼池进行改建，对坍塌池埂进行修整，调整鱼池大小，将部分鱼池合二为一。

（3）新建进排水系统。对示范场的进排水系统进行改造，将原来破旧的进水暗管改成波纹管，对原来的排碱渠进行修整，宽度不变。

（4）新建进排水闸门。新建池塘进排水闸门，进水闸门采用插管进水设施。排水闸门采取插管溢水结构，池塘水体 2/3 可自流排放。

（5）改造建设苜蓿（水稻）种植区。将示范场北面的鱼池改建成苜蓿地（或稻田），减少鱼池渗水对北面建筑物的影响。

（6）新建生态养蟹区（水处理区）。利用苜蓿地南面的一排鱼池改建成生态养蟹池，并可利用生态养蟹池对鱼池排放水进行净化处理，作为养殖用水循环利用。

（7）新建办公、库房、大门等辅助设施。按淡水池塘养殖小区构建要求，建造养殖场大门，主、辅道路，办公楼，库房以及值班房屋等。

（8）按规范新建供配点设施。按国家规范要求配置符合养殖场需要的供电和自来水管线。

（9）配置符合养殖场需要的配套设备和数字化管理系统。

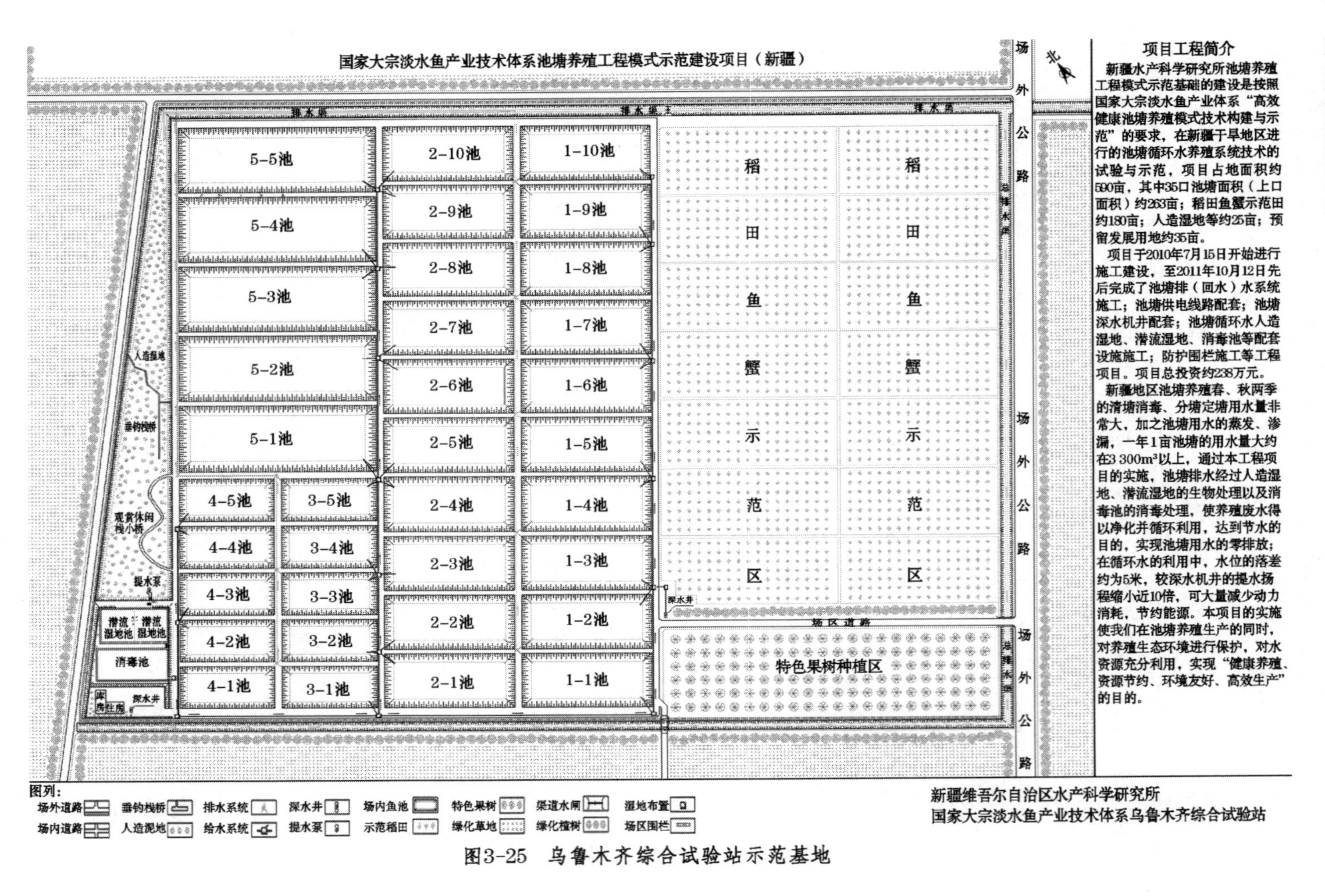

图3-25　乌鲁木齐综合试验站示范基地

2. 进排水及水处理路线

示范场为具有新疆特色的生态种养模式示范场，养殖用水循环利用，并与生态种植相结合，体现养殖污染“零排放”，养殖水体循环利用特色。

全场水流路线为：池塘养殖排放水自流到生态养蟹池，经净化处理后循环到养殖池塘中，部分养殖排放水作为苜蓿地（稻田）种植用水；排碱渠构建成生态沟渠，作为排放水的初处理和调配渠。多余水达标排放到外部排水渠（图3-26）。

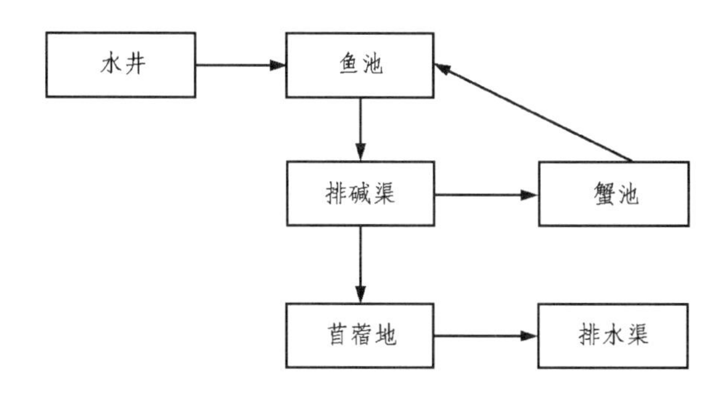

图 3-26　排放到外部排水渠

3. 具体改造方案

（1）水源、水井。鉴于昌吉地区水资源缺乏，示范场的原始水源为地下水，水质良好，满足养殖要求，本案中暂不考虑对原水的处理，但需对原有水井进行整修，更新原供水设备。

苜蓿地（稻田）用水：在排水渠道末端（场区北侧）修建控水闸门，控制排水渠水位，使养殖排放水自流到苜蓿地。

（2）养殖区进水渠道。原供水采用暗管进水，目前已基本坍塌损坏，存在渗漏、淤积等问题。本方案中设计沿辅道两边每排池塘修建1条进水暗管，进水暗管采用Φ400毫米的波纹管满足2排鱼池用水，波纹管底座用混凝土现浇。

（3）鱼池整修改造。由于冲刷和年久失修，目前多数鱼池存在比较严重的塘埂坍塌和淤积现象。对现有鱼池进行清淤、整形和进、排水设施改造。改造后的鱼池埂宽达到6米以上；池埂坡度设计为1∶2.5；鱼池池深2.5米，有效深度达到2米；池底平坦且有适当向排水口倾斜的坡度；鱼池部分区域（转角、两端）采用水泥预制板护坡，修建鱼池的进、排水设施。

（4）排水渠。对原有的3条排碱渠进行修整，修整后排碱渠的宽度超过10米。排碱渠深2.8米，坡度1∶1.5（有条件情况下可考虑护坡）。排碱渠渠道两侧种植水生植物。

苜蓿地与蟹池交界处，新建排水闸门，控制水流进入生态养蟹池和排水。

(5) 生态蟹池。对示范场养鱼池北侧3个池塘进行改造，设计为生态养蟹池，单个面积1.73公顷（26亩），利用生态养蟹池中水生植物对养殖排放水做净化处理，生态养蟹池中水体经水泵抽至进水渠回用。

(6) 苜蓿地（稻田）。蟹池以北的鱼池改建成苜蓿地，池塘排放水部分流进苜蓿地。

(7) 垂钓池。新建2个景观休闲垂钓池。其中一个与生态养蟹池平行，既可以用于水处理，又可放养杂食性鱼类；另一个休闲垂钓池位于办公区北侧，修建垂钓平台，布置景观设施等。

(8) 大门及标示。按照《大宗淡水鱼产业技术体系重点示范点（区）建设要求》的要求，在进入养殖示范区入口处设计建造具有特色的大门，并建造门房，在大门内侧设立养殖场的标示牌。

(9) 主要道路。进入养殖示范场的主干道设计加宽到6米水泥路面，两侧规划2米绿化带，沿路两侧每50米安置太阳能路灯1盏。

养殖场内的辅道4米宽，碎石路面，沿路两侧安置太阳能路灯。

(10) 办公及值班房建设。办公区位于大门入口外，设计建造满足示范区办公楼、库房和宿舍。其中，办公楼400米^2，饲料库房100～200米^2，工具、材料等仓库150米^2。办公区域房屋布局合理，配套规划相应的绿地。

在养殖场内设计建造3～5套值班房（40～80米^2/套），值班房配套建设生活污水处理设施。

(11) 配电布置。在养殖场南、北两侧分别安装1座350千瓦变压器，满足全场用电需要。

按标准化养殖场用电需求，场区内主供电线路敷设地下。场区配电执行GB J54；SD J8标准要求，在每两个鱼池两端各配置1个配电柜，每个配电箱负荷10千瓦，每个水井处配电22千瓦。

(12) 数字化管理系统。根据养殖场情况，设计针对池塘养殖场实际生产需要的数字化控制系统。主要包括：①池塘养殖水质的在线监测系统，实时监测水体溶解氧、pH值、水温等常规水质指标，可对设定样点进行连续自动监测，监测数据无线传输。②增氧、投饲无线远程控制系统。采用集散式控制模式，中央控制室和室外分布式网络节点之间实现无线数据传输，可设定或采用专家软件控制增氧、投喂，同时具有远程控制、数据记录等功能。③视频监控系统。采用室外一体化高速球形摄像机对养殖场白天的养殖生产情况进行监控；采用红外一体化摄像机对养殖场大门、办公区、休闲区等进行安全防范监控；采用大容量专业硬盘录像机能对采集到视频图像数据进行保存，在连接Internet网络的情况下，可以通过注册动态域名，达到远程监控的目的。

4. 土方平衡

本养殖示范场在原有养殖场基础上改建，规划要求建成后养殖区整体平整，目前养殖场的局部区域高差较大，原有池塘需要二合一修建新池塘，去除中间池埂增加的土方主要用于填方塘埂和办公区等的用土。养殖区的土方统计如表3-5。

表3-5 养殖区方格法土方统计表 （单位：米^3）

区域号	区块号	挖方量	填方量	净方量	区块面积	单位面积净土方量
1	1-1	—189345.95	98703.56	—90642.39	670292.33	—0.14
合　计		—189345.95	98703.56	—90642.39	670292.33	—0.14

注：本表格由土方软件自动生成，区域号和区块号为统计区域66.67公顷(1 000亩)，不含北面苜蓿地。

统计分析时，最初松散系数为1.2，最终松散系数为1.03。

挖方和填方面积参照平面规划图，土方分布图中不做统计。

土方分布图中，自然标高参照原地形图，原地形图中没有对塘埂线、塘底线做标高，参照原地形图中的自然标高点。

规划中北侧部分鱼池修改为苜蓿地（水稻田），需要将池埂推平，土方统计如表3-6。

表3-6 苜蓿地方格法土方统计表 （单位：米^3）

区域号	区块号	挖方量	填方量	净方量	区块面积	单位面积净土方量
2	2-1	—59196.33	58839.62	—356.71	143881.24	—0.00
合　计		—59196.33	58839.62	—356.71	143881.24	—0.00

注：本表格由土方软件自动生成，区域号和区块号为统计区域15.33公顷（230亩），仅包含苜蓿地区域。

统计分析时，最初松散系数为1.2，最终松散系数为1.03。

挖方和填方面积参照平面规划图，土方分布图中不做统计。

土方分布图中，全区设计标高为495.74米，自然标高参照原地形图，原地形图中没有对塘埂线、塘底线做标高，参照原地形图中的自然标高点。

（案例提供者　刘兴国）

第四章
大宗淡水鱼的品种介绍与繁殖技术

阅读提示：

正确选择养殖品种和应用实用繁殖技术，是提高鱼类养殖效益的关键环节之一。本章介绍了我国大宗淡水鱼传统的养殖品种以及近年来培育较成熟的大宗淡水鱼新品种，重点介绍了与人工繁殖相关的指标、亲鱼培育技术、人工催产、产后护理及鱼卵孵化技术，并结合案例阐述了北方地区提早春繁的好处及操作技术要求。通过阅读本章，旨在使大宗淡水鱼养殖者获取新品种信息，选择适合自己养殖的品种，科学使用繁殖技术，从而获取较高的养殖效益。

第一节　品种介绍

一、传统养殖品种介绍

（一）青　鱼

青鱼也称螺蛳青、乌青和青鲩，为底层鱼类。主要生活在江河深水段，喜活动于水的下层以及水流较急的区域，喜食黄蚬、湖沼腹蛤和螺类等软体动物。10 厘米以下的幼鱼以枝角类、轮虫和水生昆虫为食物；15 厘米以上的个体开始摄食幼小而壳薄的蚬螺等。冬季在深潭越冬，春天游至急流处产卵。2013 年全国青鱼养殖产量为 52.5 万吨，占大宗淡水鱼产量的 2.8%，主要养殖区域为湖北、江苏、安徽等省。2013 年青鱼主产省份产量情况见图 4-1。

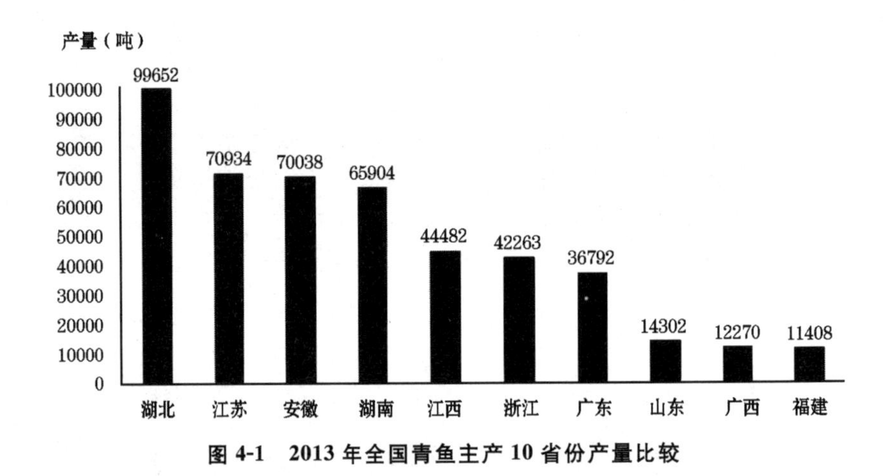

图 4-1　2013 年全国青鱼主产 10 省份产量比较

（二）草　鱼

草鱼也称草鲩、混子、草混和草青，为典型的草食性鱼类。肉厚刺少味鲜美，出肉率高。草鱼一般喜栖居于江河、湖泊等水域的中、下层和近岸多水草区域。具河湖洄游习性，性成熟个体在江河流水中产卵，产卵后的亲鱼和幼鱼进入支流及通江湖泊中育肥。草鱼性情活泼，游泳迅速，常成群觅食，性贪食。2013 年全国草鱼养殖产量为 505.8 万吨，占大宗淡水鱼产量的 27%，是产量最大的养殖鱼类。主要养殖区域在湖北、广东、湖南等省。2013 年草鱼主产省份产量情况见图 4-2。

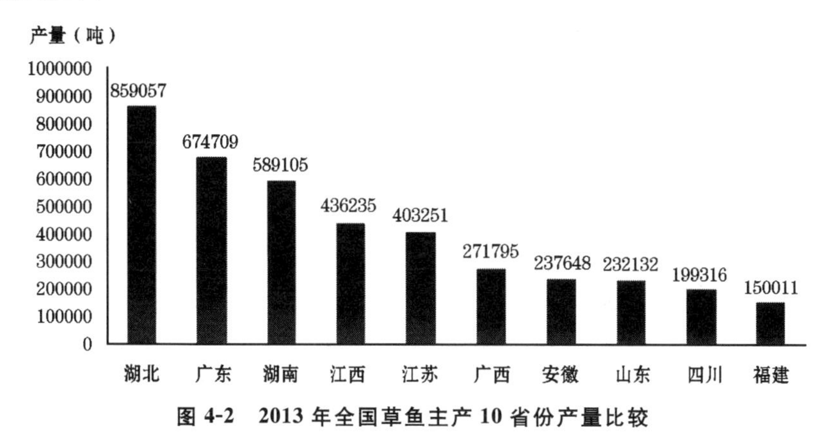

图 4-2 2013 年全国草鱼主产 10 省份产量比较

（三）鲢

鲢也称白鲢、鲢子。鲢体银白色，栖息于大型河流或湖泊的上层水域，性活泼，善跳跃，稍受惊动即四处逃窜，终生以浮游生物为食。幼体主食轮虫、枝角类和桡足类等浮游动物，成体则滤食硅藻类、绿藻等浮游植物兼食浮游动物等，可用于降低湖泊水库富营养化。最大可达 100 厘米，通常为 50～70 厘米。2013 年全国鲢鱼养殖产量为 383.3 万吨，占大宗淡水鱼产量的 20.5%，是第二大的养殖鱼类。主要养殖区域在湖北、江苏、湖南等省。2013 年鲢鱼主产省份产量情况见图 4-3。

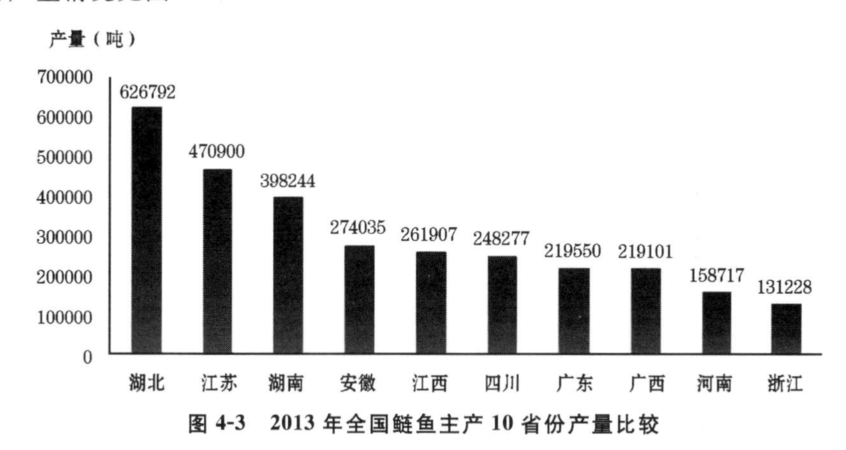

图 4-3 2013 年全国鲢鱼主产 10 省份产量比较

（四）鳙

鳙也称花鲢、黑鲢、胖头鱼。鳙体背侧部灰黑色，生活于水域的中上层，性温和，行动缓慢，不善跳跃。在天然水域中，数量少于鲢。平时生活于湖内敞水区和有流水的港湾内，冬季在深水区越冬。终生摄食浮游动物，兼食部分浮游植物。2013 年全国鳙鱼养殖产量为 300.4 万吨，占大宗淡水鱼产量的 16.1%，位居第三。主要养殖区域在湖北、广东、湖南等省。2013 年鳙鱼主产省份产量情况见图 4-4。

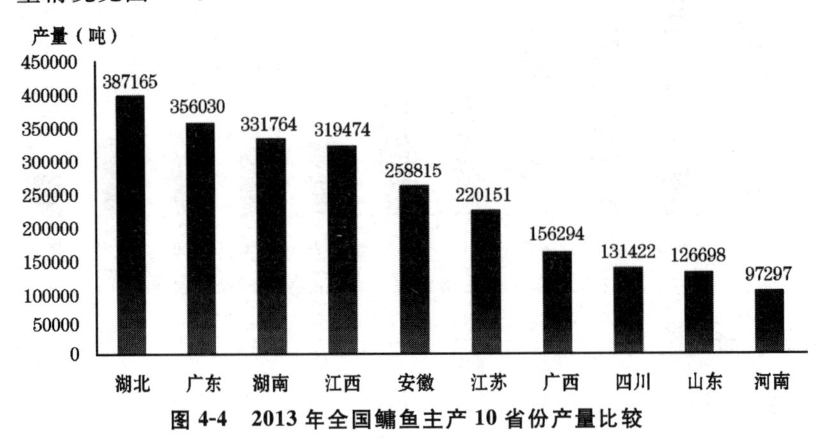

图 4-4　2013 年全国鳙鱼主产 10 省份产量比较

（五）鲤

鲤也称鲤拐子、鲤鱼。杂食性，成鱼喜食螺、蚌、蚬等软体动物，仔鲤摄食轮虫、枝角类等浮游生物，体长 15 毫米以上个体，改食寡毛类和水生昆虫等。鲤是我国育成新品种最多的鱼类，如丰鲤、荷元鲤、建鲤、松浦镜鲤、湘云鲤、豫选黄河鲤鱼、乌克兰鳞鲤、松荷鲤等。2013 年全国鲤鱼养殖产量为 300 万吨，占大宗淡水鱼产量的 16.1%，位居第四。主要养殖区域在山东、辽宁、河南等省。2013 年鲤鱼主产省份产量情况见图 4-5。

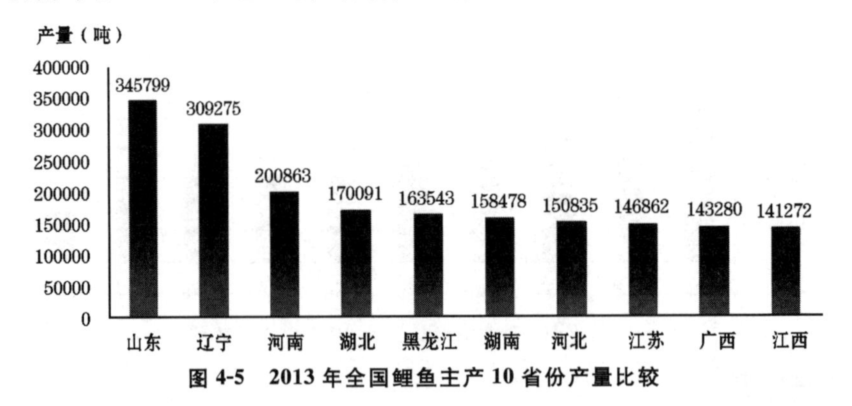

图 4-5　2013 年全国鲤鱼主产 10 省份产量比较

（六）鲫

鲫也称鲫瓜子、鲫拐子、鲫壳子、河鲫鱼和鲫鱼，为我国重要食用鱼类之一。属底层鱼类，适应性很强。鲫鱼属杂食性鱼，主食植物性食物，鱼苗期食浮游生物及底栖动物。鲫鱼一般 2 冬龄成熟，是中小型鱼类。生长较慢，一般在 250 克以下，大的可达 1 250 克左右。经过人工选育并在生产上广泛推广应用的有异育银鲫、彭泽鲫、湘云鲫等品种。2013 年全国鲫鱼养殖产量为 259 万吨，占大宗淡水鱼产量的 13.9%，位居第五。主要养殖区域在江苏、湖北、江西等省。2013 年鲫鱼主产省份产量见图 4-6。

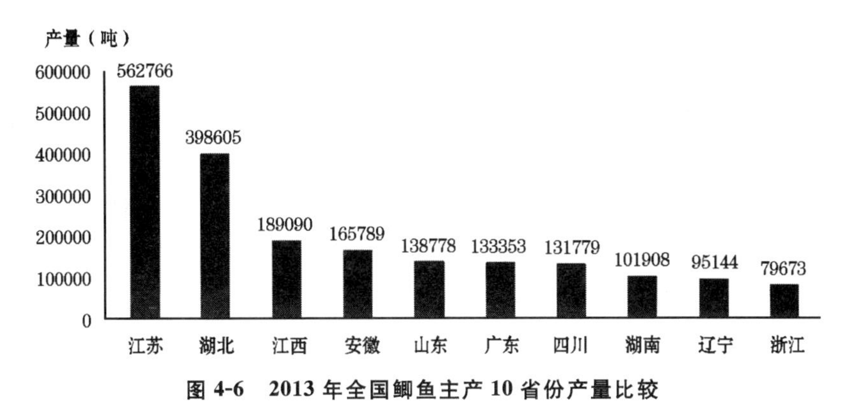

图 4-6　2013 年全国鲫鱼主产 10 省份产量比较

（七）团头鲂

团头鲂也称武昌鱼。喜生活在湖泊有沉水植物敞水区区域的中下层，性温和，草食性，因此有“草鳊”之称。幼鱼以浮游动物为主食，成鱼则以水生植物为主食。团头鲂生长较快，100～135 毫米的幼鱼经过 1 年饲养，可长到 0.5 千克左右，最大体长可达 3.5～4.0 千克。人工选育的新品种有团头鲂“浦江 1 号”，已推广到全国 20 多个省、自治区、直辖市。2013 年全国鳊鲂鱼养殖产量为 73 万吨，占大宗淡水鱼产量的 3.9%。主要养殖区域在江苏、湖北、安徽等省。2013 年团头鲂主产省份产量见图 4-7。

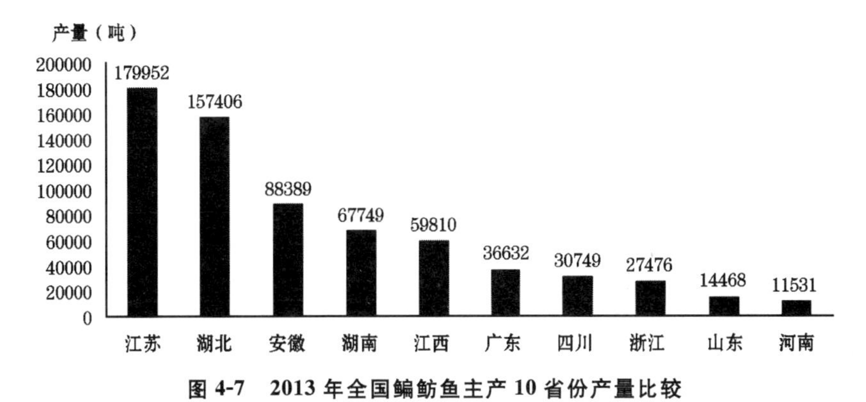

图 4-7　2013 年全国鳊鲂鱼主产 10 省份产量比较

二、新品种介绍

1996—2013 年，我国经过人工选育的水产养殖新品种共有 100 多种，其中大宗淡水鱼新品种有 38 种之多。现将养殖推广较成熟的大宗淡水鱼新品种介绍如下。

（一）建　鲤

建鲤（图见彩页）是以荷包红鲤和元江鲤杂交组合的后代作为育种的基础群，选育出 F_4 长型品系鲤鱼，F_4 长型品系与 2 个原始亲本相同、选择指标一致的雌核发育系相结合，并进行横交固定的子一代鲤鱼品种。建鲤经过 6 代定向选育后，遗传性状稳定，能自繁自育，不需要杂交制种；生产速度快，在同池饲养情况下，生长速度较荷包红鲤、元江鲤和荷元鲤分别快 49.7%、46.8% 和 28.9%；食性广，抗逆性强；体型匀称，为比例适中的长体型；体色为青灰色；可当年养殖成商品鱼，平均增产 30%以上，并能在 1 年养殖 2 茬。

（二）福瑞鲤

2010 年福瑞鲤（图见彩页）通过了水产新品种现场审查。福瑞鲤具有生长快、体型好、饵料系数低等优良特性，其生长速度比对照提高 20%以上；体型为养殖者和消费者喜爱的长体型，体长/体高为 3.65，比建鲤增加 13.4%；在山东、江苏、四川、云南、河南、吉林、宁夏、重庆等省、自治区、直辖市进行了初步推广应用，适合池塘、网箱等养殖方式，推广面积已达1 333.33公顷（2 万余亩），经济效益和社会效益显著。

（三）津新鲤

津新鲤（图见彩页）是在建鲤品种基础上，经过 17 年连续 6 代群体选育而获得的新品种，具有抗寒能力强、繁殖力高、生长速度快和起捕率高等优点，可当年养殖成商品鱼。

（四）德国镜鲤选育系

德国镜鲤选育系（图见彩页）是在引进的德国镜鲤原种的基础上，采用混合选育和家系选育的方法，历时 10 年余选育出的新品种。选育出的 F_4 比原种 F_1 生长快 10.8%，抗病力提高 25.6%，池塘饲养成活率达到 98.5%，抗寒力达到 96.3%，比原种提高 33.8%，已形成一个遗传稳定和优良的池塘养殖品种。该选育系已推广到黑龙江、吉林、辽宁、内蒙古和新疆等省、自治区，推广面积已达6 666.7公顷（10万亩），增产增收效益十分显著。

（五）豫选黄河鲤鱼

豫选黄河鲤鱼（图见彩页）是利用野生黄河鲤作亲本，经过近20年、连续8代选育而成。该品种有以下主要优点：①“豫选黄河鲤”体色鲜艳、金鳞赤尾。子代的红色、杂鳞表现率降至1%以下；体长/体高为2.7～3.0；体型更接近于原河道型黄河鲤。②生长速度有了显著提高，比选育前提高36.2%以上。用选育的黄河鲤鱼苗（体长2～3厘米）可在当年（养殖期5～6个月）育成单产1 000千克/667米^2、规格750克/尾以上的商品鱼，成活率90%左右。

（六）乌克兰鳞鲤

乌克兰鳞鲤（图见彩页）为1998年从俄罗斯引进后经选育的养殖品种。体型为纺锤形，略长，体色青灰色，头较小，出肉率高。该品种3～4龄性成熟，水温16℃以上即可繁殖生产，怀卵量小，有利于生长。适温性强，生存水温0℃～30℃。食性杂、生长快、耐低氧、易驯化、易起捕，适宜在池塘养殖。2龄鱼在常规放养密度下，体重达1.5～2千克。

（七）松荷鲤

松荷鲤（图见彩页）是采用常规育种和雌核发育技术相结合的育种方法，育成的一个抗寒力强、生长快和遗传稳定的鲤鱼新品种。其冰下自然越冬存活率在95%以上，生长速度比黑龙江鲤快91%以上，适于气候寒冷、生长期短的北方地区养殖。目前，已在黑龙江及其他北方地区广泛推广养殖。

（八）松浦镜鲤

松浦镜鲤（图见彩页）具有以下优点：①生长快。1、2龄鱼生长速度较选育前分别提高34.70%和45.23%。②成活率高。1、2龄鱼的平均饲养成活率分别为96.95%和96.44%。③平均越冬成活率高。分别为95.85%和98.84%。④怀卵量高。3、4龄鱼的平均相对怀卵量比选育前分别增加了56.17%和88.17%。⑤体表基本无鳞。无鳞率达66.67%。目前，在全国推广累计养殖面积6.51万公顷，新增产值4.57亿元，已推广至黑龙江省大部分地区（哈尔滨、黑河、伊春、五常、北安、庆安、肇源、泰来、大庆、望魁、绥化等地），以及天津、河北、吉林、山东、辽宁、重庆、广西、广东及内蒙古等地。

（九）松浦红镜鲤（红金钱）

20世纪70年代黑龙江水产研究所松浦试验场以荷包红鲤（♀）和散鳞镜鲤（♂）杂交后分离出来的个体为基础群，进行群体选育。1990年开始以多性状群体复合选择方法结合现代生物技术手段进行强化选育，至2008年选育到第六代（F_6），各项指标均已稳定，将其定名为松浦红镜鲤（图见彩页）。又因其鱼体鳞片布局呈框形，似古代方孔钱，且身体红色，故商品名定为红金钱。

该品种主要有以下优点：

1. 体色橘红，体型呈纺锤形，鳞被布局呈框形 作为一般食用其营养丰富、味道鲜美，更适合节假日、婚庆等场合食用，寓意喜庆和发财。同时，适合作为公园人工湖的观赏鱼饲养，是非常好的垂钓对象，因其特殊的体色和鳞被，也是一个很好的遗传育种研究的实验材料。

2. 生长快 经连续3年同塘对比试验表明，松浦红镜鲤1、2龄鱼在哈尔滨地区的养殖周期内个体平均净增重199.53克和1 129.53克，分别比荷包红鲤抗寒品系提高21.61%和35.59%，与散鳞镜鲤无显著差异。

3. 成活率高 松浦红镜鲤与散鳞镜鲤无显著差异，1、2龄鱼的平均饲养成活率为96.17%和95.82%，分别比荷包红鲤抗寒品系高12.93%和12.15%；平均越冬成活率为95.24%和97.63%，分别比荷包红鲤抗寒品系高9.27%和8.55%。

（十）异育银鲫

异育银鲫（图见彩页）是用方正银鲫作母本、兴国红鲤作父本，人工杂交而成的异精雌核发育子代。异育银鲫与亲本相比具有杂交优势，制种简便而子代不发生分离。食性杂，生命力强，生长快，肉质细嫩且营养丰富，其生长速度比鲫快1～2倍及以上，比其母本方正银鲫快34.7%。当年繁殖的苗种养到年底，一般可长到0.25千克以上。

（十一）异育银鲫“中科3号”

异育银鲫“中科3号”（图见彩页）是通过异育银鲫和高体型异育银鲫两个品系间的有性繁殖、从中筛选出生长快、体型好的优良个体用作亲本，再用兴国红鲤精子刺激进行雌核生殖经6代以上的异精雌核生殖方式扩群，获得的一个异育银鲫的新品种（A+）。鉴于中国科学院水生生物研究所已推出异育银鲫和高体型异育银鲫两个品种，该新品种为第三个，因此命名为异育银鲫“中科3号”。

异育银鲫“中科3号”具有如下优点：①生长速度快，比高背鲫生长快13.7%～34.4%，出肉率高6%以上。②遗传性状稳定。③体色银黑，鳞片紧密，不易脱鳞。④寄生于肝脏的碘泡虫病发病率低。异育银鲫“中科3号”适宜在全国范围内的各种可控水体内养殖。异育银鲫“中科3号”在苗种生产和示范推广养殖方面取得重大进展。据不完全统计，2009年生产的优质异育银鲫“中科3号”苗种已过2亿尾，在湖北、江苏、广东、广西等十几个省、自治区、直辖市进行了推广养殖，养殖面积达6 666.67公顷（10万亩），2009年产生的社会效益约10亿元，增产产生的经济效益达2亿元以上。

（十二）彭泽鲫

彭泽鲫（图见彩页）是我国第一个直接从野生鲫鱼中人工选育出的养殖新品种。彭泽鲫原产于江西省彭泽县丁家湖、芳湖和太泊湖等自然水域。彭泽鲫经过十几年人工定向选育后，遗传性状稳定，具有繁殖技术和苗种培育方法简易、生长快、个体大、营养价值高和抗逆性强等优良特性。经选育后的F_6，比选育前生长速度快56%，1龄鱼平均体重可达200克。

（十三）湘云鲫

湘云鲫（图见彩页）是应用细胞工程技术和有性杂交相结合的技术培育成功的一种三倍体鲫鱼，它的父本是鲫、鲤杂交四倍体鱼，母本为日本白鲫。湘云鲫体型美观，具有自身不育、生长速度快、食性广、抗病能力强、耐低氧低温和易起捕等优良性状，且肉质细嫩，肉味鲜美，肋间细刺少。含肉率高出普通鲫鱼10%～15%，生长比普通鲫鱼快3～4倍。

（十四）芙蓉鲤鲫

芙蓉鲤鲫（图见彩页）是运用近缘杂交、远缘杂交和系统选育相结合的综合育种技术，经20年研究培育的新型杂交鲫鱼。在8%～10%选择压力下，以形态和生长为主要指标，进行群体繁育混合选择，以连续选育3代的散鳞镜鲤为母本、兴国红鲤为父本进行鲤鱼品种间杂交，获得杂交子代芙蓉鲤；再以芙蓉鲤为母本，以同等选择压力下选育6代的红鲫为父本进行远缘杂交，得到体型偏似鲫鱼的杂交种芙蓉鲤鲫。芙蓉鲤鲫具有体型像鲫鱼、生长快、肉质好、抗逆性强、性腺败育等优良特性。

芙蓉鲤鲫生长快、肉质好。芙蓉鲤鲫当年鱼的生长速度比父本红鲫要快102.4%，为母本芙蓉鲤的83.2%；2龄鱼生长速度比红鲫快7.8倍，为芙蓉鲤的86.2%。芙蓉鲤鲫1龄和2龄鱼的空壳率平均86.8%，明显高于普通鲤鲫鱼（70％～80％），芙蓉鲤鲫肌肉蛋白质含量高（18.22％），脂肪含量低（3.68％），18种氨基酸和4种鲜味氨基酸含量均高于双亲，不饱和脂肪酸含量略高于双亲平均水平。

芙蓉鲤鲫两性败育，没有发现其自交繁殖后代。芙蓉鲤鲫制种规范，适合规模化生产应用。该品种制种繁殖技术与普通鲤鲫鱼相似，可以实行人工催产，自然产卵受精，亦可人工采卵授精后上巢孵化或脱黏流水孵化。国家大宗淡水鱼类产业技术体系长沙综合试验站现有亲本3 000组，年苗种生产量可达2亿尾。芙蓉鲤鲫适宜在全国范围人工可控的淡水水域，进行池塘养殖、网箱养殖、稻（莲）田养殖。芙蓉鲤鲫1993年开始生产养殖，1997年以来先后在湖南、湖北、广东、江苏、山东、重庆等13个省、自治区、直辖市进行过试养，累计养殖面积达1万公顷，新增产量过10万吨，受到养殖者和消费者的广泛好评，产生了显著的经济效益和社会效益。

（十五）团头鲂“浦江1号”

团头鲂“浦江1号”（图见彩页）是以湖北省淤泥湖的团头鲂原种为基础群体，采用传统的群体选育方法，经过十几年的选育所获得的第六代新品种鱼。团头鲂“浦江1号”遗传性稳定，具有个体大、生长快和适应性广等优良性状。生长速度比淤泥湖原种提高20％。在我国东北佳木斯、齐齐哈尔等地区，翌年都能长到500克以上，比原来养殖的团头鲂品种在同样的条件下增加体重200克。目前，团头鲂“浦江1号”已推广到20多个省、自治区、直辖市。江苏滆湖地区产量达6万吨，主要销往上海、杭州等大城市。池塘主养单产超过500千克/667米^2，滆湖地区达到800千克，湖泊网围养殖每667米^{2}产量可达1 000千克以上。商品鱼养成规格650克/尾以上。养殖周期由常规团头鲂的3年缩短至2年。

（十六）长丰鲢

长丰鲢（图见彩页）是由大宗淡水鱼产业技术体系鲢鳙鱼种质资源与育种岗位专家及其团队经过20余年精心选育而成的新品种，具有生长快、抗逆性强等优点。

1. 亲本种源及选育过程 1987年，从长江原种鲢群体中选择性成熟的、个体大、体型好、体质健壮的雌鱼为母本，用遗传灭活的鲤精子作激活源，采用人工雌核发育、群体选育与分子标记辅助等技术方法，以生长速度、体型等为指标进行选育。2006年获第四代。

2. 优良特性 长丰鲢2龄鱼生长速度比普通鲢提高13.3％～17.9％，增产

14%～25%；3龄鱼生长速度平均提高20.47%；体型较高且整齐。

3. 长丰鲢已推广养殖地区 长丰鲢中试应用养殖面积733.33公顷（1.1万亩），平均每667米^{2}增产16.4%以上。近年来已在安徽、陕西、重庆，湖北省潜江、石首、监利、荆州等地区进行了推广养殖，效果良好，没有发现病害发生，受到广大养殖户的普遍欢迎。

（十七）易捕鲤

易捕鲤（图见彩页）是以从云南省晋宁水库采捕的大头鲤、嫩江中下游捕获的黑龙江鲤和前苏联引进的散鳞镜鲤复合杂交［（大头鲤♀×散鳞镜鲤♂）♀×（黑龙江鲤♀×散鳞镜鲤♂）♂］后代♀与大头鲤♂回交获得的子一代群体作为基础群体，以起捕率为主要选育指标，经连续3代群体选育后，又结合现代生物技术手段强化培育3代后获得。

在相同池塘养殖条件下，1龄鱼起捕率达到93%以上，比黑龙江鲤和松浦镜鲤分别提高113.4%和38.7%；2龄鱼起捕率达到96%以上，比黑龙江鲤、松浦镜鲤、松荷鲤分别提高96.7%、56.0%、71.3%；生长速度和成活率与松荷鲤相近。适宜在全国各地人工可控的温水性淡水水体中增、养殖。已在黑龙江、吉林、辽宁等地进行中试养殖。

［案例4-1］ 引进新品种，增加养殖效益

国家大宗淡水鱼产业技术体系上海综合试验站崇明县试验片引进了异育银鲫“中科3号”新品种，与本地鲫进行养殖对比试验，结果表明本地鲫养殖池塘每667米^{2}水面养殖成本为14 126元、产值为15 983元、年纯收入为1 857元，投入与产出比为1∶1.13；异育银鲫“中科3号”养殖池塘每667米^{2}水面养殖成本为14 072元、产值为17 138元、年纯收入为3 066元，投入与产出比为1∶1.22。两口池塘投入成本基本一致，养殖管理措施基本相同，异育银鲫“中科3号”养殖池塘每667米^{2}水面年纯收入比本地鲫养殖高1 209元，增效65%。

大宗淡水鱼产业技术体系鲢鳙鱼种质资源与育种岗位在湖北省国营西大垸农场水产公司进行了生产性对比试验。国营西大垸农场水产公司引进长丰鲢春片鱼种2 000尾，平均尾重68.5克，同时用本单位繁育的相同数量的普通白鲢作对照，普通白鲢尾重71.6克，放入面积为6 670米^{2}的池塘进行同池套养（主养草鱼），长丰鲢剪胸鳍进行标记，结果表明长丰鲢总产2 336.2千克，对照当地鲢总产1 984.5千克，长丰鲢平均增产17.7%，成活率提高7%。

第二节　繁殖技术

鱼类人工繁殖就是在人为控制下，使亲鱼达到性成熟，并通过生态、生理的方法，使其产卵、孵化而获得鱼苗的一系列过程。

一、与鱼类人工繁殖相关的几个指标

鱼类人工繁殖的成败主要取决于亲鱼的性腺发育状况，而性腺发育又受到内分泌激素的控制，也受营养和环境条件的直接影响。因此，亲鱼培育要遵守亲鱼性腺发育的基本规律，创造良好的营养生态条件，促使其性腺生长发育。

（一）精子和卵子的发育

1. 精子的发育　鱼类精子的形成过程可分为繁殖生长期、成熟期和变态期3个时期：

（1）*繁殖生长期*　原始生殖细胞经过无数次分裂，形成大量的精原细胞，直至分裂停止。核内染色体变成粗线状或细线状，形成初级精母细胞。

（2）*成熟期*　初级精母细胞同源染色体配对进行二次成熟分裂。第一次分裂为减数分裂，每个初级精母细胞（双倍体）分裂成为二个次级精母细胞（单倍体）；第二次分裂为有丝分裂，每个初级精母细胞各形成二个精子细胞，精子细胞比次级精母细胞小得多。

（3）*变态期*　精子细胞经过一系列复杂的过程变成精子。精子是一种高度特化的细胞。由头、颈、尾三部分组成，体型小，能运动。头部是激发卵子和传递遗传物质的部分。有些鱼类精子的前端有顶体结构，又名穿孔器，被认为与精子钻入卵子有关。

2. 卵子的发育　家鱼卵原细胞发育成为成熟卵子，一般要经过3个时期，即卵原细胞增殖期、卵原细胞生长期和卵原细胞成熟期。

（1）*卵原细胞增殖期*　此期是卵原细胞反复进行有丝分裂，细胞数目不断增加，经过若干次分裂后，卵原细胞停止分裂，开始长大，向初级卵母细胞过渡。此阶段的卵细胞为第Ⅰ时相卵原细胞，以第Ⅰ时相卵原细胞为主的卵巢即称为第Ⅰ期卵巢。

（2）*卵原细胞生长期*　此期可分为小生长期和大生长期两个阶段。该期的生殖细胞即称为卵母细胞。

①小生长期　从成熟分裂前期的核变化和染色体的配对开始，以真正的核仁出现及卵细胞质的增加为特征，又称无卵黄期。以此时相卵母细胞为主的卵巢属于第Ⅱ时相卵巢。主要养殖鱼类性成熟以前的个体，卵巢均停留在Ⅱ期。

②大生长期　此期的最大特征是卵黄的积累，卵母细胞的细胞质内逐渐蓄积卵黄直至充满细胞质。根据卵黄积累状况和程度，又可分为卵黄积累和卵黄充满两个阶段。前者主要特征是初级卵母细胞的体积增大，卵黄开始积累。此时的卵巢属于第Ⅲ期。后者的主要特征是卵黄在初级卵母细胞内不断积累，并充满整个细胞质部分，此时卵黄生长即告完成，初级卵母细胞长到最终大小。这时的卵巢属于第Ⅳ期。

（3）卵原细胞成熟期　初级卵母细胞生长完成后，其体积不再增大，这时卵黄开始融合成块状，细胞核极化，核膜溶解。最后，初级卵母细胞进行第一次成熟分裂，放出第一极体。紧接着进行第二次成熟分裂，并停留在分裂中期，等待受精。

成熟期进行得很快，仅数小时或十几小时便可完成。这时的卵巢称为第Ⅴ期。家鱼卵子停留在第二次成熟分裂中期的时间不长，一般只有1～2小时。如果条件适宜，卵子能及时产出体外，完成受精并放出第二极体，称为受精卵，如果条件不适宜，就将成为过熟卵而失去受精能力。

家鱼成熟的卵子呈圆球形，微黄而带青色，半浮性，吸水前直径为1.4～1.8毫米。

（二）性腺分期和性周期

1. 性腺分期　为了便于观察鉴别鱼类性腺生长、发育和成熟的程度，通常将主要养殖鱼类的性腺发育过程分为6期，各期特征见表4-1。

表4-1　家鱼性腺发育的分期特征

分　期	雄　　性	雌　　性
Ⅰ	性腺呈细线状，灰白色，紧贴在鳔下两侧的腹膜上；肉眼不能区分雌雄	性腺呈细线状，灰白色，紧贴在鳔下两侧的腹膜上；肉眼不能区分雌雄
Ⅱ	性腺呈细带状，白色，半透明；精巢表面血管不明显；肉眼已可区分出雌或雄	性腺呈扁带状，宽度比同体重雄性的精巢宽5～10倍。肉白色，半透明；卵巢表面血管不明显，撕开卵巢膜可见花瓣状纹理；肉眼看不见卵粒
Ⅲ	精巢白色，表面光滑，外形似柱状；挤压腹部，不能挤出精液	卵巢的体积增大，呈青灰色或褐灰色；肉眼可见小卵粒，但不易分离、脱落

续表 4-1

分　期	雄　　性	雌　　性
Ⅳ	精巢已不再是光滑的柱状，宽大而出现皱褶，乳白色；早期仍挤不出精液，但后期能挤出精液	卵巢体积显著增大，充满体腔；鲤、鲫鱼呈橙黄色，其他鱼类为青灰色或灰绿色；表面血管粗大可见，卵粒大而明显，较易分离
Ⅴ	精巢体积已膨大，呈乳白色，内部充满精液，轻压腹部，有大量较稠的精液流出	卵粒由不透明转为透明，在卵巢腔内呈游离状，故卵巢也具轻度流动状态，提起亲鱼，有卵子从生殖孔流出
Ⅵ	排精后，精巢萎缩，体积缩小，由乳白色变成粉红色，局部有充血现象；精巢内可残留一些精子	大部分卵已产出体外，卵巢体积显著缩小；卵巢膜松软，表面充血；残存的、未排除的部分卵子，处于退化吸收的萎缩状态

2. 性周期　各种鱼类都必须生长到一定年龄才能达到性成熟，此年龄称为性成熟年龄。达性成熟的鱼第一次产卵、排精后，性腺即随季节、温度和环境条件发生周期性的变化，这就是性周期。

在池养条件下，四大家鱼的性周期基本上相同，性成熟的个体每年一般只有 1 个性周期。但在我国南方一些地方，经人工精心培育，草鱼、鲢鱼、鳙鱼 1 年也可催产 2～3 次。

四大家鱼从鱼苗养到鱼种，第一周龄时，性腺一般属于第Ⅰ期，但产过卵的亲鱼性腺不再回到第Ⅰ期。在未达性成熟年龄之前，卵巢只能发育到第Ⅱ期，没有性周期的变化。当达到性成熟年龄以后，产过卵或没有获得产卵条件的鱼，其性腺退化，再回到第Ⅱ期。秋末冬初卵巢由第Ⅱ期发育到第Ⅲ期，并经过整个冬季，至第二年开春后进入第Ⅳ期。第Ⅳ期卵巢又可分为初、中、末 3 个小期。Ⅳ期初的卵巢，卵母细胞的直径约为 500 微米，核呈卵圆形，位于卵母细胞正中，核周围尚未充满卵黄粒。Ⅳ期中卵巢，卵母细胞直径增大为 800 微米，核呈不规则状，仍位于卵细胞的中央，整个细胞充满卵黄粒。Ⅳ期末的卵巢，卵母细胞直径可达 1 000 微米左右。卵已长足，卵黄粒融合变粗，核已偏位或极化。卵巢在Ⅳ期初时，人工催产无效，只有发育到Ⅳ期中期，最好是Ⅳ期末，核已偏位或极化时，催产才能成功。卵巢从第Ⅲ期发育至Ⅳ期末时，需 2 个多月的时间。从第Ⅳ期末向第Ⅴ期过渡的时间很短，只需几小时至十几小时。一次产卵类型的卵巢，产过卵后，卵巢内第Ⅴ时相的卵已产空，剩下一些很小的没有卵黄的第Ⅰ、第Ⅱ时相卵母细胞，当年不再成熟。多次产卵类型的卵巢，当最大卵径的第Ⅳ时相卵母细胞发育到第Ⅴ时相产出以后，留在卵巢中又一批接近长足的第Ⅳ时相卵母细胞发育和成熟，这样一年中可多次产卵。

四大家鱼属何种产卵类型尚有不同观点。但在广东地区，春季产过的草鱼，鲢、鳙亲鱼经强化培育，当年可再次成熟而产卵。

（三）性腺成熟系数与繁殖力

1. 性腺成熟系数 性腺成熟系数是衡量性腺发育好坏程度的指标，即性腺重占体重的百分数。性腺成熟系数越大，说明亲鱼的怀卵量越多。性腺成熟系数按下列公式计算：

$$性腺成熟系数=\frac{性腺重}{鱼体重}\times100\%$$

$$性腺成熟系数=\frac{性腺重}{去内脏鱼体重}\times100\%$$

上述二式可任选一种，但应注明是采用哪种方法计算的。

四大家鱼卵巢的性腺成熟系数，一般第Ⅱ期为1%～2%；第Ⅲ期为3%～6%；Ⅳ期为14%～22%，最高可达30%以上。但精巢成熟系数要小得多，第Ⅳ期一般只有1%～1.5%。

2. 怀卵量 分绝对怀卵量和相对怀卵量；亲鱼卵巢中的怀卵数称绝对怀卵量；绝对怀卵量与体重（克）之比为相对怀卵量，即：

$$相对怀卵量=\frac{绝对怀卵量}{体重}$$

家鱼的绝对怀卵量一般很大，且随体重的增加而增加；性腺成熟系数为20%左右时，相对怀卵量在120～140粒/克。长江地区四大家鱼怀卵量见表4-2。

表4-2 长江地区鲢、鳙、青鱼和草鱼的怀卵量

种　类	体重（千克）	卵巢重（千克）	怀卵量（万粒）	每克卵巢的卵数	性腺成熟系数（%）
鲢	4.8	0.25	20.7	828	5.2
	6.4	0.74	60.4	816	11.5
	7.5	0.71	71.5	1007	9.5
	11.0	2.13	195.5	912	19.3
鳙	14.2	1.15	98.3	855	8.1
	19.3	2.30	175.4	762	11.9
	21.0	2.50	225.6	902	11.8
	31.2	5.30	346.5	654	16.9

续表 4-2

种　类	体重（千克）	卵巢重（千克）	怀卵量（万粒）	每克卵巢的卵数	性腺成熟系数（%）
草　鱼	6.3	0.34	30.7	903	5.4
	7.5	1.07	67.2	628	14.2
	10.5	2.04	106.9	524	19.3
	12.5	2.26	138.1	611	18.8
青　鱼	13.3	1.32	100.3	760	9.9
	18.3	1.65	157.5	954	8.7
	26.3	2.40	254.4	1060	9.2
	34.0	4.90	336.7	687	14.4

注：引自《中国池塘养鱼学》。

（四）排卵、产卵和过熟的概念

1. 排卵与产卵　排卵即指卵细胞在进行成熟变化的同时，成熟的卵子被排出滤泡，掉入卵巢腔的过程。此时的卵子在卵巢腔中呈滑动状态。在适合的环境条件下，游离在卵巢腔中的成熟卵子从生殖孔产出体外，叫产卵。

排卵和产卵是一先一后的两个不同的生理过程。在正常情况下，排卵和产卵是紧密衔接的，排卵以后，卵子很快就可产出。

2. 过熟　过熟的概念通常包括两个方面，即卵巢发育过熟和卵的过熟。前者指卵的生长过熟，后者为卵的生理过熟。

当卵巢发育到Ⅳ期中或末期，卵母细胞已生长成熟，卵核已偏位或极化，等待条件进行成熟分裂，这时的亲鱼已达到可以催产的程度。在这“等待期”内催产都能获得较好的效果。但等待的时间是有限的，过了“等待期”，卵巢对催产剂不敏感，不能引起亲鱼正常排卵。这种由于催产不及时而形成的性腺发育过期现象，称卵巢发育过熟。卵巢过熟或尚未成熟的亲鱼，多是催而不产，即或有个别亲鱼产卵，其卵的数量极少，质量低劣，甚至完全不能受精。

卵的过熟是指排出滤泡的卵由于未及时产出体外，失去受精能力。一般排卵后，在卵巢腔中1～2小时为卵的适当成熟时间，这时的卵子称为“成熟卵”；未到这时间的称“未成熟卵”；超过时间即为“过熟卵”。

二、亲鱼培育

亲鱼培育是指在人工饲养条件下，促使亲鱼性腺发育至成熟的过程，亲鱼性腺发育的程度，直接影响到催产效果，是家鱼人工繁殖成败的关键，因此要切实抓好。

（一）生态条件对鱼类性腺发育的影响

鱼类性腺发育与所处的环境关系密切。生态条件通过鱼的感觉器官和神经系统影响鱼的内分泌腺（主要是脑下垂体）的分泌活动，而内分泌腺分泌的激素又控制着性腺的发育。因此，在一般情况下，生态条件是性腺发育的决定因素。

常作用于鱼类性腺发育的生态因素有：营养、温度、光照、水流等，这些因素都是综合地、持续地作用于鱼类。

1. 营养 营养是鱼类性腺发育的物质基础。当卵巢发育到第Ⅲ期以后（即卵母细胞进入大生长期），卵母细胞要沉积大量的营养物质——卵黄，以供胚胎发育的需要。卵巢长足时占鱼体重的20%左右。因此，亲鱼需要从外界摄取大量的营养物质，特别是蛋白质和脂肪供其性腺发育。

亲鱼培育的实践表明，鲤科鱼类在产后的夏秋季节，卵母细胞处于生长早期，卵巢的发育主要靠外界食物供应蛋白质和脂肪原料。因此，应重视抓好夏秋季节的亲鱼培育。开春后，亲鱼卵巢进入大生长期，需要更多的蛋白质转化为卵巢的蛋白质，仅体内储存的蛋白质不足以供应转化所需，必须从外界获取，所以春季培育需投喂含蛋白质高的饲料。但是，应防止单纯地给予丰富的饲料，而忽视了其他生态条件。否则，亲鱼可以长得很肥，而性腺发育却受到抑制。可见，营养条件是性腺发育的重要因素，但不是决定因素，必须与其他条件密切配合，才能使性腺发育成熟。

2. 温度 温度是影响鱼类成熟和产卵的重要因素。鱼类是变温动物，通过温度的变化，可以改变鱼体的代谢强度，加速或抑制性腺发育和成熟的过程。鲤和四大家鱼卵母细胞的生长和发育，正是在环境水温下降而身体细胞停止或减低生长率的时候进行的。对温水性鱼类而言，水温越高，卵巢重量增加越显著，精子的形成速度也越快；冷水性鱼类恰好与温水性鱼类相反，水温低产卵期反而提前。

四大家鱼的性成熟年龄与水温（总热量）的关系非常密切。例如，生长在我国不同地区的鲢鱼，虽然成熟年龄因地区而异，但成熟期的总热量是基本一致的，累计积温需要18 000℃～20 000℃。这也说明家鱼的性腺发育速度与水温（热量）是成正比的。对性已成熟的家鱼，水温越高，其性腺发育的周期成熟所需的时间就越短。温度对鱼类排卵、产卵也有密切的关系。即使鱼的性腺已发育成熟，但如温度达不到产卵或排精阈值，也不能完成生殖活动。每一种鱼在某一地区开始产卵的温度是一定的，产卵温度的到来是产卵行为的有力信号。

3. 光照 光照对鱼类的生殖活动具有相当大的影响力，影响的生理机制也比较复杂，一般认为，光周期、光照强度和光的有效波长对鱼类性腺发育均有影响作用。光照除了影响性腺发育成熟外，对产卵活动也有很大影响。通常，鱼类一般在黎明前后产卵，如果人为地将昼夜倒置数天之后，产卵活动也可在鱼认为的黎明前后产卵，这或许是昼夜人工倒置后，脑垂体昼夜分泌周期也随之进行昼夜调整所致。

4. 水流 四大家鱼在性腺发育的不同阶段要求不同的生态条件，Ⅱ～Ⅳ期卵巢，营养和水质等条件是主要的，流水刺激不是主要因素。因此，栖息在江河、湖泊和饲养在池塘内的亲鱼性腺都可以发育到第Ⅳ期。但栖息在天然条件下的家鱼缺乏水流刺激或饲养在池塘里的家鱼不经人工催产，性腺就不能过渡到第Ⅴ期，也不能产卵。因此，当性腺发育到Ⅳ期，流水刺激对性腺进一步发育成熟就很重要。在人工催产条件下，亲鱼饲养期间常年流水，或产前适当地加以流水刺激，对性腺发育、成熟和产卵以及提高受精率都具有促进作用。

（二）亲鱼的来源与选择

亲鱼是指已达到性成熟并能用于人工繁殖的种鱼。培育可供人工催产的优质亲鱼，是鱼类人工繁殖决定性的物质基础。整个亲鱼的培育过程都是围绕创造一切有利条件使亲鱼性腺向成熟方面发展。

1. 亲鱼的来源 亲鱼的来源有两条途径：一是从各地国家级、省级水产良种场具有保存四大家鱼亲本资质的单位引进。二是从江河、湖泊、水库等大水体收集的野生种。

2. 亲鱼的运输 引进亲鱼的时间一般是在冬季，因为这时正处于捕捞季节，且温度低，亲鱼不易受伤，运输方便且运输成活率高。亲鱼的运输与商品成鱼的活体运输基本类似，主要有3种办法：帆布箱、活水车、活水船运输，塑料袋（胶囊袋）、充氧纸箱包装运输，麻醉运输（麻醉剂为乙醚、苯巴比妥钠）。亲鱼运输中的注意事项：①确定引种地点一是应距离本单位较近，二是要看提供亲鱼的单位种质是否通过了国家相关权威机构的检测。②运输前需要充分准备好运输工具、消毒药物、麻醉用品、充氧设备等。③运输时间一般以冬季为好，运输的水温以4℃～10℃最为合适。④运输用水一定要清洁、溶氧量高。距离远的途中要勤换水。装卸亲鱼一定要用亲鱼夹，尽量减少亲鱼离水时间。⑤亲鱼运输到目的地后，应用高锰酸钾溶液或盐水擦伤口，外涂抗生素药膏，然后放入水质清爽、溶氧量高的池塘中培育。

3. 亲鱼的选择

（1）雌雄鉴别 在亲鱼培育和催情产卵时，必须掌握合适的雌雄比例。四大家鱼亲鱼雌雄鉴别方法见表 4-3。

表 4-3　鲢、鳙、草鱼、青鱼雌雄特征比较

种　类	雄鱼特征	雌鱼特征
鲢	1. 在胸鳍前面的几根鳍条上，特别在第一鳍条上明显地生有一排骨质细小的栉齿，用手抚摸，有粗糙、刺手感觉。这些栉齿生成后不会消失 2. 腹部较小，性成熟时轻压精巢部位有精液从生殖孔流出	1. 只在胸鳍末梢很小部分才有这些栉齿，其余部分比较光滑 2. 腹部大而柔软，泄殖孔常稍突出，有时微带红润
鳙	1. 在胸鳍前面的几根鳍条上缘各生有向后倾斜的锋口，用手向前抚摸有割手感觉 2. 腹部较小，性成熟时轻压精巢部位有精液从生殖孔流出	1. 胸鳍光滑，无割手感觉 2. 腹部大而柔软，泄殖孔常稍突出，有时微带红润
草　鱼	1. 胸鳍鳍条较粗大而狭长，自然张开呈尖刀形 2. 在生殖季节性腺发育良好时，胸鳍内侧及鳃盖等上出现追星，用手抚摸有粗糙感觉 3. 性成熟时轻压精巢部位有精液从生殖孔流出	1. 胸鳍鳍条较细短，自然张开略呈扇形 2. 一般无追星，或在胸鳍上有少量追星 3. 腹部比雄性体膨大而柔软，但与鲢、鳙雌体相比一般较小
青　鱼	基本同草鱼。在生殖季节性腺发育良好时除胸鳍内侧及鳃盖上出现追星外，头部也明显出现追星	胸鳍光滑，无追星

注：引自雷慧僧《池塘养鱼学》。

(2) 性成熟年龄和体重　我国幅员辽阔，南北各地家鱼性成熟年龄相差较大。南方性成熟较早，个体较小；北方性成熟较迟，个体较大。但无论南方或北方，雄鱼较雌鱼早成熟 1 年。其中青鱼的性成熟年龄最大为 7 龄，鲢鱼的最小为 3 龄，亲鱼的繁殖能力与年龄、体长、体重呈正相关关系，雌性原种四大家鱼的最适繁殖年龄在 5～10 年间。一般成熟的雌鱼体重要求是：鲢鱼2～6 千克、鳙鱼 5～10 千克、草鱼 5～10 千克、青鱼 7～15 千克。四大家鱼成熟年龄与体重的关系见表 4-4。

表 4-4　鲢、鳙、草鱼、青鱼成熟的年龄和体重

种　类	华南（广东、广西）		华东、华中（江、浙、两湖）		东北（黑龙江）	
	年　龄	体重（千克）	年　龄	体重（千克）	年　龄	体重（千克）
鲢	2～3	2 左右	3～4	3 左右	5～6	5 左右
鳙	3～4	5 左右	4～5	7 左右	6～7	10 左右
草　鱼	3～4	4 左右	4～5	5 左右	6～7	6 左右
青　鱼	—	—	5～7	15 左右	8 以上	20 左右

注：引自雷慧僧《池塘养鱼学》。

（3）体质选择　在已经达到性成熟年龄的前提下，亲鱼的体重越重越好。从育种角度看，第一次性成熟不能用作产卵亲鱼，但年龄又不宜过大。生产上可取最小成熟年龄加 1 至 10 年作为最佳繁殖年龄。要求体质健壮，行动活泼，无病、无伤。

（三）亲鱼培育池的条件与清整

亲鱼培育池应靠近产卵池，环境安静，便于管理，有充足的水源，排灌方便，水质良好，无污染，池底平坦，水深为 1.5～2.5 米，面积为 2 668～4 002 米^2。鲢、鳙鱼培育池，可以有一些淤泥，既增强保水性，又利于培肥水质；鲤、鲫鱼，池底也可有少许淤泥；青鱼、草鱼，以沙质壤土为好，且允许有少许渗漏。

鱼池清整是改善池鱼生活环境和改良池水水质的一项重要措施。每年在人工繁殖生产结束前，抓紧时间干池 1 次，清除过多的淤泥，并进行整修，再用生石灰彻底清塘，以便再次使用。

培育产黏性卵鱼类的亲鱼池，开春后应彻底清除岸边和池中杂草，以免存在鱼卵附着物而发生漏产。注水会带入较多野杂鱼的塘，可运用混养少量肉食性鱼类的方法进行除野。

清塘后，视放养的亲鱼种类，决定是否施放基肥。鲢、鳙鱼培育池应施基肥，鲤、鲫、鲂鱼培育池可酌施基肥，青鱼、草鱼培育池则不必施肥。施肥量由鱼池情况、肥料种类和质量决定。

（四）亲鱼培育的方法

1. 四大家鱼亲鱼培育　四大家鱼亲鱼培育方法各地虽然有所差异，但总体上方法趋于类同。

（1）鲢、鳙亲鱼的培育　鲢、鳙亲鱼的培育可采取单养或混养方式，一般

采取混养方式。以鲢为主的放养方式可搭养少量的鳙或草鱼；以鳙为主的可搭养草鱼，一般不搭养鲢，因鲢抢食凶猛，与鳙混养对鳙的生长有一定的影响。但鲢、鳙的亲鱼培育池均可混养不同种类的后备亲鱼。放养密度控制的原则是既能充分利用水体又能使亲鱼生长良好，性腺发育充分。主养鲢亲鱼的池塘，每667米^{2}可放养17～20尾（每尾体重11～15千克），另搭养鳙亲鱼3～4尾，草鱼亲鱼3～4尾（每尾重9～11千克）。主养鳙亲鱼的池塘，每667米^{2}可放养10～18尾（每尾重12～15千克），另搭养草鱼亲鱼3～4尾（每尾重9～11千克）。主养鱼放养的雌雄比例以1∶1.5为好。

鲢、鳙鱼都是食浮游生物的鱼类，从理论上讲鲢鱼主要吃浮游植物，而鳙鱼是主食浮游动物的鱼类。在实际培育过程中也辅以投喂豆饼、菜饼以达到平衡水质的作用，重点还是以施肥为主，主要投经过发酵的牛粪、鸡粪为主。具体方法是在冬季亲鱼分塘前一次性下足发酵的牛粪、鸡粪，根据肥料的质量一般投250～400千克/667米^2，15天左右水体中浮游生物含量丰富时将亲鱼分塘，以后根据水质情况一般每月施2～3次追肥，每次100～300千克/667米^2。在冬季和产前可适当补充些精饲料，鳙每年每尾投喂精饲料18～20千克，鲢12～15千克。总之，应根据产后补充体力消耗、冬秋季节积累脂肪和春季促进性腺大生长的特点，采取产后看水少施肥、秋季正常施肥、冬季施足肥料、春季精料和肥料相结合并经常冲水的措施。

（2）草鱼亲鱼的培育　主养草鱼亲鱼的池塘，每667米^{2}放养8～10千克的草鱼亲鱼15～18尾，另外还可搭配鲢或鳙的后备亲鱼6～8尾以及团头鲂的后备亲鱼25尾左右，合计总重量在200千克左右。雌雄比例在1∶1.5，最低不少于1∶1。

草鱼的亲鱼培育要做好两方面的工作：一是投喂以青草饲料为主、精饲料为辅，二是池塘保持清瘦水质。秋冬季节因草料较少，主要以投喂豆饼、菜饼为主，日投喂量控制在塘亲鱼体重的2%～3%。春夏季节投喂以青草饲料和精饲料为主，特别是开春后以青草饲料为主、精饲料为辅。日投喂量青饲料约占体重的20%、精饲料占体重的2%～3%。

（3）青鱼亲鱼的培育　主养青鱼的亲鱼池，每667米^{2}放养20千克以上的青鱼9～10尾，搭配鲢或鳙的后备亲鱼5～8尾以及团头鲂的后备亲鱼30尾左右，雌雄比例为1∶1.5。青鱼亲鱼培育的关键所在是做到投喂足量的螺、蚬、蚌肉作为其饵料，辅以配合饲料、豆粕等精饲料，同时也要做到水质清瘦。具体做法是冬季收集螺蛳，每667米^{2}投100～150千克。开春后4月份再投1次待产的螺蛳，每667米^{2}投80～120千克，7～8月份再投螺蛳1次。

2. 鳊、鲂亲鱼培育　专池培育，管理方便。单养、混养皆可，以混养多见。无论单养或混养，开春后务必雌雄分养。培育方法与草鱼亲鱼培育方法基本相同，但食量小，每天投喂量，青料为鱼体重的10%～25%，精料为鱼体重的2%～3%。在夏、秋季，为弥补青料质量欠佳的缺陷，也要青、精料相结合投喂；春季，以青料为主，只有在青料不足时，才辅投精料（三角鲂喜食动物性饵料，可增喂轧碎的螺、蚬肉和蚌肉，以满足需要）。水质管理没有草亲鱼严格，只要不发生浮头即可。开春后，水温达14℃以上，每3～5天冲水1次；产前冲水次数可酌增。水量以水位升高10～15厘米为宜。

3. 鲤、鲫亲鱼培育 以精料为主，辅以动物性饵料及适口的青料。每天投喂量，鲤亲鱼为体重的3%～5%，鲫亲鱼为2%～5%；为减少投喂量，可适当施肥。由于鲤、鲫亲鱼开春不久就产卵繁殖，所以早春所用饲料的蛋白质含量应高于30%。同时，它们以Ⅳ期性腺越冬，故秋季培育一定要抓紧、抓好，越冬期再抓住保膘，则春季只要适当强化培育，即可顺利产卵。水质调控，没有上述亲鱼严格，全期只要求水质清新即可。

（五）日常管理

亲鱼培育是一项常年细致的工作，必须专人管理。管理人员要经常巡塘，掌握每个池塘的情况和变化规律。根据亲鱼性腺发育的规律，合理地进行饲养管理。亲鱼的日常管理工作主要有巡塘、喂食、施肥、调节水质以及鱼病防治等。

1. 巡塘 一般每天清晨和傍晚各1次。由于4～9月份的高温季节易泛塘，所以夜间也应巡塘，特别是闷热天气和雷雨时更应如此。

2. 喂食 投食做到“四定”，即定位、定时、定质、定量。要均匀喂食，并根据季节和亲鱼的摄食量，灵活掌握投喂量。饲料要求清洁、新鲜。对于草亲鱼，每天投喂1次青饲料，投喂量以当天略有剩余为准。精饲料可每天喂1次或上下午各1次，投喂量以在2～3小时内吃完为度。青饲料一般投放在草料架内，精饲料投放在饲料台或鱼池的斜坡上，以便亲鱼摄食和防治鱼病。对于鲢、鳙鱼，可将精饲料磨成粉状，直接均匀地撒在水面上。当天吃不完的饲料要及时清除。

3. 施肥 鲢、鳙亲鱼放养前，结合清塘施足基肥。基肥量根据池塘底质的肥瘦而定。放养后，要经常追肥，追肥应以勤施、少施为原则，做到冬夏少施，暑热稳施，春秋重施。施肥时注意天气、水色和鱼的动态。天气晴朗，气压高且稳定，水不肥或透明度大，鱼活动正常，可适当多施；天气闷热，气压低或阴雨天，应少施或停施。水呈铜绿色或浓绿色，水色日变化不明显，透明度过低（25厘米以下），则属“老水”，必须及时更换部分新水，并适量施有机肥。

通常采用堆肥或泼洒等方式施肥，但以泼洒为好。

4. 水质调节 当水色太浓、水质老化、水位下降或鱼严重浮头时，要及时加注新水，或更换部分塘水。在亲鱼培育过程中，特别是培育的后期，应常给亲鱼池注水或微流水刺激。

5. 鱼病防治 要特别加强亲鱼的防病工作，一旦亲鱼发病，当年的人工繁殖就会受到影响，因此对鱼病要以防为主，防与治结合，常年进行，特别是在鱼病流行季节（5～9月份）更应予以重视。

三、人工催产

亲鱼经过培育后，性腺已发育成熟，但在池塘内仍不能自行产卵，须经过人工注射催产激素后方能产卵繁殖。因此，催产是家鱼人工繁殖中的一个重要环节。

（一）催产剂的种类和效果

目前，用于鱼类繁殖的催产剂主要有绒毛膜促性腺激素（HCG）、鱼类脑垂体（PG）、促黄体素释放激素类似物（LRH-A）、地欧酮（DOM）等。

1. 绒毛膜促性腺激素（Hormone Chorionic Gonadotropin，简称 HCG） HCG 是从妊娠 2～4 个月的孕妇尿中提取出来的一种糖蛋白激素，分子量约为 36 000 道尔顿。HCG 直接作用于性腺，具有诱导排卵作用，同时也具有促进性腺发育，促使雌、雄性激素产生的作用。

HCG 是一种白色粉状物，市场上销售的鱼（兽）用 HCG 一般都封装于安瓿瓶中，以国际单位（IU）计量。HCG 易吸潮而变质，因此要在低温干燥避光处保存，临近催产时取出备用。贮量不宜过多，以当年用完为好，隔年产品影响催产效果。

2. 鱼类脑垂体（Pituitary Gland，简称 PG） 鱼类脑垂体内含多种激素，对鱼类催产最有效的成分是促性腺激素（GtH）。GtH 是一种大分子量的糖蛋白激素，分子量约为 30 000 道尔顿。其作用机制是利用性成熟鱼类脑垂体中含有的促性腺激素，主要为促黄体素（LH）和促滤泡激素（FSH），可以促使鱼类性腺发育；促进性腺成熟、排卵、产卵或排精；并控制性腺分泌性激素。生产上一般是摘取鲤鱼的脑垂体，采集时间选择在冬季进行大水面捕捞的时候。脑垂体位于间脑下面的碟骨鞍里，采集时用刀砍去鲤鱼头盖骨，把鱼脑翻过来，即可看到乳白色的脑垂体，用镊子撕破皮膜取出垂体，将周边的脂肪及血污去除掉，然后放入丙酮中进行保存待用。

3. 促黄体素释放激素类似物（Luteotropin Releasing Hormone-Analogue，简称 LRH-A） LRH-A 是一种人工合成的九肽激素，分子量约为 1 167 道尔顿。由于它的分子量小，反复使用，不会产生抗药性，并对温度的变化敏感性较低。应用 LRH-A 作催产剂，不易造成难产等现象发生，不仅价格比 HCG 和 PG 便宜，操作简便，而且催产效果大大提高，亲鱼死亡率也大大下降。

近年来，我国又在研制 LRH-A 的基础上，研制出 $LRH\text{-}A_2$ 和 $LRH\text{-}A_3$。实践证明，$LRH\text{-}A_2$ 对促进 FSH 和 LH 释放的活性分别高于 LRH-A 12 倍和 16 倍；$LRH\text{-}A_3$ 对促进 FSH 和 LH 释放的活性分别高于 LRH-A 21 倍和 13 倍。故 $LRH\text{-}A_2$ 的催产效果显著，而且其使用的剂量可为 LRH-A 的 1/10；$LRH\text{-}A_3$ 对促进亲鱼性腺成熟的作用比 LRH-A 好得多。

4. 地欧酮（DOM） 地欧酮是一种多巴胺抑制剂。研究表明，鱼类下丘脑除了存在促性腺激素释放激素（GnRH）外，还存在相对应的抑制它分泌的激素，即“促性腺激素释放激素的抑制激素”（GRIH）。它们对垂体 GtH 的释放和调节起着重要的作用。目前的试验表明，多巴胺在硬骨鱼类中起着与 GRIH 同样的作用。它既能直接抑制垂体细胞自动分泌，又能抑制下丘脑分泌 GnRH。采用地欧酮就可以抑制或消除促性腺激素释放激素抑制激素（GRIH）对下丘脑促性腺激素释放激素（GnRH）的影响，从而增加脑垂体的分泌，促使性腺发育成熟。生产上地欧酮不单独使用，主要与 LRH-A 混合使用，以进一步增加其活性。

5. 常用催产激素效果的比较 促黄体素释放激素类似物、脑垂体、绒毛膜促性腺激素等都可用于草鱼、鲢、鳙、青鱼、鲤、鲫、鲂、鳊等主要养殖鱼类的催产，但对不同的鱼类，其实际催产效果各不相同。

脑垂体对多种养殖鱼类的催产效果都很好，并有显著的催熟作用。在水温较低的催产早期，或亲鱼 1 年催产 2 次时，使用脑垂体的催产效果比绒毛膜促性腺激素好，但若使用不当，常易出现难产。

绒毛膜促性腺激素对鲢、鳙鱼的催产效果与脑垂体相同。催熟作用不及脑垂体和释放激素类似物。催产草鱼时，单用效果不佳。

促黄体素释放激素类似物对草鱼、青鱼、鲢、鳙等多种养殖鱼类的催熟和催产效果都很好，草鱼对其尤为敏感。对已经催产过几次的鲢、鳙鱼，效果不及绒毛膜促性腺激素和脑垂体。对鲤、鲫、鲂、鳊等鱼类的有效剂量也较草鱼大。促黄体素释放激素类似物为小分子物质，不良反应小，并可人工合成，药源丰富，现已成为主要的催产剂。

上述几种激素互相混合使用，可以提高催产率，且效应时间短、稳定，不易发生半产和难产。

（二）常用催产用具

1. 亲鱼网 用于在亲鱼池捕亲鱼，要求网目不能太大，2～3 厘米即可，且材料要柔软较粗，以免伤鱼。生产上所使用的亲鱼网一般为尼龙网，需要 2 条，其中 1 条备用。网的宽度 6～7 米，长度 70～80 米，设有浮子和沉子。产卵池用的亲鱼网小拉网为聚乙烯网，需 3 条，正常使用 2 条，1 条备用。网的宽度为 2～3 米，长度 15～20 米，不设浮子和沉子。

2. 亲鱼夹和采卵夹 亲鱼夹是提送及注射亲鱼时用的，采卵夹为人工授精时提鱼用的。生产上进行催产亲鱼的选择、亲鱼注射催产剂及进行人工采卵受精时都用同一种亲鱼夹。亲鱼夹用白棉布做成，长 80～100 厘米，宽 40～60 厘米，一头封闭，另一头敞开，上面用 2 根竹竿穿进，便于手提，下端封闭处开一小口，便于排水。

3. 其他工具 注射器（1 毫升、5 毫升、10 毫升）、注射针头（6、7、8 号）、消毒锅、镊子、研钵、量筒、温度计、秤、托盘天平、解剖盘、面盆、毛巾、纱布、药棉等。

（三）催产季节

在最适宜的季节进行催产，是家鱼人工繁殖取得成功的关键之一。长江中下游地区适宜催产的季节是 5 月上中旬至 6 月中旬，华南地区约提前 1 个月。鲮的催情产卵时期相对比较集中，每年 5 月上中旬进行，过了此时期卵巢即趋向退化。华北地区是 5 月底至 6 月底，东北地区是 6 月底至 7 月上旬。催产水温 18℃～30℃，而以 22℃～28℃最适宜（催产率、出苗率高）。生产上可采取以下判断依据来确定最适催产季节：①如果当年气温、水温回升快，催产日期可提早些；反之，催产日期相应推迟。②草鱼、青鱼、鲢、鳙的催产程序，一般是先进行草鱼和鲢，再进行鳙和青鱼的催产繁殖。③亲鱼培育工作做得好，亲鱼性腺发育成熟就会早些，催产时期也可早些。通常在计划催产前 30～45 天，对典型的亲鱼培育池进行拉网，检查亲鱼性腺发育情况。根据亲鱼性腺发育，推断其他培育池亲鱼性腺发育情况，确定催产季节和亲鱼催产先后。

（四）催产亲鱼的选择

1. 催产用雄亲鱼的选择标准 从头向尾方向轻挤腹部即有精液流出，若精液浓稠，呈乳白色，入水后能很快散开，为性成熟的优质亲鱼；若精液量少，入水后呈线状不散开，则表明尚未完全成熟；若精液呈淡黄色近似膏状，表明性腺已过熟。

2. 催产用雌亲鱼的选择标准 鱼腹部明显膨大，后腹部生殖孔附近饱满、松软且有弹性，生殖孔红润。使鱼腹朝上并托出水面，可见到腹部两侧卵巢轮廓明显。鲢、鳙亲鱼能隐约见其肋骨，如此时将尾部抬起，则可见到卵巢轮廓隐约向前滑动；草鱼亲鱼可见到体侧有卵巢下垂的轮廓，腹中线处呈凹陷状。

生产上常用的鉴别方法有以下 4 种：

一看：使鱼腹向上，腹部膨大，卵巢轮廓到近肛门处才变小；倾斜鱼体，卵巢有前后位移的现象；生殖孔开放，微红似火柴头状。

二摸：使鱼在水中呈自然状态，用手摸鱼的腹部，若后腹部膨大，腹肌薄而柔软，表示怀卵量大，成熟好；如仅前腹膨大松软，后腹部腹肌厚而硬，表示成熟度尚差。

三挤：这是鉴别雄鱼的方法。用手轻挤后腹两侧，有较浓的乳白色精液流出，入水即散的为好；若挤出的精液量少，入水呈细线状不散，表示尚未成熟；若精液太稀，呈黄色，表明已趋退化。

四挖：用挖卵器挖出卵粒时，成熟好的鱼卵大小整齐，透明，核偏位，易分离。如果结成块，核居中央，大小不齐，表明尚未成熟。如卵粒扁塌或呈糊状，光泽暗淡，表明已趋退化。

亲鱼选择与雌雄配比：生产上一般早期选择比较有把握的亲鱼催产。中期水温等条件适宜了，只要一般具有催产条件的亲鱼都可进行催产。接近繁殖季节结束时，只要是未催产而腹部有膨大者，均可催产。同时，雌雄比例的选择应为雄鱼略多于雌鱼。在进行人工繁殖生产催产时雌雄比鲢为 2∶1，鳙为 3∶2，草鱼 1∶1，青鱼 5∶4，以保证催产效果及受精率。拉网选择亲鱼一般在上午 7～9 时进行，将所选择的亲鱼进行编号、称重，雌鱼注射第一针后，放入产卵池中。

（五）催产剂的制备

鱼类脑垂体、LRH-A 和 HCG，必须用注射用水（一般用 0.6%氯化钠溶液，近似于鱼的生理盐水）溶解或制成悬浊液。注射液量控制在每尾亲鱼注射 2～3 毫升为度，亲鱼个体小，注射液量还可适当减少。应注意不宜过浓或过稀。过浓，注射液稍有浪费会造成剂量不足；过稀，大量的水分进入鱼体，对鱼不利。

配制 HCG 和 LRH-A 注射液时，将其直接溶解于生理盐水中即可。配制脑垂体注射液时，将脑垂体置于干燥的研钵中充分研碎，然后加入注射用水制成悬浊液备用。若进一步离心，弃去沉渣取上清液使用更好，可避免堵塞针头，并可减少异性蛋白所起的不良反应。注射器及配制用具使用前要煮沸消毒。

（六）注射催产剂

准确掌握催产剂的注射种类和数量，既能促使亲鱼顺利产卵和排精，又能促使性腺发育较差的亲鱼在较短时间内发育成熟。剂量应根据亲鱼成熟情况、催产剂的质量等具体情况灵活掌握。一般在催产早期和晚期，剂量可适当偏高，中期可适当偏低；在温度较低或亲鱼成熟较差时，剂量可适当偏高；反之，可适当降低。催产剂有单一使用的，也有混合使用的。注射的剂量和混合比例以经济而有效地达到促使亲鱼顺利产卵和排精，又不损伤亲鱼为标准。

注射催产剂可分为一次注射、二次注射，青鱼亲鱼催产甚至还有采用三次注射的。生产上一般进行二次注射，因为二次注射法效果较一次注射法为好，其产卵率、产卵量和受精率都较高，亲鱼发情时间较一致，特别适用于早期催产或亲鱼成熟度不够的情况催产，因为第一针有催熟的作用。二次注射时第一次只注射少量的催产剂（即注射总量的 10%），若干小时后再注射余下的全部剂量。二次注射的间隔时间为 6～24 小时，一般来说，水温低或亲鱼成熟不够好时，间隔时间长些；反之，则应短些。

1. 注射剂量　根据使用不同的催产药物以及是单一使用或混合使用的不同，催产激素使用剂量大相径庭。近年来生产上常用的催产激素使用方法及常用剂量见表 4-5。

表 4-5　催产剂的使用方法与常用剂量

鱼类	雌鱼				备注
	一次注射法（每千克体重用量）	二次注射法（每千克体重用量）			
		第一次注射	第二次注射	间隔时间（小时）	
鲢、鳙、三角鲂	1. PG 3～5 毫克 2. HCG 1 000～1 200 国际单位 3. LRH-A 15～20 微克＋PG 1 毫克（或 HCG 200 国际单位）	1. LRH-A 1～2 微克 2. PG 0.3～0.5 毫克	1. PG 3～5 毫克 2. HCG 1 000～1 200 国际单位 3. LRH-A 15～20 微克	12～24	1. 雄鱼用量为雌鱼的一半 2. 一次注射法，雌、雄鱼同时注射；二次注射法，在第二次注射时，雌、雄鱼才同时注射 3. 左列药物只任选 1 项

续表 4-5

鱼类	雌鱼				备注
	一次注射法（每千克体重用量）	二次注射法（每千克体重用量）			
		第一次注射	第二次注射	间隔时间（小时）	
草鱼	1. LRH-A 15～20 微克 2. PG 3～5 毫克	1. LRH-A 1～2 微克 2. PG 0.3～0.5 毫克	同一次注射法的催产剂剂量	6～12	1. 雄鱼用量为雌鱼的一半 2. 一次注射法，雌、雄鱼同时注射；二次注射法，在第二次注射时，雌、雄鱼才同时注射 3. 左列药物只任选1项
青鱼		1. HCG 1 000～1 250 国际单位	PG 0.5～1 毫克	12	1. 雄鱼用量为雌鱼的一半 2. 一次注射法，雌、雄鱼同时注射；二次注射法，在第二次注射时，雌、雄鱼才同时注射 3. 左列药物只任选1项 4. 如需三次注射时，雌鱼首次用 LRH-A 2～5 微克，在催产前1～5天注射
		2. LRH-A 5 微克	LRH-A 10 微克＋HCG 500 国际单位＋PG 0.5～1 毫克	12	
		3. LRH-A 5 微克	LRH-A 10 微克＋PG 0.5～1 毫克	12	
团头鲂	1. PG 7～10 毫克 2. HCG 1 000～1 500 国际单位 3. HCG 600～1 000 国际单位＋PG 2 毫克	为一次注射法所用剂量的1/10	为一次注射法所用剂量的9/10	5～6	1. 雄鱼用量为雌鱼的一半 2. 一次注射法，雌、雄鱼同时注射；二次注射法，在第二次时，雌、雄鱼才同时注射 3. 左列药物只任选1项

续表 4-5

鱼类	雌鱼				备注
	一次注射法（每千克体重用量）	二次注射法（每千克体重用量）			
		第一次注射	第二次注射	间隔时间（小时）	
鲤鱼	1. PG 4～6毫克 2. PG 2～4毫克＋HCG 100～300国际单位 3. PG 2～4毫克＋LRH-A 10～20微克 4. LRH-A 10～20微克＋HCG 500～600国际单位				1. 雄鱼用量为雌鱼的一半 2. 一次注射法，雌、雄鱼同时注射；二次注射法，在第二次时，雌、雄鱼才同时注射 3. 左列药物只任选1项
鲫鱼	1. PG 3毫克 2. HCG 800～1 000国际单位 3. LRH-A 25微克				1. 雄鱼用量为雌鱼的一半 2. 一次注射法，雌、雄鱼同时注射；二次注射法，在第二次注射时，雌、雄鱼才同时注射 3. 左列药物只任选1项

注：剂量、药剂组合及间隔时间等，均按标准化要求制表。

催产时需注意下面几点：①对成熟较好的亲鱼第一针剂量不能随意加大，否则易导致早产或流产。②早期水温较低时催产或亲鱼成熟不太充分时，剂量可稍稍加大2%～5%。③多次催产的老亲鱼，因亲鱼年龄较大，应适当增加2%～5%剂量。④绒毛膜激素用量过大会引起亲鱼双目失明、难产死亡等不良反应，因此在使用时剂量不宜过大。⑤不同种类的亲鱼对催产剂的敏感性有差异，一般草鱼、鲢鱼较敏感，用量较少，鳙鱼次之，青鱼在四大家鱼中剂量用量最大。

2. 注射方法 用小拉网将产卵池中的亲鱼进行全部拉起，根据雌、雄鱼的编号，看好记录的重量，算出实际需注射的剂量，由一人吸好注射药物，就可进行注射。注射时，将亲鱼放入亲鱼夹中，使鱼侧卧，左手在水中托住鱼体，待鱼安静时，用右手在亲鱼的胸腔、腹腔或背部进行肌内注射。注射器用 5 毫升或 10 毫升或兽用连续注射器，针头 6～8 号均可，用前需煮沸消毒。注射部位有下列几种：

(1) 胸腔注射　注射鱼胸鳍基部的无鳞凹陷处，注射高度以针头朝鱼体前方与体轴呈 45°～60°角刺入，深度一般为 1 厘米左右，不宜过深，否则会伤及内脏。

(2) 腹腔注射　注射腹鳍基部，注射角度为 30°～45°，深度为 1～2 厘米。

(3) 肌内注射　一般在背鳍下方肌肉丰满处，用针顺着鳞片向前刺入肌肉 1～2 厘米进行注射。

注射完毕迅速拔出针头，以防感染。注射中若亲鱼挣扎骚动，应将针快速拔出，以免伤鱼，待鱼安静后重新注射。

3. 注射时间　注射时应根据天气、水温和效应时间确定注射时间。在生产中为了控制鱼在早上产卵，一次性注射多在下午进行，次日清晨产卵。二次注射时，一般第一针在上午 7～9 时进行，第二针在当日下午 6～8 时进行。

效应时间：从末次注射到开始发情所需的时间，叫效应时间。效应时间与药物种类、鱼的种类、水温、注射次数、成熟度等因素有关。一般温度高，时间短；反之，则长。使用 PG 效应时间最短，使用 LRH-A 效应时间最长，而使用 HCG 效应时间在两者之间。通常鳙鱼效应时间最长，草鱼效应时间最短，鲢鱼和青鱼效应时间相近。

4. 产　卵

(1) 自然产卵　选好适宜催产的成熟亲鱼后，考虑雌雄配组，雄鱼数应大于雌鱼，一般雌雄比为 $x:(x+1)$，以保证较高的受精率。倘若配组亲鱼的个体大小悬殊（常雌大雄小），会影响受精率，故遇雌大雄小时，应适当增加雄鱼数量予以弥补。

经催产注射后的草鱼、鲢、鳙等鱼类，即可放入产卵池。在环境安静和缓慢的水流下，激素逐步产生反应，等到发情前 2 小时左右，需冲水 30 分钟至 1 小时，促进亲鱼追逐、产卵、排精等生殖活动。发情产卵开始后可逐渐降低流速。不过，如遇发情中断、产卵停滞时，仍应立即加大水流刺激，予以促产。所以，促产水流虽原则上按慢一快一慢的方式调控流速，但仍应注意观察池鱼动态，随时采取相应的调控措施。

至于鲤鱼、鲫鱼、团头鲂，因产黏性鱼卵，产卵池中需布置供卵附着的鱼巢。池中鱼巢总数由配组的雌鱼数决定。鱼巢总量决定鱼巢的布置方式。目前，悬吊式使用较普遍。当鱼巢数量少时，可用竹竿等物，每竿悬吊几束鱼巢，在产卵池背风处的池边插上一排即可。鱼巢用量大时，池边不够插放，可改用吊架。吊架做平行安放，或组成三角形、方形、长方形、多角形、圆形，视池形而异。由于吊架上每隔一段距离就能悬吊几束鱼巢，故可布置大量的鱼巢。悬吊式鱼巢应浮于水面，以提高集卵效果。如用水草作材料，可不扎束悬吊，而用高25～40厘米的稀竹帘围成环形，帘的上端稍高出水面，以竹竿固定帘子的水平于垂直位置，然后把水草铺撒在圈内即成。如鱼巢量适宜，布置较匀，所用鱼巢材料能在水中散开，则鱼卵的附着效果较佳，收集也较简单。鱼巢在亲鱼配组的当天下午布置，以便及时收集鱼卵。如遇亲鱼不产，需将鱼巢取出，以免浸泡过久而腐烂或附着上淤泥，影响卵的附着和孵化。鲤、鲫鱼常连续产卵多次，鱼巢至少要布置2次。集卵后的鱼巢，应及时取出送去孵化，防止产后亲鱼及未产亲鱼吞食鱼卵。有时配组数日未见产卵，可采用浅水晒背法或流水刺激，或两种方法结合来促进产卵。浅水晒背法是：早晨排出池水，仅留15～17厘米的浅水，让鱼背露在阳光下晒5～7小时，傍晚再注入新水至原水位，或从傍晚起，用微流水刺激，下半夜加大水流，促进发情产卵。通常上述方法，一次生效，最多重复1次。否则，改用流水与晒背结合方法或注射催产剂促产。如未成熟，应继续培育。

（2）人工授精　用人工的方法使精、卵相遇，完成受精过程，称为人工授精。青鱼由于个体大，在产卵池中较难自然产卵，常用人工授精方法。另外，在鱼类杂交和鱼类选育中一般也采用人工授精的方法。常用的人工授精的方法有干法、半干法和湿法。

①干法人工授精　具体操作是：将普通脸盆擦干，然后用毛巾将捕起的亲鱼和鱼夹上的水擦干。将鱼卵挤入盆中，并马上挤入雄鱼的精液，然后用力顺一个方向晃动脸盆，使精、卵混匀，让其充分受精。然后用量筒量出受精卵的体积，加入清水，移入孵化环道或孵化桶中孵化。

②半干法人工授精　将精液挤出或用吸管吸出，用0.3%～0.5%生理盐水稀释，然后倒在卵上，按干法人工授精方法进行。

③湿法人工授精　将精、卵挤在盛有清水的盆中，然后再按干法人工授精方法操作。

在进行人工授精过程中，应避免精、卵受阳光直射。操作人员要配合协调，做到动作轻、快。否则，易造成亲鱼受伤，引起产后亲鱼死亡。

四、亲鱼产后护理

亲鱼产卵后的护理是生产中需要引起重视的工作。因为在催产过程中，常常会引起亲鱼受伤，如不加以很好地护理，将会造成亲鱼死亡。

亲鱼受伤的主要原因有：捕捞亲鱼网的网目过大、网线太粗糙，使亲鱼鳍条撕裂，擦伤鱼体；捕鱼操作时不细心、不协调和粗糙造成亲鱼跳跃撞伤、擦伤；水温高，亲鱼放在鱼夹内，运输路途太长，造成缺氧损伤；产卵池中亲鱼跳跃撞伤；在产卵池中捕亲鱼时不注意使网离开池壁，鱼体撞在池壁上受伤等。因此，催产中必须操作细心，注意避免亲鱼受伤。

产卵后亲鱼的护理，首先应该把产后过度疲劳的亲鱼放入水质清新的池塘里，让其充分休息，并精养细喂，使它们迅速恢复体质，增强对病菌的抵抗力。为了防止亲鱼伤口感染，可对产后亲鱼加强防病措施，进行伤口涂药和注射抗菌药物。轻度外伤，用5%食盐水，或10毫克/升亚甲基蓝，或饱和高锰酸钾液药浴，并在伤处涂抹广谱抗生素油膏；创伤严重时，要注射磺胺嘧啶钠，控制感染，加快康复，用法：体重10千克以下的亲鱼，每尾注射0.2克；体重超过10千克的亲鱼，注射0.4克。

五、孵　化

（一）漂浮性鱼卵的孵化

凡能影响鱼卵孵化的主、客观因素，都是管理工作的内容，现分述如下：

1. 水温　鱼卵孵化要求一定的温度。主要养殖鱼类，虽在18℃～30℃的水温下可孵化，但最适温度因鱼种而异，青鱼、草鱼、鲢鱼、鳙鱼等“四大家鱼”受精卵的孵化水温为25℃±3℃，而鲤、鲫、团头鲂等鱼的受精、孵化水温可稍低。不同温度下，孵化速度不同，详见表4-6。当孵化水温低于或高于所需温度，或水温骤变，都会造成胚胎发育停滞，或畸形胚胎增多而夭折，影响孵化出苗率。

表4-6　不同水温下的鱼卵孵化时间

鱼类 \ 时间（小时） \ 水温（℃）	18	20	25	30	备　注
青鱼、草鱼、鲢鱼、鳙鱼	61	50	24	16	草鱼、鲢鱼比青鱼、鳙鱼稍快些
鲤、鲫鱼	96～120	91	49	43	15℃～17℃，约需168小时（合7天）
团头鲂	72	44	35～38	24	22℃约40小时；28℃为26～28小时

2. 溶解氧　胚胎发育是要进行气体交换的，随发育进程，需氧量渐增，发育后期比早期增大10倍左右。鱼的种类不同，胚胎耗氧量也不同，如鲢鱼胚胎

耗氧量比鲤鱼胚胎耗氧量大3～4倍。孵化用水的溶氧量高低，决定鱼卵的孵化密度。生产中不仅要求鳙鱼孵化的水溶氧量不低于4～5毫克/升，更需保证卵和苗不堆积；否则，即使在高溶氧量的水中也会出现缺氧窒息致死，这是提高孵化率的一个重要因素。

3. 污染与酸碱度 未被污染的清新水质，对提高孵化率有很大的作用。孵化用水应过滤，防止敌害生物及污物流入。受工业和农药污染的水，不能用作孵化用水。偏酸或过于偏碱性的水必须经过处理后才可用来孵化鱼苗。一般孵化用水的pH值以7.5最佳，pH值低于7.0或超过9.5均易造成卵膜破裂。

4. 流速 流水孵化时，流速大小决定水中溶氧量的多少。但是，流速是有限度的：过缓，卵会沉积，窒息死亡；过快，卵膜破裂，也会死亡。所以，在孵化过程中，水流速度控制是一项很重要的工作。目前生产中，都按慢－快－慢－快－慢的方式调控，即刚放卵时，只要求卵能随水逐流，不发生沉积，水流可小些。随着胚胎的发育，逐步增大流速，保证胚胎对氧气的需要，出膜前流速，应控制在允许的最大流速。出膜时，适当减缓流速，以提高孵化酶的浓度，加快出膜，不过要及时清除卵膜，防止堵塞水流（特别是在死卵多时）。出膜后，鱼苗活动力弱，大部分时间生活在水体下层，为避免鱼苗堆积水底而窒息，流速要适当加大，以利鱼苗的漂浮和均匀分布。待鱼苗平游后，流速又可稍缓，只要容器内无水流死角，不会闷死即可。初学调控者，可暂先排除进水的冲力影响，仅根据水的交换情况来掌握快慢，一般以每15分钟交换1次为快，每30～40分钟交换1次为慢。

5. 提早出膜 由于水质不良或卵质差，受精卵会比正常孵化提前5～6小时出膜，称为提前出膜。提前出膜，畸形增多，死亡率高，所以生产中要采用高锰酸钾溶液处理鱼卵。方法：将所需量的高锰酸钾，先用水溶解，在适当减少水流的情况下，把已溶化的药液放入水底，依靠低速水流，使整个孵化水达到5毫克/升浓度（卵质差，药液浓；反之，则淡），并保持1小时。经浸泡处理，卵膜韧性、弹性增加，孵化率得以提高。不过，卵膜增固后，孵化酶溶解卵膜的速度变慢，出苗时间会推迟几小时。

6. 敌害生物 孵化中敌害生物由进水带入；或自然产卵时，收集的鱼卵未经清洗而带入；或因碎卵、死卵被水霉菌寄生后，水霉菌在孵化器中蔓延等原因造成危害。对于大型浮游动物，如剑水蚤等，可用90%晶体敌百虫溶液杀灭，使孵化水浓度达0.3～0.5毫克/升；或用粉剂敌百虫，使水体浓度达1毫克/升；或用敌敌畏乳剂，使水体浓度达0.5～1毫克/升。任选1种，进行药杀。不过，流水状态下，往往不能彻底杀灭，所以做好严防敌害侵入的工作才是根治措施。水霉菌寄生，是孵化中的常见现象，水质不良、温度低时尤甚。

施用亚甲基蓝，使水体浓度为3毫克/升，调小流速，以卵不下沉为度，并保持一段时间，可抑制水霉生长。寄生严重时，间隔6小时重复1次。

（二）黏性鱼卵的孵化

黏性鱼卵孵化的常用方法有池塘孵化、淋水孵化、流水孵化、网箱孵化和脱黏孵化等4种。

1. 池塘孵化 池塘孵化是孵化的基本方法，也是使用最广的方法。从产卵池取出鱼巢，经清水漂洗掉浮泥，用3毫克/升亚甲蓝溶液浸泡10～15分钟，移入孵化池孵化。现大多由夏花培育池兼作孵化池，故孵化池面积为333～1 333米^2，水深1米左右。孵化池的淤泥应少，用前用生石灰彻底清塘，水经过滤再放入池中，避免敌害残留或侵入。在背风向阳的一边，距池边1～2米处，用竹竿等物缚制孵化架，供放置鱼巢用。一般鱼巢放在水面下10～15厘米处，要随天气、水温变化而升降。池底要铺芦席，铺设面积由所孵鱼卵的种类和池底淤泥量决定。鲂鱼和鳊鱼的卵黏性小，易脱落，且孵出的苗不附在巢上，会掉入泥中，所以铺设的面积至少要比孵化架大。鲤、鲫鱼的卵黏性大，孵出的鱼苗常附于巢上，所铺面积比架略大或相当即可。如池底淤泥多，或水源夹带的泥沙多，浮泥会因水的流动、人员操作而沉积在鱼巢表面，妨碍胚胎和鱼苗的呼吸，故铺设面积应更大。一般每667米^{2}水面放卵20万～30万粒。卵应一次放足，以免出苗时间参差不齐。孵化过程中，遇恶劣天气，架上可覆盖草苫等物遮风避雨，尽量保持小环境的相对稳定。鱼苗孵出2～3天后，游动能力增强，可取出鱼巢。取巢时，要轻轻抖动，防止带走鱼苗。

2. 淋水孵化 采取间断淋水的方法，保持鱼巢湿润，使胚胎得以正常发育，当胚胎发育至出现眼点时，移鱼巢入池出苗。孵化的前段时间，可在室内进行，由此减少了环境变化的影响，保持了水温、气温的恒定，并用3毫克/升的亚甲蓝药液淋卵，能够更为有效地抑制水霉的生长，从而能够提高孵化率。

3. 流水孵化 是把鱼巢悬吊在流水孵化设备中孵化，或在消除卵的黏性后移入孵化设备孵化。具体方法与流水孵化漂浮性卵相同，只是脱了黏性的卵，其卵的本质并未改变，密度大，耐水流冲击力大，可用较大流速的水孵化。但出苗后适应流水的能力反而减弱，因此，在即将出膜时，就应将水流流速调小。

4. 脱黏孵化 使用脱黏剂处理鱼卵，待黏性消失后，移入流水孵化设备中孵化，以提高孵化设备的利用率。常用脱黏剂有黄泥浆和滑石粉。黄泥浆的制备：用敲碎并锤细的干黄土，加水调浆，然后用40目的筛绢过滤，除去杂质和粗粒，滤出的泥浆呈浓水汤状即可使用。滑石粉脱黏剂的制备：10升水，加100克滑石粉（有时再加20～30克食盐）而成的悬浮液。每10千克滑石粉悬浮液可放卵 1～1.5 千克，边倒卵边用手搅拌，倒毕，再搅拌 30 分钟（指早期鲤鱼卵），检查卵放入清水中能粒粒分开即可。脱黏时间长短与水温有关，水温高脱黏时间短；反之，则长。两种脱黏液，可任选一种使用。

六、提早春繁

我国东北和西北地区，地处高寒地带，气候寒冷，冰封期较长，均在100～150 天。这些地区亲鱼春季培育要到 4 月下旬至 5 月上旬才能开始，人工繁殖时间要到 6 月底或 7 月中旬才能进行。这使鱼苗、鱼种生长期缩短到仅有 2～3 个月，要在如此短的时间内培育 10 厘米以上的鱼种就相当困难，更无法培育较大规格的鱼种，从而影响到东北和西北地区淡水渔业的发展。

提早进行养殖鱼类的春季繁殖，就是通过增温的手段，促使水温回升，提前开始亲鱼的产前强化培育，使鱼类繁殖时间相应提前的技术措施。采用这项措施，能延长当年苗种的培育期，增大育成规格。对北方寒冷地区，可提高鱼种的越冬成活率，有助于解决苗种自给；对其他地区，生长期的延长，为缩短养殖周期提供了有效的途径。以鲂、鲫鱼为例，长江流域，4 月上旬虽已能满足它们的繁殖温度，但下旬的低温期却给夏花培育带来不利，为避免恶劣天气的影响，生产中常延迟人工繁殖时间。结果，人为地缩短了苗种培育期，当年的育成苗种规格小，常规养殖方式下一般要到第二年秋才能上市，且上市规格也不理想。倘若将鲂鱼和鲫鱼的人工繁殖时间提早到 3 月底至 4 月初。利用 4 月上中旬的有利时机进行夏花培育，就能延长培育时间 1～2 个月。当培育期采用稀放速长工艺时，1 足龄鱼种可长到较理想的上市规格，这样既缩短了培育时间，又可为优质食用鱼的均衡上市提供条件。提早春繁，因是鱼类人工繁殖技术加上增温、保温措施，所以较易掌握。提早春繁的主要技术措施如下。

第一，用于养殖生产的增温方式主要是锅炉供热和地热、余热利用。地热和余热利用，成本较低。

第二，除温室保温外，塑料大棚也可保温。大棚造价低，但通风性差，棚内棚外的温差易造成霜和露，对池水溶解氧与光照产生不良影响，使用时要注意调控。

第三，增温下的产前强化培育期，比常温下可多长 15～20 天。所以，从开始增温到亲鱼产卵，全期需 2～2.5 个月。

第四，增温的起始速度，可控制在每天升高 1℃～1.5℃，当达到要求的温度后（草鱼、鲢鱼、鳙鱼为 23℃～25℃，鲤鱼、鲫鱼、鲂鱼为 20℃以上），保持稳定，只要增温不间断，水温不起伏，就能如期催产。

第五，水温达6℃～10℃后，开始投喂。以天然饲料与精料并举的原则供饲。草食性鱼类，前期的青料用量应不少于总投喂量的一半；后期必须以青料为主。所用精料，是谷、麦芽和饼粕。日投喂量与常温培育相同，并以傍晚吃完的原则进行调节。

第六，放养密度，草鱼、鲢鱼、鳙鱼每平方米放养0.5千克，鲤鱼、鲫鱼、鲂鱼放养密度以每平方米0.25千克为宜。为多养雌鱼，可将雌雄比例控制在1∶0.4～0.6。

第七，为尽量缩小个体间发育的参差程度，在培育期内，可酌情注射微量LRH-A 1～2次的方法，促进同步发育。

第八，为确保提早春繁工作的顺利进行，必须狠抓产后至初冬的亲鱼培育。优质鱼中，不少种类是以Ⅳ期性腺越冬的（与青鱼、草鱼、鲢、鳙等鱼不同），因此秋季与越冬前的喂养尤为重要。

[案例4-2]　西北地区福瑞鲤早繁技术

宁夏水产研究所自2010年引进福瑞鲤苗种开展养殖试验示范，近年来致力于良种亲本培育、苗种繁育、健康养殖、病害防控等方面的研究与推广，现已具备年配套培育8 000组良种亲本、年繁育10亿尾苗种的能力，良种亲本示范推广覆盖本区主要水产良种苗种繁育场点，早繁苗种推广辐射至陕西、甘肃、内蒙古、辽宁等地，有力地解决了北方地区鲤鱼良种苗种供应不足的局面，延长了养殖周期，提升了养殖经济效益，有力促进了福瑞鲤这一新品种的推广应用。

1. 亲本秋季培育

北方地区福瑞鲤亲本秋季培育中须大量投喂，促使亲本积累营养，促进性腺发育，增加怀卵量。饵料以亲本配合饲料为主，辅以豆粕、大麦和螺蛳等。投喂量为亲本体重的3%～5%。保持池塘水位，水深1.2～1.5米，一般每10～15天加注新水1次。视水质肥瘦及时适量追肥，以保证水质的肥度；当水体过肥、氨氮较高时，使用“EM菌”“施乐舒”“水底安”等微生态制剂调节水质，连用2～3天。当北方盐碱地区pH值过高、达到9以上时，可使用由多种有益微生物及矿物元素制成的水质改良剂对水体进行脱碱处理，用量为每667米^{2}水深1米用1.5～2.5千克，全池泼洒降低pH值。秋季气温降低，昼夜温差大，水温波动亦较大，致使各种致病因素活跃，是鱼病的高发季节。此阶段应加强福瑞鲤亲本的防病治病工作，坚持“以防为主、防重于治”的原则。每月用内服渔药制成药饵投喂1次，以提高鱼体的免疫力；每15天泼洒1次漂白粉预防细菌性疾病，用量为每667米^2 1千克。若鱼发病，及时诊断，对症用药。

2. 亲本选择及温棚池塘早期培育

福瑞鲤亲本一般选择2龄以上，雌鱼体重1.5千克以上、雄鱼体重1.0千克以上。鳞片完整，体无病伤，体质健壮，背高体宽，体色鲜艳，背部青灰色、腹部较淡、臀鳍和尾鳍下叶橙红色。雌鱼腹部膨大，胸、腹鳍间肌肉薄而松软，生殖孔大而圆凸；雄鱼腹肌厚而硬实，生殖孔窄长且内凹，体色比雌鱼较艳丽。在催产前1个月左右，将选择好的亲本移入温棚池塘、雌雄分开培育，每667米^{2}放养300～800千克（150～200尾）。当温棚池塘水温达到13℃以上时，开始投喂蛋白质含量在32%以上全价配合饲料或豆饼、大麦芽、螺蛳等高蛋白质饲料，日投喂2次，投饵量为鱼体重的3%～5%，繁殖前3天停食。培育过程中加强水质调节，适当施用有机肥肥水，确保性腺发育成熟度良好。

3. 人工催产

当温棚池塘水温达到18℃以上时，选择腹部膨大、柔软、有弹性，泄殖孔突出、红润的雌鱼，轻压腹部有乳白色精液流出的雄鱼进行人工催产，雌、雄鱼按1∶1的比例配组。采用一次注射法胸鳍基部注射LRH-A_2＋DOM，雌鱼注射剂量为LRH-A_2 5微克/千克＋DOM 5毫克/千克，雄鱼剂量减半。

4. 产　卵

注射后的亲本移入水泥产卵池（面积80米^2），池底罩以纱绢网片，每平方米放养亲本1.2～1.5组（4～5千克/组）。加注微流水，水深1.5米左右，鱼巢选用扎成束状棕榈皮，清洗、消毒、晒干后均匀悬挂产卵池上方，以没过水面5厘米为宜，布置密度为4个/米^2。水温控制在18℃～24℃，效应时间为17～18小时。产卵后，将布满鱼卵的鱼巢移入3%食盐水中消毒5分钟后转入温棚池塘人工孵化，亲本移入池塘进行产后护理培育。

5. 温棚池塘人工早期孵化

用于孵化的温棚池塘须彻底清整、生石灰消毒。孵化前5～7天加注新水，注水时进水口用筛网过滤，水深以50～80厘米为宜。设置附有受精卵的鱼巢密度为2个/米^2，水温稳定在18℃～24℃，采用微孔增氧系统增氧，4～5天即可孵化出膜。刚出膜的鱼苗围绕在鱼巢周围，待2天后鱼苗卵黄囊消失、离开鱼巢自由活动时，将鱼巢缓慢移出后进行温棚池塘苗种高密度培育。

第五章
大宗淡水鱼的营养需要与饲料

阅读提示：

水产养殖中饲料成本占养殖成本的70%左右，因此合理选择饲料以及投喂技术是控制养殖成本、提高大宗淡水鱼养殖效益的关键环节之一。本章介绍了我国大宗淡水鱼的营养需要以及常用饲料添加剂、饲料配制技术、饲料选择技术以及饲料投喂技术，并结合案例阐述如何鉴别饲料原料与配合饲料质量的优劣。通过阅读本章，旨在了解大宗淡水鱼的营养需要，根据养殖品种选择适合的饲料，科学配制渔用配合饲料，从而获取较高的养殖效益。

第一节　鱼类的营养需要

饲料是鱼类维持生命和生长、繁殖的物质基础，饲料的营养成分有蛋白质、脂肪、糖类、维生素、矿物质和水等 6 类。一般来说，蛋白质主要用以构成鱼类体格，糖类和脂肪主要供给能量，维生素用以调节新陈代谢，矿物质则有的构成体质，有的调节生理活动。在体内的主要功能如下：①供给能量。鱼类只有在不断消耗能量的情况下才能维持生命。能量被用来维持体温，完成一些最主要的功能，如机械功（肌肉收缩、呼吸活动等）、渗透功（体内的物质转运）和化学功（合成及分解代谢）。②构成机体。营养素是构成体质的原料，用以生长新组织，更新和修补旧组织。③调节生理功能。动物体内各种化学反应需要各种生物活性物质进行调节、控制和平衡，这些生物活性物质也要由饲料中的营养物质来提供。

一、蛋白质和氨基酸的需要

（一）蛋白质的概念

蛋白质是生命的物质基础，是所有生物体的重要组成成分，在生命活动中起着重要的作用。蛋白质是由氨基酸构成的含氮的高分子化合物，大多数蛋白质由氮、碳、氢、氧、硫组成，有些蛋白质还含有磷、铁、铜、锰、锌、碘等元素。一般蛋白质主要元素含量如下：碳：50%～55%，氢：6%～8%，氧：19%～24%，氮：14%～19%，硫：0～4%，多数蛋白质的含氮量相当接近，一般在 14%～19%，平均为 16%，故测定蛋白质，只要测定样品中的含氮量，就可以计算出蛋白质的含量。蛋白质含量＝蛋白质含氮量×100/16＝蛋白质含氮量×6.25。

（二）蛋白质的生理功能

蛋白质是鱼类生长的主要指标，也是鱼体内组织和器官的主要构成；作为部分能量来源；同时，蛋白质也是组成鱼体内各种激素和酶类等具有特殊生物学功能的物质。

（三）鱼类对蛋白质的需要量

蛋白质是决定鱼类生长的最关键的营养物质之一，维持机体正常代谢和组织更新，也是饲料成本中最大的部分，了解鱼类对饲料蛋白质的适宜需要量，是科学合理配制营养均衡饲料的前提。在不影响鱼类正常生长和健康的前提下，适当降低饲料蛋白质水平，可以降低饲料成本。如果饲料中蛋白质含量不足，会降低鱼体生长，甚至停止生长。如果饲料中蛋白质含量过高，鱼类不能全部利用，造成饲料蛋白源的浪费，会导致氨的大量排放，还会污染水质。

从表 5-1 可知，青鱼、草鱼、鲤、鲫、鲂等大宗淡水鱼类对蛋白质的需要有所不同，这主要跟鱼类的食性和代谢类型有关，并与鱼生长发育阶段、饲料原料的组成、养殖水体温度（季节）等有关。鳙鱼和鲢鱼是典型的滤食性鱼类，主要摄食浮游动植物，近年来也发现鳙鱼从鱼种到成鱼都可以摄食不同的饲料，其营养需要引起大家的重视。

另外，表 5-1 中推荐的蛋白质需要量为大宗淡水鱼类最大生长时所需的蛋白质量，生产中考虑经济效益，一般蛋白质的需要稍低于表 5-1 中的值，同时结合饲料可消化粗蛋白质和氨基酸含量，特别是赖氨酸、蛋氨酸等限制性氨基酸。一般来说在生产中，青鱼鱼种饲料粗蛋白质为 35%左右，成鱼粗蛋白质为 32%左右；鲤鱼鱼种粗蛋白质为 35%左右，成鱼粗蛋白质为 30%左右；一般鲫鱼种粗蛋白质为 32%以上，成鱼粗蛋白质为 30%左右；草鱼、团头鲂鱼种粗蛋白质为 30%左右，成鱼粗蛋白质为 28%左右。

表 5-1　大宗淡水鱼类蛋白质的需要量

种　类	蛋白源	鱼体初重（克）	最适蛋白质需要量（%）	参考文献
青　鱼	酪蛋白	1.0～1.6	41	杨国华等，1981
		37.12～48.32	29～41	王道尊等，1984
草　鱼	酪蛋白	2.4～8.0	22.77～27.66	林　鼎等，1980
	酪蛋白	3.7	28～32	廖朝兴等，1987
	鱼　粉	35.59±0.44	28.02	蒋湘辉等，2013
鲤	酪蛋白	7.0	31～38	Ogino 等，1970
鲫	秘鲁鱼粉	2.85±0.09	35.05～37.15	何吉祥等，2014
	鱼　粉		32～34	钱雪桥等，2001
团头鲂	酪蛋白	21.4～30.0	33.91	邹志清等，1987
		4.0	27.04～30.39	石文雷等，1985
		31.08～38.48	25.58～41.40	石文雷等，1985
鳙	酪蛋白与白鱼粉	6.0±0.02	34.65～34.88	王辅臣，2012

（四）鱼类对氨基酸的需要量

1. 必需氨基酸的需要 从新陈代谢本质上说，鱼类对蛋白质的需要实际是对氨基酸的需要。氨基酸可分为必需氨基酸和非必需氨基酸。鱼类的必需氨基酸经研究确定有异亮氨酸、亮氨酸、赖氨酸、蛋氨酸、苯丙氨酸、苏氨酸、色氨酸、缬氨酸、精氨酸、组氨酸等10种氨基酸。目前，只有部分鱼类的必需氨基酸需要量基本确定，绝大多数淡水养殖对必需氨基酸的需要量还没有确定。对于还没有必需氨基酸需要量的种类，可以参考养殖对象肌肉氨基酸组成模式和蛋白质需要量来确定其配合饲料中必需氨基酸的需要量。主要大宗淡水鱼类对必需氨基酸的需要量见表5-2。

表5-2 大宗淡水鱼类的氨基酸推荐量 （%）

鱼种 营养物质	青鱼			草鱼		鲤		鲫		鳊	
	1龄	2龄	鱼种	鱼种	成鱼	鱼种	成鱼	鱼种	成鱼	鱼种	成鱼
粗蛋白质	35.0	32.0	35.0	32.0	32.0	30.0	28.0	35.0	32.0	32.0	30.0
精氨酸	2.20	2.10	1.60	1.34	1.34	2.04	1.52	1.60	1.34	1.34	1.18
组氨酸	0.90	0.74	0.80	0.58	0.58	0.61	0.51	0.80	0.67	0.58	0.50
异亮氨酸	1.30	1.20	0.88	1.06	1.06	1.40	1.10	0.88	0.74	1.06	0.93
亮氨酸	2.40	2.10	1.29	1.99	1.99	2.02	1.55	1.29	1.09	1.99	1.69
赖氨酸	2.20	2.00	2.17	1.70	1.70	1.92	1.60	2.17	1.82	1.70	1.50
蛋氨酸	0.80	0.70	[a]1.18	0.6	0.6	0.62	0.52	[a]1.18	[a]0.99	0.6	0.53
苯丙氨酸	1.20	1.10	[b]2.47	0.83	0.83	1.43	1.26	[b]2.47	[b]2.08	0.83	0.73
苏氨酸	1.35	1.30	1.48	1.09	1.09	1.10	0.90	1.48	1.25	1.09	0.95
色氨酸	0.35	0.28	0.30	0.20	0.20	0.20	0.17	0.30	0.26	0.20	0.17
缬氨酸	2.10	1.71	1.37	1.09	1.09	1.44	1.15	1.37	1.15	1.09	0.95

注：a. 蛋氨酸＋胱氨酸；b. 苯丙氨酸＋酪氨酸。

2. 氨基酸平衡 所谓氨基酸平衡是指配合饲料中各种必需氨基酸的含量及其比例等于鱼对必需氨基酸的需要量，这就是理想的氨基酸平衡的饲料，其相对不足的某种氨基酸称之为限制性氨基酸。因此，对鱼饲料不仅要注意蛋白质的数量，更重要的是要注意蛋白质质量，优质蛋白质必需氨基酸种类齐全，数量比例合适，容易被鱼吸收利用。配合饲料中必需氨基酸比例（平衡模式）的调整方法，主要依赖于饲料蛋白质的氨基酸互补作用调整各种饲料原料的配合比例来实现；其次是在配合饲料中补足限制性氨基酸的方法来进行氨基酸模式的修整。

3. 限制性氨基酸 所谓限制性氨基酸是指在饲料蛋白质中必需氨基酸的含量和鱼、虾的需要量和比例不同，其相对不足的某种氨基酸称之为限制性氨基酸。水产动物出现限制性氨基酸概率较高的为赖氨酸、蛋氨酸等。在实际配方设计时如何进行必需氨基酸的平衡、如何控制限制性氨基酸的产生是一个永恒的主题。

对于特定饲料原料蛋白质中的氨基酸组成和比例是无法改变的，但是，配合饲料中的氨基酸组成和比例，尤其是必需氨基酸的组成和比例是可以通过不同原料的组合进行调整的。通过饲料蛋白质氨基酸的互补作用实现必需氨基酸模式的平衡，从而显著提高配合饲料蛋白质的利用效率，这就完全可以采用低鱼粉或无鱼粉的饲料配方实现养殖动物对必需氨基酸的种类、数量和比例的需要。这既可以显著降低养殖生产中的饲料成本，还可以有效提高植物蛋白质原料资源利用效率，这将是鱼类营养学和饲料学的重要发展方向。

4. 氨基酸缺乏症及相互关系 缺乏必需氨基酸会导致鱼类的生长减缓。对某些鱼类来说，蛋氨酸或色氨酸不足会引发病症，因为这两种氨基酸不但用于蛋白质合成，而且用于其他重要物质的合成。饲料中结构相关的氨基酸不平衡时，它们之间将产生拮抗作用。有证据表明，鱼体内赖氨酸和精氨酸之间存在拮抗作用。

5. 单体游离氨基酸 水产动物对饲料中单体游离氨基酸的利用效果比较差，在饲料中直接添加单体氨基酸的养殖效果也较差。在生产中，一般可采取添加一定量的晶体赖氨酸，或者通过适当增加粗蛋白质水平的方法达到理想的增长效果。

二、脂类和必需脂肪酸的需要量

（一）脂类的概念

脂类是在动、植物组织中广泛存在的一类脂溶性化合物的总称，在饲料分析中所测得的粗脂肪是指饲料中的脂类物质。脂类物质按其结构可分为中性脂肪和类脂质两大类。

鱼体内的脂类除可依其组成、结构分类外，还可依其在体内的分布和作用分为组织脂类和储备脂类。组织脂类是指用于构成体组织细胞的脂质，其种类主要有磷脂、固醇，这部分脂质组成和含量较稳定，几乎不受饲料组成和鱼生长发育阶段的影响。储备脂类是指储存于肝肠系膜、肝脏、皮下组织中的甘油三酯，其含量和组成显著受饲料组成的影响。

（二）脂类的生理功能

脂类是鱼类组织细胞的组成部分，也是鱼体内绝大多数器官和神经组织的防护性隔离层，可保护和固定内脏器官；脂类可为鱼类提供能量，是饲料中的高热量物质，其产热量高于糖类和蛋白质，其储备脂肪是鱼类越冬的最好形式。

脂类物质有助于脂溶性维生素 A、维生素 D、维生素 E、维生素 K 等的吸收和体内的运输；脂类物质可为鱼类提供生长与发育的必需脂肪酸；脂类还可作为某些激素和维生素的合成原料，如麦角固醇可转化为维生素 D，而胆固醇则是合成性激素的重要原料。饲料中添加适量脂类可节省蛋白质，提高饲料蛋白质的利用率。

（三）脂类的需要量

脂肪是鱼类生长所必需的一类营养物质，是必需脂肪酸和能量来源。配合饲料中油脂的营养作用和养殖效果是仅次于蛋白质的。此外，又是脂溶性维生素的载体，还可以起到节约蛋白质的作用。饲料中脂肪含量不足或缺乏，可导致鱼代谢紊乱，饲料蛋白质利用率下降，同时还可并发脂溶性维生素和必需脂肪酸缺乏症。但饲料中脂肪含量过高，又会导致鱼体脂肪沉积过多，尤其是肝脏中脂肪积聚过多，引起“营养性脂肪肝”，鱼体抗病力下降，同时也不利于饲料的成型加工和贮藏。因此，饲料中脂肪含量必须适宜。表 5-3 综合了几种鱼对脂类的需要量。

表 5-3　大宗淡水鱼类的脂类需要量

名　称	脂肪水平（%）	脂肪源	体重（克）	参考文献
青　鱼	6.5	鱼肝油	37.12～48.32	王道尊，1989
草　鱼	8.8	鱼油∶豆油∶猪油＝1∶1∶1	4～7	刘玮等，1995
鲤	5～8	鱼肝油	鱼苗、鱼种	Watanabe T，1975
鲫	4.08～6.04	鱼　油	17	王爱民等，2008
团头鲂	4～6	豆油、鱼油	1.75	周文玉等，1997

不同鱼种类对配合饲料中油脂的需求量有很大的差异，一般是冷水性鱼类对油脂的需要量高于温水性鱼类；低水温季节、尤其是在 14℃以下时对油脂的需要量较水温高时要大。虹鳟、鲑鱼等冷水性鱼类对油脂的需要量可以达到 15%以上，最高的可以达到 18%～20%，饲料的加工也只能采用膨化饲料。对于大宗淡水鱼类鱼种配合饲料中油脂总量应该保持在 5%以上，而对于育成鱼配合饲料中油脂总量应该保持在 4%以上。一般情况下，要满足油脂总量，需

要在配合饲料中添加1%～2%的油脂，在这种油脂营养水平下鱼体的生长速度和饲料转化率会保持在较高的水平。同时，适当增加一些含油量高的饲料原料在配方中的使用比例。

（四）必需脂肪酸（EFA）的需要量

必需脂肪酸（EFA）是指那些为鱼、虾类生长所必需，但鱼体本身不能合成，必须由饲料直接提供的脂肪酸。必需脂肪酸是组织细胞的组成成分，在体内主要以磷脂形式出现在线粒体和细胞膜中。必需脂肪酸对胆固醇的代谢也很重要，胆固醇与必需脂肪酸结合后才能在体内转运。此外，必需脂肪酸还与前列腺素的合成及脑、神经的活动密切相关。

大宗淡水鱼类的必需脂肪酸有4种：亚油酸（$C_{18:2n-6}$）、亚麻酸（$C_{18:3n-3}$）、二十碳五烯酸（$C_{20:5n-3}$）和二十二碳六烯酸（$C_{22:6n-3}$）。对不同的鱼来说，这4种必需脂肪酸的添加效果有所不同。

鱼类对必需脂肪酸的需要量一般占饲料的0.5%～2.0%。如果饲料中必需脂肪酸超过鱼类需要，不但不利于饲料贮藏，而且还会抑制鱼类生长。

（五）氧化酸败油脂的不良反应

油脂氧化酸败的有毒物质一般是随着脂肪一起被鱼体吸收和储存在鱼体内，尤其是肝、胰脏，当鱼体内脏器官组织积累脂肪、脂肪氧化酸败产物达到一定量后就会对鱼体的生长、生理功能产生严重的不良反应。

主要表现在配合饲料对养殖动物的生产性能明显下降，如生长速度下降、饲料系数增加等；鱼体肝功能受到严重伤害，在初期出现脂肪浸润，往后形成脂肪肝，再往后就出现肝纤维化、肝细胞坏死等严重现象；鱼体生理功能受到严重影响，如免疫防御功能明显下降、鱼体出现畸形，严重的可造成养殖鱼体死亡。

三、糖类的需要量

（一）糖类的概念

糖类亦称碳水化合物，是自然界存在最多、分布最广的一类重要的有机化合物。主要由碳、氢、氧所组成。其准确定义是：多羟基醛或多羟基酮以及水解后能够产生多羟基醛或多羟基酮的一类有机化合物。

糖类按其结构可分为3大类：单糖，低聚糖，多糖。单糖是多羟基酮或多羟基醛，它们是构成低聚糖、多糖的基本单元，其本身不能水解为更小的分子，如葡萄糖、果糖、木糖等。低聚糖是由2～6个单糖分子失水而成，按其水解后生成单糖的数目，低聚糖又可分为双糖、三糖、四糖等，如蔗糖、麦芽糖、乳糖等。多糖是由许多单糖聚合而成的高分子化合物，多不溶于水，经酶或酸水解后可生成许多中间产物，直至最后生成单糖，如淀粉、纤维素等。

（二）糖类的生理功能

糖类按其生理功能可分为可消化糖类和粗纤维两大类。可消化糖类包括单糖、低聚糖、糊精、淀粉等。糖类及其衍生物是鱼类组织细胞的组成成分；糖类可为鱼类提供能量和合成体脂的重要原料。糖类可为鱼体合成非必需氨基酸提供碳架，可改善饲料蛋白质的利用。粗纤维一般不能被鱼、虾类消化、利用，但却是维持鱼类健康所必需的。饲料中适量的粗纤维具有刺激消化酶分泌、促进消化蠕动的作用。

（三）糖类的需要量

糖类是提供能量的三大营养素之一，但与蛋白质和脂肪相比，糖类是可供能源物质中最经济的一种，摄入量不足，则饲料蛋白质利用率下降，长期摄入不足还可导致鱼体代谢紊乱，鱼体消瘦，生长速度下降。但摄入过多，超过了鱼对糖类的利用限度，多余部分则用于合成脂肪；长期摄入过量糖类，会导致脂肪在肝脏和肠系膜大量沉积，发生脂肪肝，使肝脏功能削弱，肝解毒能力下降，鱼体呈病态型肥胖。糖类还给生长所必需的各种中间代谢物（如非必需氨基酸和核酸）提供前体。

一般认为，大宗淡水鱼类的糖类需要量不宜超过40%。食性不同的温水性鱼类的糖类需要量有较大差异，其中以草食性鱼草鱼最高，其次为杂食性鱼鲤、鲫等，再次为肉食性青鱼。一般来说，幼鱼期对糖类需要量低于成鱼，水温高时对糖类的需要低于水温低时。此外，鱼的生长阶段、生长季节也会影响其对糖类的需要量。一般来说，幼鱼对糖类需要量低于成鱼。

（四）鱼类对纤维素的需要量

鱼类虽然不能消化吸收纤维素，但是，纤维素能促进鱼类肠道蠕动，有助于其他营养素扩散、消化吸收和粪便的排出，是一种不可忽视的营养素。一般来说，大宗淡水鱼类饲料中粗纤维适宜含量为5%～10%，草鱼能利用一部分的纤维素，其他鱼类对粗纤维的消化吸收目前还无报道。

四、鱼类的能量需要

（一）能量需要

鱼类是变温动物，加之鱼类用于维持其在水中体态的能量比陆生动物维持姿势的能量低，所以鱼类维持热需要低于恒温动物。鱼类与其他动物一样，能量的满足始终是第一位的，所不同的是鱼类优先利用氨基酸作为能量物质，其次是脂肪，再次是可消化糖。在饲料中保障一定量的油脂、糖类以满足养殖鱼类快速生长的需要，可以节约鱼体对饲料蛋白质的利用。

（二）能量收支平衡

鱼类摄取了含营养物质的饲料，也就摄取了能量。随着物质代谢的进行，能量在鱼体内被分配。已知鱼类摄入饲料的总能并不能全部被吸收利用，其中一部分随粪便排出体外。被鱼体吸收的能量中，一部分作为体增热而消耗，一部分随鳃的排泄物和尿排出而损失。最后剩下的那部分称为净能的能量，才真正用于鱼类的基本生命活动和生长繁殖的需要。肉食性鱼类用于生长的能量高于草食性鱼类，而粪便与尿等排泄能量则低于草食性鱼类。这是由于两种不同食性鱼类的饲料营养成分和代谢特点不同所致。

五、矿物质的需要量与缺乏症

（一）矿物质的概念

在动物体内发现的所有元素中，现已知有26种为动物生长所必需，按其含量可分为三大类：碳（C）、氢（H）、氧（O）、氮（N）为大量元素，大多组成机体的有机物质；钙（Ca）、磷（P）、镁（Mg）、钠（Na）、钾（K）、氯（Cl）、硫（S）为常量矿物元素，占体内总无机盐的60%～80%；铁（Fe）、铜（Cu）、锰（Mn）、锌（Zn）、钴（Co）、碘（I）、硒（Se）、镍（Ni）、钼（Mo）、氟（F）、铝（Al）、钒（V）、硅（Si）、锡（Sn）、铬（Cr），在动物体内含量不超过50毫克/千克体重，称之为微量元素。

（二）矿物质的生理功能

矿物元素在动物体内含量甚微，但在肌体生命活动中起着重要作用。微量矿物质元素的含量可影响养殖动物的生产性能、鱼体正常的生理代谢活动、鱼体的免疫以及鱼体骨骼系统的生长和发育等，并对鱼体正常形体的维持有重要作用。一些矿物质元素还是酶的辅基成分或酶的激活剂，可维持肌体神经和肌肉的正常敏感性；一些矿物质元素还是体液中电解质的组成成分，可维持体液的渗透压和酸碱平衡，保持细胞的定形，供给消化液中的酸或碱等。

（三）鱼类对矿物质的需要量

鱼类能有效地通过鳃、皮肤等从水中吸取相当数量的钙，鱼类一般不会出现钙缺乏症，但钙、磷之间关系密切，故饲料中还要有一定的含钙量。鱼类对水中的磷吸收量很少，远不能满足需要，因此在饲料中必须添加足量的磷。主要养殖鱼类矿物质的需要量，见表 5-4。

表 5-4 大宗淡水鱼类的主要矿物质需要量

名　称	青　鱼	草　鱼	鲤	鲫	团头鲂
Ca（%）	0.68	0.65～0.73	—	2～2.5	0.31～1.07
P（%）	0.57	0.44～0.49	0.6～0.7	1.1～1.2	0.38～0.72
K（%）	—	0.50～0.57	0.1	—	0.41～0.57
Cl（%）	—	0.42～0.47	0.1	—	—
Na（%）	—	0.15～0.17	0.1	—	0.14～0.15
Mg（%）	0.06	0.03～0.04	0.04～0.05	0.04～0.05	0.04
Fe（毫克/千克）	40～50	820～920	100～150	30～60	100～480
Zn（毫克/千克）	50～100	88～100	100～150	50～100	20
Co（毫克/千克）	0.1～1.0	9.0～10.2	0.005～0.01	0.5～0.67	1
Mn（毫克/千克）	12～13	9.0～10.2	12～13	25～50	12.9～50
Cu（毫克/千克）	3～5	0.6～5.0	1～3	3～6	4.89
I（毫克/千克）	0.1～0.3	1.00～1.20	0.1～0.3	0.5～1.0	0.6
Se（毫克/千克）	0.15～0.4	—	0.15～0.40	0.1～0.2	0.12

注：引自刘焕亮等，2008 及其相关国家行业标准。

虽然饲料原料中都含有矿物质，但某些矿物质元素的供给量并不能完全满足鱼类的营养需要，因此还需额外添加。这些矿物质多以硫酸盐、碳酸盐或磷酸盐的形式添加。但鱼类对同一元素的不同剂型的吸收率是不同的，因此其在饲料中的添加量也有区别。常用矿物质添加剂有磷酸二氢钙、磷酸氢钙、磷酸钠、硫酸镁、氯化镁、碘化钾、碘化钠、硫酸亚铁、硫酸铜、硫酸锰、亚硒酸钠和硫酸钴等。

（四）矿物质的缺乏症

大宗淡水鱼类常见矿物质缺乏症及过量中毒情况见表5-5。

表5-5 大宗淡水鱼类常见矿物质缺乏症及过量中毒症

矿物质	缺乏症、过量中毒
Ca、P	生长差、骨中灰分含量降低，饲料效率低和死亡率高。骨骼发育异常，头部畸形，脊椎骨弯曲，肋骨矿化异常，胸鳍刺软化，体内脂肪蓄积，水分、灰分含量下降，血磷含量降低，饲料转化率低
Mg	生长缓慢，肌肉软弱，痉挛惊厥，白内障，骨骼变形，食欲减退，死亡率高等缺乏症
Na、K和Cl	未曾发现缺乏症，严重缺乏时，则出现蛋白质和能量利用率下降。但过多则呈现出水肿等中毒症状
Fe	缺铁时，鱼体出现贫血症。鳃呈浅红色（正常为深红色）。肝脏呈白色至黄色（正常为黄色、褐色至暗红色），并不影响鱼的生长。铁过量会产生铁中毒，导致生长停滞、厌食、腹泻、死亡率高
Cu	一般来说，鱼不缺铜。鱼缺乏铜会出现生长缓慢和白内障
Zn	缺锌鱼生长缓慢，食欲减退，死亡率增高，骨中锌和钙含量下降，皮肤及鳍糜烂，躯体变短。在鱼的孵卵期，饲料中缺锌，则可降低卵的产量及卵的孵化率
Mn	鱼类缺乏锰时，导致生长减缓和骨骼变形
Co	容易发生骨骼异常和短躯症，不易发生钴中毒
I	鱼类能从环境中摄取碘，所以在水中添加少量的碘即可防止甲状腺肿病的发生
Se	在饲料中补充维生素E和硒，可防止鱼类肌肉营养不良

注：引自刘文斌等，2008。

六、维生素的需要量

（一）维生素的概念

维生素（Vitamin）是维持动物健康、促进动物生长发育所必需的一类低分子有机化合物。这类物质在体内不能由其他物质合成或合成很少，必须经常由食物提供。但动物体对其需要量很少，每日所需量仅以毫克或微克计算。维生素根据溶解性可分为脂溶性维生素和水溶性维生素两大类。

脂溶性维生素：包括维生素 A、维生素 D、维生素 E、维生素 K。水溶性维生素：包括维生素 B_1（硫胺素）、维生素 B_2（核黄素）、维生素 B_3（烟酰胺）、维生素 B_5（泛酸）、维生素 B_6（吡哆醇）、维生素 B_7（生物素）、叶酸、维生素 B_{12}（氰钴素）、维生素 C（抗坏血酸）等。

（二）维生素的生理功能

维生素对于鱼类而言十分重要，配合饲料中维生素不足会导致生产性能下降，导致鱼体生理功能受到一定程度的伤害，如鱼体出现免疫与抗应激能力下降、鱼体体表黏液分泌减少、造血功能受到影响出现贫血反应等。脂溶性维生素的生理功能：维生素 A 能够促进黏多糖的合成，维持细胞膜及上皮组织的完整性和正常的通透性，并参与构成视觉细胞内感光物质，对维持视网膜的感光性有着重要作用。维生素 D 的主要功能是促进钙吸收、骨骼生长作用。维生素 E 的生理功能较为广泛，除有抗不育功能外，主要是作为抗氧化剂。维生素 K 在体内有着广泛的作用，但主要是参与凝血作用。水溶性维生素种类较多，其结构和生理功能各异，其中绝大多数维生素都是通过组成酶的辅酶对动物物质代谢发生影响。

（三）鱼类对维生素的需要量

大宗淡水鱼类对维生素的需要量见表 5-6。

表 5-6　大宗淡水鱼类的维生素需要量

维生素	青　鱼	草　鱼	鲤	鲫	团头鲂
B_1（毫克/千克）	5	20	5	9～12	1.48～1.84
B_2（毫克/千克）	10	20	7～10	12～16	5.21
B_6（毫克/千克）	20	11	5～10	9～12	4.17～5.02
烟酸（毫克/千克）	50	100	29	54～72	29.85～32.25
泛酸（毫克/千克）	20	50	30	24～32	23.91～29.40
肌醇（毫克/千克）	100～200	100	440	75～100	250～300
B_{12}（毫克/千克）	0.01	0.01	—	0.007～0.01	0.061
K（毫克/千克）	3	10	—	5～6	8～10
E（毫克/千克）	10～20	62	50～100	60～80	100～150
胆碱（毫克/千克）	500～700	4000～6000	500～700	600～800	1200～1500
叶酸（毫克/千克）	1	5	—	1.5～2	—

续表 5-6

维生素	青　鱼	草　鱼	鲤	鲫	团头鲂
C（毫克/千克）	50～100	600	50～100	150～200	150
A（单位）	2000～5000	5500	2000	1500～2000	3000～4000
D（单位）	1000～2000	1000	1000	750～1000	500～1000
生物素（毫克/千克）	—	0.4	0.5～1.0	0.1～0.2	0.16

资料来源：NRC（1981、1983），刘文斌等，2008。

（四）维生素缺乏症

大宗淡水鱼类维生素的缺乏症见表 5-7。

表 5-7　大宗淡水鱼类的维生素缺乏症

维生素	缺乏症
维生素 A	眼突出，水肿，肾脏出血，肤色变浅，鳍和皮肤出血，鳃盖变形
维生素 D	骨中灰分降低，钾、钙降低
维生素 E	肤色变浅，肌营养不良，脂肪肝，胰脏萎缩，蜡质状沉积，脊椎前凸
维生素 K	皮肤出血
硫胺素	皮肤发黑，失衡，易惊吓，皮下出血
核黄素	体长过短，鲤鱼会消瘦，怕光，易惊吓，皮肤和鳍出血，前肾坏死
维生素 B_6	神经失调，痉挛，游动不正常，肤色呈蓝绿色
泛　酸	消瘦，无活力，表皮损伤，贫血，致死
烟　酸	皮肤及鳍溃疡，颌部变形，突眼，贫血，致死
生物素	肤色变浅，过敏，表皮黏液细胞增加，无活力
叶　酸	不活跃，贫血，易被细菌感染
维生素 B_{12}	生长下降，血细胞比容下降
胆　碱	肝增大，肾脏及肠出血，鲤鱼会出现脂肪肝，肝细胞空泡化
肌　醇	皮肤黏液分泌减少
维生素 C	体内外出血，烂鳍，骨胶原下降，脊椎前凸、侧凸

注：引自刘文斌等，2008。

七、饲料添加剂

（一）饲料添加剂的基本概念

饲料添加剂是指为了满足某种特殊需要，在配合饲料中添加的少量或微量物质。其主要作用是：完善饲料的营养配比，改善适口性，提高饲料利用率，促进鱼类生长和发育，预防疾病，改善鱼类产品品质，减少饲料在加工与运输贮藏过程中营养物质的损失等。

饲料添加剂根据其目的和作用机制分为营养性添加剂和非营养性添加剂（改善饲料质量的添加剂）。营养性添加剂是指本身可以补充、完善饲料营养成分的添加剂；而非营养性添加剂是指本身不作为饲料的营养成分、只是改善饲料或动物产品品质的添加剂。

在水产上，根据饲喂对象，可将添加剂分为鱼用（包括各类鱼），虾、蟹类、鲍鱼及其贝类用等；根据添加剂的加工形态不同，又有粉状、颗粒状、微型胶囊、块状和液状饲料添加剂；根据动物营养学原理，一般将饲料添加剂（广义概念）分为两大类，即营养类饲料添加剂及非营养类饲料添加剂，具体分类方法详见图 5-1。

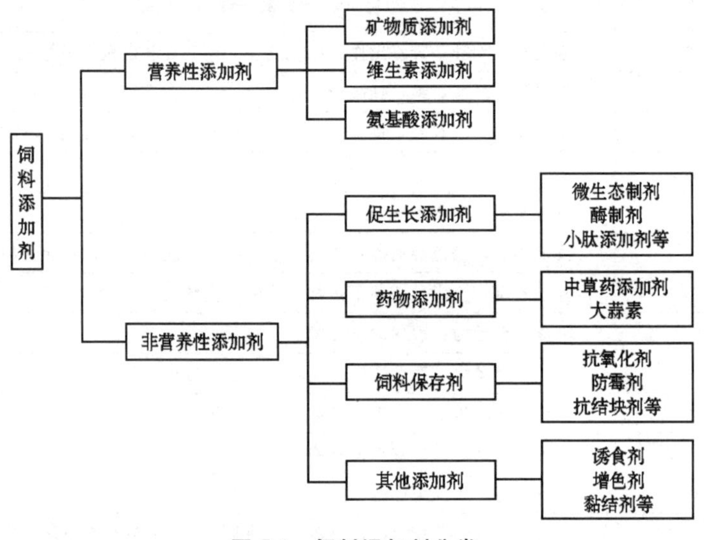

图 5-1　饲料添加剂分类

（二）营养性添加剂

1. 氨基酸类添加剂

（1）L-赖氨酸　L-赖氨酸可被动物机体利用，为有效赖氨酸，是常用的添加剂。一般使用的是 L-赖氨酸或 L-盐酸赖氨酸，饲用 L-赖氨酸的纯度不得低于 98.5%，其中纯赖氨酸含量为 78.8%。

（2）蛋氨酸及类似物　饲料工业中使用的蛋氨酸有两类：一类是粉状 L-蛋氨酸或 DL-蛋氨酸，另一类是 DL-蛋氨酸羟基类似物及其钙盐。羟基蛋氨酸

(MHB) 为深褐色黏液，含水量约 12%（即纯度 88%），具有添加量准确、操作简便、无粉尘等优点，但在使用时要有添加液体的相应设备，易受到生产规模的限制。羟基蛋氨酸钙（MHA）为浅褐色粉末或颗粒，其中 MHA 的含量>97%，无机钙盐的含量≤1.5%。

(3) 色氨酸　色氨酸添加剂有 L 型和 D-L 型 2 种，前者有 100%的生物活性，后者的活性仅为前者的 60%～80%。色氨酸能促进核黄素功能的发挥，并参与血浆蛋白质的更新。

(4) 苏氨酸　在以小麦、大麦等谷物为主的饲料中，苏氨酸的含量往往不能满足需要，需添加。在大多数以植物性蛋白质为基础的饲料中，苏氨酸与赖氨酸均为第一限制性氨基酸。

(5) 复合氨基酸　复合氨基酸是利用动物毛、发、蹄、角等废弃物，通过加工处理获得复合氨基酸粗制品，再经纯化而得的复合氨基酸浓缩液，用载体吸附即为一定浓度的复合氨基酸产品。在配合饲料中适量添加，有助于提高鱼类生产水平。

(6) 微量元素氨基酸整合物　微量元素氨基酸整合物是近年来在国内外发展较快的第三代新型微量元素添加剂，以微量元素离子为中心原子，通过配位键、共价键或离子键同配体氨基酸或低分子肽键整合而成的复杂整合物。其中水解氨基酸的平均分子量必须为 150 左右，生成的螯合物分子量不得超过 800。氨基酸微量元素螯合物是一种新型的有机微量元素添加剂，具有较好的稳定性、较高的生物学效价、使用安全性高、适口性好、与维生素无配伍禁忌等特点，还具有杀菌和改善免疫功能，是一种非常理想的微量元素添加剂。同时，氨基酸微量元素螯合物在水生动物消化道中先被降解后再被吸收，可以达到与结合态氨基酸同步吸收，能有效地利用氨基酸，促进鱼和虾类生长，提高生产性能，降低饲料系数，提高成活率。

(7) 小肽　小肽的吸收与氨基酸完全不同，肠细胞对游离氨基酸是一个主动转运过程，而小肽转运系统具有耗能低而不易饱和的特点。短肽也是重要的生理调节物质，可以直接作为神经递质，间接刺激肠道受体或酶的分泌而发挥作用，而且在机体的免疫调节中发挥着重要的生理功能。

2. 维生素类添加剂　常见的维生素有 14 种，根据溶解性可分为脂溶性维生素和水溶性维生素两大类。脂溶性维生素是一类能溶于脂肪等有机溶剂而不溶于水的维生素，它们能在体内储存，短时间供应不足不会立即产生典型的缺乏症，长期超量供应可产生毒害，包括维生素 A、维生素 D、维生素 E 和维生素 K。水溶性维生素常用的有 10 种，分别为：维生素 B_1（硫胺素）、维生素 B_2（核黄素）、维生素 B_3（烟酸、烟酰胺）、维生素 B_4（胆碱）、维生素 B_5（泛酸)、维生素 B_6(吡哆醇)、维生素 B_{11}(叶酸)、维生素 B_{12}(氰钴胺素)、维生素 H(生物素)和维生素 C(抗坏血酸)。

3. 矿物质 矿物质对维持鱼类的健康、生长与繁殖起着十分重要的作用。目前,在鱼类体内已检测到 40 余种无机元素,已知有 17 种元素起着重要的营养作用,其中 Ca、P、Na、K、Cl、Mg、S 为常量元素;Fe、Cu、Zn、Co、Se、I、F、Mo、Mn、Si 为微量元素。虽然饲料原料中都含有矿物质,但某些矿物质元素的供给量并不能完全满足鱼类的营养需要,因此还需额外以硫酸盐、碳酸盐或磷酸盐的形式添加以满足大宗淡水鱼类的需要。

(三)非营养性添加剂

1. 促生长剂 生长促进剂的主要作用是刺激鱼类生长,提高饲料利用率以及增进机体健康。常用促生长剂如下:

(1)L-肉碱 又称肉毒碱,常以盐酸盐的形式存在。对幼体鱼类来说,自身合成量不能满足需要,必须由外源添加。作为饲料添加剂的 L-肉碱一般为工业产品,几种鱼类饲料中肉碱的建议添加量分别为:鲤鱼、鳊鱼 100～400 毫克/千克。但是过高剂量的 L-肉碱对动物可能产生毒性。

(2)其他促生长剂 黄霉素既抑制肠道中有害微生物的生长,也利于有益微生物的生长繁殖,维持消化道中微生态平衡,把竞争性消耗营养物质的微生物数量控制在一个生理水平上,间接地改善了营养物质的消化和利用,促进了鱼体生长。

2. 酶制剂 按酶制剂功能分可分为两类:消化性酶和非消化性酶。消化酶是动物体内能够合成并分泌到消化道中消化营养物质的酶,如淀粉酶、蛋白酶和脂肪酶等。非消化酶是指动物体内自身不能合成,多来源于微生物的一类酶,可帮助动物消化一些难消化性物质、有害物质或抗营养因子等,主要包括纤维素酶、半纤维素酶、植酸酶、果胶酶、几丁质酶等。按酶制剂的构成又可分为单一酶制剂与复合酶制剂。

添加酶制剂是为了促进饲料中营养成分的分解和吸收,提高其利用率。所用的酶多由微生物发酵或从植物中提取得到。用于鱼类的酶制剂有复合酶及单项酶,包括蛋白酶、淀粉酶、脂肪酶、植酸酶等。

3. 防霉剂 防霉剂是一类抑制霉菌繁殖、防止饲料发霉变质的化合物。添加防霉剂的目的是抑制霉菌的代谢和生长,延长饲料的保藏期。其作用机制是,破坏霉菌细胞壁,使细胞内的酶蛋白变性失活,不能参与催化作用,从而抑制霉菌的代谢活动。防霉剂使用方法有:①直接喷撒在饲料表面。②与载体预先混合后,再掺入饲料中。③与其他防霉剂混合使用,扩大抗菌谱。

(1) 苯甲酸(安息香酸) 苯甲酸钠是一种酸性防腐剂，其最适 pH 值范围为 2.5～4.0。苯甲酸钠杀菌性较苯甲酸弱，饲料中主要使用苯甲酸钠。该类防霉剂使用量不得超过 0.1%。

(2) 山梨酸及盐类 山梨酸又叫清凉茶酸，山梨酸盐类包括山梨酸钠、山梨酸钾、山梨酸钙等。山梨酸的用量一般为 0.05%～0.15%，山梨酸钾一般用量为 0.05%～0.3%，最适 pH 值为 6 以下。

(3) 丙酸及盐类 丙酸钠、丙酸钙常用作防霉剂。丙酸盐杀霉性较丙酸低，故使用剂量较之大。丙酸用量一般为 0.05%～0.4%，丙酸盐用量一般为 0.065%～0.5%。用量随饲料含水量、pH 值而增减。丙酸臭味强烈，酸度又高(pH 值 2～2.5)，故对人的皮肤具有强烈刺激性和腐蚀性，使用时应注意。

(4) 双乙酸钠 双乙酸钠为白色结晶粉末，带醋酸气味，易吸湿，极易溶于水，加热到 150℃以上分解，熔点为 96℃，其毒性极小。对霉菌、细菌等均有抑制作用；缺点是当饲料霉变时或双乙酸钠达不到完全抑菌时，它本身可作为微生物的营养源，反而促进了霉菌的生长。

(5) 对羟基苯甲酸酯 对羟基苯甲酸酯俗称尼泊金酯，是一种无色结晶或白色结晶粉末，无味无臭，在体内易被水解，对霉菌、酵母菌均有抑制作用，防霉效果优于苯甲酸类，一般用量为 0.01%～0.25%；缺点是抑菌谱窄，产品价格高，水溶性差。

(6) 富马酸及酯类 富马酸又称延胡索羧酸，为白色结晶或粉末，水中溶解度低，水果酸香味。富马酸二甲酯 DMF 为白色结晶或粉末。与其他防腐剂相比，其特点是抗菌作用强、抗菌谱广，作用不受 pH 值影响。富马酸二甲酯在饲料中的添加量一般为 0.025%～0.08%，使用时可先用有机溶剂溶解后加入少量水及乳化剂使其达到完全溶解，再用水稀释后，加热除去溶剂，恢复到应稀释体积，再喷洒或做成预混剂混于饲料中。

(7) 复合防霉剂 复合型防霉剂是指将两种或两种以上不同的防霉剂配伍组合而成。目前，国际广泛使用的一些商品防霉剂是多种有机酸的复合物。复合型防霉剂抗菌谱广，应用范围大，防霉效果好且用量少，使用方便，是饲料中较常用的防霉剂品种。

4. 抗氧化剂 饲料中不饱和脂肪酸和维生素很易被氧化，一方面使饲料营养价值降低，另一方面氧化产物使饲料产生异味，从而使鱼类摄食量降低，同时对鱼类产生毒害作用。为防止这种现象发生，要加入抗氧化剂。所谓抗氧化剂，就是能够阻止或延迟饲料氧化，提高饲料稳定性和延长贮存期的物质。

主要的抗氧化剂有叔丁酸对羟基茴香醚(BHA)、二丁基羟基甲苯(BHT)和乙氧基喹啉(EMQ，又称乙氧喹，山道喹)。BHA、BHT、EMQ 在一般饲料中添加量为0.01%～0.02%，当饲料中含脂量较多时应适当增加添加量。此外，还有维生素E（添加量为0.02%～0.03%）和抗坏血酸钠盐（添加量为0.05%）以及不同类型的氧化剂组成的复合抗氧化剂等。

5. 诱食剂 诱食剂又称诱食物质、引诱剂或促摄物质。其作用是刺激鱼类的感觉（味觉、嗅觉和视觉）器官，引诱并促进鱼类的摄食。常用诱食剂有：

（1）*甜菜碱* 甜菜碱是常用的诱食剂，阈值浓度为10^{-4}～10^{-6}摩尔/升。还可与一些氨基酸协调作用，增强诱食效果。目前，甜菜碱在水产配合饲料中已普遍使用，过高剂量的甜菜碱可能对动物产生毒性，同时在配合饲料中作为替代部分DL-蛋氨酸使用时，应正确添加，合理使用，防止使用不当而造成一定的不良反应。

（2）*动植物提取物* 研究表明，枝角类浸出物、摇蚊幼虫浸出物、蚕蛹、田螺水煮液和蚕蛹乙醚提取物对鲤鱼有诱食作用；丁香、蚕蛹、蚯蚓水煮液和蚕蛹乙醚提取物对鲫鱼有诱食作用。

（3）*氨基酸及混合物* 氨基酸对鱼类的嗅觉及味觉都具有极强烈的刺激作用。尤其是L-氨基酸已被公认为是引诱鱼、甲壳类和其他水产动物最有效的化合物之一，主要氨基酸包括甘氨酸、L-丙氨酸、谷氨酸、L-组氨酸、L-脯氨酸、精氨酸、鸟氨酸、牛磺酸和由氨基酸合成的谷胱甘肽等。根据鱼类的食性，肉食性鱼类对碱性和中性氨基酸敏感，而草食性鱼类对酸性氨基酸敏感。有的单一氨基酸具有强烈的诱食作用，有的几种氨基酸混合在一起才具有诱食作用，或与核苷酸、甲酸内酯、色素、荧光物质和其他有机化合物或盐类协同作用而产生诱食作用。氨基酸对不同鱼类的诱食效果完全不同。

（4）*含硫有机物* 含硫基的有机物主要有DMPT（二甲基一丙酸噻亭，又名硫代甜菜碱）、DM（二甲亚砜）、CEDMS（溴化羧乙基二甲基硫）、CMDMS（溴化羧甲基二甲基硫）等含硫化合物，对鱼类的生长、摄食等有不同程度的促进作用，并能改善养殖品种的肉质，提高淡水品种的经济价值。

6. 着色剂 着色剂是指为了改善动物产品或饲料色泽而掺入饲料的添加剂。用于饲料增色的物质主要有天然色素和化学合成色素两大类。天然色素主要是含类胡萝卜素和叶黄素黄的黄色、红色、紫色提取物，动物提取物如糠虾、鳞虾等；植物及提取物如玉米、胡萝卜、苜蓿粉、橘皮等；微生物及提取物如酵母菌、光合细菌中的红螺菌、微型藻中杜氏藻、螺旋藻等及其提取物。类胡萝卜素又主要分为胡萝卜素类（Carotenes）和叶黄素类（Xanthophylls）。另一类化学合成色素主要指由人工合成的类胡萝卜素衍生物。主要使用的着色剂有：辣椒色素、茜草色素、类胡萝卜素、虾青素、虾红素等。

7. 黏合剂 黏合剂是在饲料中起黏合作用的物质，在水产饲料中起着非常重要的作用。水产饲料黏合剂大致可分为天然黏合剂和人工黏合剂两大类。前者主要有淀粉、小麦粉、玉米粉、小麦面筋粉、褐藻胶、骨胶、皮胶等；后者主要有羧甲基纤维素、聚丙烯酸钠等。水产饲料黏合剂的作用：①黏合剂将各种营养成分黏合在一起，保障鱼类能从配合饲料中获得全面营养。②减少饲料的崩解及营养成分的散失，减少饲料浪费及水质污染。

8. 抗结块剂 抗结块剂是使饲料和添加剂保持较好的流动性，保证添加剂在混合过程中混合均匀。常用的抗结块剂有柠檬酸铁铵、亚铁氰化钠、硅酸钙、硬脂酸钙、二氧化硅、硅酸铝钠、硅藻土、高岭土和膨润土等。

9. 中草药添加剂 中草药一般可按来源、作用进行分类。按来源分，中草药添加剂可分为植物类、矿物类和动物类。植物类所占比例最大，目前在水产养殖上应用的植物类中草药添加剂主要有：麦芽、神曲、大黄、黄连、黄芩、山楂、苍术、松针、陈皮、何首乌、甘草、金银花、黄芪、当归、党参、大蒜、丁香、杜仲等；矿物类中草药添加剂主要有麦饭石、沸石、石灰石等；动物类中草药添加剂所占比例较小，有蚯蚓、海螵蛸、鸡内金、牡蛎等。按作用分，可分5类：①理气消食、助脾健胃、驱虫除积类，这类中草药具苦香气味，有健胃作用，能缓解腹胀，治疗食滞、驱除寄生虫。常见的有：陈皮、神曲、麦芽、谷芽、山楂、大蒜、槟榔、使君子、百部等。②清热解毒、杀菌抗病类，这类药有抗菌消炎、增强水产动物对疾病的抵抗力，常用药物有：金银花、连翘、柴胡、紫苏、苦参、蒲公英、桉叶等。③活血散瘀、促进新陈代谢类，这类药大都能直接或间接促进循环、增强胃肠功能，加强鱼类的消化吸收，常用的有：红花、当归、益母草、鸡血藤等。④安神定惊类，从中医理论上讲，这类药具有养心安神作用，能提高饲料利用率，促进生长。常见的有：松针、远志、酸枣仁等。⑤补血养气类，这类药适合于患病后初愈、抗应激力差的鱼，可补虚扶正，提高机体对疾病的免疫力，常用的有：党参、当归、黄芪、何首乌、肉桂等。

10. 益生菌 益生菌是在微生态学理论指导下，调整微生态失调，保持微生态平衡，提高宿主健康水平和促进生长的有益微生物及代谢产物和促生长物质总称，其功能是维持并调节系统的微生态平衡。目前，在水产上研究和应用的益生素主要有芽孢杆菌、酵母菌、乳酸菌类、霉菌类、基因工程菌、复合菌等。

（四）使用饲料添加剂应注意的问题

1. 合理地使用 水产动物的种类很多，不同种类的动物或者同种动物在不同的生理状态、发育情况及饲养环境条件的不同对饲料添加剂的需要量也是不一样的，应有针对性地选择。例如，酶制剂、微生态制剂等用在幼龄水产动物能更好地促进动物生长。

各种饲料添加剂均应按照使用说明进行添加，而不是越多越好。某些添加剂，如硒、铜、铁、锌添加过多不但会增加成本，而且还会影响动物生长发育，甚至中毒；此外，还要考虑载体种类，各种营养元素的平衡，如钙、磷只有在平衡时才能被很好地利用，否则会造成浪费，氨基酸的平衡也是一样。

2. 混入干粉饲料或稀释剂中 饲料添加剂一般混于干粉载体中，短期贮存待用，不得混于加水贮存的饲料或发酵过程中的饲料内，更不能与饲料一起煮沸使用。通常当预混料中添加剂的质量接近或超过50%时，或当两种或两种以上添加剂原料的比重差别很大时，则应考虑选用稀释剂。

3. 搅拌均匀 由于饲料添加剂添加到日量中的量很少，故使用时一定要注意搅拌均匀。可先用少量饲料与添加剂先混合，然后逐级放大，一层层混合，直至混合均匀，这样才能充分发挥饲料添加剂的作用。

4. 防止引起中毒 饲料添加剂中微量元素、维生素都有大致的需要量，若超过需要量，水产动物可能引起中毒，产生生理障碍。

5. 配伍与禁忌 饲料添加剂之间有协同与拮抗作用，常见的可以发生拮抗添加剂有：①钙、磷在碱性环境中难以被吸收，所以钙、磷不能与碱性较强的胆碱同时使用。②磷可降低机体对铁的吸收，所以补充铁制剂时，不宜添加过多的骨粉或磷酸氢钙。③镁可降低机体对磷的吸收，所以补磷时，不宜添加过多的氧化镁或硫酸镁。④钙、镁、铁等微量元素不要与土霉素同时使用，否则会影响吸收。⑤锌、钙之间有拮抗作用，所以添加硫酸锌时不要添加过多的钙制剂。⑥铁、锌、锰、铜、碘等化合物可使维生素A、维生素K_3、维生素B_6和叶酸效价降低。⑦维生素C过多时可减少铜在体内的吸收和储存。⑧胆碱碱性较强，可使维生素B_1、维生素B_2、维生素B_6、维生素K_2，维生素K_3、维生素C和烟酸、泛酸等失效。⑨铁制剂可加快机体维生素A、维生素E、维生素D的氧化破坏过程。⑩维生素C可使维生素B_1、维生素B_2、维生素B_{12}和泛酸降低作用。

6. 保存 饲料添加剂应保存在干燥、低温和避光处，以免氧化、受潮而失效，如维生素、微量元素等易失效。

第二节 饲料选择

饲料是鱼类养殖的物质基础，它的原料绝大部分来自植物，部分来自动物、矿物质和微生物。一般来说饲料成本占养殖成本的70%以上，因此合理的饲料选择有助于取得最佳的养殖效益。在整个鱼类养殖过程中不同的养殖阶段、不同种类的鱼对饲料的要求不同，如饲料类型（活体饵料、冰鲜饵料及人工配合饲料）、饲料的物理形态（饲料颗粒粒径、长度、水稳定性等）及饲料适口性。目前，大宗淡水鱼类主要使用天然饵料、浮性料、沉性料等，其养殖效果依赖于鱼的种类、养殖模式、投饵机的应用以及养殖管理，并且受到包括鱼类的生长阶段、营养水平、饲料类型、养殖模式、投喂驯化与环境因素的影响。

一、饲料原料的分类

饲料原料一般分为粗饲料、青绿饲料、青贮饲料、能量饲料、蛋白质饲料、矿物质饲料、维生素饲料、添加剂（专指非营养性添加剂），见表5-8。

表5-8 饲料的分类

类　别	编　码	条件及主要种类
粗饲料	100000	粗纤维占饲料干重的18%以上者，如干草类、农作物秸秆等
青绿饲料	200000	天然水分在60%以上的青绿饲料、树叶类及非淀粉质的根茎、瓜果类，不考虑其折干后的粗蛋白质和粗纤维含量
青贮饲料	300000	用新鲜的天然植物性饲料调制成的青贮饲料及加有适量的糠麸或其他添加物的青贮料以及水分在45%～55%的低水分青贮饲料（半干青贮饲料）
能量饲料	400000	饲料干物质中粗蛋白质<20%、粗纤维<18%者，如谷实类、麸皮、草籽树实类及淀粉质的根茎瓜果类
蛋白质饲料	500000	饲料干物质中粗蛋白质>20%，粗纤维<18%者，如动物性饲料、豆类、饼粕类及其他
矿物质饲料	600000	包括工业合成的、天然的单一种矿物质饲料，多种矿物质混合的矿物质饲料及加有载体或稀释剂的矿物盐添加剂
维生素饲料	700000	指工业合成或提取的单一种维生素或复合维生素，但不包括含某种维生素较多的天然饲料
添加剂（专指非营养性添加剂）	800000	不包括矿物元素、维生素、氨基酸等营养物质在内的所有添加剂，其作用不是帮助养殖动物提供营养物质，而是起着帮助营养物质消化吸收、刺激动物生长、保护饲料品质、改善饲料利用和水产品质量的作用

注：资料来源：Harri，1963。

二、饲料合理选择技术

(一) 天然饵料与青饲料

生物饵料主要为植物性生物饵料，包括光合细菌和单细胞藻类；动物性饵料主要为轮虫、卤虫、枝角类和桡足类的无节幼体。刚孵出的鱼苗均以卵黄囊中的卵黄为营养。当鱼苗体内鳔充气后，鱼苗一面吸收卵黄，一面开始摄取外界食物，当卵黄囊消失，鱼苗完全依靠摄取外界食物为营养。但此时鱼苗个体细小，全长仅0.6～0.9厘米，活动能力弱，其口径小，取食器官尚未发育完全。因此，所有种类的鱼苗只能依靠吞食方式来获取食物，而且食谱范围也十分狭窄，只能吞食一些小型浮游动植物，生产上通常将此时摄食的饵料称为“开口饵料”。

青饲料养鱼对弥补精饲料不足及降低四大家鱼养殖成本，提高效益具有重要的意义。在保证高产的前提下，比较可行的办法是青、精结合，互相补充。目前，比较常见的优良青饲料有黑麦草、苏丹草、苦荬菜、象草、串叶松香草、浮萍等。不同的青饲料具有不同的营养价值，有的差异显著。如人工种植的优质豆科牧草，其饵料系数为25～30，只是一般野生杂草的2/3左右。一般禾本科牧草在抽穗时刈割；豆科牧草在开花初期刈割。刈割过早，营养价值虽高，但单位面积产草量太低；而刈割太迟，鲜草营养价值显著下降。

(二) 人工配合饲料

配合饲料依照饲料的形态可分为粉状饲料、面团状饲料、碎粒状饲料、饼干状饲料、颗粒状饲料和微型饲料等6种。颗粒饲料中按照含水量与密度可分为硬颗粒饲料、软颗粒饲料、膨化颗粒饲料和微型颗粒饲料等4种。依照饲料在水中的沉浮分为浮性饲料、半浮性饲料和沉性饲料3种。依照配合饲料的营养成分可分为全价配合饲料、浓缩饲料、预混料和添加剂4种。依照养殖对象生长阶段可分为鱼苗开口料、鱼种饲料、成鱼饲料等3种。现按形态分类对主要种类分述如下：粉状饲料，就是将原料粉碎，并达到一定程度，混合均匀后而成。因饲料中含水量不同而有粉末状、浆状、糜状、面团状等区别。粉状饲料适用于饲养鱼苗、小鱼种以及摄食浮游生物的鱼类。

在生产中，大宗淡水鱼类一般使用沉性颗粒饲料与膨化颗粒饲料。沉性颗粒饲料，饲料原料先经粉碎（或先混匀），再充分搅拌混合，加水和添加剂，在颗粒机中加工成型的颗粒状饲料总称为沉性颗粒饲料，即成型饲料含水量低于13%，颗粒饲料的比重在1.1～1.4之间，沉性。蒸汽调质温度90℃以上，硬性，直径 1～8 毫米，长度为直径的 1～2 倍，适合于养殖青鱼、草鱼、鲤、鲫、鲂等品种。膨化颗粒饲料，即成型后含水量小于硬颗粒饲料，颗粒密度约 0.6 克/厘米^3，为浮性颗粒，可在水面上漂浮 12～24 小时不溶散，营养成分溶失小，又能直接观察鱼吃食情况，便于精确掌握投喂量，所以饲料利用率较高。

1. 饲料的蛋白质原料 蛋白质原料是蛋白质饲料原料的蛋白质含量高于 20%，是配合饲料质量的核心部分，分为植物性蛋白质原料、动物性蛋白质原料和单细胞蛋白质原料。在水产配合饲料中蛋白质原料的选择和使用也是产品质量控制和产品成本控制的关键所在。鱼粉、豆粕是优质的蛋白质原料，它们的使用既决定了配合饲料的产品质量，也决定了配合饲料的产品价格。而菜籽粕、棉籽粕的合理使用可降低配合饲料成本，也能保障配合饲料的质量。

（1）植物性蛋白质原料

①豆粕　豆粕是鱼配合饲料优质的主要植物性蛋白质原料，蛋白质含量范围在 43%～46%，粗蛋白质消化率高达 85%以上，赖氨酸含量丰富且消化能值高。其主要缺点是蛋氨酸含量较低、含有抗胰蛋白酶和血细胞凝集素等抗营养因子。在淡水鱼饲料中使用主要受配方成本的限制，处于控制使用的地位。一般建议使用量控制在 10%～20%，其余的蛋白质主要依靠菜籽粕、棉籽粕等。

②花生粕　花生粕是花生提油后的副产品，蛋白质含量为 46%～50%，其消化率可达 91.9%。其主要缺点是蛋氨酸和赖氨酸略低于豆饼，也含有抗胰蛋白酶，并易感染黄曲霉菌。在淡水鱼饲料配方中，可以使用 5%～10%的花生粕，主要视花生粕蛋白质质量、霉菌毒素等卫生指标和价格而确定其用量。为了尽量避免黄曲霉素的影响，可以使用 1%～2%的沸石粉或麦饭石进入配方，以吸附部分黄曲霉素排出体外。

③棉籽粕　游离棉酚的含量及棉籽壳含量是棉籽粕品质判断的重要指标。棉籽粕的蛋白质含量在不同产地、加工条件下差异较大，蛋白质含量在 40%～50%，对棉籽粕进行脱棉绒、脱棉壳、脱棉酚后蛋白质其质量得到显著改善，蛋白质含量可以达到 50%左右。用这种棉籽粕在淡水鱼类、虾类中替代部分豆粕使用效果较好，饲料配方成本也有下降。棉籽粕除了蛋白质差异很大外，就是棉绒的含量问题。棉绒不易粉碎，在小颗粒饲料如 1 毫米以下饲料制粒时容易堵塞模孔，所以在小颗粒饲料中要选择脱绒棉籽粕。棉籽粕在淡水鱼类饲料中的使用量在加大，最高用量控制在 35%以下没有发现有不良反应。在性价比方面较豆粕、花生粕有一定的价格优势。

④菜籽粕　菜籽粕是油菜籽提油后的副产品，是淡水鱼类饲料常用的植物性蛋白质原料，粗蛋白质含量 35%～38%，消化率低于以上几种粕，氨基酸组成与棉籽饼相似，赖氨酸和蛋氨酸含量及利用率偏低，另外含有单宁、植酸、

芥子苷等抗营养因子。在淡水鱼类配方中使用量最高可以达到50%左右，菜籽粕与棉籽粕最好为1∶1的比例。在低档混养鱼料中，配合饲料的蛋白质主要依赖棉籽粕、菜籽粕，二者的总量可以达到60%～65%。

⑤葵籽饼（粕）　葵籽饼（粕）是葵籽压榨提油后的副产品，蛋白质含量依含壳量多少而异，带壳饼为22%～26%，不带壳饼高达35%～37%。适口性好、消化率高，带壳饼含纤维素较多，饲料添加量一般不高于15%。

⑥芝麻粕　加热程度对芝麻粕的品质影响很大，因为温度过高（一般不宜超过110℃）会造成维生素的损失，并且赖氨酸、精氨酸、色氨酸及胱氨酸等氨基酸的利用率降低，一些国产芝麻饼为提高麻油香味，加热过度而焦化，使用时应留意。

⑦玉米蛋白粉　玉米蛋白粉蛋白质含量高，但是氨基酸平衡性差，养殖效果不理想。一般是在受到配方成本限制、又需要高蛋白的饲料中使用，以实现配合饲料的蛋白质浓度。玉米蛋白粉中含有较高的玉米黄素，是鱼体色素的重要组成成分。一般在带黄色体色的鱼类如黄颡鱼、胡子鲶、黄鳝饲料中使用，有时也可在大宗淡水鱼类饲料中使用，添加量为3%～5%。

（2）*动物性蛋白质原料*　动物性蛋白质饲料蛋白质含量较高且品质好；富含必需氨基酸，含糖量低，几乎不含纤维素，含脂肪较多，灰分含量高，B族维生素丰富。

①鱼粉　鱼粉由经济价值较低且产量较高的小型鱼类或鱼品的副产品加工制成的粉状物。鱼粉是世界公认的一种优质饲料蛋白源，粗蛋白质含量为55%～70%，消化率高达85%以上，必需氨基酸含量占蛋白质的50%以上。鱼粉标准见表5-9。

表5-9　鱼粉的理化指标　（%）

项　目	指　标			
	特级品	一级品	二级品	三级品
粗蛋白质	≥65	≥60	≥55	≥50
粗脂肪	≤11（红鱼粉） ≤9（白鱼粉）	≤12（红鱼粉） ≤10（白鱼粉）	≤13	≤14
水　分	≤10	≤10	≤10	≤10
盐分（以NaCl计）	≤2	≤3	≤3	≤4
灰　分	≤16（红鱼粉） ≤18（白鱼粉）	≤18（红鱼粉） ≤20（白鱼粉）	≤20	≤23

续表 5-9

项　目	指　标			
	特级品	一级品	二级品	三级品
沙　分	≤1.5	≤2	≤3	
赖氨酸	≥4.6（红鱼粉） ≥3.6（白鱼粉）	≥4.4（红鱼粉） ≥3.4（白鱼粉）	≥4.2	≥3.8
蛋氨酸	≥1.7（红鱼粉） ≥1.5（白鱼粉）	≥1.5（红鱼粉） ≥1.3（白鱼粉）	≥1.3	
胃蛋白酶消化率	≥90（红鱼粉） ≥88（白鱼粉）	≥88（红鱼粉） ≥86（白鱼粉）	≥85	

注：中华人民共和国国家标准（GB/T 19164—2003）。

目前鱼粉的养殖效果是最好的，还没有可以完全替代鱼粉的原料。鱼粉的使用基本原则是“在配方成本可以接受的范围内最大限度地提高鱼粉的使用量”。饲料配方编制时，在允许的成本范围内，优先考虑鱼粉的使用量，最大限度地使用鱼粉，在此基础上，选择较少量的豆粕，其余蛋白质以选用菜籽粕、棉籽粕来达到需要量。购买鱼粉时要感官鉴别色泽、气味与质感；化学检测粗蛋白质、粗脂肪、水分、灰分、盐分、沙分；还要检查有无掺入血粉、羽毛粉、皮革粉、肉骨粉、虾粉、野杂鱼、不洁之禽畜肉、锯木屑、花生壳粉、粗糠、钙粉、贝壳粉、淀粉、糖蜜、尿素、硫酸铵、鱼精粉、蝙蝠粪、蹄角等。另外，要考虑含盐量的问题，淡水鱼类在配合饲料中一般不再补充食盐，如果配合饲料中盐分过高会进一步增加鱼体的渗透压，可能造成应激反应。

②肉粉、肉骨粉　肉粉和肉骨粉是肉类加工中的废弃物经干燥（脱脂）而成，其主要原料是动物内脏、废弃屠体、胚胎等，呈灰黄色或棕色。一般将粗蛋白质含量较高、灰分含量较低的称为肉粉，将粗蛋白质含量相对较低、灰分含量较高的称为肉骨粉。较好的肉粉粗蛋白质高于64%，脂肪及灰分低于12%。较好的肉骨粉粗蛋白质高于50%，脂肪小于9%，灰分小于23%。但是肉粉、肉骨粉随着加工原料的不同，质量变化较大，易受细菌污染；同时，含盐量也是较高的。肉骨粉掺假的情形相当普遍，最常见的是使用水解羽毛粉、血粉等，较恶劣者则添加羽毛、贝壳粉、蹄角、皮粉等。对于肉类加工厂新生产的肉粉，新鲜度较好，可以使用一定量进入配方，使用量一般可控制在5%左右。

③血粉　血粉是畜禽血液脱水干燥制成的深褐色粉状物，粗蛋白质含量高达80%以上，且富含赖氨酸，但适口性差，消化率和赖氨酸利用率只有40%～50%。

血粉根据血源的不同、加工方式的不同，其营养价值、消化利用率有较大的差异。蒸煮血粉是消化率最低的，喷雾干燥血粉的消化率较好。发酵血粉虽然消化率较高，但蛋白质含量较低。血粉在水产饲料中使用除了消化利用率外，还要考虑饲料的颜色问题、氨基酸平衡问题。血粉的异亮氨酸含量低，可以配合一定量的玉米蛋白粉使用，因为玉米蛋白粉的异亮氨酸含量是植物蛋白质中最高的。血粉在淡水鱼类饲料中的使用量最好控制在3%以下。

④水解羽毛粉　水解程度是影响羽毛粉品质最大的因素，过度水解（如胃蛋白酶消化率在85%以上）为过度蒸煮所致，会破坏氨基酸，降低蛋白质品质；水解不足（如胃蛋白酶消化率在65%以下），为蒸煮不足所致，双硫键未被破坏，蛋白质品质也不好。羽毛粉的成分及其营养价值随处理方式的不同及原料中混入家畜的头、脚、颈、内脏的多少而有显著的差异，头颈等含量多时，脂肪量较高，但易变质。好的成品粗脂肪应在4%以下。血粉在淡水鱼类饲料中的使用量最好控制在3%以下。

⑤蚕蛹　蚕蛹是蚕茧缫丝后的副产品，干蚕蛹含粗蛋白质可达50%以上，消化率一般在80%以上，赖氨酸、蛋氨酸和色氨酸等必需氨基酸含量丰富。蚕蛹的缺点是含脂量较高，易氧化变质，过高的蚕蛹会对粉碎工艺造成不利影响，氧化的蚕蛹易引起鱼类产生如肌肉萎缩、鱼肉产生异味等情况。大宗淡水鱼类饲料中应选用新鲜度好的蚕蛹，且使用量适宜控制在5%以下。

⑥乌贼、柔鱼等软体动物内脏　它们是加工乌贼制品的下脚料，蛋白质含量为60%左右，必需氨基酸占蛋白质总量的比例大，富含精氨酸和组氨酸，诱食性好，为良好的饲料原料，但应注意检测镉等重金属的含量。

⑦虾糠、虾头粉　虾糠是加工海米的副产品，含粗蛋白质35%左右、类脂质2.5%、胆固醇1%左右，并富含甲壳质和虾红素；虾头粉为对虾加工无头虾的副产品，虾头约占整虾的45%，含粗蛋白质50%以上，类脂质15%左右，含大量的甲壳质和虾红素。虾糠和虾头粉是对虾配合饲料中必需添加的原料，也是鱼类的良好饲料。但是此类产品的成分随原料、品种、处理方法及鲜度的不同而有很大的变化。有些虾壳粉和蟹壳粉是经日晒干燥而成的，易受细菌污染，腐败氧化问题严重，应注意。有些产品为防腐而采用盐浸，再加以干燥，含盐量较高（约7%），设计配方时应注意。虾肉易变质，原料若未经立即处理或处理过程不良，对品质影响很大，选购时须注意。

(3) 单细胞蛋白饲料原料（SCP）　单细胞蛋白饲料也称微生物饲料，是一些单细胞藻类、酵母菌、细菌等微型生物体的干制品，是饲料的重要蛋白源，粗蛋白质含量一般为42%～55%，蛋白质质量接近于动物蛋白质，蛋白质消化率一般在80%以上，赖氨酸、亮氨酸含量丰富，维生素和矿物质含量也很丰富，但含硫氨基酸的含量偏低。

2. 饲料的能量原料

（1）谷实类饲料原料　谷实类是指禾本科植物成熟的种子，如玉米、高粱、小麦、大麦等。其特点是含糖量高，为66%～80%，其中淀粉占3/4，蛋白质含量低，为8%～13%，品质较差，赖氨酸、蛋氨酸、色氨酸含量较低；脂肪含量为2%～5%，钙含量小于0.1%，磷含量为0.31%～0.41%；B族维生素和脂溶性维生素E含量较高，但除黄玉米尚含有少量胡萝卜素外，维生素A、维生素D均较缺乏。

①玉米　玉米在淡水鱼类饲料中的使用已经取得很好的效果，其主要原因是玉米是活的植物种子，具有很好的新鲜度。但是玉米与其他谷物一样，品质随着贮存期、贮存条件而逐渐变劣，贮存中品质的降低大抵可分为3种：一是玉米本身成分的变化；二是霉菌、虫、鼠污染产生的毒素；三是动物利用性降低，尤其是进口玉米经长期贮存，品质亦随之减低。受霉菌污染或酸败的玉米均会降低动物食欲及营养价值，购买玉米应注意黄曲霉毒素、水分、容重及杂质含量，有霉变的玉米应避免使用。玉米使用量对于鲫鱼、鲤鱼等杂食性鱼类饲料中可以控制在8%以下，草食性鱼类可以控制在15%以下。玉米使用量过高时，可能导致鱼体腹腔脂肪沉积过多。

②小麦　小麦在淡水鱼类饲料中的使用已经取得很好的效果，小麦品种间蛋白质含量差异很大，配方计算上应注意。小麦可能会被麦角毒污染，子实生长异常者，应注意检验。一般来说小麦的使用量对于鲫、鲤等杂食性鱼类饲料中可以控制在10%以下，草食性鱼类可以控制在15%以下。小麦使用量过高时，可能导致鱼体积累的脂肪过多。

③次粉和小麦麸　次粉主要用于作为能量饲料和颗粒饲料黏结剂，一般硬颗粒饲料需要有6%～8%的次粉作为黏结剂，如果使用了玉米或小麦时可以适当降低次粉的用量或不用次粉。次粉成分受研磨程度、小麦不同部位比例及小麦筛出残留物混入量等因素的影响。同时，注意掺假的原料有麦片粉、燕麦粉等低价原料，可依风味、镜检、外观及成分变化等方式辨识。对于膨化饲料需要有15%以上的面粉或优质次粉才能保证饲料的膨化效果。小麦麸作为淀粉质原料和优质的填充料在配方中使用，蛋白质含量达到13%以上，作为配方中的填充料使用可以控制在30%以下。因次粉生产标准及淀粉含量不一，现在标准名称改成“细麸皮”了。

④玉米胚芽粕　所用原料的品质及生产工艺过程对成品品质影响很大，尤其含霉菌毒素的玉米，制成淀粉后其毒素均残留于副产品中，玉米胚芽粕中的霉菌毒素含量为原料玉米的1～3倍。本品不耐久贮，很容易发生氧化。采购原

料及验收时应考虑卫生指标与贮存性能。溶剂提油的玉米胚芽粕脂肪含量低，过热情形少，品质较稳定，亦较不易变质。

⑤a-淀粉　一般而言，转性淀粉要用薄滚筒、低蒸汽压的机械，产品的黏性、伸展性均佳；硬性淀粉要用厚滚筒、高蒸汽压的机械，所得成品黏性好，但伸展性较差。

(2) 糠麸类能量原料　糠麸类是加工谷实类种子的主要副产品，如小麦麸和米糠，资源十分丰富。麸皮是由种皮、糊粉层、胚芽和少量面粉组成的混合物，蛋白质含量为13%～16%，脂肪4%～5%，粗纤维8%～12%。麸皮含有更多的B族维生素。

米糠分细糠和粗糠。细糠由种皮、糊粉层、种胚及少量谷壳、碎米等成分组成，其粗蛋白质、粗脂肪、粗纤维含量分别为13.8%、14.4%、13.7%。粗糠是稻谷碾米时一次性分离出的谷壳、种皮、糊粉层、种胚及少量碎米的混合物，营养低于细糠，其粗蛋白质、粗脂肪、粗纤维含量分别为7%、6%、36%。但是，米糠油极容易氧化、酸败。米糠在淡水鱼类饲料中的用量要控制在7%以下，对于低档混养料也要控制在10%以下使用。

(3) 填充饲料原料　在配方编制时需要一些价格较低、无不良反应、有一定营养价值、或能够满足配合饲料某方面的需要的一些原料，一般是作为配方空间的填充原料使用。

①玉米加工副产物　玉米加工副产物包括玉米酒糟粕、玉米皮、玉米胚芽渣等。玉米酒糟粕含油10%左右、含粗蛋白质20%，是一种含油的蛋白质原料；但是玉米油不饱和脂肪酸含量高，容易氧化、酸败，可以在一些低档的混养料中使用10%以下的量，不宜过高比例地使用。玉米皮、玉米胚芽渣等含有一定的粗纤维，价格也较低，可以在草食性鱼类配合饲料中作为粗纤维的提供进行使用，根据配方的需要可以在20%以下的范围内进行使用。

②小麦加工副产物　除了次粉和麦麸外，小麦加工的副产物还有小麦胚芽渣，也可以作为填充料使用。

③酒渣　酒渣主要有白酒渣、黄酒渣，价格较低，含有一定的蛋白质和粗纤维，可以作为填充料在10%以下的比例使用。

(4) 饲用油脂　在水产配合饲料中使用的油脂原料主要有鱼油、鱼肝油、猪油、菜籽油、棉籽油、豆油、磷脂等。油脂含有不饱和脂肪酸，容易发生氧化、酸败，这对养殖鱼体会产生不良反应，特别是鱼油，富含ω-3系多不饱和脂肪酸（DHA和EPA），一直被认为是水产养殖最好的油脂之一，但是近年来一些资料表明鱼油可能容易产生氧化，并不能取得良好的养殖效果，鱼油的理化指标见表5-10。

表 5-10 鱼油的理化指标

项 目	精制鱼油		粗鱼油	
	一 级	二 级	一 级	二 级
外 观	浅黄色或橙红色		浅黄色或红棕色，稍有浑浊或分层	
气 味	具有鱼油特有的微腥味，无鱼油酸败味		具有鱼油的腥味，稍有鱼油酸败味	
水分及挥发物（%）	≤0.1	≤0.2	≤0.3	≤0.5
酸价（毫克/克）	≤1.0	≤2.0	≤8	≤15
过氧化值（毫摩/千克）	≤5	≤6	≤6	≤10
不皂化物（%）	≤1.0	≤3.0	—	—
碘价（克/100 克油）	≥120			
杂质（%）	≤0.1	≤0.1	≤0.3	≤0.5

注：中华人民共和国水产行业标准（SC/T 3502—2000）。

因此，在淡水鱼饲料中不要使用已经氧化的鱼油、米糠油、玉米油，以及廉价的磷脂油。目前，市场上的廉价磷脂油多为豆油、菜籽油、棉籽油的下脚料加上麦麸、米糠、玉米芯等载体后的产物，含有大量油脂氧化后的有毒成分，对这类油脂不添加的效果可能比添加的效果还好，只会有不良反应。油脂一般首选新鲜的猪油、豆油，其次是菜籽油。水温越低的地区和水温低的季节，配合饲料中油脂的量更应该得到保证，增加油脂的用量养殖效果越显著。常用脂肪中必需脂肪酸的含量见表 5-11，饲料中添加油脂的规格指标见表 5-12。

表 5-11 常用脂肪中必需脂肪酸的含量 （%）

种 类	必需脂肪酸（陈学存，1984）	必需脂肪酸（获野珍吉，1980）		
		n-6	n-3	n-3/n-6
棉籽油	35	8～21	42～50	—
豆 油	56～63	55.6	7.3	0.13
花生油	13～27	—	—	—
向日葵油	52～64	—	—	—
黄 油	1.9～4.0	—	—	—
猪 油	5.0～11.1	6.7～13	0.2～1.4	—
羊 油	3.0～7.0	—	—	—
牛 油	1.1～5.5	0.7～3	0.2～0.6	—
鳕鱼肝油	—	2.0	27.4	13.7
红花油	—	75.9	0.5	0.007
玉米油	—	56.9	1.2	0.02

表 5-12 鱼饲料中添加油脂的规格

项 目	精制新鲜水产动物肝油	精制新鲜鲸油	精制植物油
外 观	黄色至黄褐色	黄色至黄褐色	黄色至黄褐色
气 味	有鱼腥味，无腐臭味	稍有鱼腥味，无腐臭味	无腐臭味
融 点	<−5℃	<−5℃	<−5℃
碘 价	140～160	80～120	80～120
酸 价	<2	<2	<2
维生素 A（单位/克）	500～2000	500～2000	500～2000
维生素 D_3（单位/克）	200～500	200～500	200～500

注：引自荻野珍吉，1980。

（三）预混料的选择

预混料是指一种或多种饲料添加剂与载体或稀释剂按一定比例配制成的均匀混合物，又称添加剂预混合饲料，简称添加剂预混料。若在饲料中逐一添加各种添加剂，不易混合均匀。因此，需要在饲料添加剂中加入适合的载体或稀释剂制成预混料。预混料分为单项预混料和复合预混料。前者如维生素预混料、微量元素预混料等；后者是将两类以上的微量添加剂如维生素、促生长剂及其他成分混合在一起的预混料。

1. 载体和稀释剂选择 载体是指用于承载添加剂活性组分，并改变其物理特性，保证添加剂成分能够充分均匀地混合到饲料中的物质；稀释剂是掺入到一种或多种微量添加剂中起稀释作用的物质，但它不起承载添加剂的作用。

作为载体和稀释剂应符合以下条件：①一般载体粒度要求在 30～80 目（0.59～0.177 毫米），稀释剂粒度一般为 30～200 目（0.59～0.074 毫米）。②若载体和稀释剂与添加剂容重相差太大，在混合过程中，容重大的物质易沉在底部，与容重小的物料不易混合均匀。因此，其容重应与添加剂微量活性组分基本一致，以便在混合过程中能均匀混合，其容重一般在 0.5～0.8 千克/升为宜。③载体和稀释剂水分含量一般低于 10%，而无机载体和稀释剂水分含量在 5%以下。含水量过高，会变质、发霉、结块，使添加剂在贮藏过程中失去活性，所以需经过干燥处理后才能使用。④载体吸附性越好，对添加剂活性组分的承载能力就越强。有时可在混合时加入适量的植物油，添加量一般为1%～3%，这种措施不仅可以提高载体的吸附性，还可消除添加剂和载体中的静电，减少粉尘。⑤载体使用后应不改变添加剂的生理功能，不影响其生物学作用，如维生素在酸性和碱性环境中都不稳定，用弱碱性的碳酸钙就不适宜，应选用中性，一般可用玉米粉等。

常见载体或稀释剂分为有机和无机两类。有机载体或稀释剂有：脱胚玉米粉、玉米淀粉、玉米芯粉、小麦次粉、麦麸、米糠、淀粉等。无机载体或稀释剂有：碳酸钙、磷酸氢钙、食盐、硅酸盐、沸石等。

2. 主要维生素的选择 常见的14种维生素，脂溶性维生素包括维生素A、维生素D、维生素E和维生素K。水溶性维生素10种，分别为：维生素B_1（硫胺素）、维生素B_2（核黄素）、维生素B_3（烟酸、烟酰胺）、维生素B_4（胆碱）、维生素B_5（泛酸）、维生素B_6（吡哆醇）、维生素B_{11}（叶酸）、维生素$_{12}$（氰钴胺素）、维生素H（生物素）和维生素C（抗坏血酸）。常用维生素的商品形式及其质量规格见表5-13，全价饲料中维生素平均稳定性见表5-14。

表5-13 常用维生素的商品形式及其质量规格

维生素	主要商品形式	质量规格	主要性状与特点
维生素A	维生素A醋酸酯	100万～270万国际单位/克 50万国际单位/克	油状或结晶体包膜微粒制剂，稳定，10万粒/克
维生素D_3	维生素D_3	50万国际单位/克	包膜微粒制剂，小于100万粒/克的细粉，稳定
维生素E	生育酚醋酸酯	50% 20%	以载体吸附，较稳定 包膜制剂，稳定
维生素K_3	维生素K_3	94% 50%	不稳定 包膜制剂，稳定
维生素B_1	硫胺素盐酸盐 硫胺素单硝酸盐	98% 98%	不稳定 包膜制剂，稳定
维生素B_2	核黄素	96%	不稳定，有静电性，易黏结 包膜制剂，稳定
维生素B_6	吡哆醇盐酸盐	98%	包膜制剂，稳定
维生素B_3	烟酸或烟酰胺	98%	保持干燥，十分稳定，在pH值4～7水溶液中显著稳定
维生素B_5	右旋泛酸钙或右旋泛酸	98%	稳定 包膜制剂，稳定
维生素B_7	生物素	1%～2%	预混合物，稳定
维生素B_{11}	叶　酸	98%	易黏结，需制成预混合物
维生素B_{12}	氰钴胺或羟基钴胺	0.5%～1%	干粉剂，以甘露醇或磷酸氢钙为稀释剂
胆　碱	氯化胆碱	70%～75% 50%	液体 以SiO_2或有机载体预混
维生素C	L-抗坏血酸-2-磷酸酯 维生素C多聚磷酸酯	25%～40%（维生素C） 35%（维生素C）	固体，稳定 固体，以载体吸附，稳定

注：引自李爱杰等，1996。

表 5-14　全价饲料中维生素平均稳定性

维生素	维生素存留（%）				每月失活量（%）
	0.5 个月	1 个月	3 个月	6 个月	
维生素 A（微粒）	92	83	69	43	9.5
维生素 D_3（微粒）	93	88	78	55	7.5
维生素 E 醋酸酯	98	96	92	8	2.0
维生素 E 醇	78	59	20	0	40.0
维生素 K_3	85	75	52	32	17.0
盐酸硫胺	93	86	65	47	11.0
硝酸硫胺	98	97	83	65	5.0
核黄素	97	93	88	82	3.0
吡哆醇	95	91	84	76	4.0
维生素 B_{12}	98	97	95	92	1.4
泛酸钙	98	94	90	86	2.4
叶　酸	98	97	83	65	5.0
生物素	95	90	82	74	4.4
烟　酸	93	88	80	72	4.6
维生素 C	80	64	31	7	30.0
胆　碱	99	99	98	97	1.0

注：资料来源：M. B. Coelho（1991）。

3. 主要矿物质原料的选择　常用矿物质添加剂有磷酸二氢钙、磷酸氢钙、磷酸钠、硫酸镁、氯化镁、碘化钾、碘化钠、硫酸亚铁、硫酸铜、硫酸锰、亚硒酸钠和硫酸钴等。常见矿物质原料中的钙与磷含量见表 5-15，常见饲料添加剂用微量元素的原料见表 5-16。

表 5-15　常见矿物质原料中的钙与磷含量

饲料原料	含钙（%）	含磷（%）	其他（%）
磷酸氢二钠 Na_2HPO_4	—	21.81	32.38（Na）
磷酸氢二钾 K_2HPO_4	—	22.76	28.72（K）
磷酸二氢钠 NaH_2PO_4	—	25.80	19.15（Na）
磷酸氢钙 $CaHPO_4$（商业用）	24.32	18.97	—
过磷酸钙 $Ca(H_2PO_4)_2 \cdot H_2O$	17.12	18.00	—
磷酸钙	38	—	—

续表 5-15

饲料原料	含钙（%）	含磷（%）	其他（%）
石灰石粉	24～36	—	有的含 0.02%磷
贝壳粉	38.0	—	—
蛎壳粉	29.23	0.23	—
碳酸钙	40	—	—
骨　粉	30.12	13.46	脱脂、脱胶后粉碎

注：引自李爱杰等，1996。

表 5-16　饲料添加剂用微量元素的原料

名　称	分子式	微量元素含量（%）	备　注
硫酸亚铁·7 水物	$FeSO_4 \cdot 7H_2O$	20.1	绿色结晶
硫酸亚铁·1 水物	$FeSO_4 \cdot H_2O$	31	绿色结晶
硫酸铜·5 水物	$CuSO_4 \cdot 5H_2O$	25.5	蓝色结晶
硫酸铜·1 水物	$CuSO_4 \cdot H_2O$	34	蓝色结晶
硫酸锌·7 水物	$ZnSO_4 \cdot 7H_2O$	22.7	白色结晶
硫酸锌·1 水物	$ZnSO_4 \cdot H_2O$	36	白色粉末
硫酸锰·5 水物	$MnSO_4 \cdot 5H_2O$	22.8	淡红色结晶
硫酸钴·7 水物	$CoSO_4 \cdot 7H_2O$	24.8	桃红色结晶
硫酸钴·1 水物	$CoSO_4 \cdot H_2O$	33	桃红色结晶
碘化钾	KI	69	无色结晶性粉末
碘酸钙	$Ca(IO_3)_2$	65.1	白色至乳黄色粉末或结晶
亚硒酸钠·5 水物	$Na_2SeO_3 \cdot 5H_2O$	30	白色结晶

注：引自李爱杰等，1996。

（1）*磷酸二氢钙*　磷酸氢钙有二水盐与无水盐两种，以二水盐（$CaHPO_4 \cdot 2H_2O$）的利用率为好，磷酸氢钙二水盐产品外观为白色粉末。产品含磷≥16.0%，含钙≥21.0%，砷含量（As）≤0.003%，重金属含量（以 Pb 计）≤0.002%，氟化物含量（F）≤0.18%。产品细度（通过 W＝400 微米试验筛）≥95%。在配合饲料中以磷酸二氢钙提供无机磷是主要的也是非常有效的方式。建议在配合饲料中，对于鱼种饲料，可以使用 2.2%左右的磷酸二氢钙；对于成鱼饲料，可以使用 2%左右的磷酸二氢钙，这样的使用方案可以保证很好的养殖效果。

（2）*沸石粉、麦饭石*　沸石粉、麦饭石是一类多孔性的饲料原料，含有多种微量元素，比重小，具有很好的吸附作用。在配合饲料粗蛋白质超过34%、配合饲料中使用了花生粕等原料时，使用1%～2%的沸石粉或麦饭石粉，可以起到一定的吸附氨氮、有毒物质的作用，也可以起到调节颗粒饲料比重的作用。

(3) **膨润土** 作为一种颗粒黏结剂在配合饲料中发挥作用，但是比重较大，用量不宜过高。在一般淡水鱼类饲料中可以使用1%～3%的膨润土作为黏结剂和饲料的填充料。

第三节 饲料配制技术

配合饲料是根据动物营养需求，将多种原料按一定比例均匀混合，加工成一定形状的饲料产品。配合饲料的营养成分、饲料形状和规格，随着养殖对象、生长发育阶段等的不同而有所差异。配合饲料有营养全面、在水中稳定性高、原料来源广、可长期贮存、含水分少等优点。配合饲料的种类有粉状饲料、颗粒饲料和微粒饲料。其中，颗粒饲料依加工方法和成品的物理性状，又可分为软颗粒饲料、硬颗粒饲料和膨化（或发泡）颗粒饲料。微粒饲料可分为微胶囊饲料、微黏饲料和微膜饲料3种。

一、配方设计原理与方法

（一）配方设计原则

设计的饲料配方应遵循有效性、安全性和经济性的原则。

1. 满足鱼类对各种营养物质的需要 设计饲料配方必须根据养殖鱼类的营养需要和饲料营养价值，这是首要的原则。由于养殖鱼类品种、年龄、体重、习性、生理状况及水质环境不同，对于各种营养物质的需要量与质的要求是不同的。配方时首先必须满足鱼类对饲料能量的要求，保持蛋白质与能量的最佳比例；其次是必须把重点放到饲料蛋白质与氨基酸含量的比率上，使之符合营养标准；再次是要考虑鱼的消化道特点，由于鱼的消化道简单而原始，难以消化吸收粗纤维，因此必须控制饲料中粗纤维的含量到最低范围，一般控制在3%～10%，糖类控制在20%～45%。

2. 选用质量好，价格适宜的饲料原料 根据不同鱼类的消化生理特点、摄食习性和嗜好，选择适宜的饲料。设计鱼料配方要考虑蛋白质氨基酸的平衡，即必须选择多种原料配合，取长补短，达到营养标准所规定的要求。现阶段低蛋白质饲料配方是饲料配制的发展方向，因此要在饲料配制过程中注意蛋能比、糖脂比及蛋脂比问题。在满足鱼体基本需要的基础上，适当提高饲料中脂肪和糖类水平，从而达到降低蛋白质成本的目的。

3. 适当的添加剂和卫生指标 配合饲料的原料主要是动物性的原料和植物性的原料。为了改善营养成分和提高饲料效率，还要考虑添加混合维生素、混合矿物质、着色剂、诱食剂、黏合剂等添加剂。同时，所选用的饲料源应符合卫生标准：发霉、变质、有毒的原料不能采用，菜籽粕、棉籽粕由于含有毒性物质，应尽可能控制好用量。

4. 遵循不断调整完善的原则 应该根据用户饲养实践和饲料资源市场供求变化，因地制宜，降低原料成本，以及不断出现的有关科研成果，及时对饲料配方进行修订完善。

（二）配方设计方法

1. 手工设计法（试差法） 根据养殖对象及其营养标准、当地饲料资源状况及价格、各种原料的营养成分，初步拟定出原料试配方案，算出单位重量（千克）配合饲料中各项营养成分的含量和维生素、矿物质预混料等。

2. 线性规划及计算机设计方法 根据鱼类对营养物质的最适需要量、饲料原料的营养成分及价格等已知条件，把满足鱼类营养需要量作为约束条件，再把最低的饲料成本作为设计配方的目标，运用计算机进行计算。目前，此类软件已有出售。采用软件设计饲料配方，简便易行，但需要根据实践经验来进行综合判断是否最优，并进行适当的调整与计算，直至满意为止。

二、配方组成

单一的饲料原料很难满足鱼类对营养的要求，一个好的配方是由多种原料组成的。配合饲料一般由以下几部分组成。

1. 蛋白质 动物蛋白质源主要有血粉、鱼粉、羽毛粉和肉骨粉等，这类原料蛋白质含量高，赖氨酸、蛋氨酸、钙、磷含量也高，是理想的鱼饲料原料。植物性蛋白质源主要有豆粕、花生粕、菜籽粕、棉籽粕及酒糟等，其中豆粕、花生粕由于蛋白质品质较好，而菜籽粕、棉籽粕蛋白质品质较差且含有一定毒性物质，因此在鱼饲料中应尽可能多地采用前两种原料，后两种原料不能过量加入。微生物蛋白质源有酵母、菌体蛋白等，这类原料蛋白质含量高达40%以上，赖氨酸、维生素的含量也丰富。在鱼饲料中已被广泛采用。

2. 能量物质（糖类、脂肪） 包括子实类如玉米、小麦、大麦、稻谷等；

糠类如米糠、麦麸等。这几类物质蛋白质含量低，糖类含量高，又称为能量饲料，在配方中主要提供能量。由于鱼类为变温动物，对蛋白质要求高，对能量要求低，因此单一用这些原料来养鱼效果很差，浪费严重。

3. 营养性添加剂 这类物质主要是完善配合饲料的营养组成，提高饲料利用率。主要有复合维生素和复合矿物元素等。

4. 非营养性添加剂 这类物质主要是促进鱼类健康生长，改善饲料适口性，防治各类疾病，减少饲料贮存损失，保持饲料在水中的稳定性。主要有防霉剂、黏结剂、诱食剂、助消化剂及防病促长剂等。

三、配合饲料加工的主要工艺和适宜规格

鱼类配合饲料的加工工艺主要包括粉碎、配料、混合、制粒、冷却、计量及包装等工序。①粉碎。一般的鱼类饲料生产企业要求原料粉碎细度通过40～60目。粉碎机的筛片孔径最好控制在0.8～1.0毫米，一般也要保证在1.0～1.2毫米。在工艺上，采用先配料、后粉碎的工艺是较为适宜的，这样可以解决一些难以粉碎的原料，如菜籽等。②调节温度。水产饲料颗粒要求有一定的稳定性，但不能黏结得过紧以有利于消化和吸收。调节温度一般要求在90℃～95℃，调节时间最好能够在120秒钟左右，现在多数生产企业使用的是双轴差速调制器，调节效果较好。③环模。水产颗粒饲料环模的压缩比一般要求1∶11以上，以1∶12～16居多。过高的压缩比不利于提高生产效率，过低的压缩比颗粒黏结度不够。一般孔径越大，压缩比越高。④颗粒黏结度、比重的调整除了通过加工参数调整来调节颗粒的比重、黏结度外，通过配方调整也有一定的效果。黏结度可以通过面粉、次粉、小麦、玉米等原料使用比例进行调整，也可以通过膨润土的使用量进行调整。颗粒的比重可以通过沸石粉、麦饭石或麦麸的使用量进行调整。

由于鱼类生活在水中，因此对饲料的粉碎、制粒等工艺比畜禽饲料要求更高，物料粉碎的粒度要更细，制粒前的熟化时间要更长，使各种原料充分熟化，以利于鱼类消化吸收，减少饲料含粉率、粉化率，并使颗粒在水中成形时间长。用于大宗淡水鱼类的水产饲料质量须满足下列条件：①饲料必须制成颗粒状或浮性或沉性的。②只能采用符合营养质量和物理性质的颗粒饲料。③采用的饲料必需营养完全，包括完全的维生素和矿物质预混料，以及补充的维生素和油脂。④饲料的粗蛋白质含量一般在28%～35%。⑤饲料的质量会随着存放时间的延长而降低。饲料应该在加工后6周内用完，因为存放时间过久，其维生素和其他营养物质会损失，并会受到霉菌和其他微生物的破坏。配合饲料加工成

颗粒的适宜规格依鱼的种类和发育阶段而异（表 5-17）。

表 5-17　大宗淡水鱼类颗粒饲料的适宜规格

养殖对象			颗粒饲料	
名　称	发育阶段	体重（克）	形　态	粒径（毫米）
青　鱼	鱼　苗	1 龄鱼	碎　粒	0.05～0.8
	鱼　种	3 龄鱼	颗　粒	1.0～2.0
	食用鱼	3 龄鱼及以上	颗　粒	3.0～5.0
草　鱼	鱼　苗	＜2.1	碎　粒	0.15～2.0
	鱼　种	2.1～150	颗　粒	2.5～3.5
	食用鱼	＞150	颗　粒	4.0～6.0
鲤	鱼　苗	＜10	碎　粒	0.5～1.5
	鱼　种	10～100	颗　粒	1.5～3.0
	食用鱼前期	100～250	颗　粒	3.0～4.0
	食用鱼后期	＞250	颗　粒	4.0～6.0
鲫	鱼　苗	＜0.3	碎　粒	0.3～0.6
	鱼　苗	0.3～1.0	碎　粒	0.6～1.0
	鱼　种	1.0～1.5	颗　粒	1.0～1.5
	鱼　种	1.5～50	颗　粒	1.5～3.0
	食用鱼前期	50～250	颗　粒	3.0～3.5
	食用鱼后期	＞250	颗　粒	4.0
团头鲂	鱼　苗	＜0.5	碎　粒	0.05～1.5
	鱼　苗	0.5～50	碎　粒	1.5～2.0
	鱼　种	50～150	颗　粒	2.0～3.0
	食用鱼	＞150	颗　粒	3.0～4.5

注：引自相关国家水产配合饲料行业标准。

四、饲料质量管理体系

（一）影响配合饲料质量的因素

1. 饲料原料　饲料原料是保证饲料质量的重要环节，劣质原料不可能加工出优质配合饲料。

2. 配合饲料配方　饲料配方的科学设计是保证饲料质量的关键，配方设计不科学、不合理就不可能生产出质量好的配合饲料。

3. 饲料加工 配合饲料的加工与质量关系极为密切，仅有好的配方、好的原料，但加工过程不合理也不能生产出好的配合饲料。在加工过程中影响饲料质量的因素有原料纯度、粉碎粒度、称量准确度、混合均匀度、蒸汽调节的温度与压力、造粒密度、颗粒大小的适宜度、熟化温度及时间等。

4. 饲料原料和成品的贮藏 饲料原料和成品在运输过程中如管理不善，就会导致霉变、生虫、腐败变质，这都会影响饲料的质量。因此，对饲料原料和成品的运输贮藏绝不能掉以轻心，必须采取有力措施，加强管理以保证其质量。

（二）饲料配方管理

先进合理的饲料配方应达到规定的营养指标，符合卫生标准，价格合理，原料质优价廉，符合工艺要求；应该把鱼类对蛋白质与必需氨基酸的需要量及其比例作为第一因素。选用质量好，价格适宜的饲料原料。遵循不断调整完善的原则：应该结合生产一线用户养殖模式、对鱼类生长速度及单位重量鱼生长饲料成本需求和饲料资源市场原料行情及供求变化，以及不断出现的有关科研成果等，及时对饲料配方进行修订完善。

（三）饲料原料管理

饲料原料来源应定点定厂，以保证原料供应和质量。同一种饲料原料的来源不同，生长环境、收获方式、加工方法、贮藏条件不同，其营养成分相差很大。有些饲料原料由于贮藏不当而发生霉变、腐败的现象，饲料品质显著下降。所以在进料时，一定要调查饲料来源，并进行感官鉴定，以确定原料的品质及其大概成分含量，有条件的厂家最好对每批进料进行概略的养分分析，对鱼粉尚需进行氨基酸、酸价检测。另外，进厂的饲料若一次加工不完的，也要妥善贮藏。

（四）加工过程质量管理

配合饲料的质量还取决于加工过程的质量管理，应严格按照技术操作规程进行质量管理：①在清理除杂工序中，要保证大于2毫米的金属杂质除净率达100%，小于2毫米的金属杂质除净率达98%以上。②在粉碎工序中，要保证粒度和均匀度的标准要求。③在配料工序中，要严格按配料工序和配方要求准确配料，特别要注意饲料添加剂等微量成分的准确性。④在混合工序中，要掌握好添加物料的顺序和最佳搅拌时间，确保混合均匀度。⑤在制粒工序中，要控制好蒸汽压力、蒸汽量、调节温度和时间。⑥在熟化工序中，要掌握好温度和时间，控制好冷却时间、水分含量和料温。

（五）产品质量管理

每个车间有专职检验员，全厂有专业检验室。每批产品在出厂前都应有检验记录，经检验确认饲料变质或卫生检验不合格者不准出厂；提高包装质量，附上饲料标签。质量管理部门要定期对配方营养指标的设计值和产品的实际检测值进行分析，及时查找差异原因、采取措施以缩小理论与实测值之间的差异，从而提高质量管理的精确度和准确度。

五、配合饲料的贮藏保管

（一）贮藏中的质量变化及其影响因素

1. 饲料质量的变化 首先，配合饲料在贮藏过程中，如果通风不好，随着贮藏时间的延长，自身会发热，导致蛋白质变性。饲料颜色逐渐变深变暗，光泽逐渐消失，鱼腥味也逐渐淡薄，商品感官质量下降。其次，必需脂肪酸很容易发生氧化，降低了脂肪的营养价值，不利于鱼的生长发育。最后，维生素在贮藏过程中，其效价也会逐渐降低。在正常保管条件下，配合饲料的质量一般可保持1年。

2. 影响因素 低温、干燥和密封条件有利于饲料的贮藏。在霉菌适宜温度、湿度、氧气等条件下，饲料容易发霉。此外，鼠类是饲料仓库危害较大的动物，它们糟蹋饲料、传染病菌、污染饲料，所以要注意灭鼠。

（二）饲料贮藏和保管方法

1. 仓库设施 贮藏饲料的仓库应不漏雨、不潮湿，门窗齐全，防晒、防热、防太阳辐射，通风良好；必要时可以密闭，使用化学熏蒸剂灭虫；仓库四周阴沟畅通，仓内四壁墙角刷有沥青层，以防潮、防渗漏，仓库顶要有隔热层，仓库墙粉刷成白色以减少吸热；仓库周围可以种树遮阳，以减少仓库的日照时间。

2. 饲料合理堆放 饲料包装一般采用编织袋，内衬塑料薄膜。塑料薄膜袋气密性好，能防潮、防虫，避免营养成分变质损失。袋装饲料可码垛堆放，堆放时袋口一律向里，以免沾染虫杂，并防止吸湿和散口倒塌。仓内堆装要做好铺垫防潮工作，先在地面上铺一层清洁稻壳，再在上面铺上芦席。堆放时不要紧靠墙壁，要留一人行道。堆形采用“工”字形和“井”字形，袋包间有空隙，便于通风，散热散湿，散装饲料堆放可采用围包散装和小囤打围法。围包散装是用麻袋编织袋装入饲料，码成围墙进行散装；小囤打围是用竹席或芦席带围成墙，散装饲料。如量少也可以直接堆放在地上，量多时适当安放通风桩，以防受热自燃。

3. 日常管理 加强库房内外的卫生管理，经常消毒灭鼠虫，注意检查并及时堵塞库房四周墙角的空洞。饲料原料进厂时要严格检验，发霉、生虫原料在处理之前不准入库；要注意控制库内温度和空气相对湿度，使之分别为低于15℃和小于70%；采取自然通风（经济、简便，缺点是通风量小，且受气压温度的影响）或机械通风（效果好，但消耗一定能源，增加成本），以降低料温，散发水分，以利于贮藏。

（三）饲料运输注意事项

饲料的搬运和运输要采用合适的容器、设备和车辆，以防止出现震动、撞击、磨损、腐蚀等现象，造成不必要的损坏。

六、水产配合饲料质量的评定方法

（一）实验室评定法

主要包括化学分析评定法、蛋白质营养价值评定法、能量指标法、消化率评定法、饲养试验评定法和计算机模拟评定法。

1. 化学分析评定法 分析饲料中各种营养物质的含量，包括水分、粗蛋白质、粗脂肪、粗纤维、无氮浸出物和粗灰分6种；必要时测定饲料粗蛋白质中的纯蛋白质和各种氨基酸，粗纤维中的纤维素、半纤维素及木质素，以及粗脂肪中的各种不同脂类及脂肪酸的含量。

2. 蛋白质营养价值评定法 蛋白质营养价值的评定法包括生物分析法、化学分析法和生物化学分析法。此处不再详述。

3. 能量指标法 饲料总能量是评定饲料营养价值的重要指标，饲料中蕴含的能量主要存在于蛋白质、脂肪和糖类中，这些物质在体内“燃烧”可将所含的能量释放出来。饲料总能是饲料中有机物质所含能量的总和，可用来评价饲料价值，采用燃烧测热器测定。还可用消化能、代谢能来评定饲料能量，以便准确地反映饲料质量的优劣。

4. 消化率评定法 饲料化学分析总能测定只能说明饲料中营养物质及能量的总含有量，不能说明饲料被鱼吸收利用了多少。消化率越高，可消化营养物质越多，其营养价值也就越高，表明饲料的质量好。消化率测定方法有两种。

①间接法：在饲料中添加0.5%～1.0%的三氧化二铬，通过测定饲料和粪中标记物及养分和能量的浓度变化来计算消化率，干物质消化率和养分的消化率（%）可用以下公式计算：

干物质消化率＝（1－饲料中标记物/粪中标记物）×100%

营养物质消化率＝

［1－（饲料中标记物×粪中养分/粪中标记物×饲料中养分）］×100%

②直接法：这种方法需要测定鱼摄食的全部饲料量和全部排粪量。除工作量大外，还因为鱼的活动而受到限制，并且要进行强化饲养，这种应激条件可能影响饲料的利用。由于这些缺陷，本法应用较少。

5. 饲养试验评定法 该法指在一定条件下饲养鱼类，通过增重率、成活率及饲料系数来综合评定饲料的营养价值。这是比较配合饲料质量和饲养方式优劣的最可靠的方法。饲养试验的结果反映饲料对鱼类的综合影响，包括对消化、代谢、能量利用以及维持鱼体健康的综合影响，这种试验所测结果有较强的说服力，便于在生产中推广应用。

6. 计算机模拟评定法 由于未结合体内消化、代谢情况，因而化学分析法评定饲料营养价值的准确性受很大限制，而各种体内实验法虽然结果准确，但耗时、耗资，达不到快速测定的要求。目前，营养学家们已探讨用计算机模型将饲料与动物生产性能联系起来，模拟饲料养分在体内消化和利用性能。目前，计算机模拟已成为一种探究理论与实际是否相符的有效工具。人们从生理生化角度认识动物的消化和代谢，将饲料营养供给、动物组织对营养成分的利用和动物生产性能三者联系起来，建立更完善、实用的营养模型，以快速、准确地评定饲料质量。

（二）生产性评定法

1. 生物学指标 在收获时测量养殖动物的平均体长、体重及单位产量，以对配合饲料进行质量评定。养殖对象的规格大、产量高，则说明配合饲料的质量好。

2. 饲料系数与投喂系数 饲料系数又称增肉系数，是指摄食量与增重量之比值。其计算公式如下：

$$F=\frac{(R_1-R_2)}{(G_1+G_2-G_0)}$$

式中：F为饲料系数；R_1为投喂量；R_2为残饵量；G_0为试验开始时鱼虾的总体重；G_1为试验过程中死亡鱼的重量；G_2为试验结束时鱼总体重。饲料系数被用来衡量配合饲料的质量以及鱼对配合饲料的利用程度，其值的大小除与饲料质量有关外，还与管理水平、水质条件和气候条件等有关。在生产中以投饲系数来代替饲料系数。投饲系数为在养成全过程中投饲量与鱼产量的比值，其计算公式为：F（投）$=\frac{R_1}{G_2}$。与饲料系数的计算公式相比，它简化了残饲量、初始鱼重量和死亡鱼重量。

投饲系数不但与饲料质量有关，而且同样受到作用于饲料系数的因素的影响。

3. 饲料效率 饲料效率（E）是指鱼增重量与摄食率的百分比，其计算公式为

$$E=\frac{(G_1+G_2-G_0)}{(R_1-R_2)}\times 100\%$$

在生产条件下，其计算公式被简化为：$E=\frac{G_2}{R_1}$。饲料效率与饲料系数之间为倒数关系，即为 $E=\frac{1}{F}$。

第四节　配合饲料投喂技术

在水产养殖生产中，决定养殖效益的高低，饵料系数是关键因素之一。在水产养殖过程中，饲料的费用占养殖成本的70%以上。饲料的正确使用及效果，将在水产品养殖的过程中起到举足轻重的作用。只有充分发挥饲料的利用率，降低使用饲料的成本，以较低的饵料系数取得较高的产量，才能取得良好的经济效益。

优质、高产、高效是水产养殖发展的方向，也是广大水产养殖户追求的目标。但是在养殖过程中，不少养殖户因片面追求高产量，不断向养殖水体投放饲料及肥料等，不但使养殖成本上升，而且使水质不断恶化，病害频发，影响鱼类的生长乃至生存，导致产品质量差和养殖效益低。投喂技术水平的高低直接影响鱼、虾养殖的产量和经济效益的高低，因此必须对投喂技术予以高度的重视，要认真贯彻“四定”（定质、定量、定位、定时）和“三看”（看天气、看水质、看鱼情）的投饵原则。

一、投饵原则

要坚持“定时、定位、定质、定量”的“四定”原则和“看水温、看水质、看大气、看摄食”的“四看”投饵方法。投喂时应本着“少—多—少、慢—快—慢”，开始投喂时量要少、要慢，待鱼集中后量要多投，投喂速度要加快，投喂结束时要减少，速度要变慢。“四定”原则：①定质。选择正规厂家生产的专用配合饲料，其中各种成分的含量都能满足鱼类生长之需，且要求配方科学，配比合理，质量过硬，可保证塘鱼生长迅速，避免浪费。②定量。根据主养鱼类不同生长阶段遵循适当的日投喂量，对于“无胃鱼”（如罗非鱼）在养殖中提倡少量多次的投喂方法，每天投喂 2 次或以上。③定时。投喂时间可选在上午 8～9 时和下午 3～4 时等溶氧量比较充足的时段。同时，要根据天气情况、鱼类生长情况及水质情况等进行投喂调整。④定位。搭设饲料台，沿池四周设置适量饲料台（2 000 米^2 水面设 1 个），投喂时在饲料台内均匀泼撒。除此之外，建议在日总投喂量不变的基础上，上午投喂沉水料、下午投喂浮水料为主；每 10 天作为一个调整日投喂量的周期：根据主养鱼的平均体重推算出鱼总重量再乘以该阶段投喂率的数值就是日投喂量。

二、合理投喂技术

（一）选择优质饲料

投喂高质量稳定性好的配合饲料，不投劣质和冰鲜饲料；饲料营养要全面，满足能量、蛋白质、脂肪、糖类、必需氨基酸、必需脂肪酸、粗纤维及各种矿物质和维生素等需要。特别注重蛋白质营养，对于配合饲料来说，蛋白质是鱼类生长所必需的最主要营养物质，蛋白质含量也是鱼饲料质量的主要指标。应适当降低放养密度，适当投喂精饲料，增加蛋白质营养。如果使用鲜活饲料（小杂鱼虾），要求适合鱼类口味，无毒无害。

（二）适宜放养密度及鱼的种类

我国传统的养殖技术“八字精养法”中提到种，种就是指数量充足、体质健壮、规格整齐的鱼种。不同种类的淡水鱼食性复杂，生活习性、生长能力以及最适生长所需的营养要求不同，其投喂率也有区别。例如，草鱼和团头鲂同属草食性鱼类，而草鱼摄食量大，争食力强；团头鲂则摄食量少，争食能力明显的不如草鱼。个体和群体、单养和混养，鱼类的摄食量也受到影响，一般来说，在群体和混养条件下，鱼类的摄食量都比较高。

合理的放养技术也是影响投喂率的因素之一，包括放养密度、放养品种质量、放养操作方法等。要根据当地的气候条件、水质状况及生物状况确定合适的放养密度，即最适放养量。一般可以采用“80∶20”模式放养，确保鱼类互利共生。要使塘鱼养殖成活率提高、减少饲料浪费，必须控制好放养密度和混养鱼类。放养密度与水源状况、增氧设施配套和管理技术相关，一般主养品种养殖密度以每667米^2 1 200～1 800尾为适宜。目前，适宜与名优品种混养的鱼类，主要有鲢鱼、鳙鱼、草鱼、鳊鱼、鲫鱼等。主要遵循以下原则：①主养品种1～3个，占池塘养殖总量的80%，而混养品种多个，占池塘养殖总量的20%。②生活在上层水体的品种（鲢鱼、鳙鱼）、生活在中下底层的品种（草鱼、鳊鲂）与生活在底层水体的品种（鲫鱼、鲤鱼）合理搭配，充分利用水体空间。③“草食性鱼类”（草鱼、团头鲂）、“滤食性鱼类”（鲢、鳙鱼）、“肉食性鱼类”（生鱼、塘虱、大口鲶、桂花鱼）、“杂食性鱼类”（罗非鱼、鲮鱼、鲫鱼等）合理混养，充分利用水体天然的生物饲料和肥料，防止水质过肥，减少池塘中腐败的有机质，提高产量。

（三）合理投喂次数与时间

投喂次数是指日投喂量确定以后投喂的次数。我国大宗淡水养殖鱼类多属于鲤科“无胃鱼”，食物在肠道一次容纳量远不及肉食性有胃鱼，对草鱼、团头鲂、鲤、鲫等无胃鱼一般采取是少量多次的投喂方法，这样可以提高消化率。例如，草鱼一般的投喂频率为2～3次/天即可，而鲤鱼等需投喂3～4次/天。投喂时长：一般以投喂后0.5～1小时吃食情况而定。如果0.5小时内多数鱼类已吃完离开投饵台，要适当减量。如果经过较长时间正规投喂，鱼类仍集群围绕投料台抢料，说明鱼体已增重，应及时增加投喂量甚至是考虑增置投饵机。

鱼是变温动物，其代谢活动随着水温的变化而变化。一定的水温范围内，鱼类饵料的消耗量与水温呈正相关，水温升高，鱼体代谢增加，对饵料的消化时间短，因而摄食量增加。选择每天溶氧量较高的时段，根据水温情况定时投喂，当水温在20℃以下时，每天投喂1～2次，时间可以在上午9时、下午3时；当水温在20℃～25℃时，每天投喂2～3次，时间分别是上午9时、下午1时、4时；当水温在25℃～30℃时，每天投喂3～4次，时间分别为上午8时、11时、下午2时、5时；当水温在30℃以上时，每天投喂1～2次，选在上午8时、下午5时。定量，按饲料使用说明，根据池塘条件及鱼类品种、规格、重量等确定日投喂量，每次投饵以80%～85%的鱼群食后离开为准。

（四）投喂量

饲料投喂是水产养殖中的关键环节。投饵数量应掌握在鱼类摄食时“八成饱”的程度。所谓“八成饱”有两层意思：一是指只喂到养殖鱼饱食量八成，另一层意思是八成养殖鱼能吃饱，余下的两成鱼不很饱，从而提高采食量，降低饲料系数。

正常情况下，草食性鱼类投饵率应高于杂食性鱼类与肉食性鱼类，肉食性鱼类最低，如草鱼投饵率4%～5%、鲫鱼为2%～3%、青鱼为1.5%～2%。做到均匀、适量，避免忽多忽少，影响鱼类的正常消化吸收。常规投喂标准为春季水温低，鱼小，摄食量小，在晴天气温升高时，可投放少量的精饲料。当气温升至15℃以上时，投喂量可逐渐增加，每天投喂量占鱼类总体重的1%左右。夏初水温升至20℃左右时，每天投喂量占鱼体总重的1%～2%，但这时也是多病季节，因此要注意适量投喂，并保证饲料适口、均匀。盛夏水温上升至30℃以上时，鱼类食欲旺盛，生长迅速，要加大投喂，日投喂量占鱼类总体重的3%～4%，但需注意饲料质量并防止剩料，且需调节水质，防止污染。秋季天气转凉，水温渐低，但水质尚稳定，鱼类继续生长，仍可加大投喂，日投喂量占鱼类总体重的2%～3%。冬季水温持续下降，鱼类食量日渐减少，但在晴好天气时，仍可少量投喂，以保持鱼体肥满度。总之，要根据放养密度、规格以及水温、鱼类生长计划、气候条件、饲料质量档次等灵活掌握投喂率。

（五）驯化投喂

开食后，要精心地对养殖鱼类的摄食行为进行训练，细心地观察鱼类的摄食状态，看天（看天气）、看水（看水质）、看鱼（看鱼的生长和摄食）来调整日投喂量。在一般情况下养殖鱼类经过一段时间（约1周）的摄食训练，很容易形成摄食条件反射，诱集食场集中摄食。应用配合颗粒饲料进行池塘养鱼和网箱养鱼均可清楚地看到鱼类的摄食状态，如草鱼和鲤鱼的摄食，当一把一把地将饲料撒入水中，鱼会很快集拢过来，集中水面抢食，使水花翻动，而后分散到水下摄食，隐约在水面出现水纹；当鱼饱食后即分散游去，直到平息。控制投喂量达到“八成饱”为宜，保持鱼有旺盛的食欲，可以提高饲料效率。驯化投喂过程中，注意掌握好“慢一快一慢”的节奏和“少一多一少”的投喂量，一般连续驯化10天左右便可进行正常投喂。

投喂方式：配合饲料养鱼的投饲方式有人工手撒投喂和机械投喂两种。人工手撒投喂：即利用人工将饲料一把一把地撒入水中，可以清楚看到鱼的实际摄食状况，对每个池塘、每个网箱灵活掌握投喂量，做到精心投喂，有利于提高饲料效率，但是费工、费时。对于中、小型渔场劳力充足，此种投喂方式值得提倡。机械投喂：即利用自动投饵机投喂，池塘养殖多采用机械投喂，这种方式可以定时、定量、定位，同时也具有省工、省时等优点。

第六章

大宗淡水鱼养殖模式与饲养管理

阅读提示：

本章简单介绍了目前我国大宗淡水鱼养殖的自养模式、合同生产模式(公司+农户模式)、专业合作社模式的特点，并且提供了养殖从业者如何选择经营模式的基本原则。本章从我国大宗淡水鱼养殖的持续、稳定、健康发展的角度重点分析了代表传统模式、现代模式以及探索性模式的30 余个案例，内容涉及池塘养殖、水库和湖泊养殖。通过本章的阅读，旨在让致力于养殖生产的从业人员对我国大宗淡水鱼养殖模式有全面的了解和清晰的认识，引导创业者起好步、定好向、走好创业之路；促使正在从事养殖的经营者和技术人员，结合自身生产实际，适时调整生产模式，朝着区域化布局、专业化生产、一体化经营、社会化服务和企业化管理的方向发展。

第一节 目前我国大宗淡水鱼养殖的主要经营模式及发展趋势

现代渔业是中国渔业发展的基本方向，养殖户经营规模小以及生产经营方式比较粗放的状况是中国现代渔业发展的严重制约因素。为了推进现代渔业又好又快发展，需要在坚持家庭承包经营基本制度的同时选择和创新渔业经营模式，这是由渔业现代化的基本特征以及阻碍现代渔业发展的深层矛盾与问题决定的。

大宗淡水鱼经营模式主要有自养模式、合同生产模式（公司＋农户模式）、专业合作社模式等。不同的经营形式形成不同的关系特征，经营形式的创新就是改变这些关系。自养模式是主要依靠家庭自有劳动、自主经营、自负盈亏的渔业经营形式。合同生产模式在我国的表现形式是“公司＋农户”的养殖模式。“公司＋农户”模式已经渐渐成为我国大型养殖企业的一种扩张方式。专业合作社模式是个体农户按照自愿互利原则参与合作组织。从实践看，自养模式可以与不同的所有制、经营规模、技术条件和生产力水平相适应。另外，渔业经营形式不是截然分开的，是可以相互结合和兼容的。

渔业经营形式发展道路总体上就是两条：一是建立在专业化、商品化、市场化、机械化基础上的规模型渔场经济；二是建立在生物化、技术化、保护型、劳动密集型基础上的自养模式经济。大宗淡水渔业的发展趋势是现代渔业经营模式，现代渔业经营模式就是实行区域化布局、专业化生产、一体化经营、社会化服务和企业化管理。

第二节 如何选择适合自身需要的养殖模式

确保养殖持续、稳定、健康地向前发展，选择适合的养殖模式能更好地避免养殖风险、提高经济效益，是当前广大大宗鱼类养殖者和相关水产技术人员所关心的。选择养殖模式的原则是因地制宜综合考虑，首先考虑资源问题，包括水土资源、资金资源和饵料资源；接下来是技术问题，例如养殖模式的技术成熟度、养殖户（从业者）自身掌握模式技术的能力等；还要考虑模式的风险，主要考虑暴发性疾病和食品安全等，最后就是市场网络因素。现将大宗鱼类养殖比较有代表性的模式进行剖析，供大家选择养殖模式时参考。

养殖模式选择的重要意义：①合理的模式有利于水质管理，在整体投入水平接近的情况下，如果投入的饲料能够多级利用，整个池塘的自身污染负载下降，养殖环境的动态平衡容易控制，各种鱼类搭配合理，比例适当，更有利于长久保持水环境平衡，利于水质稳定。②合理的模式有利于提高饲料转化率，有了好的水质、好的水环境，养殖环境中溶解氧含量高，有利于鱼类生长，且水质不易变化，投喂的饲料系数就会随之降低。③合理的模式能够有效避免竞争性鱼类互相争食物，好的养殖模式能够避免竞争性鱼类争食而带来的经济损失，减少应激带来的各种疾病。④可以根据自己的实际生产和市场需求及时上市，好的养殖模式可以使商品鱼针对性地使用饲料，整齐、精准地达到上市规格和要求，提高经济效益。

以下介绍两种较为科学的养殖模式，能获得投入少、产出高的经济效益。

一是小规格上市草鱼养殖模式（草鱼上市规格 1～1.5 千克/尾），放养模式见表 6-1。

表 6-1　苗种放养模式

养殖品种	放养数量（尾）	放养重量（千克/667 米^2）	捕捞产量（千克/667 米^2）
草　鱼	400～500	60～75	500
鳙	30～50	1.5～2.5	60
鲮	—	50～80	200～250
鲫	—	20～25	40～50

要求：①资源配置：池塘水深 2 米，配置增氧机，一般饲料营养要求高，以 26%～28%粗蛋白质的饲料比较合适，饲料系数在 1.9～2.5。②技术方面：饲料投喂：早上投喂草料，再根据水温调节投喂量，当水温在 25℃～30℃时按照体重的 3%投喂。不养鸭子。捕捞次数：1 年 4～5 次。③市场方面：模式养殖的是小草鱼（相对而言），从 0.15～0.25 千克/尾养殖到 1～1.5 千克/尾的上市规格。④风险和食品安全：属于中等风险。

二是大规格上市草鱼养殖模式（草鱼上市规格 3～4 千克/尾），放养模式见表 6-2。

表 6-2　苗种放养模式

养殖品种	放养数量（尾）	放养重量（千克/667 米^2）	捕捞产量（千克/667 米^2）
草　鱼	100～200	200～300	400～600
鳙	30～50	1.5～2.5	60
鲮	—	50～80	200～250
鲫	—	20～25	40～50

要求：①资源方面：池塘水深2米，配置增氧机，饲料营养要求一般，以25%～26%粗蛋白质的饲料比较合适。②技术方面：饲料投喂：早上投喂草料，再根据水温调节投喂量，25℃～30℃时按照体重的2%～3%投喂。不养鸭子。捕捞次数：3～5次。③市场方面：模式养殖的是大草鱼，从1.5～2.0千克/尾养殖到3.0～4.0千克/尾的上市规格。④风险和食品安全：一般水质要求高，质量安全需要备案和抽查，属于中等风险。

目前这两种养殖模式，一种是普通规格的草鱼养殖，另一种是大规格草鱼养殖。如果养殖者还是举棋不定，不知道应该采用哪种模式好，我们不妨先把这两种模式做一个简单的分析，以帮助养殖户确定选择哪种模式。

大规格草鱼养殖主要是供应港澳市场，相对而言对于质量方面的检测要求高，同时对于养殖面积和水源有严格要求，且基本上是备案养殖基地，所以整体要求较高；同时，如果购买大条的草鱼，一次性投入成本相对高，因此需要联系出口公司，成为出口备案场，才能选择这种模式。

而普通规格的养殖模式，相对而言要求不高，而且技术相对简单，可以作为普通投入者选择，但利润会低于大规格商品草鱼养殖模式。

当然养殖模式不是一成不变的，这两种模式中均没有放养白鲢，主要与当地白鲢市场需求不旺有关系，其他地区可以在模式中添加白鲢的投放，每667米^{2}投放50～100尾，也会取得额外的经济收入；同时，鲮鱼由于不耐低温，华南地区以外的地区可以考虑用其他品种替代，如鲴鱼等替代鲮鱼。所以，应根据自身的条件来选择适合的模式。

第三节　大宗淡水鱼主要养殖模式

一、池塘主养

池塘养殖是大宗淡水鱼最主要的养殖方式，也是最传统和最基本的养殖方式，同时也是最简便易行的方式。中国的池塘养殖模式在世界水产养殖系统中最具有特色和代表性，其综合养殖的生态模式混养长期以来为世界水产养殖提供了可持续的产量供给。大宗淡水鱼类主要的养殖模式是混合养殖，极少部分以大宗淡水鱼单独主养的模式，充分体现了中国人综合利用的生态观念，为中国成为养殖大国奠定了基础，也将继续为中国水产养殖的可持续发展提供方向和机遇。

（一）以草鱼为主养鱼类，多品种、多规格混养

1. 一次性放足鱼种

（1）放养时间　11月份干塘捕鱼，12月份清整池塘，元旦前后开始放养放足鱼种，2月底前结束。

（2）放养模式　以草鱼为主养鱼类，多品种、多规格混养。如以1龄草鱼为主，套养2龄老口鱼，搭配一些滤食性、底栖性鱼类的方式。

（3）放养量　每667米^{2}产400千克的池塘按照计划产量1/6计算放养量。

2. 多次轮捕，捕大留小　一般全年轮捕7次左右，并随着鱼体的生长按季节分批进行轮捕，将生长达到上市规格的成鱼捕出，及时调整池塘负载量。5月份就开始轮捕2龄鱼，3～6月份间每隔25天轮捕1次，将生长达到2千克以上的2龄鱼全部捕出。8～11月份，捕起达到商品规格的草鱼、鲢鱼、鳙鱼。

3. 套养鱼苗，合理密养　在轮捕过程中，按照季节和需要补放一部分鱼苗，增加复养指数，使池塘始终保持合理的放养密度，以充分利用水体。

以下介绍3种草鱼为主的养殖模式：

一是池塘草鱼高效主养模式（草鱼上市规格2千克/尾以上），放养模式见表6-3。

表6-3　苗种放养模式

养殖品种	放养数量（尾）	放养重量（千克/667米^2）	捕捞产量（千克/667米^2）
草　鱼	200～250	200～250	500
鳙	30～50	1.5～2.5	60
鲮		50～80	200～250
鲫		20～25	40～50

大规格草鱼养殖模式这几年相对稳定，主要原因是鱼价比较稳定，如何保证养出较大规格的草鱼是关键点。

大规格草鱼养殖注重4个方面：第一是池塘条件好，水深在1.8米以上；第二是溶解氧管理非常重要，大规格草鱼“泛塘”的概率远高于小规格草鱼，所以一定要注重水质的调控，准备好增氧机和电力设施准备；第三是饲料的选择和搭配，单纯用低档饲料可以保证成本低，但是养成规格小、价格不高，所以最好是前期用膨化饲料攻规格，体重达到1.75千克以后促生长，不但可以拉大规格，也可以缩短周期；第四是注意肝脏保护，增强抗应激能力。

最近几年鱼虾混养效果较好，在5月份可以放养2万～3万尾/667米^{2}南美白对虾，增加可观的经济收益。

二是每 667 米^2 产 1 250 千克草鱼为主混养模式，放养模式见表 6-4。

表 6-4 苗种放养模式

品种	鱼种规格（克/尾）	放养密度（尾/667 米^2）	放养量（千克/667 米^2）	预期产量（千克/667 米^2）	预计投料（千克/667 米^2）
白鲢	—	300	20	270	—
花鲢	—	50	10	80	—
草鱼	500 以上	80	50	160	180
	50～250	300	30	350	530
青鱼	2500 以上	20	50	70	90
	50～150	50	5	30	50
鳊鱼	50～150	400	40	200	290
鲫鱼	12.5	200	2.5	80	110
黄颡鱼	—	200	2.5	10	—
合计	—	1600	210	1250	1250

该模式特点是池塘比较规则，水深 2 米以上，面积 6 670～16 675m^2，配有增氧机 1 台以上，最好 2～3 台，有良好的水源，进排水方便，养殖途中选择混养饲料的高档饲料。其中，黄颡鱼不需要专门投喂，可以增加养殖效益，青鱼养殖能够增加产值。该模式适合华东地区。

三是草鱼脆化养殖模式。草鱼脆化养殖，主要是通过改变草鱼的食物结构使其肉质变脆，脆化后的草鱼称“脆肉脘”，其肉质紧硬而爽脆，不易煮碎，即使切成鱼片、鱼丝后也不易断碎，肉味反而更加鲜美、独特。经过这种方式养殖的草鱼，市场易销售、售价高，高出普通草鱼价格的 0.2～0.5 倍，每 667 米^2 增效益 1 000 元左右，具有较高的经济效益和社会效益。草鱼脆化养殖的模式如下：

（1）养殖条件　草鱼脆化养殖可以选择在池塘中进行。池塘要求：池底淤泥较少、水源充足、水质良好无污染、进排水方便，面积 1 330～2 000 米^2、水深 2 米左右，放养前按常规要求进行彻底清塘。

（2）鱼种放养　选择体质健壮、无病无伤、平均尾重 0.5 千克以上的草鱼作鱼种，池塘放养量为 250～300 千克/667 米^2。为了调节水质，每 667 米^2 池塘可搭配放养体长 13～15 厘米的鲢、鳙鱼种 50～60 尾。放养前，草鱼最好进行免疫注射，也可将草鱼种用 4%食盐水溶液浸浴 5～10 分钟。

（3）脆化季节　从春季水温 15℃以上草鱼开始摄食一直到冬季停食前都可以进行脆化养殖处理，如果采取轮捕轮放或分期分批养殖的模式，每轮或每批脆化养殖的时间不得少于60～70天。

（4）*养殖管理* 饲料以高蛋白质的蚕豆为主，外加少量青草，但不能添加其他任何饲料。开始时，可停食2～3天，然后投喂少量浸泡后的蚕豆（可将蚕豆用1%食盐水浸泡12～24小时），等到草鱼能正常摄食后才能定时、定量投喂。一般情况下，每天上午8时左右、下午5时左右各投喂1次，具体的投喂量应根据草鱼的摄食情况和水温变化进行调整。水温16℃～19℃时日投喂量为草鱼体重的1.5%～2.0%；水温19℃～22℃时日投喂量为草鱼体重的2%～3%；水温22℃～25℃时日投喂量为草鱼体重的3%～4%；水温25℃～28℃时日投喂量为草鱼体重的4%～5%；水温28℃～30℃时日投喂量为草鱼体重的5%～6%。

（二）鲫鱼主养模式

主养鲫鱼，配养草鱼、鳊鱼模式 该模式主要分布于江苏淮安、高邮、兴化、宝应、建湖等地区。通常以鲫鱼为主、配养草鱼，同时搭配少量花白鲢、鳊鱼等。鲫鱼密度为1 000～2 000尾/667米^2，规格为10～30尾/千克；草鱼为100～400尾/667米^2，规格为2～3尾/千克。以兴化中堡镇养殖模式为例，苗种放养模式见表6-5。

表6-5 池塘鲫鱼高效主养模式苗种放养情况

品　种	放苗时间	放养规格（千克/尾）	放苗密度（尾/667米^2）	起捕时间	起捕规格（千克/尾）	产　量（千克/667米^2）	成活率（%）
鲫　鱼	12月份至翌年3月份	0.03～0.04	1700～2100	11～12月份	0.4～0.5	750～850	90
草　鱼	12月份至翌年3月份	0.35～0.5	200～350	6月份	1.2～1.5	75～150	90
鳙　鱼	12月份至翌年3月份	0.3	80～120	8月份	2.0～3.0	600～800	95
白　鲢	12月份至翌年3月份	0.3	120～160	12月份	1.5～2.0	125～175	90

（三）青鱼高效主养模式

1. 青鱼主养模式 鱼种投放规格、比例。以主养青鱼为主的池塘，鱼种放养情况为：规格1～2千克/尾青鱼种80～100尾，规格2～10尾/千克青鱼90尾左右，规格6～20尾/千克花白鲢300尾（其中花鲢占10%～20%），规格10～16尾/千克鳊鱼100尾，适当投放黄颡鱼和鲫鱼，分别每667米^{2}放养不超过200尾。池塘青鱼高效主养模式具体放苗情况见表6-6。

表 6-6　苗种放养情况

品　种	放苗密度（尾/667 米^2）	放养重量（千克/667 米^2）	收获重量（千克/667 米^2）
青鱼（大）	90	135	350
花白鲢	300	30	375
鳊　鱼	100	7.5	50
青鱼（小）	90	40	150
其　他	200	10	75
合　计	780	222.5	1000

2. 饲料及投喂

（1）饲料要求营养全面均衡　最好使用专用颗粒饲料，易于消化、吸收，提高饵料利用率。

（2）饲料投喂　坚持“四定”投饵法，即：定时、定位、定质、定量，根据鱼的摄食情况灵活掌握。原则上鱼能吃到八成饱为止，避免饲料浪费。

采用自动投饵机投喂。一般 0.33～0.53 公顷（5～8 亩）配备 1 台投饵机，在鱼生长季节，低温时每天投喂 2～3 次，高温时每天投喂 3～4 次，同时观察鱼的长势和摄食情况，适时调整投喂量和投饵时间。

（3）合理搭配饲料　有条件的池塘适当种植部分青饲料或购买青饲料供草食性鱼类摄食，以降低生产成本。

坚持科学养鱼、合理放养，保证鱼的良好生产环境，渔业生产就能获得好的收成，效益就会更加显现。

二、池塘混养

（一）混养的优点

合理利用饵料和水体，发挥养殖鱼类之间的互利作用，可培育鱼种提高鱼产量，降低成本，增加经济效益。

我国几种大宗淡水养殖鱼类，从它们的栖息习性看，可以分为上层鱼（鲢、鳙），中下层鱼（草鱼、鳊等），底层鱼（青鱼、鲫、鲤等）3 种。从食性看，鲢、鳙吃浮游生物，草鱼和团头鲂主要吃草类，青鱼和鲤鱼吃螺蚬，鲫鱼吃小型底栖生物和有机碎屑。因此，将鱼类实行合理搭配混养，可以因地制宜多种途径地扩大饵肥源，从而充分利用养殖鱼类的分层习性和它们之间在饵料连锁关系及物质循环上的互利作用；不同年龄规格鱼的混养，则有利于实行轮捕和为翌年准备大规格鱼种。这些都有利于更好地发挥池塘增产潜力，提高放养密度，达到稳产高产的目的。

我国各地因气候、所养鱼种、饵料资源等的不同而形成了多种混养类型。最普遍的是以鲢、鳙为主和以草鱼、鲢为主的类型，其次是以鳙、鲮、草鱼为主的类型，多见于珠江三角洲；青鱼、草鱼并重和以青鱼为主的混养类型多见于太湖地区；华北、东北、西北各省则多以鲤鱼为主。

（二）混养类型

1. 以草鱼、鲢鱼为主的混养类型 这是我国最普通的一种混养类型。其特点是养殖的鱼类绝大多数是草食性鱼类，能充分利用来源广的青饲料和肥料，生产成本低，而产量和效益相当可观。其放养模式见表6-7。

表6-7 以草鱼为主体鱼的混养模式 （单位：667米^2）

放养鱼类	放养				收获			
	规格（克/尾）	尾数	重量（千克）	成活率（%）	规格（千克/尾）	尾数	重量（千克）	净产（千克）
草鱼	500	150	75	90	2	135	270	195
鳊鱼	20	400	8	90	0.175	360	63	55
鲢鱼	45	300	13.5	95	0.5	285	142.5	129
鳙鱼	33	80	2.7	95	0.5	76	38	35.3
鲤鱼	25	100	2.5	95	0.25	95	23.8	21.3
鲫鱼	—	—	2	—	—	—	10	8
罗非鱼	20	300	6	90	0.175	270	47.3	41.3
合计	—	1330	109.7	91.8	—	1221	594.6	484.9

2. 草鱼、鳙、鲮为主的混养类型 这是珠江三角洲通常采用的类型。当地水温高、生长期长、水质较肥，每年可放养和收获多次，尤以鳙鱼为突出。同时，还可混养鲢、野鲮等以及适当数量的斑鳢和鳗鲡，以增加收益。草鱼放养规格为40克/尾、500克/尾；鳙放养规格为100～500克/尾；鲮放养规格为15克/尾、25克/尾和50克/尾。草鱼每年放养2批，鳙鱼放养4～6批。放养模式见表6-8。

表 6-8 草鱼、鳙、鲮为主的混养类型 （单位：667 米²）

放养鱼类	放养			收获		
	规格（克/尾）	尾数	重量（千克）	规格（千克/尾）	毛重量（千克）	净产（千克）
鲮鱼	50	800	40	0.125 以上	360	288
	25	800	20			
	15	800	12			
鳙鱼	500	40×5	100	1 以上	226	122
	100	40	4			
鲢鱼	50	60×2	6	1 以上	106	100
草鱼	500	100	50	1.25 以上	125	167
	40	200	8	0.5 以上	100	
鲫鱼	50	100	5	0.4 以上	40	35
罗非鱼	2	1000	2	0.4 以上	42	40
鲤鱼	50	20	1	1 以上	21	20
合计			248		1020	772

3. 以鲢、鳙鱼为主的混养类型 是以鲢、鳙鱼为主体鱼，适当混养草鱼、罗非鱼等鱼类，以施肥为主，同时投喂草料；由于肥源广、成本较低，我国不少地区池塘养鱼以这种模式为主。

鲢、鳙鱼饲养简单，投资小，若能高产也可获得可观的经济效益。鲢、鳙鱼属滤食性鱼类，为充分利用水体空间及饵料，一般采取与其他吃食性鱼类混养，而不单养。一般情况下，鲢、鳙鱼可与罗非鱼、草鱼、青鱼、鲤鱼、鳊鱼、鲂鱼混养。以鲢、鳙鱼为主体的混养可供参考放养模式为：鲢鱼占 60%，草鱼占 15%～20%，其他鱼占 20%；或鲢鱼占 60%，鳙鱼占 10%，草鱼占 15%，其他鱼占 15%。

以鲢、鳙为主体鱼的混养模式见表 6-9。

表 6-9 以鲢、鳙为主体鱼的混养模式 （单位：667 米²）

放养鱼类	投放量			收获量		
	规格（克/尾）	数量（尾）	重量（千克）	规格（千克/尾）	产量（千克）	净产（千克）
鲢	120	240	30	600	132	130
	10	260	2.6	125	30.6	

续表 6-9

放养鱼类	投放量			收获量		
	规 格（克/尾）	数 量（尾）	重 量（千克）	规 格（千克/尾）	产 量（千克）	净 产（千克）
鳙	125	60	7.2	600	33.5	33
	10	70	0.7	125	7.4	
草 鱼	120	100	12	1000	72	73
	10	200	2	120	15	
鲤 鱼	50	80	4	750	52	51
	10	100	1	50	4	
鲫 鱼	夏 花	200	0.5	100	13.5	13
合 计		1310	60		360	300

4. 以草鱼和团头鲂为主的混养类型 基本与以草鱼、鲢鱼为主的混养类型相似。养殖成本低、产量高、收益高。其放养模式见表 6-10。

表 6-10 以草鱼为主养鱼每 667 米² 净产 500 千克放养收获模式 （上海郊区）

放养鱼类	投放量			收获量		
	规 格（克/尾）	数 量（尾）	重 量（千克）	规 格（千克/尾）	产 量（千克）	净 产（千克）
草 鱼	500～750	65	40	2000 以上	106	111.5
	100～150	90	11	500～750	45	
	10	150	1.5	100～150	13	
鲂	50～100	300	22	250 以上	68	66
	10～15	500	6	50～100	26	
鲢	100～150	300	33	750 以上	170	171.5
	夏 花	400	0.5	100～150	35	
鳙	100～150	100	13	1000	57	59
	夏 花	150		100～150	15	
鲫 鱼	25～50	500	14	250 以上	71	72
	夏 花	1000	1	25～50	16	
鲤 鱼	35	30	1	750 以上	21	20
合 计			143		643	500

5. 以草鱼、青鱼为主的混养类型 这是江浙一带的养殖类型，放养模式见表6-11。

表6-11 以草鱼、青鱼为主的混养类型每667米^{2}净产750千克放养收获模式（江苏无锡）

放养鱼类	投放量			收获量		
	规格（克/尾）	数量（尾）	重量（千克）	规格（千克/尾）	产量（千克）	净产（千克）
青鱼	1000～1500	35	37	4以上	140	138
	250～500	40	15	1～1.5	37	
	25	80	2	0.25～0.5	15	
草鱼	500～750	60	37	2以上	120	117.5
	150～250	70	14	0.5～0.75	37	
	25	90	2.5	0.15～0.25	14	
鲢	350～450	120	48	0.75～1	100	213
	80	150	12	1	135	
	50～100	130	10	0.35～0.45	48	
鳙	350～450	40	16	0.75～1.2	40	75
	125	50	6.5	1	45	
	50～100	45	3.5	0.35～0.45	16	
团头鲂	150～200	200	35	0.35～0.4	60	52.5
	25	300	7.5	0.15～0.2	35	
鲫鱼	50～100	500	40	0.15～0.25	90	154
	30	500	15	0.15～0.25	80	
	4厘米	1000	1	0.05～0.1	40	
合计			302		1052	750

6. 以鲤鱼为主的养殖模式 以鲤鱼（建鲤、福瑞鲤、松浦镜鲤等）为主养的养殖池塘，应以投饵喂养为主饲养。鲤鱼饵料种类很多，如水草、鱼虾、螺、蚌、麦麸、米糠及各种饼类，更喜欢吃人工配合饵料。在与其他鱼类混养时，其他鱼类吃不完的残留食物都是它爱吃的好东西，鲤鱼好像清洁工一样。以鲤鱼为主的养殖模式，很显然，别的鱼类吃不完的残饵不多，鲤鱼不够吃，需要投喂饵料。也就是说，投喂人工饵料才是以养鲤鱼为主的养殖办法。仅供参考的放养比例：鲤鱼50%～70%，鲢鱼15%，鳙鱼5%，草鱼、鳊鱼10%。

放养比例分析：以鲤鱼为主的鱼池，其粪便就是池中极好的肥水肥料，水肥了以后，大量的浮游生物会在短期内完成它的生长过程，由生长到死亡。生长时给池中增氧，死亡时造成坏水，坏水后造成污染又要用药。这时，在鲤鱼群体中搭配鲢、鳙，可以起到控制浮游生物生长的作用，即大的、老的浮游生物被鲢、鳙吃掉，防止其老死坏水，小的又逐渐长大，为鱼池增氧，生生吃吃重复不断，维持着池中生态平衡。搭配草鱼的目的是利用水体中层，增加鱼池合理载鱼量，草鱼的粪便也是肥水的好肥料。其主要放养模式见表 6-12。

表 6-12 以鲤鱼为主体鱼的混养模式 （单位：667 米^2）

放养鱼类	投放量			收获量		
	规格（克/尾）	数量（尾）	重量（千克）	规格（千克/尾）	产量（千克）	净产（千克）
鲤鱼	50～200	1500	165	673	930	765
鲢、鳙	100～200	200	35	1000	173	138
草鱼	50～150	250	21	650	120	99
鲫、鲂	30～50	200	8	200	35	27
合计		2150	229		1258	1029

7. 主养鲫鱼，配养草鱼、鳊鱼模式 该模式主要分布于江苏淮安、高邮、兴化、宝应、建湖等地区。

通常以鲫鱼为主，配养草鱼，同时搭配少量花白鲢、鳊鱼等。鲫鱼密度为 1 000～2 000 尾/667 米^2，规格为 10～30 尾/千克；草鱼为 100～400 尾/667 米^2，规格为 20～30 尾/千克。

8. 主养草鱼、配养鲫鱼模式 该养殖模式主要集中于苏南、苏北徐州和宿迁、上海崇明岛等地区。多以草鱼为主，配养少量鲫鱼。以江苏省溧阳南渡养殖模式为例，见表 6-13。

表 6-13 主养草鱼、配养鲫鱼放养模式

品种	放养时间	放养规格（克/尾）	放养密度（尾/667 米^2）	收获时间	收获规格（千克/尾）	产量（千克/667 米^2）
鲫鱼	12 月份至翌年 3 月份	50～250	300～450	中途、年底	0.4	150～175
草鱼	12 月份至翌年 3 月份	750～1000	300～400	6～8 月份	2	600
	12 月份至翌年 3 月份	50～150	600～650	9～12 月份	1～1.5	900
花鲢	12 月份至翌年 3 月份	100～150	50	年底	1～1.5	50～75
白鲢	12 月份至翌年 3 月份	100～150	100	年底	1～1.5	125～150

（三）混养比例

1. "吃食鱼"与"肥水鱼"比例 一般1千克"吃食鱼"可带大0.5～1千克"肥水鱼"。

2. 鲢、鳙比例 一般放养比例控制在3～5∶1或1∶3～5范围。

3. 青鱼、草鱼与鲤、鲫、团头鲂的比例 一般每放养1千克青鱼可搭2～4尾13厘米长的鲤鱼种，1千克草鱼种可搭6～10尾13厘米长的团头鲂，白鲫的食性与鲢鱼相近，投养3～5尾白鲫相当于投养1尾鲢鱼。

4. 青鱼与草鱼的比例 以青鱼为主的，草鱼不能超过青鱼的25%，轮捕轮放且经常注水的，两者比例可达1∶1。

5. 罗非鱼与鲢、鳙的关系 在食性上有一定的矛盾，可交叉分上半年重点养鲢、鳙（此时罗非鱼小、稀），下半年重点养罗非鱼，平时要增加投饵施肥，捕大留小。

6. 同种鱼大、中、小规格的搭配放养 青鱼、草鱼一般放养70%～75%（按重量比）的2～3龄鱼种，搭配20%～25%的2龄青鱼、草鱼，5%～10%的1龄青鱼、草鱼种；鲢、鳙鱼可放养250克/尾、100～150克/尾、13厘米/尾的3种规格。

（四）混养微创新模式及专家点评

很多人认为，创新只适用于一些较新的东西，像草鱼这种古老的养殖品种，跟创新挨不上边，其实不然。调查发现，各个地方还是有不少养殖户能够在放养品种、时间、密度与捕捞时间、养殖模式设计细节，以及标粗、投料、增氧、调水等各种日常管理技术细节上创新。

［案例6-1］ 几位草鱼养殖户的微创新模式

1. 广州市增城市姚伟坤：四季均投喂鸽粪，行情低迷仍赚钱

17岁就开始养鱼的姚伟坤，养鱼已经20多年，养殖经验十分丰富。现在他心态仍然十分开放，非常善于学习，不断研究和尝试养鱼新技术。在广州市增城市三江镇元美村，当地的草鱼主要为一次性投苗、多次出鱼的传统养殖模式，但是2011年姚伟坤就开始尝试轮捕轮放的养殖模式，而且大获成功，现在已经操作得越来越得心应手。

虽然姚伟坤的鱼塘旁边种植了部分草，但是草长速慢，在高密度的现代养殖模式下无法满足鱼的日常消费量，所以他不主张多种草来喂鱼。他也不推荐鱼、鸭混养模式，以前他曾经在鱼塘上养过鸭，老鼠经常咬破拦鸭网使得鸭经

常跑出围栏，鱼容易受到惊吓而不吃饲料，所以就不再养鸭。

“我给鱼喂鸽粪”，姚伟坤告诉笔者，经过他多年的观察，除了饲料外，他发现白鸽粪也是四大家鱼最好的饵料。因为白鸽粪含有大量鸽毛，蛋白质含量高，草鱼、罗非鱼、鲫鱼、鳊鱼等对白鸽粪的食欲都很高。

一般每年从10月份到翌年4月份，他都往塘里大量投喂鸽粪，冬天时一口塘一天甚至可以投500千克白鸽粪。“夏天也投喂鸽粪，可能因为经常调水的原因，水质比较好，所以夏天投喂白鸽粪的问题也不大。”姚伟坤告诉笔者，相比冬天，鱼儿在夏天对鸽粪的采食量减少很多，一般一天一口塘投喂50千克白鸽粪，高温季节主要吃饲料。“如果鱼出现病害，就要停止投喂白鸽粪，避免细菌感染。”他告诉笔者，投喂鸽粪要注意消毒，尤其是在冬天投喂量大的时候。因为每50千克鸽粪才10元，饲料却要比鸽粪贵得多，因此他养的每千克鱼可以省下1元左右的养殖成本。“不喂鸽粪不行，因为现在的饲料、药品都经常涨价，塘租也贵，但是鱼价却很低。”姚伟坤说，喂鸽粪主要为了降低养殖成本。现在增城的塘租比较高，2 500～3 000元/667米^2，由于大量投喂鸽粪，所以他每年的养殖成本几乎控制在1万元/667米^{2}以下。即使在2013年鱼价普遍低迷的时候，他的鱼塘每667米^{2}的产值为1.2万～1.3万元，依然有2 000～3 000元/667米^{2}的利润。

专家一句话点评：这是资源循环的有益探索，根据当地资源特征，充分利用白鸽排泄物的蛋白质，同时注意合理消毒。需要注意的是禽流感季节要注意安全！

2. 广东省惠州市博罗县苏凤权：全程用罗非鱼高档料喂草鱼，每年出鱼15次

苏凤权是茂名高州人，他来博罗养草鱼已经十几年，在博罗九潭镇凤山村有4口鱼塘5.33公顷水面。他的养殖模式为：草鱼2 100尾/667米^2（100克/尾）、鲫鱼600尾/667米^2（7～8朝/尾）、鳙鱼80尾/667米^2（200克/尾）、鳊鱼90尾/667米^2（150克/尾），草鱼隔1个月分两批放，每年出鱼15次以上，每年干塘1次。

相对博罗普遍1 000尾/667米^{2}的草鱼养殖密度，苏凤权的养殖密度高达2 000多尾/667米^2。“虽然草鱼密度是有点大，但是我已经习惯这样养殖了。”他告诉笔者，因为他经常调水改底，1个月至少2次，所以草鱼养殖密度高，不过也没啥大问题。

除了养殖高密度草鱼，苏凤权还全程用罗非鱼饲料喂草鱼，这在外人看来根本不可思议。因为罗非鱼饲料的价格本来就比草鱼饲料价格高，而高档罗非鱼饲料的价格则更高，很多人认为，这会大大增加养殖成本。“全部使用罗非鱼高档饲料，草鱼的长速快、料比低、可以赶早出鱼。”然而，苏凤权却不这样

看，他说全程养殖下来料鱼比才1.38左右，比起用草鱼料的料鱼比1.6～1.9，最后饲料成本都差不多，甚至还要少，但鱼的长速却快了很多，他一般每年至少出鱼15次。

苏凤权告诉笔者，他一般6月投水花，然后自己标粗，9月就可以卖鱼了，长速比较快，所以他一直坚持使用罗非鱼高档料喂草鱼。此外，无论行情好坏，他都坚持高投喂率，投苗前期的投喂率达3.5%～4%，养殖中后期坚持2.5%～3%，这也是他多次出鱼的重要保证。他说，“因为多次出鱼，所以养鱼从不亏钱，即使行情低迷的2012年和2013年我依然赚钱。”

专家一句话点评：走差异化模式，一方面提高草鱼饵料的蛋白质水平，增加前期投喂，另一方面又同时增加卖鱼的次数，每次收获时又通过搅动池塘底部氧化耗氧层，减少底泥产生泛塘的风险。

3. 广州市增城市列勇源：投大规格苗 赶早出鱼

在2年低迷之后，草鱼在2014年上半年迎来了好行情，最高时达到14元/千克。由于担心鱼价再次回落到低位，不少养殖户纷纷谋求突破，增城市石滩镇碧江村的列勇源便是其中的一位。

在鱼价持续高位的背景下，为了赶早出鱼，列勇源决定转变养殖思路。当地大部分养殖户投的都是50克/尾左右的标粗苗，他转投规格为175克/尾的大规格草鱼苗，投苗时间也比较早。

据列勇源介绍，有3口鱼塘在3月8日就提前投苗了。鱼种搭配模式是：草鱼1 000尾/667米^2（175克/尾）、罗非鱼1 000尾/667米^2（800尾/千克）、鲫鱼900尾/667米^2（1 600尾/千克）、鳙鱼60尾/667米^2（100克/尾）、鳊鱼60尾/667米^2（100克/尾）、鲮鱼1 000尾/667米^2（80尾/千克）。“6月6日就捕了第一批草鱼，规格为0.75～0.85千克/尾。”列勇源告诉笔者，为了赶早出鱼，投苗后全部使用高档饲料，投苗前期投喂鱼苗料，200～400克/尾时主要投喂膨化饲料，400～500克/尾时主要使用沉水料，650克/尾以上主要是沉水料和膨化饲料，全程基本保持3%的投喂率。

2014年以来他已经卖出10次鱼，每次1 500～2 000千克，平均以塘头价11.6元/千克卖出。他表示，目前已经将草鱼的成本赚回来了，3口鱼塘剩下的鱼都是净赚的，“估计3口鱼塘还有2万千克草鱼的存塘量，计划8月底出完草鱼，之后再重新补苗。”

专家一句话点评：不把鸡蛋放在一个篮子里面。前期草鱼购买大规格苗种投资增加，分批、及早回收资金，值得借鉴！

4. 广州市增城市姚齐光：草鱼混搭高密度鲫鱼养殖

姚齐光之前在增城市溪头村养猪，2012年开始养殖四大家鱼。虽然养鱼不久，但每年都可以赚钱。从开始的草鱼和罗非鱼混养，到现在的草鱼和鲫鱼混养，姚齐光一直在摸索最适合的养殖模式。

之前姚齐光像增城大多养殖户一样，罗非鱼和草鱼的投放密度均在1 000尾/667米^{2}左右，后来他发现草鱼和罗非鱼混养到养殖中后期时，草鱼和罗非鱼的长速都变慢，他认为是草鱼和罗非鱼密度太大，从而互相阻碍了长速。

从2014年开始，姚齐光决定精养草鱼，并且搭配高密度的大规格鲫鱼。3月21日投苗，草鱼1 800尾/667米^2（200克/尾）、鲫鱼1 400尾/667米^2（8朝/尾）、鳙鱼70尾/667米^2（350克/尾）、鲮鱼1 300尾/667米^2（50尾/千克）、鳊鱼60尾/667米^2（250克/尾）。

这是姚齐光第一次混养如此高密度的鲫鱼，而且还是大规格鲫鱼苗。之前他混养的鲫鱼都是500尾/667米^{2}的水花，所以2014年他格外注意调水和内服药物。现在他1个月至少调水和改底1次，一次1天；内服药物1个月至少3次，1次3天。

除了增加鲫鱼密度外，为了赶好行情卖鱼，姚齐光还转换了养殖思路。他专门托人去中山购买了200克/尾的大规格草鱼苗，2014年6月份就已经开始出鱼，计划8月初出完鱼。等出完鱼后，转投罗非鱼苗，采用“一批草鱼十一批罗非鱼”的养殖模式。这样，既可以使得罗非鱼避开链球菌病，又可以让草鱼和罗非鱼同时赶到好价格卖鱼。

专家一句话点评：轮养是一种值得推广的模式，可以减少疾病发生；同时鲫鱼与草鱼混养，可以提高整体效益，江苏鲫鱼减产后，为广东鲫鱼养殖提供了机遇。

5. 广东省中山市谭满发：为提高养殖效益 不断调整养鱼策略

中山黄圃的谭满发养殖草鱼已有一些年头，多年来他总结了一套草鱼的养殖模式。“养草鱼要赚钱就得变。”谭满发告诉笔者，包括投喂的饲料要变，放养的品种和密度也要变。在鱼价高的时候，提高草鱼膨化饲料的投喂比例，膨化饲料的蛋白质高，鱼摄食后长速加快，能够提早出鱼，就能够在价格的高位卖鱼。而当草鱼价格低迷的时候，则降低膨化饲料的比例，增加沉水料的比例，以降低成本。按照现在统鲩10.6元/千克的价格，谭满发投喂膨化饲料与沉水料的比例是7∶3。

在养殖密度和养殖品种方面，谭满发则以10.6元/千克左右的价格为界限。倘若统鲩价格高于10.6元/千克，150～350克/尾规格草鱼的放养密度会达到1 500尾/667米^2，再加点50～100克/尾的鲫鱼约30千克/667米^2，350克/尾规格鳙鱼45～60千克/667米^2，50～100克/尾规格的鲢鱼30千克/667米^2。倘若草鱼价格低于10.6元/千克，谭满发则降低草鱼的养殖密度，通过提高配养鱼的密度提高养殖效益：150～350 克/尾的草鱼降低到 1 000 尾/667 米^2。而鲢鱼、鲫鱼的密度提高到 45 千克/667 米^2，鳙鱼的密度则保持不变。配养鱼增加了，沉水料的投放比例也跟随增加。在当地大部分草鱼养殖户一天喂 2 次，这样操作省时省工。但谭满发为了增加鱼的消化率，减少胃肠病的发生，他一般都比别人多喂 1 次，一天喂 3 次。

在草鱼日常管理上，谭满发很少用药，主要还是以换水为主。“投料高峰期，水容易变浊、发黑，杂质较多。这时候就需要换水。”

对于当前如何养草鱼以获得更高效益，谭满发认为“现在草鱼价格都是处于保本微利的水平，而配养鱼的价格比较稳定，只有把握好配养鱼的产量才能有好的收成。”

专家一句话点评：田忌赛马的策略应对市场价格变化。

6. 广东省中山市吴全枝：大草鱼养殖随行就市

吴全枝是中山市东升镇人，在东升这个脆肉鲩之乡，吴全枝在养殖脆肉鲩的同时，也养殖大草鱼。在被问到为什么要养大草鱼，而不选择养统鲩或者全部养殖脆肉鲩时，吴全枝告诉笔者，养脆肉鲩要 1 年才有收成，饲料、蚕豆的用量很大，使得养殖脆肉鲩的成本大，而且他自己养脆肉鲩也需要大草鱼，统鲩价格在 10.6 元/千克，而大草鱼价格在 14.6 元/千克左右，有 4 元/千克的价差，与其买别人的草鱼作种，还不如自己养到合适的规格。

吴全枝还认为，养大草鱼还能够根据形势变化做调整：如果大草鱼价格好，就直接卖大草鱼；如果价格不好，喂蚕豆继续养脆肉鲩也可以，年底搏一搏价格，这种天然的区域优势只有东升或者周边才有。

专家一句话点评：有脆肉鲩养殖撑腰，大胆养殖大草鱼。

7. 广东省佛山市三水区张老板：分散养殖品种，获取稳健收益

三水区乐平镇的张老板，因为他凭借多年的养殖经验摸索出一套多品种混养套养模式，效益高且非常稳健。

张老板从事养殖近 30 年，算是传统老一辈的养鱼户，但他的思维和眼界却并不传统，平时善于钻研技术，勇于尝试新理念、新模式，不断总结成功经验。比如，2013 年春节过后当地气温一度降至 3℃～4℃，很多养鱼户的桂花鱼都被冻死了，损失惨重，但他却利用在岸边烧柴火的土办法提高水温，保住了大部分的鱼，这一创新的举动就为他带来数十万元的收入。

张老板摸索出一套“草鱼—杂鱼—鸭—桂花鱼”混养套养模式，在年初饲养鸭苗，4 月份开始放入 250 克/尾规格草鱼 2 000 尾/667 米^2，500 克/尾规格的鳙鱼 150 尾/667 米^2，数十尾杂鱼入塘，等到一个半月后，放入鲮鱼花，配套放入 2 种规格桂花鱼种，之后视草鱼的不同规格分 3 批上市，1 年可养 3 造，收

入可观。该模式关键是根据不同养殖品种的生长特点和周期以及市场行情走势，进行合理及时地调整养殖品种的比例，就好比将鸡蛋放进不同篮子，不管市面上草鱼的行情如何大起大落，都能有较稳健的收益。前2年草鱼价格如此低迷，张老板靠着这套养殖模式照样能赚到钱。2014年的草鱼行情如此之好，张老板的收入自然不用多说。当地也有不少养鱼户模仿他的养殖模式，但能如此得心应手地操作却没有几个。

“出鱼快不快，还得看饲料的效果。”张老板对草鱼料的选择非常苛刻，5月初因鱼的长速偏慢果断更换饲料品牌。他十分看重饲料的蛋白质来源和含量，这决定了鱼的长速和料鱼比，同时偏好使用具有保健功效的饲料。因为草鱼价格达到历史高位水平，在投料不断加重的情况下，对鱼体的胃肠调理保健就显得非常必要。

专家一句话点评：“草鱼—杂鱼—鸭—桂花鱼”混养套养新模式。

8. 江苏南京张宝龙：草鱼青鱼混养：草鱼平本，青鱼增利润

张宝龙的池塘位于江苏省南京市六合区，一共有6口塘，2.67公顷。张宝龙在当地的养殖户中较为特别，一是他养殖草鱼与青鱼的密度较高，比别人高2倍；二是他自己在水产批发市场有档口，与其他养殖户要将鱼卖给收购商不同，他可直接将草鱼在终端销售，获取更高的利润。

张宝龙介绍，由于近几年当地鱼病较多，出于减少养殖风险考虑，当地养殖户的投苗密度较低，一般草鱼的投放密度都是400～500尾/667米^2。有的养殖户甚至仅投100～200尾/667米^2。

张宝龙一般在年底同时投放草鱼与青鱼苗，其中，投放250克/尾草鱼1 000尾/667米^2，100克/尾的青鱼600～1 000尾/667米^2。草鱼、青鱼全程投喂饲料，草鱼在6月底出售，青鱼则养到年底才出售。

从上年底养到第二年的6月份，张宝龙的草鱼规格为1.3千克/尾左右。张宝龙表示，草鱼的价格波动较大，如今养殖草鱼风险越来越大，草鱼不但要养得好，找好时机卖得好才能赚钱。

“我比其他养殖户有个优势，自己有批发档口，我养的草鱼可以自产自销，比其他养殖户多赚点。这也是我可以冒些风险，提高养殖密度的原因之一。”他说，即使鱼价下跌或是病害严重，导致养殖减产，因为有直销终端市场的优势，他亏损的风险与其他养殖户相比要小点。

张宝龙表示，当地青鱼的价格一直都比较稳定，养殖1年的青鱼塘头价为15元/千克。他的青鱼经1年的养殖，可达1.5～2千克/尾。“这种规格的青鱼，算是大鱼种，主要是卖给别人养殖大青鱼。”

他说，草鱼混养青鱼，草鱼养殖所得摊平所有的养殖成本，好的话可以小

赚一笔，真正赚钱得依靠青鱼。草鱼早点出售后，减少池塘的总体养殖密度，青鱼也长得快些。按照现在的青鱼价格，他每667米^{2}塘至少能赚1万多元。

专家一句话点评：草鱼与青鱼搭配模式，老模式新发展。

9. 湖北省洪湖大沙湖农场五分场张成强：微孔曝气减少浮头

张成强喜欢与人交流，尝试新鲜事物。2011年，他在一本渔业杂志上看到对微孔曝气增氧设备的介绍，认为可以解决其增氧难题，就果断花了四五千元买了一台。

之所以这么果断，除了愿意尝鲜外，还源于其2010年的惨痛教训。2010年，张成强试着提高放养密度与产量。那一年，他使用着常规的增氧机增氧，还不怎么会调水。到了高温季节，问题接踵而至，7月份鱼有4天浮头，8～9月份各3天，到10月份3天一次小浮头、5天一次大浮头，这让其非常苦恼。

2011年使用微孔曝气增氧设备后，张成强的鱼塘7～9月份基本不再浮头，虽然10月份还比较严重，但也有所减轻。此外，浮头减少还得益于水质的改善。就在最近3～4年，越来越多企业推广调水理念与方式、方法。张成强从中也颇有收获。湖北草鱼养殖成活率常常不高，以2014年上半年为例，成活率估计只有40%～50%。这不仅影响养殖户提高产量，还增加了苗种与药品投入，浪费了饲料。在洪湖通威的引导下，张成强2014年尝试给草鱼打疫苗，2.5万尾草鱼苗仅死几十尾，远低于市场平均水平，2013年同期他也死了5 500余尾草鱼。

正因为不断尝试与钻研，张成强的鱼塘这2年产量比2010年前后增加1 500～2 000千克，每667米^{2}增产50～65千克。

专家一句话点评：微孔曝气减少浮头，草鱼增产的新设施。

10. 湖北省洪湖市乌林范远道：鳙鱼每667米^{2}产量达192千克

“三分种、七分管。”范远道告诉笔者，日常管理一定要做得非常细致才可能养好鱼。以投料为例，他每次投料都会仔细观察鱼抢食性如何，如果鱼不断向上顶就说明抢食性强，这时他会将投料机出料口开大一些。如果鱼爱吃不吃，不少鱼还不断向外游，那就将出料口关小一点。投料做得细致，才能保证鱼的正常营养需要，让饲料不浪费，提高饲料利用率。

草鱼价格在各种水产品价格中一般比较低。因为养殖成本不断上升，养殖户要想获得良好的收益，常常会努力提高鳙鱼、白鲢等杂鱼的产量。2013年，范远道的鳙鱼产量达到192千克/667米^2，每667米^{2}贡献了约1 500元的净利润。范介绍，因为鳙鱼会吃鱼种料，对其早期快速生长有较大帮助；而且，范远道还会坚持施肥，产生硅藻让鳙鱼摄食，这才使得其鳙鱼产量比较高。范远道有几十年养殖经历，经验非常丰富。不过，他从不以此限制住自己思维。他常常向别人学习，只要了解到周边养殖户养得比较好，不管对方年纪大小，都会过去请教人家。这也是其能够保持高效益的重要原因。

专家一句话点评：鳙鱼高产，池塘效益提升。

11. 湖北省荆州市荆州区纪南镇王松林：溶氧测控仪保证溶氧又省力

王松林养殖管理做得非常细致。以投料为例，他会根据摄食期间鱼群面积大小来判断鱼的摄食情况，从而调整投喂量。他每餐会用磅秤来称投喂量，一般都不会剩料。王松林还从最近开始，由每天投喂3次改为4次，分别是上午7时、中午11时、下午2时和5时。料投得细，既能保证鱼正常的营养需要，又不会浪费饲料，污染水体。

2013年到养殖后期的鱼载量比较高，超过了1千克/米^3。这对其溶氧管理要求也非常高。王松林告诉笔者，到养殖后期，每8～10天会坚持用芽孢杆菌、光合菌等产品调水。此外，他还花费1600元购买了溶氧测控仪，实时监控水体溶氧，既保证了效果，又节省了人力。因为效果好，王松林周边不少养殖户都购买溶氧测控仪。

“2013年是我养鱼以来产量最高、效益最好的一年。”王松林对此颇为欣慰。这正得益于其细致的日常管理。

专家一句话点评：精细管理，精准养殖，效益提升。

12. 广东省惠州市杨财：混养高密度鲫鱼，每年出鱼20次

“现在都是现金买饲料。”目前在惠州市沥林镇养鱼的杨财告诉笔者，自从转换养殖模式后，就不欠经销商的饲料款了，因为他是目前沥林镇唯一进行草鱼轮捕轮放的养殖户。

杨财是重庆城南人，早年南下广东打工，曾经帮过当地有名的大经销商陈善扬搬货打工，现在则是陈善扬的客户。目前，杨财在沥林镇拥有2口3.33公顷水面的鱼塘。从搬运工到养鱼高手，细心好学的他走出了一条与众不同的养殖路线。

以前，杨财采取草鱼与罗非鱼混养的模式，为单批放苗，但是密度过高，容易顶塘，而且料鱼比高，养殖中后期鱼的长速慢，还经常欠经销商的饲料款，最高时欠经销商20多万元。后来杨财学习番禺、中山地区的草鱼轮捕轮放模式，尝试改变养殖思路。“自从轮捕轮放后，资金周转快，现在都是现金买饲料，再也不欠经销商的钱了。”杨财说。

杨财的养殖模式是：蛋鸭1000只/667米^2、草鱼2000尾/667米^2（50克/尾）、鳙鱼80尾/667米^2（100克/尾）、鳊鱼130尾/667米^2（40尾/千克）、鲫鱼2200尾/667米^2（7朝/尾）、鲤鱼100尾/667米^2（100克/尾）。草鱼分3次放苗，第一次放苗规格为50克/尾，1000尾/667米^2；当第一批草鱼养到平均

规格为150克/尾时，开始放第二次苗，每667米^{2}再投放500多尾草鱼苗（50克/尾）；第三次放苗的时间是在第一次出鱼后，此时补放500尾/667米^2（50克/尾）。

“一般每年出鱼20次左右。”杨财告诉笔者，每次出鱼1 500～2 000千克，每667米^{2}产量2 000千克，2年干塘1次。2013年10月2日，杨财第一次放苗；11月10日，他进行第二次放苗；第三次放苗的时间是2014年1月22日前后。他一般出鱼的规格为650克/尾，第一次出鱼时间是2014年1月20日；3月16日第二次出鱼，之后每7～10天出鱼1次，目前已经出鱼13次。“前13次出鱼以均价11.6元/千克卖出，基本已经回本，剩下的鱼都是利润。”

与此同时，放苗到出鱼，3.33公顷水面总共死了1 500多尾鱼，鱼苗的成活率高达95%以上。此外，因为看好鲫鱼在广东市场的行情，杨财的鲫鱼放养密度高达2 200尾/667米^2，远远高于当地500～600尾/667米^{2}的养殖密度，而且其鲫鱼的成活率高达70%。“鲫鱼需要养殖2年，养殖到规格为350克/尾就开始上市，全程只投喂草鱼料。”

专家一句话点评：轮捕轮放，增加鲫鱼放养，分批出鱼，减少风险。

三、网箱养殖

网箱养鱼是将由网片制成的箱笼，放置于一定水域进行养鱼的一种生产方式。网箱多设置在有一定水流、水质清新、溶氧量较高的湖泊、河流、水库等水域中。可实行高密度精养，按网箱底面积计算，每平方米产量可达十几至几十千克。主要养殖鲤、鲢、鳙、草鱼、团头鲂。网片（网衣）用合成纤维或金属丝等制成，箱体以长方形较好。每只网箱面积为数十平方米，箱高2～4米。设置方式有浮式、固定式和下沉式3种，以浮式使用较多。

我国常见的网箱养殖鱼类，主要有大宗鱼类的鲢、鳙、草鱼、鲤、团头鲂等。放养密度的确定，需要考虑到当地的鱼种和饲料供应能力，同时要看计划达到商品鱼的规格等诸多方面。

网箱养鱼的生态环境不同于池塘养鱼。网箱一般只有2米深，面积也不超过60米^2。显然，在网箱这种小的生态环境中，除鱼群错综复杂外，不会因鱼的习性不同而在网箱里分层。在网箱养鱼生产上，一方面要求网箱中各种循环环境条件都能做充分利用，使网箱的生产潜力得到充分发挥；另一方面又要求具有相同生产要求的两个或两个以上的鱼种“重叠”度要小。网箱中鱼群的生长受水温、溶氧、饵料等环境因素和鱼类内在生物学特性的制约，当环境条件能满足鱼类生长需要时，种群个体间生存竞争缓和，这时鱼类生长速度主要取决于种的内在特异性，在这种情况下，适当增加密度，产量可以随密度增加而提高。当密度增加到一定程度后，鱼群生存空间拥挤，对饵料和水体空间竞争激烈，环境因素恶化，鱼类生长率势必减慢直至平缓，即网箱已达到饱和容纳量（或最大收容量），因此放养密度应与网箱最大收容量相适应。放养量适当，鱼产量就高，经济收益就大。但密度过大时，鱼类个体生长率随放养密度增加而减小，影响鱼类生长，达不到商品鱼规格。若放养密度过低，又不能发挥养殖水域的负载潜力，网箱养鱼高产量的优势不能体现。所以，应把鱼、种密度控制在可能达到最大收容量水平以下，既保证群体产量，又能达到商品鱼要求的规格。目前，由于网箱规格和设置方式的不同，水体环境条件差异、饲养管理技术水平的高低，以及养殖品种的多样性，网箱放养密度还难于确定统一的标准。这就要求在放养时各鱼种之间必须有合理的搭配比例。

（一）主养滤食性鱼的搭配

这类鱼主要是鲢、鳙鱼等。由于它们滤食器官结构上的差异，食谱也为之不同，主要差别在于被摄食对象个体的大小上。鲢鱼有利于摄食个体较小的浮游植物，鳙鱼则主要能摄取个体较大的浮游动物。所以，当水体中小个体的浮游植物较多时，应以鲢鱼为主要养殖对象，鳙鱼的搭配比例一般不要超过25％；相反，当个体较大的浮游动物较多时，则应以鳙鱼为主养对象，鲢鱼搭配比例不要超过25％，这样鲢、鳙鱼都可良好生长。而在鲢、鳙鱼都可以获得同样机遇的饵料条件下，主要考虑的是放养密度，而不是搭配比例。在适宜的密度范围内，甚至纯养鲢鱼或纯养鳙鱼都能获得相同的养殖效果。换句话说，就是在一定的密度范围内，鲢鱼的比例增加，鳙鱼的比例就要相应地下降；反之，亦然。

（二）主养吃食性鱼的搭配

如果网箱养鱼不依靠天然饵料，主要依靠人工投喂，就要考虑到“贪食”和“温食”鱼类之间的搭配关系。严格地说，没有一种颗粒饲料的配方能完全适合两种鱼类营养生理的需要。显然，如果研究营养完全的配方饲料养鱼，最好单养某一种鱼。因而人工投喂的网箱最好根据天然饵料的基础情况，主养1种鱼，适当搭配利用天然食料的鱼类。如果搭配鲢、鳙鱼，一般不超过放养比例的15％。

（三）放养量

网箱饲养商品鱼的放养量，就目前国内情况来说，养吃食性鱼类一般每立方米水体放养10～15千克，即进箱鱼种规格如果定为100克/尾，那么每立方米水体的放养尾数应为100～150尾；鲤（草鱼）占85%、鳙鱼占10%、鳊鱼占5%（如放养规格增大到个体重150～300克，则可放养鲤或草鱼，每平方米放养75～85尾）。养滤食性鱼类，每立方米水体放养1～3千克，即进箱鱼种规格如为100克/尾，那么每立方米水体的放养尾数应是10～30尾。鳙、鲢鱼的比例分别是80%和20%。表6-14、表6-15分别介绍了网箱培育鱼种和成鱼养殖的放养情况。

表6-14　网箱培育鱼种放养情况

饲养种类	进箱规格（厘米/尾）	出箱规格（克/尾）	放养密度（尾/米^3）
鲤　鱼	4.0～6.0	＞30	400～600
草　鱼	8.0～10	＞50	400～500
罗非鱼	4.0～6.7	＞20	400～600
团头鲂	4.0～6.0	＞30	400～600
鲢	3.0～5.0	＞30	75～250
鳙	3.0～5.0	＞50	75～250

表6-15　网箱饲养食用鱼放养情况

饲养种类	进箱规格（克/尾）	出箱规格（克/尾）	放养量（千克/米^3）
鲤　鱼	30～150	＞400	4～13
草　鱼	50～150	＞750	4～8
罗非鱼	20～50	＞200	3～8
团头鲂	30～50	＞200	3～8
鲢	130～180	＞750	1～3
鳙	200～350	＞750	1～3

放鱼种时间视水温而定。对于暖水性鱼类，春季水温13℃～15℃、秋季水温15℃～18℃时放养。年龄选择：除鲢、鳙鱼外，进箱鱼种应选择1冬龄以内的幼龄鱼。

四、大水面养殖

所谓大水面保水增养殖就是就是指以保护水环境为目的，利用封闭型湖泊、水库以及湖荡地区人工围成的几十公顷、上百公顷的圩口等养殖水面单元较大的水体中，选择适当鱼类进行增养殖的统称。即是以现代生态学理论为基础，根据水体特定的环境条件，通过人工放养适当的鱼类，以改善该水域的鱼类群落组成，保障生态平衡，从而既达到保护水环境，又能充分利用水体的渔产力为目的的一种渔业生产方式，即“保水渔业”，通俗地说就是“以鱼治水和以鱼养水”。

保水渔业，虽然在形式上与传统的大水面增养殖有许多相似之处，但两者之间具有本质的区别。首先，传统的大水面增养殖是以最大限度地获取水体渔业产力为目的，因此放养种类、密度或养殖模式都与以保水治水为目的的保水渔业相区别。而从养殖与水环境的关系来看，传统的大水面增养殖，往往是导致水体富营养化的一个原因，而保水渔业则能减缓水体的富营养化。由于保水渔业是根据现代生态学中的生态位理论和下行控制（非经典生物操纵）理论而设计的一种放养模式，因此鱼类的人工投放将有助于改善水体的生物群落结构，从而有利于水域生态系统的物质循环和能量流动，保障生态平衡，使渔业生产与环境保护有机地统一起来，两者得到协调发展。

凶猛性鱼类对水体的影响主要表现在：凶猛性鱼类能够控制水体中滤食性鱼类的数量，从而使浮游动物得到发展，并通过它来达到控制水华暴发的目的，这一技术通常被称为生物操纵。国外对生物操纵技术有过广泛的研究，但还不能得到完全一致肯定的结果。国内中国科学院水生生物研究所和水库渔业研究所都对生物操纵技术进行过研究。特别是水库渔业研究所对深圳市某水库利用生物操纵技术取得了较好效果。因此，通过对生物操纵技术进行广泛研究，如果能得到理想的效果，那么也就可以成为保水渔业的一种形式和理论基础。

其他水生生物对水体的影响。除了外来无机盐（氮、磷等）的输入能够引起水体富营养化外，有机物的大量输入（如残饵、动植物尸体、粪便等），同样也是引起水体富营养化的重要原因。例如，螺类、鲫鱼和细鳞斜颌鲴等底栖生物，能够摄食有机碎屑而降低水中有机物的负荷。但由于许多湖泊中的螺类经常遭到大量捕捞，资源量减少，不利于对有机碎屑的利用，因此人工投放这种能够有效摄食有机碎屑的底栖生物，对保护水环境也具有重要意义。特别是在浅水性湖泊，这种生物的组成将是非常必要的，从而构成浅水湖泊保水渔业的重要基础。

水库保水渔业以发展鲢、鳙鱼养殖较好。由于各地水库外来营养盐负荷的不同，以及水库自身的水文特征和用水调度的差别，进行保水渔业所需的鲢、鳙鱼放养量也不可能统一。但一般而言，水库保水渔业中为防止水华暴发而需要的鲢、鳙鱼放养密度可以在 6～20 克/米^3，并且根据水库中鲢、鳙鱼的实际生长情况进行调整。

湖泊保水渔业发展则与水深有关。一般深水性湖泊，与水库相近；而浅水湖泊，则应根据草型或藻型湖泊采取不同的生产模式。通常，浅水藻型湖泊、多草型湖泊由于水草的过度利用和富营养化后演化而来，因此，其外来营养盐负荷较大，鲢、鳙鱼放养密度应大一些。通过鲢、鳙鱼放养，控制藻类水华暴发，待水体透明度提高到一定程度后再尝试水生植物的修复，使湖泊环境得到进一步改良。草型湖泊的保水渔业则应从解决其有机污染着手，同时制定合理的水草利用计划，并尽量控制网围养殖对湖泊环境造成的可能影响。

[案例 6-2] 大水面保水养鱼模式

浙江省千岛湖向来以山清水秀闻名，为我国著名的旅游胜地。然而在 1998 年 5 月和 1999 年 5 月，其中心湖区却也连续两次发生了大面积的水华，水质也出现了较严重的异味。通过相关调查后发现，在 1998 年前后，由于放养的鲢、鳙鱼遭到过度捕捞而使水库中鲢、鳙资源遭到破坏是导致水华暴发的一个重要原因（这一推断也被随后 3 年多的研究结果得到进一步的验证）。

1999 年 8 月，上海海洋大学与新安江开发总公司在千岛湖开展了鲢、鳙鱼遏制千岛湖水华的试验研究。通过在中心湖区 1.45 万公顷的水域内（用拦网与其他湖区隔开）大量放养鲢、鳙鱼，3 年内禁止任何单位和个人在此捕捞，即对鲢、鳙鱼资源进行保护和恢复。结果，在没有控制千岛湖外来营养盐输入的情况下，仍然成功地使水华得到了有效遏制。3 年中无论枯水年还是丰水年，水华都没有再暴发，水质也得到了改善。可见，鲢、鳙鱼在维护千岛湖水质稳定方面起了积极的作用。

[案例 6-3] 鲢、鳙鱼控制水华模式

武汉市东湖，由于受到外来营养物质的负荷很大，因此 1984 年以前每年夏天都要发生较为严重的微囊藻水华。然而在加大了鲢、鳙鱼放养量后水华从 1985 年至今没有重现。据研究推测，水华的消失主要是大量放养鲢、鳙鱼的结果。虽然鲢、鳙鱼放养还不足以使东湖富营养化得到逆转，但至少使水华得到了有效的遏制，从而避免了微囊藻等藻毒素对水生态系统乃至人民生活造成影响。可以设想，假如东湖没有鲢、鳙鱼的放养，微囊藻水华会消失吗？相反，如果外源输入得到有效控制，再利用鲢、鳙鱼的这种积极作用，那么水体的富营养化必将得到较大程度的改观。因此，鲢、鳙鱼对水生态系统的这种积极作用，是保水渔业的重要理论基础。

第四节　苗种培育与质量鉴别

一、苗种培育

养殖的鱼类苗种培育大致可分为静水培育和流水培育两种方法。

（一）静水培育

一般是在池里施肥，以繁殖轮虫等鱼类的天然食料，并辅以人工饲料。这是培育淡水鱼类苗种的传统方法。利用湖汊、库湾等较大的水体培育苗种亦属此类。整个过程分两个阶段：第一阶段即鱼苗培育阶段，是将全长6～9毫米的鱼苗，经15～30天的培育，养成全长3厘米左右的“夏花”鱼种。第二阶段即鱼种培育阶段，是将“夏花”分塘饲养，经3～5个月培育，养成全长10～17厘米、体重10～50克的当年鱼种。青鱼、草鱼的当年鱼种再养1年成为2龄鱼种，既可用专池饲养，也可在养殖食用鱼的池中套养。

静水培育的主要技术环节：

1. 鱼苗池和鱼种池准备　二者的大小分别为1 334米^{2}和3 335米^2；水深分别为1米左右和2米左右。要求池底平坦，无大量淤泥、杂草；靠近水源，注、排水方便，水未污染，溶氧量较高，光线充足。苗种入池前，须在池中施放生石灰或茶籽粕、漂白粉等，以消灭病虫害和杀死野鱼。生石灰还可使水呈微碱性，增加水中钙离子浓度，交换释放被淤泥吸附的磷酸、铵、钾等离子，提高水的肥度，改良水质，待药性消失后即可放养。

2. 苗种放养　鱼苗放养密度一般为每667米^2 10万尾左右，鱼种密度根据所需的规格而定，一般每667米^{2}放养万尾，当年可长至13厘米以上；每667米^2 7 000尾，则可达17厘米左右。培育鱼苗采用单养，培育鱼种则常采用混养（一般以草鱼或青鱼为主，与鲢、鳙等上层鱼及鲮、鲤、鲂、鳊、鲫等中、下层鱼混养），既可充分利用水体内的饵料生物，又能控制水的肥度。

3. 施肥和投喂食料　鱼苗下塘前先施肥培养轮虫等浮游生物作为饵料，此后向池中施肥（绿肥、粪肥或无机肥料），可根据水的肥度，每日施1～2次或数日施1次，每667米^{2}水面每次施数十千克至百余千克有机肥料。除施肥外，还适量投喂商品饲料。豆浆兼有肥料和饵料的作用，我国许多地方用以饲养鱼苗。也可用水花生、水浮莲、水葫芦等水生植物打成草浆以代替豆浆。鱼种培育除施适量肥料以繁殖天然饵料外，主要投喂商品饲料。培育草鱼、团头鲂以及鳊等鱼种还应投喂芜萍、幼嫩水草或陆生禾本科植物的嫩叶，每日投喂1～3次。

4. 改善水质 在苗种培育期间，应适时加注新水，以增加水量和水中溶氧量和改善水质，促进饵料生物的繁殖，加速鱼体生长。

5. 鱼体"锻炼" "夏花"和当年鱼种出塘前，必须进行鱼体"锻炼"，即用网将鱼捕入网箱内密集一定时间，每日或隔日进行1次，共2～3次。经"锻炼"后的鱼体质结实，能经受得住分塘、运输等操作。鱼在"锻炼"中因受惊扰而大量排出黏液和粪便，还可防止在运输途中水质恶化。

（二）流水培育

指在水泥池等小水体中高密度培育苗种，只投饵不施肥，是较晚发展起来的培育方式。一般投喂人工培养的活饵料或人工配制的适口且营养价值较完全的饵料。这种方式可节约用地，提高苗种培育密度。此外，还可利用湖汊、库湾和稻田培育苗种。

二、鉴别苗种质量优劣的方法

（一）鱼苗（孵出3～4天的水花）

1. 看体色 优质鱼苗群体色素相同，无白色死苗，身体清洁，略带微黄色或稍红；劣质鱼苗群体色素不一，为"花色苗"，具有白色死苗，鱼体拖带污泥，体色发黑带灰。

2. 看游动情况 在鱼篓内将水搅动产生旋涡，鱼在旋涡边缘逆水游泳。鱼苗大部分被卷入旋涡的为劣质。

3. 抽样检查 在白瓷盆中，口吹水面，鱼苗逆水游泳，倒掉水后，鱼苗在盆底剧烈挣扎，头尾弯曲成圆圈状为优质苗；口吹水面，鱼苗顺水游泳，倒掉水后，挣扎无力，头尾仅能扭动为劣质苗。

（二）乌仔到夏花（培育15～20天的鱼苗）

1. 看出塘规格 同种鱼出塘规格整齐一致为优质苗；鱼苗个体大小不一为劣质苗。

2. 看体色 体色鲜艳，有光泽为优质苗；体色暗淡无光，变黑或变白为劣质苗。

3. 看鱼活动情况 鱼苗行动活泼，集群游动，受惊后迅速潜入水底，不常在水面停留，抢食能力强的为优质苗；行动迟钝，不集群，在水面漫游，抢食能力弱的为劣质苗。

4. 抽样检查 鱼在白瓷盆中狂跳，身体肥壮，头小，背厚，鳞、鳍完整，无异常现象的为优质苗；鱼在白瓷盆中很少跳动，身体瘦弱，背薄，俗称“瘪子”，鳞、鳍残缺，有充血现象或异物附着的为劣质苗。

（三）1 龄鱼种的质量鉴别

1. 看出塘规格是否均匀 同种鱼种，凡是出塘规格均匀的，通常体质均较健壮。个体规格差距大，往往群体成活率低，其中那些个体小的鱼种，体质消瘦，俗称“瘪子”。

2. 看体色 即通过鱼种的体色反映体质优劣（俗称看“肉气”）。优质鱼种的体色是：青鱼色青灰带白。鱼体越健壮，体色越淡。草鱼鱼体淡金黄色，灰黑色网纹鳞片明显。鱼体越健壮，淡金黄色越显著。鲢鱼背部银灰色，两侧及腹部银白色。鳙鱼淡金黄色，鱼体黑色斑点不明显。鱼体越健壮，黑色斑点越不明显，金黄色越显著。如果体色较深或呈乌黑色的鱼种均是瘦鱼或病鱼。

3. 看体表是否有光泽 健壮的鱼种体表有一薄层黏液，用以保护鳞片和皮肤，免受病菌侵入，故体表呈现一定光泽。而病弱受伤鱼种缺乏黏液，体表无光泽，俗称鱼体“出角”“发毛”。某些病鱼体表黏液过多，也失去光泽。

4. 看鱼种游动情况 健壮的鱼种游动活泼，逆水性强。在网箱或活水船中密集时鱼种头向下、尾朝上，只看到鱼尾在不断地煽动；否则为劣质鱼种。

5. 抽样检查 选择同种规格相似的鱼种称取 0.5 千克，计算尾数，然后对鱼种进行鉴别。

第五节 成鱼养殖

我国池塘养鱼的整个生产过程大致分为：主要用人工方法繁殖鱼苗、鱼苗鱼种培育和食用鱼养殖 3 个主要阶段。

放养鱼种的规格要根据不同鱼种的较佳生长阶段、当地气候条件、养殖技术水平以及产量和经济效益等因素加以确定。我国通常采用的鱼种规格为草鱼 100～500 克、青鱼 500～800 克、鲢 50～300 克、鳙 50～500 克、鲮 15～50 克、鲤 15～50 克、鳊或团头鲂 15～50 克、鲫 15 克左右。养殖技术的要点如下。

（一）混养和密养

即在同一池塘里混养和合理密养习性不同、食性各异或同一种类而规格不同的鱼种，这是我国池塘养鱼技术的核心。鲢、鳙鱼生活在水体上层，草鱼、团头鲂生活在水体中、下层，青鱼、鲮、鲤、鲫鱼等生活在水体底层。将这些不同种类的鱼混养在同一池塘中时，与单养一种鱼类比较，不但可以增加池塘单位面积的放养量，而且由于各种鱼类需要的饵料种类不一，还能充分地利用池塘中的各种饵料资源，产生互利关系。例如，青鱼和鲤食螺、蚬等底栖动物；草鱼和团头鲂食草，但对纤维素的消化能力很差，粪便中含有大量未经消化的茎、叶细胞，能起肥水作用，培养浮游生物和提供丰富的悬浮有机物；鲢、鳙鱼则以浮游生物为食。若将这些鱼类混养，就可以充分利用这些饵料资源，又防止了水的富营养化。此外，鲤、鲫、鲮、鲫鱼均有取食残屑物质的特点，它们在觅食时翻动塘泥，可加速有机物质的分解，改善池塘生产条件。混养中各种鱼之间也有争食、挤占生活空间等矛盾，通常可采用控制某些鱼类的放养量、对某些鱼类提早收获、放养规格不同的鱼种等方法来加以避免或缓和。将同一种类不同规格的鱼进行混养，可在生产食用鱼的同时生产大规格鱼种，从而减少培育鱼种的池塘，扩大食用鱼的饲养面积。在合理的密度范围内，只要水温适宜、水质良好、混养鱼类的比例和放养鱼种的规格适当、饵料质优充足、饲养管理细致，则放养密度越大，产量越高。

我国各地因气候、所养鱼种、饵料资源等的不同而形成了多种混养类型。最普遍的是以鲢、鳙鱼为主和以草鱼、鲢鱼为主的类型；其次是以鳙、鲮、草鱼为主的类型，多见于珠江三角洲；青鱼、草鱼并重和以青鱼为主的混养类型多见于太湖地区；华北、东北、西北各省则多以鲤为主。

（二）轮捕轮放

即一次放足鱼种，饲养一个时期后，分批捕出其中部分达到商品规格的成鱼，再适当补放鱼种。采用这种方法能使池塘单位水体始终保持适宜的密度，避免放养初期因鱼种较小而使水体不能得到充分利用，养殖后期因鱼长大、生活空间相对减少而使鱼类生长受到抑制，从而可取得较高的单位面积产量。

（三）日常管理

控制池水颜色是日常管理的主要技术之一。豆绿色、茶褐色等良好水色是一个综合性指标，它反映池水中的浮游植物是以隐藻、硅藻及其他藻类（主要是鞭毛藻类）为优势种群，如这些藻类形成“水华”，表明各种营养盐类充足，代谢的中间产物分解快，溶氧状况良好。水色的控制主要靠适时适量施肥和注入新水、排出池水。饵料主要是水草、旱草和藻类，另补充投放配合饵料、油饼类、谷类和糠麸或田螺、贝类等。可根据鱼的计划产量和饵料系数，计算全年总的投饵量，然后根据鱼的不同生长阶段、摄食强度、水温等每天酌量投喂。饵料要新鲜、优质。投饵要固定地点，以便检查鱼类摄食情况。施肥目的在于培养池中作为饵料的浮游植物，其种类以有机肥为主，包括禽、畜肥和绿肥，并辅以化肥。此外，高产精养鱼池内因鱼类放养密度大，投饵施肥量多，容易导致溶氧量下降，对鱼类生存造成威胁。如我国鲤科鱼类常在黎明前后当溶氧量降至 1 毫克/升左右时，先在水面呼吸，称为“浮头”；如溶氧量继续下降至 0.2～0.5 毫克/升时，则开始死亡，是为“泛塘”。为此，须经常观察鱼池动态，及时加注新水或开动增氧机，以减轻浮头程度和防止泛塘。

（四）综合经营

我国有些地区还常以池塘养鱼为主，与家畜家禽饲养、养蚕、种菜等综合经营，以充分利用农业自然资源和农副产品及其加工废弃物、节约能源、维持生态平衡、提高经济效益。如有着较久历史的广东桑基（蔗基、果基）鱼塘，就是在鱼池堤埂植桑（还可适当间种香蕉或蔬菜），桑叶喂蚕，蚕沙（是蚕粪、残桑、蜕皮和死蚕尸体等的混合物）和蚕蛹养鱼，鱼粪肥塘，塘泥肥桑，使鱼、桑、蚕都能很好地生长，从而形成一个水陆相互促进的多种经营的良性循环人工复合生态系统。湖南的养鱼、种菜、养猪结合，江苏的养鱼、养奶牛、养鸭、养猪结合，也都是综合经营的典型，取得了良好的经济效益。

[案例 6-4]　环境友好型青鱼养殖技术

青鱼环境友好型养殖方法，包括如下步骤：池塘选择、池塘布局、鱼种放养、饲料与投喂、水质调控和日常管理。

池塘选择为：池塘由主养鱼塘和辅养鱼塘组成，其面积比为 1∶1～1.5；池塘要求靠近水源，进、排水方便，通电和水陆交通便利；主养池塘以 0.67～1.33 公顷为宜，水深 1.6～2.2 米；辅养池塘大小规格可以不一，也可由多个池塘组成，水深在 1.5～2.0 米均可；池底淤泥均不宜超过 20 厘米；池塘应配备 0.3 千瓦/667 米^2 的增氧设施和水泵，塘坎夯实。池塘布局为：养殖池塘由主养鱼塘和辅养鱼塘组成，主养池塘池底平坦，淤泥厚度应小于 25 厘米；辅养池塘北侧堤岸和东西两侧部分堤岸种植 30～50 厘米宽的芦苇或藕，在水体中央按水体总面积的 20%种植水菱及水葫芦，并分隔成团块状平均分布于池塘中；主养池塘和辅养池塘水位相同，水流可以互相流通。

鱼种放养为：主养鱼塘按 0.8 公顷放养计：其中青鱼 3 325 千克，平均规格为 1.25 千克/尾；搭养白鲢 100 千克，平均规格为 0.1 千克/尾；花鲢 40 千克，平均规格为 0.1 千克/尾；草鱼 70 千克，平均规格为 0.5 千克/尾。每 667 米^2

水面的平均载鱼量为295千克。辅养鱼塘按6.67公顷放养计：其中青鱼1 375千克，平均规格为0.3千克/尾；搭养白鲢50千克，平均规格为0.075千克/尾；花鲢35千克，平均规格为0.1千克/尾；草鱼30千克，平均规格为0.25千克/尾。每667米^{2}水面的平均载鱼量为149千克；并投放白鲢鱼种20千克/667米^2，花鲢鱼种7.5千克/667米^2。饲料与投喂为：主养鱼塘和辅养鱼塘投喂膨化浮性配合饲料，饵料系数平均小于1.5；采用人工投喂，每天投喂2次，投喂时间分别为上午8时和下午3时，每次的投喂时间以30分钟鱼把饲料吃完为宜，每次投喂量根据当天水温、气候、鱼的生长情况随时调整，阴雨天按五成饱投喂或禁喂。水质调控和日常管理为：当主养池塘水质较肥时，可以通过水泵使主养池塘和辅养池塘之间进行水交换，利用辅养池塘水中水生植物吸收水体中的氮和磷，同时利用较多的花、白鲢控制水体中的浮游生物；在7～9月份，每隔10天使用枯草芽孢杆菌制剂或其他微生态制剂进行调节水质，必要时进行加注新水；鱼池有专人管理，每天坚持巡塘2～3次，观察青鱼的吃食、水质、病害，并充分做好投喂量、换水情况、病害发生情况的记录，其他管理按照常规方法进行。

（案例提供者　叶金云）

[案例6-5]　环境友好型网箱养殖技术

我国水库资源非常丰富，已建成水库86 353座，总水面超过200万公顷，占淡水水面的11.5%。2008年水库鱼产量达241.54万吨，约占全国淡水鱼产量的11.63%。可见，水库网箱养殖是水产业生产的重要形式。但目前在实施的网箱养殖中，往往忽略确保实现“资源节约、环境友好”的生态、健康、集约养殖原则，投饵网箱养殖产生的鱼粪和残饵的散失直接引起耗氧和有机物污染，水体中氮、磷元素超负荷，导致富营养化。如果长期忽略该问题，将影响养殖水体生态系统的良性循环。针对以上问题，设计了生态环保的大网箱，将传统网箱进行更新改造，在吸收运用国内外共性技术的基础上创新设计、科学组装并与生物净化系统、生态、健康、集约养殖技术结合，控制养殖污染中的关键环节。

一、生态、健康、集约养殖模式的设计

新设计的水库网箱，是生态、健康、集约的养殖模式，一方面通过物理净化技术的支撑，实现网箱箱体结构系统的创新，即在网箱的悬浮装置和内、外箱箱衣下面，科学组装收集鱼体排泄物与散失残饵的收集系统，包括漏斗支管架、漏斗形鱼粪收集器、振动筛动装置、积粪袋、积粪袋外套、锚、起粪环、

起粪铰链、滑轮等；另一方面充分利用生物本身的净化除污能力，进一步减少污染，即在内箱主养名优淡水水产品的同时，内、外箱之间放养一些滤食性、杂食性鱼类和“信号鱼”，起到净化残饵和清除网上附着生物的作用；并在网箱外3～100米的范围建设浮岛，种植水生植物（水生花卉如睡莲，水生蔬菜如水芹菜等），进一步改善水质。

1. 环保网箱的设计

实验设在龙滩水库。根据贵州省罗甸县龙滩水库常年平均水温为24℃、最高水温为32℃、最低水温为16℃、溶氧相对稳定的特点，同时兼顾抵抗大风大浪的冲击，确保网箱安全，设计内箱平面积为100米^2，水深为6米；外箱净面积为144米^2，水深7米，并由20个油桶浮载3 000千克；钢架选用直径4厘米、管壁厚度0.4厘米、长度为6米的镀锌管焊接而成，钢管之间为直连接，并采用“#”形加固，每个网箱之间间隙3～5米，连接并加固。

为解决大网箱在一个养殖周期内换网洗网难的问题，在确保养殖安全、增大换水量、提高溶氧量的前提下，制作网片时扩大了网眼，制作了内网网眼为5厘米、外网网眼为6厘米的无节抗紫外线网片。

网箱结构主要有深水方形生态环保网箱（图6-1）。

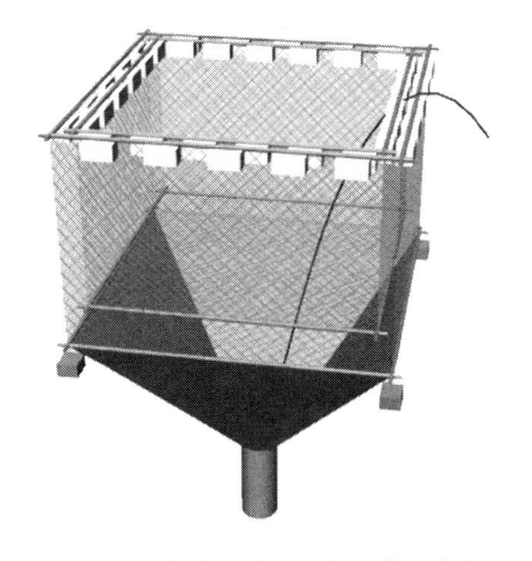

图6-1 深水方形生态环保网箱立体图

2. 生产性环保网箱的结构

在模拟和中试集粪网箱后，确定了两种新型生态养殖环保网箱，网箱和鱼粪收集系统成品结构如下：

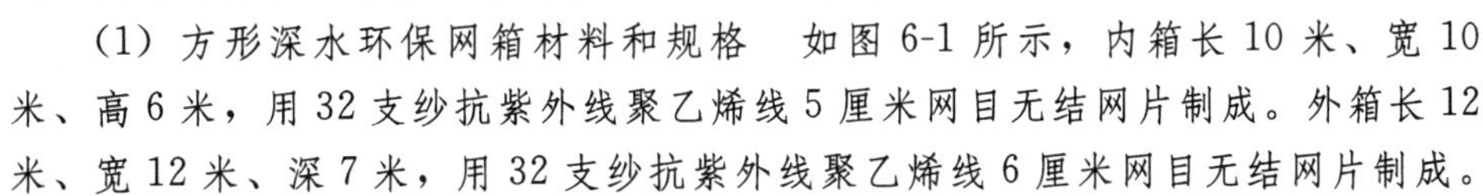

（1）方形深水环保网箱材料和规格　如图6-1所示，内箱长10米、宽10米、高6米，用32支纱抗紫外线聚乙烯线5厘米网目无结网片制成。外箱长12米、宽12米、深7米，用32支纱抗紫外线聚乙烯线6厘米网目无结网片制成。

（2）圆形环保深水大网箱规格与结构　圆形环保网箱由内箱100米^2、外箱138.5米^2、净面积38.5米^{2}等两种规格网箱和底部联结漏斗形鱼粪搜集器组成，其中：

内箱规格：直径为11.28米×深6米，用32支纱聚乙烯网线，制作成网眼5厘米的无结网片网箱。

外箱规格：直径为13.28米×深7米，用32支纱聚乙烯网线，制作成网眼

6厘米的无结网片网箱。

（3）漏斗形鱼粪收集器　长12米、宽12米、深7米，用筛绢布（每平方厘米40目）制成上口直径为13.28米、高为7米、下口为50厘米的漏斗形鱼粪收集器。

（4）集粪筒和外套　集粪筒直径50厘米，高15米；用筛绢布（每平方厘米60目）制成上口直径为50厘米、高为15米的集粪筒。在集粪筒下面2米左右，安装用20目聚乙烯网布制作的外套，防止起粪时挂伤集粪筒，提高集粪筒使用寿命。

（5）起粪环　用钢材焊接成直径50厘米的圆套在集粪外套上。

二、内外网箱之间的鱼种放养

在确保水产养殖生态安全、增大换水量、提高溶氧量的前提下，科学运用鱼类食物链原理，在外箱内养殖滤食性和刮食性鱼类，一方面解决了大网箱在一个养殖周期内换网洗网难的问题；另一方面起到了净化水质，充分利用饵料，实现资源节省与环境友好的效果。

三、绿色植物浮岛的设计

在网箱边缘3～100米的范围建设浮岛种植水生植物（水生花卉如睡莲，水生蔬菜如水芹菜等）。

四、应用试验

2009年7月28日至10月30日在贵州罗甸龙滩水库将新设计的生态环保养殖模式应用于生产，进行中试试验，并与传统网箱的养殖效果进行了对比。试验结果见表6-16。

表6-16　深水网箱与传统网箱养殖效果对比

组别	始尾数	尾重（克/尾）	始总重（千克）	末尾数	末尾重（克/尾）	末总重（千克）	总增重（千克）	尾日增重（克）	死亡率（%）	饲料重量（千克）	饲料系数
深水网箱	14000	150	2100	13965	620	8658.3	6558.3	6.18	0.25	9290	1.42
传统	14000	125	1750	13961	495	6910.7	5160.7	4.93	0.28	8450	1.64

第七章
渔场的安全生产与疫病防控

阅读提示：

渔场的安全生产与疫病防控是事关养殖成败与经济效益最为重要的环节。近年来，随着全球气候变化与人类活动加剧，以及水环境恶化严重与养殖集约化程度不断提高等原因，水产养殖突发性灾害与疫病越来越频繁暴发，造成重大经济损失。本章针对渔场养殖过程中的突发性灾害事件以及重大疫病的诊断与防治技术进行了详细阐述，旨在为渔场的安全生产与疫病防治提供技术支撑。

第一节　突发事件的应对措施

随着全球气候变暖及人类自然活动的加剧，突发事件的发生越来越频繁，如2008年我国南方的冰冻灾害、2010年全国范围的洪涝自然灾害，每年7～10月份东南沿海地区的台风等，这些频发的自然灾害对人类的生存、生活带来了很大的危害，对水产养殖业来说，这些频发事件的发生，也带来了巨大的损失。所以，在自然灾害事件发生前做好预防工作，发生后及时采取措施，把损失降低到最低程度就显得尤为关键。

一、台　风

（一）台风前夕水产养殖管理

1. 加固养殖设施　加固池埂、堤坝、闸门等养殖设施，疏通排洪沟，随时做好排去多余洪水的准备工作；对于长年失修的简易搭建棚，应立即拆除以防造成倒塌伤亡事故；仓库用房加固防漏，以免造成饲料淋雨霉变；渔业运输船停止作业；准备好各种必要的抗台风材料和用具。

2. 池塘管理　台风来临前要将池塘水位降低，防止进水造成逃鱼和串塘。对于网箱养殖鱼类，台风前应在饲料中适当添加维生素C 3‰、免疫多糖2‰、保肝健3‰、免疫多肽2‰等，增强鱼类体质及抗应激能力。

（二）台风期间做好应对措施

主要注意防止池塘水体缺氧，台风暴雨期间，池塘水体的溶解氧因为池水上下层对流，阳光少，光合作用差，极易导致池底溶解氧不足；同时，水温、pH值也会降低。而养殖水体中的溶氧量偏低，会导致池底的有机质无法正常进行氧化分解，从而产生更多的氨态氮与亚硝酸盐等有毒物质，对养殖品种产生伤害，极易导致病害的发生。因此，在台风期间需特别留意池水溶氧量的变化，特别是池底溶氧量不足的时候，应增加增氧时间。必要时，在下午7时左右投放一些增氧剂，不但可以增加池塘底部的溶解氧，而且还可改善池底环境，防止养殖品种出现浮头等情况。对pH值在8.5以内的池塘，可泼撒生石灰，水深在1.5～2.0米的池塘，每667米^{2}用生石灰10千克化浆水后全池泼洒，以调节养殖水体的 pH 值。对水质变清的池塘，可投放生物菌肥、复合肥料等，以保持池塘有足够的肥度及藻相和菌相的平衡。对水质过浓、池底有机质含量过多的池塘，建议使用微生态制剂、底质改良剂等，以改良池塘水质和池塘底部的生态环境。但在使用微生态制剂的同时，必须开动增氧机，避免缺氧。

（三）台风、暴雨引起池塘水质的变化

台风、暴雨主要引起池塘水质发生以下变化：因为暴雨，大量淡水注入池塘，引起池水 pH 值急剧下降、水温下降较大；还会引起池水分层现象，使池塘底部水层溶氧量下降；因 pH 值、温度急剧变化，引起池塘水体原来平衡的藻相、菌相失衡。原来水体的藻类可能死亡，有益细菌可能死亡，病原菌可能大量繁殖，大量陆地细菌可能被带入池塘；因大风引起池塘涌浪，大浪淘底，使原来沉积在池底的硫化氢、氨氮、残饵、动植物尸体、排泄粪便等有害物质被淘起，引起水质败坏，生物耗氧量上升，特别是使池塘底层水质更差；因大风、涌浪使鱼受到惊吓，引起鱼类产生应激反应。

（四）台风过后采取的养殖措施

台风过后首要任务是开展灾后自救，尽快恢复生产，做好各项管理工作。

1. 修复养殖设施 池塘因淹没过水时间过长，塘堤、塘坝易坍塌，应及时修复加固；网箱要校正设置，修复箱体和支架，添加浮子，更换破损网衣。

2. 调节好水质防缺氧 台风期间因大量降雨，极易引起温跃层和氧跃层，造成底部养殖生物缺氧。因此，池塘需及时排去上层水，换入新鲜水。同时，有条件的池塘要及时开增氧机，晴天中午开、阴天清晨开、连绵雨天半夜开、傍晚不开、浮头早开，没有增氧机的池塘要配一些增氧剂应急时使用，以防止缺氧死亡。

3. 及时收捕并调整养殖密度 台风过后，及时捞除死鱼并进行深埋，抢捕一些已达上市规格可能还将继续受损的水产品，及时估算存塘（箱）数量调整养殖密度。一般主养品种损失 25%以上，要进行苗种补放，补放的苗种规格最好与原养殖规格基本一致。

4. 投喂优质饲料 饲料要保证新鲜，宜投喂全价配合饲料，可以在每千克饲料中适当添加维生素 C 1.5～3 克、免疫多糖 2～4 克、大蒜素 2～4 克，以增强鱼类的抗病能力。

5. 做好病害防治工作 一是要进行一次全面的消毒，养殖网箱可以在网箱四周用漂白粉挂袋，池塘中则可根据水质情况，选择每 667 米^2 用生石灰 8～10 千克、二溴海因 0.2 克/米^3、二氧化氯 0.2 克/米^3、碘制剂 0.3～0.5 克/米^3 等

全池泼洒消毒；二是对已有一定发病症状的网箱养殖鱼类，用恩诺沙星、氟苯尼考等制成药饵，连服5～7天；三是注意观察有无寄生虫病的发生，对鱼类鳃部和体表的寄生虫可选敌百虫、硫酸铜杀灭。

二、洪　灾

我国是一个洪灾多发的国家，洪灾的发生对水产养殖业有着较大的影响，洪灾冲毁养殖设施，造成养殖鱼类逃逸；连续的暴雨污染养殖池塘，造成养殖病害频发。因此，灾后应做好以下工作。

（一）密切注意天气变化，及时采取安全预防措施

池塘和水库要注意天气和水位变化，必要时采取加高堤坝、设置围网等措施，防止因洪水漫堤造成损失；网箱养殖要注意预防洪水冲击造成网箱被冲走、冲垮，可采取加固固定绳索和网箱框架等措施，及时清理浮游物。开展抢险救灾时，特别要注意人身安全，生产人员要配备救生设施，生产过程中不可进行危险操作，遇到险情要及时撤离。涨水时要及时将网箱拉到水质好、避风浪、远离泄洪道的地方；退水时要及时将网箱移离岸边，防止搁浅；尽可能在泄洪道采取防护措施，如拦网等。

（二）养殖设施的修复

对于损失轻微的水产养殖区，要对养殖设施、塘口堤坝、稻田养殖田埂等进行全面加固修复，对围网养殖进行扶桩补桩，清除水草等杂物；对没顶的围网和被淹没的池塘及稻田养殖区，水位一旦回落，要抓紧抢修养殖设施，为补放苗种做准备。对生产设施毁坏严重的养殖水体，首先判断养殖水体剩余水产品的数量，然后采取相应措施防止剩余养殖水产品的逃逸（如用2～3层拦网拦住养殖设施被毁坏的地方），洪水彻底退却后再进一步修复。对无法修复的要进行捕捞，达到上市规格的水产品及时上市销售，不够上市规格的转移到安全塘口或网箱中暂养，等水位回落后放养，以减少受灾损失。对于池塘精养区，要及时整修进排水系统，其次要及时检查修补进、排水口，防止渗漏，以防鱼类再次逃逸。

（三）做好塘内鱼类饲养工作，适时补放水产苗种

认真做好受灾渔业水域尤其是塘堰和围网区域内剩余水产动物情况的调查，科学地评估灾后养殖水域内现存水产动物的数量，以便做好消毒免疫、苗种补

放和后期的饲养管理工作。可采用拉网检查，或根据水产动物对草料、配合饲料摄食量，估算养殖水域剩余水产品数量。一般6月份草食性鱼类（草鱼、鳊、鲂等）日食量为其体重的20%～30%，吃食性水产动物（鲤、鲫等）日食配合饲料为体重的3%～5%，或根据洪灾前后摄食量对比来估算。

苗种补放工作主要根据当地养殖习惯及苗种存量的实际情况灵活选择品种，洪灾一般发生在7～8月份，针对水产养殖业的特点，此时大多数水产苗种供应已处于晚期，但可以从以下几个方面入手解决苗种的问题。①回捕。做好湖泊、河沟逃逸苗种的回捕工作，向捕捞渔民和社会捕捞者回收适宜放养的苗种。②调剂。养殖户之间就地调剂及从邻近未受灾地区调进苗种，解决苗种补放的缺口。③秋繁。有条件的苗种生产企业，可开展四大家鱼苗种的秋季繁殖。

在摸清池塘剩余苗种情况后，可分以下几种类型操作：

一是剩余比例高于50%的水域，可按精养模式，适当补放鲫、鲢、鳙、草鱼夏花等。鲫鱼每667米^{2}不超过100尾，规格4～5厘米；鲢、鳙、草鱼每667米^{2}放200～300尾，规格8～10厘米，并加强管理，年底达到出售成品的目的。

二是剩余比例低于50%的水域，应考虑并塘（库、田、网箱），腾出的水库、池塘、稻田、网箱重新投放四大家鱼夏花鱼种，规格8～10厘米，每667米^{2}放养量控制在1 000～1 500尾，并可安排好生产茬口至翌年5～6月份水产品价高时上市，或选择当年生长快、效益好的品种，如建鲤、彭泽鲫、湘云鲫等进行成鱼养殖。

三是对于全部溃决、水产品全部逃逸的水域，可用生石灰、漂白粉等消毒剂彻底清塘后，投放四大家鱼夏花鱼种，每667米^{2}放1 000～1 500尾，培育冬片或翌年成品。

在苗种补放过程中，一定要注意水产品苗种的品质质量问题，千万不要购进病苗、伤苗、弱质苗、假苗，最好由当地渔业推广部门的技术人员把好苗种的种质关和补放技术关，以免造成二次损失。

（四）种草养鱼

在以主养常规鱼为主的地区，可采用种草养鱼的模式。在受灾的池塘堤埂、池坡和一些边角地带可以种植一些牧草，如苏丹草、黑麦草，可以轮作播种，全年可以供给草食性鱼类（草鱼、团头鲂）作青饲料，以满足其对饲料的需求，节省饲料成本。同时，可以混养一些滤食性鱼类，如鲢、鳙鱼等，利用草食性鱼类的粪便来培育滤食性鱼类的饵料生物，不投放或少投放饲料，生产出无公害水产品。

（五）疫病防治

大灾之后易发大疫，洪涝期间，所有的水域、陆地都连成一片，水产动物的各种病原体到处滋生蔓延，极易引起疫病的流行和暴发。所以要加强养殖水域的病原检测，以防各类动物性疾病相互传播，特别是洪水过后水中大肠杆菌的数量急剧增多，很容易引起水产养殖动物的体质减弱，引发其他细菌性及病毒性疾病的继发性感染。同时，上游水由于温度、pH 值等理化因子与下游水有一些差异，也会导致鱼体不适，造成死亡。此时要做好防病措施。

1. 传染性疾病 水灾后容易出现出血病、烂鳃病、肠炎病、赤皮病、出血性腐败病、鳃霉病等，对此，可采取内服外用法防治，外用消毒一般可采用生石灰消毒水体。也可对养殖水域采用溴氯海因（每 667 米^2 水面每米水深 200～300 克）、二溴海因（每 667 米^2 水面每米水深 200 克）等海因类消毒剂进行彻底消毒；内服药可用三黄粉、草鱼病二合一、鱼病康、大蒜素、氟苯尼考等，一般连喂 3～5 天。

2. 侵袭性疾病 主要是指环虫病、车轮虫病、中华鳋病、锚头鳋病、鲺病。对指环虫病可用敌百虫、溴氰菊酯、指虫清、甲苯咪唑等；对车轮虫病可用马拉硫磷、车轮虫克、硫酸铜、硫酸亚铁合剂等；对中华鳋、锚头鳋、鲺病可用敌百虫、溴氰菊酯、阿维菌素、伊维菌素、辛硫磷等；对车轮虫、指环虫等并发症可用阿维菌素、车轮虫克混用。一般来说，寄生类病害的防治，往往要用药 2 次，不然寄生虫病害易反复发生。

（六）消毒水体，强化鱼池水质调节

水灾之后随着气温、水温的持续升高，水产动物进入快速生长期，也是水产养殖生产的关键时期，因此要高度重视水域环境综合治理。

1. 灵活掌控水色和透明度 以养殖鲢鳙、鲤鲫等肥水性鱼类为主的水域，水色应保持嫩绿色或茶褐色，透明度在 20～30 厘米为好；以草食性品种为主的水域，水色应保持草绿色或黄褐色，透明度在 30～40 厘米为好。

2. 及时调节水质 洪水过后对水体要消毒，一是采用化学、物理方法调节和改善水质，如定期泼洒生石灰，每 10～15 天泼 1 次，每次用量每 667 米^2 用生石灰 10～15 千克化水泼洒，或用碘制剂，按说明使用。二是采用生物或过滤方法净化水质，如在鱼池进水口设过滤池，过滤料用沙或木炭；生物方法是利用 10%的池塘水面种植水葫芦、红菱等浮水植物，起沉降和净化水质，增加收益之功效；条件好的地方，可增施水体改良剂或光合细菌，同时强化水体增氧措施。三是及时换水、加水。加注新水可促进水体上下对流，将表层高溶氧水

带入下层，而表层水再经浮游植物的光合作用仍可达到饱和状态，从而增加水体溶氧的绝对量，并提高饵料的利用率。四是适当延长增氧机运转时间。一般要求下午1～3时和第二天凌晨开动增氧机，尤其下阵雨、无风、无光照的情况下要延长增氧机的开机时间。

3. 谨防水域缺氧泛塘 因水灾之后大量的地表有机物及其他杂质被雨水带入养殖水体，浮游植物造氧功能不足，再加上天气闷热持续高温，水产动物基本集中在水体中下层，因此水体中下层水产动物密集、耗氧增多；同时，大部分水域淤泥较深，氧债较多，极易导致养殖水体水产动物浮头“泛塘”。为防止泛塘，应加强饲养管理，坚持早晚巡塘，天气炎热季节，密切注意观察水产动物的摄食及活动情况。一旦出现缺氧征兆应及时注入新水或开启增氧机或撒入增氧剂解救。

（七）加强投饵工作

水灾后，水质变瘦，天然饵料生物量减少，难以保证水产动物正常生长的营养需要。因此，应选择配合饲料，加大饲料投喂量，并坚持“四定、四看、一检查”投饵法，即：定时、定位、定质、定量；看天气、看水色、看水产动物吃食、看水产动物活动；检查水下有无残渣剩饵。同时拌饲料投喂维生素C（每千克饲料用300～500毫克）等免疫刺激剂，每天1次，连喂5～7天；养殖草鱼、鲤鱼、罗非鱼等杂食性鱼类的，每周应投喂青饲料1天，以提高养殖动物的抗病能力，预防病害的发生。养殖水体要追施肥料，每667米^{2}可施用尿素1.5～3千克、过磷酸钙2.5～5千克或生态渔肥1～5千克，一般每隔7～10天施用1次，以培肥水质。另外，在饲料中定期添加水产多维、三黄粉、免疫多糖、泼洒姜、消食鱼虫清等，以增强水产动物体质，提高其防病抗病力，使水产动物能充分利用鱼类的生长旺期，把因水灾耽误的损失夺回来。

三、冰冻雨雪灾害

持续的冰冻雨雪天气使得养殖水面形成乌冰，造成冰下水体缺氧，从而导致越冬鱼类大量死亡；持续的阴雨低温天气，容易对苗种生产造成影响，导致鱼卵的孵化率、受精卵低，从而导致出苗率低下，还易造成水质恶化快，病害频发，导致养殖产量低。因此，应采取措施，降低冰冻雨雪灾害天气对水产养殖业的影响。

（一）冻伤死鱼无害化处理技术

冰冻雨雪灾害容易造成鱼类大量冻伤冻死，为防止病原传播及污染养殖水体，预防处理不当对公共环境卫生造成的危害，必须对大量冻伤死鱼进行无害化处理。

1. 清捞 及时捞出水体和底泥中的死鱼，以防病原滋生，造成养殖水体污染。

2. 深埋 冻伤死鱼可集中后做深埋处理。掩埋应选择远离水源、河流、养殖区和居住区的地点。首先挖一深埋坑，掩埋时先在坑底铺垫3厘米厚生石灰，然后将冻伤死鱼置于坑中，最后撒一层生石灰，再用土覆盖，与周围持平，覆盖土层厚度应不少于0.6米；如果出现疑似疫病或其他不正常的情况，需将死鱼焚烧，再覆盖厚度大于2米的土层；填土不要太实，以免尸腐产气造成气泡冒出和液体渗漏。掩埋后应设置清楚标识。

3. 发酵 冻伤死鱼可以选择远离水源地、河流、养殖区域等地点进行发酵处理。首先挖一发酵坑，用塑料薄膜覆盖在土上，将冻伤死鱼置于坑内，上用塑料薄膜密封，用土覆盖，发酵后可作农业用肥。

4. 水体消毒 发生冻伤死鱼的养殖水体排放时必须进行消毒处理，达到国家废水排放标准后，方可向自然水域排放。消毒方法：清塘时用20克/米^{3}的漂白粉（含有效氯25%）全池泼洒。

5. 工具消毒 涉及打捞、运输、装卸等处理环节要避免漏洒，并需对打捞、运输装卸工具用漂白粉消毒杀菌。消毒方法：用500毫克/升漂白粉（含有效氯25%）溶液喷洒或浸泡。

（二）管理措施

入冬以后罕见的冰雪恶劣气候，容易导致北方池塘鱼类越冬水面出现不同程度的乌冰现象，所谓“乌冰”，是指在初冬水体尚未结冰时，遇到降雪天气，水面上漂浮着没有融化的雪花，这时如果天气突然变冷，水温迅速下降，水和雪混合在一起，将越冬水面结成一层不透明的冰。“乌冰”容易导致养殖水体缺氧，因缺氧导致的死鱼事故时有发生，对渔业安全越冬造成巨大威胁。

对于乌冰池塘，只能采取机械增氧和药物应急。机械增氧可采取叶轮式增氧机增氧、池塘内部循环倒水增氧、引取河水和大水面水补水增氧、取溶氧量高的邻近池塘水补水增氧等。采用机械增氧要注意时间不可过长，导水量不可过大，尽量防止鱼类的应激反应。使用化学增氧剂向池中快速、高效地增氧，以应急需要，效果较好。但因成本较高，只能用于抢救时使用。紧急情况下，可利用增氧灵等化学药物进行增氧。强氧净水剂是目前常用的很好的化学增氧剂，其他常用化学增氧化剂有过氧化钙、过硼酸钠、过碳酸钠，过氧化氢等，以备应急时使用。采用化学药剂增氧时必须注意用量适度，不可过多，以免引起对鱼体的危害。

为减少乌冰对池塘养鱼造成的危害，平时应做好以下方面的工作。

1. 定期对越冬池水的溶氧量进行检测 元旦过后要保证每周检测 1 次；临近春节期间要每 3 天检测 1 次；春节过后要每天检测 1 次。对溶氧量低于 5 毫克/升的水体要每天检测 1 次，溶氧量降至 3 毫克/升时应及时采取增氧措施。

2. 常用的增氧方法有以下几种

（1）生物增氧 有条件的地方破除乌冰，重结明冰，采取生物增氧。破除乌冰面要占池塘总面积的 1/3 以上，保证水下浮游植物能进行光合作用产氧。重新结明冰后要及时扫雪。

（2）机械增氧 在采取机械增氧时应定期监测溶解氧和水温，当溶氧量达到 3 毫克/升以上时应停止增氧，当水温降到 2℃以下时，应立即停止注水，以免越冬鱼造成应激反应。

（3）注水增氧 有外来水源的池塘，可采取定期加注溶解氧较高的新水增氧。如邻近池塘水、江河水等。如水源水溶氧量较低可提高行程和落差，以提高溶氧量后再注入池中。

（4）化学增氧 对于缺氧严重的水体，可采用化学增氧的方法，局部泼洒过氧化物等速效增氧剂。但因药物价格较高，同时对水质影响较大，不宜长时间和大量使用，应作为短期急救措施，再采取其他补氧方法。

（三）加强疫病监测，做好疾病防治工作

加强灾后疫病监测，提高防病意识；加大大宗养殖品种、非抗寒品种的突发性、暴发性疫病的监测，提高应急处理的能力。

将防治疾病落到实处。一是要及时捞出低氧造成的死鱼进行无害化处理；二是尽量避免对养殖鱼类的应激反应，减轻死亡情况；三是适当使用水质改良、调控、消毒物质和治疗疾病药物，降低养殖鱼类的死亡情况；四是购置食盐、生石灰、高锰酸钾等消毒药品，冰雪融化后对养殖鱼类进行消毒处理，提高应对能力；五是加强养殖管理，提高养殖鱼类机体的抗性及防御能力。

四、旱 灾

（一）苗种补放技术

苗种是水产养殖的基础，持续干旱影响水产亲本和苗种生产，造成苗种供应不足和质量下降，严重影响渔业生产。为了应对干旱灾害，可从调配亲本和

苗种资源、合理补充放养、异地或不同品种间的调配、提高生产技术等方面着手，减少灾害造成的损失。苗种生产应对干旱灾害的技术措施如下：

1. 做好亲本调配和培育，确保苗种生产供应 及时查清亲本损失数量，根据亲本标准及苗种生产计划，及时补充、调运亲本。加强亲本饲养管理，加强营养，补充能量，促进亲本正常发育，确保用于繁育生产的亲本数量和质量。

如果持续干旱导致亲本培育水面严重萎缩，对于一些能进行转移的亲本，可异地租赁水面进行培育，将干旱地区的亲本转移至非干旱地区进行保护和培育，翌年再运回当地进行苗种生产。

对于四大家鱼等以野生种为主要亲本来源的种类，可以从当地或异地湖泊、河流甚至沟渠等野外水域中收集野生亲本，进行一定时间的驯养和培育后用于苗种繁殖。

2. 做好亲本和苗种调剂，补充放养以保证养殖生产需求 有关管理部门可组织苗种生产单位做好亲本和苗种的调剂、调运工作，从异地调运部分苗种补充放养，有些品种也可捕捞部分野生苗种补充放养，抓好苗种的调剂，互通有无，互补不足，以最大限度满足灾后养殖户对苗种的需求，使广大养殖户能够在灾后及时补充投放苗种，将干旱对渔业生产的影响降低到最低限度。

（二）抗旱管理技术

1. 及时掌握旱情，早安排，早部署 密切注意气象部门的旱情预报，提前做好应急预案，准备抗旱物资，全面安排部署水产养殖抗旱救灾工作。

2. 成立技术服务专家组，主动做好技术帮扶工作 也可将专家组成员名单、联络方法通过各种方式告之养殖户，保证养殖户得到及时的技术指导。

3. 加强生产管理，适当减少养殖密度，科学投喂 旱情严重的地方，应及时将商品鱼捕捞上市或采取并塘、转移等措施，降低养殖密度，缓解水体溶氧量压力。并塘或转移时，要注意操作方法，尽可能减轻对鱼体的损伤，尽量选择在傍晚进行。对于不能上市的鱼种做好并塘或囤积处理，确保不能上市的鱼种安全度过干旱。适当减少每天投喂次数和投喂总量，尽量不施有机肥、少施无机肥。

4. 加强水质调控和疫病防控，确保水产品质量安全 要求每天增加巡塘次数，注意日常管理，密切养殖品种的变化。干旱期要经常清除池塘内的漂浮物，将未腐烂的杂质捞掉，以免引起水质恶化。加强病害监测，加大疫病防治，指导渔民科学用药，发现问题，及时应对。

5. 及时修复养殖设施，做好苗种准备工作 对已干枯的池塘，及时清除淤泥、消毒塘体，修补塘埂和沟渠，做好旱情缓解后恢复生产准备工作。做好苗种储备供应和信息调度，组织干旱程度较轻的地区加大水产苗种生产力度，及时发布水产苗种供需信息，为恢复生产做好准备。

6. 做好产销对接，保障市场供应，减少渔民损失 充分发挥专业合作社的销售优势，开展多种形式的产销对接活动，组织水产批发市场、超市等上门采购，实现水产品均衡上市。做好水产品市场信息监测和收集分析工作，及时发布水产品市场供需和价格信息，引导渔民及时将达到上市规格的商品鱼捕捞出售，减少灾害损失。

7. 针对灾区大量死鱼进行无害化处理，防止病原传播及污染养殖水体 及时清捞死鱼，集中做深埋处理，选择远离水源、河流、养殖区和居住区的地点挖深埋坑，先在坑底铺垫2厘米厚的生石灰，然后将死鱼置于坑中，最后撒一层生石灰，再用土覆盖。发生死鱼的水体排放时必须进行消毒处理，达标后排放。

（三）病害防控技术

由于干旱，造成养殖池塘水位低，养殖品种密度加大，鱼类相互之间感染病原的概率增加，就会引起鱼类抗应激能力下降，造成鱼类抗病能力降低，一旦发生病害，传染速度就会加快，因此要特别防止暴发性鱼病的发生。日常的鱼病防控工作一定要贯彻“全面预防、积极治疗”的正确方针，采取“无病先防、有病早治”的积极方法，才能达到减少或避免鱼类因病死亡，保证养殖鱼类的单位面积产量和质量。

1. 加强日常管理 干旱期间是鱼类病害高发期，各养殖户要坚持每日数次巡塘，注重日常管理，密切观察养殖品种的变化，发现问题，正确应对，巧妙度过干旱高温期，减少旱灾损失。在每日巡塘中应注意观察鱼群的活动和摄食情况，发现异常现象及时进行鱼病检查和相应的治疗。同时，必须贯彻“以防为主、防重于治”的方针，定期对养殖水体泼洒生石灰、微生物水质改良剂，增强鱼类抗应激能力，使用刺激性小的消毒剂对水体进行消毒，避免造成养殖水体不稳定，对养殖鱼类造成新的应激。

2. 加强应激管理 应激（胁迫、紧迫）管理本身是健康养殖最核心的技术，在干旱期间更应加强应激管理。暴发性鱼类疾病一般都出现在环境恶变，出现应激之后，特别是水质不稳定（水质发生变化）、气候环境很差、酸碱度变化大及温差大等应激强度较大时，养殖鱼类最容易感染病患。其具体方法可全池泼洒三宝高稳维生素C 150～250克/667米^2、葡萄糖每米水深2～3千克/667米^2、黄芪多糖100克/667米^2，以增强养殖鱼类的抗应激能力。并在泼洒上述药物后4～6小时，应用刺激性小的消毒剂进行消毒（需注意消毒剂的选择和使用问题），扑杀细菌和病毒，双管齐下方能最有效控制水产养殖鱼类疾病的暴发。

3. 加强增氧措施 随着养殖时间的增加，污物积累使池塘底部异养菌成为优势菌群，引起池塘底部严重缺氧，进而造成亚硝酸盐、氨氮因氧化不完全而蓄积（发生中毒）。池底缺氧最严重的后果是致病菌——嗜水气单胞菌的恶性增殖，兼之缺氧已经显著降低了养殖鱼类的免疫力，这样就极易暴发疾病。为了把底部污物存量降至最低，溶氧量必须达到足够高，以实现驱除、氧化分解，并为生物降解污物提供广泛接触的条件，其中采取最有效的手段就是改善水体循环，消除底部缺氧，其方法是使用底层增氧机和在天气闷热、下雨天及平时晚上 12 时至凌晨 1 时全池泼洒以过碳酸钠为主要成分的片状增氧剂 200～300 克/667 米^2。

4. 加强危机管理 在干旱期间养殖鱼类的养殖过程中，必须实施危机管理，以创造一个良好的生态环境，并实施营养素（含营养素药物）和有益微生物成为优势种群的调控技术，使之有利于增强养殖鱼类体质的抗病力而健康成长，而不利于病原微生物的增殖。

环境恶变是养殖业最危险的敌人，通常在气候变化特别是干旱季节池塘最容易缺氧引起致病菌的大量增殖而暴发疾病。对于病原体（细菌、病毒）暴发的条件是缺氧（低溶氧）和底质污物蓄积（提供病原体营养和病原体），水体载菌（毒）量偏高，对养殖鱼类产生应激引起抵抗力下降。对于这些因素我们应根据天气情况和养殖经验，提前实施危机管理，采取以下应对措施：

①拌喂优质稳定维生素 C（1～2 克/千克饲料），增强养殖鱼类抗病和抗应激能力。

②增加池底溶氧量（半夜使用以过碳酸钠为主要成分增氧剂 200～250 克/667 米^2），利于增强养殖鱼类活力，不利于细菌（如弧菌、嗜水气单胞菌等）增殖。

③使用刺激性小的消毒剂以杀灭细菌和病毒，有利于保持水质稳定，这是养殖过程中最重要的一点。

④降低投饵量，减少残饵和污物，降低病原菌的营养供给。

⑤若养殖鱼类发生病害应立即全池泼洒三宝高稳维生素 C（200 克/667 米^2），以提高养殖鱼类的抗应激能力，有利于养殖鱼类的健康恢复和发挥消毒剂的消毒效果。

⑥如果使用好氧的有益微生物（如硝化细菌、芽孢杆菌等）改良水质，需注意在使用微生物制剂前一天晚上每 667 米^2 用过碳酸钠为主要成分的片状增氧剂 200～300 克/667 米^2，并在使用前 3～4 小时用 1 次快速增氧剂并持续开动增氧机，有利于发挥好氧微生物制剂的功效，达到改良养殖水质的效果。

第二节　鱼病防控措施

鱼病的防控应遵从预防为主的原则，原因有3个方面：一是鱼生活在水中，它们的活动情况不易察觉，一旦发病，通常已经比较严重，给治疗带来困难。二是鱼病治疗采用的是群体治疗的办法，内服药依靠养殖鱼类主动摄入，病情严重时一般食欲会下降，即使有特效的药物也起不到治疗的作用。尚能摄食的带病鱼由于摄食能力差，往往吃不到足够的药量而影响疗效。三是体外用药一般采用全池遍洒或药浴的方法，这仅适用于小水体，而对大面积的湖泊、水库等就难以应用。所以，鱼病的防控更凸显出预防重于治疗的重要性，只有贯彻“全面预防、积极治疗”的方针，采取“无病先防、有病早治”的防治方法，才能做到减少或避免疾病的发生。

在防控措施上，首先要重视改善生态环境和加强饲养管理，努力提高鱼体抗病力，积极预防病害发生，然后要重视鱼病的准确诊断、科学合理用药，及时进行疾病治疗。鱼病的防控，只有采取综合预防和治疗措施，才能收到较好的效果。提倡在鱼病预防与控制过程中使用疫苗、免疫增强剂、微生态制剂、生物渔药、天然植物药物等进行鱼病预防。使用疫苗免疫是当今最为有效的鱼病预防技术，不但防病效果好、持续时间长，而且可减少鱼病对环境、水产品质量安全以及人类健康的影响。免疫增强剂通过作用于非特异性免疫因子来提高养殖鱼类的抗病能力，可减少使用抗生素等化学药物带来的负面影响。微生态制剂是调控水质和改善生态环境的有效方法，可显著提高鱼体抵抗力。生物渔药是通过某些生物的生理特点或生态习性，吞噬病原或抑制病原生长，可有效杀灭致病菌或抑制致病菌的生长。天然植物药物具有来源广泛、不良反应小、无抗性、不易形成渔药残留等特点，在鱼病防治中应用广泛。

一、鱼病发生的原因

人工养殖的大宗淡水鱼在环境条件、种群密度、饲料投喂等方面与生活在天然环境中的鱼类有显著差别，再加上养殖过程中的人为操作不当，所以养殖鱼类较之天然条件下更容易患病。养殖鱼类患病后，轻者影响其生长繁殖，重者则引起死亡，造成直接或间接的经济损失。因此，水产养殖过程中，疾病是养殖生产成败的关键因素之一。

鱼类的病害种类很多，按病原种类来分，主要有由病毒性疾病、细菌性疾病、真菌性疾病和寄生虫病等四大类。了解鱼病发生的原因是制定预防措施、做出正确诊断和提出有效治疗方法的根据。一般来说，导致鱼病发生的主要因素有内在因素和外在因素两大类，在外在因素中，又包括养殖环境、病原以及人为操作3个主要因素。

（一）内在因素

内在因素主要指养殖鱼类本身的健康水平和对疾病的抵抗力。内在因素包括遗传品质、鱼体免疫抵抗力、生理状况、营养水平以及年龄等方面。

1. 遗传品质

（1）遗传特性　养殖品种或者群体对某种疾病或病原有先天性的可遗传的敏感性，导致鱼体极易发生此种疾病。例如，鱼类的病毒性疾病，只感染某种特定的鱼或遗传特性相近的鱼，是因为该品种本身有病毒敏感的细胞受体所致。

（2）品种杂交　鱼类是比较适合通过杂交手段开展育种研究的良好材料，种属内品系的杂交可导致某些基因在新品种中纯合度提高，致病基因从隐性转变为显性，导致新品种抗病力下降，使鱼体容易感染疾病。

（3）亲本资源退化　由于人工繁殖长期不更新亲本或近亲繁殖，导致鱼种亲本资源退化，抗病力下降，使鱼体容易感染疾病。

2. 免疫力

（1）体质原因　个体或者群体的体质差，免疫力低下，对各种病原体的抵御能力下降，极易感染各种病原而发病。

（2）功能缺失　个体或者群体的某些器官功能缺失，免疫应答反应水平低下，对各种病原体的抵御能力下降，极易感染各种病原而发病。

3. 生理状态

（1）特殊生长状态　某些个体或者群体处于某些特殊的生长状态（如虾、蟹类的蜕壳生长阶段），防御能力低下，易遭受病原侵袭。

（2）生理状态差　某些个体或者群体由于生理状态不好，应激反应强烈，易发生疾病。

4. 年　龄

（1）幼鱼阶段　个体或者群体处于稚鱼、幼鱼或鱼种生长阶段，其免疫器官尚未发育完全或免疫保护机制尚未完全建立，导致鱼体免疫力低下，容易发生各种疾病。

（2）退化阶段　个体或者群体处于老化阶段，其免疫器官退化，鱼体代谢功能下降，导致鱼体免疫力下降，容易感染疾病。

5. 营养条件

（1）营养不足　由于饵料不足，鱼体营养不够，代谢失调，体质弱，易导致疾病发生。

（2）营养失衡　由于各营养成分不全面或不均衡，直接导致各种营养性疾病的发生，如瘦脊病、塌鳃病、脂肪肝等。

（二）外在因素

1. 环境因素　养殖水域的温度、盐度、溶氧量、酸碱度、氨氮、光照等理化因素的变动，超过了鱼类所能忍受的临界限度就能导致鱼病的发生。

（1）理化因素　养殖水环境水体中的各种理化因子（如温度、溶氧量、pH值、无机三氮等）直接影响鱼类的存活、生长和疾病的发生。当养殖环境恶化时，直接影响鱼体的代谢功能与免疫功能，导致鱼体处于亚健康状态，抵抗力下降，病原体此时极易侵入鱼体而导致疾病的发生。

①物理因素

温度。一般随着温度升高，病原体的繁殖速度加快，鱼病发生率呈上升趋势。以养殖鱼类常常发生的嗜水气单胞菌感染为例，当水温在13℃以下时，很少发生嗜水气单胞菌感染引起的疾病，水温在14℃～26℃时该病发生机会渐多，水温在27℃～33℃时，很容易发生嗜水气单胞菌感染引起的疾病。在鱼类病害中，也有一些疾病常在低温时发生，如水霉菌、小瓜虫等。

透明度。透明度降低，水中有机物增加，病原体的聚集量越大，繁殖速度加快，鱼病发生率越高。水体透明度控制在20～40厘米较好。

光照。光照强弱也能影响鱼病的发生。夏天光照过于强烈，使水体温度升高，极易引起疾病的发生；而在阴雨季节，鱼体长期缺乏光照，可能引起皮肤充血病。

水流。当水体长期没有流动和交换时，水体中的病原体会累积，繁殖速度加快，容易引起鱼病的发生。

②化学因素

溶氧量。溶氧量是养殖水体中最重要的因素之一，池水溶氧量应保持在5毫克/升以上才能利于水生动物的生长，溶氧量不足会影响鱼类等水生动物的摄食，溶氧量充足可以使水体中有害物质无害化，降低有害物质的毒性，为水生动物营造良好的水体环境。水中溶氧量较低会降低血红蛋白的含量，诱发出血性鱼病的发生。缺氧容易造成泛塘，甚至鱼类大批死亡。

pH值。养殖水体中的pH值范围一般是淡水6.5～8.5之间，过高或过低都不利于鱼体的生长，而且容易引起疾病的发生。

氨态氮。养殖水体中的氨态氮含量一般低于0.02毫克/升较好，氨态氮较高会导致硝态氮升高，而硝态氮是鱼类多种出血性疾病发生的主要诱因。

（2）生物因素

①浮游生物　浮游植物含量过多或种群结构不合理（如蓝藻、裸藻）是水质老化的标志，这种水体鱼病的发生率较高。

②中间宿主　病原中间寄主生物的数量多少，直接影响相应疾病的传播速度。

（3）池塘条件

①池塘大小　一般较小的池塘温度和水质变化都较大，鱼病的发生率也比较大池塘要高。

②有机质　底泥厚的池塘，病原体含量高，有毒有害的化学指标一般较高，因而也容易发生鱼病。同时，有机质数量过大，易使池水缺氧，水质恶化，细菌繁殖加快，鱼体易致病。

2. 病原生物因素　水生动物的病原生物主要包括病毒、细菌、真菌、寄生虫以及敌害生物等。绝大多数水产养殖动物的疾病是由病毒、细菌、真菌和原生动物感染所引起的。

（1）病毒　大宗淡水鱼类主要的病毒性疾病有草鱼出血病、鲤春病毒血症、鲤疱疹病毒病、鲫鱼疱疹病毒病等4种病毒病。有报道认为，青鱼出血病的病原亦为病毒，但缺乏进一步研究。草鱼出血病、鲤春病毒血症和鲤疱疹病毒病是危害养殖大宗淡水鱼类的重大病毒性疾病，近年暴发的鲫鱼出血病也是由鲤疱疹病毒Ⅱ型感染引起的，已经造成严重损失。

（2）细菌　大宗淡水鱼类主要的细菌性疾病有鲢、鲫细菌性出血性败血症、草鱼烂鳃病、肠炎病、赤皮病以及大宗淡水鱼类的疖疮病、白皮病、打印病等10多种细菌性疾病。

（3）真菌和藻类　真菌和藻类引起的大宗淡水鱼病有水霉病、鳃霉病等10多种疾病。

（4）寄生虫　寄生虫引起的鱼病有黏孢子虫病、车轮虫病、小瓜虫病、指环虫病、三代虫病、复口吸虫病、中华蚤病和锚头蚤病等20多种疾病。

3. 人为因素

（1）饲养管理

①饵料质量与投喂　投喂饲料的数量或饲料中所含的营养成分不能满足养殖鱼类最低营养需求时往往导致鱼类生长缓慢或停滞，鱼体瘦弱，抗病力降低，严重时就会出现明显的疾病症状甚至死亡。营养成分中容易发生的问题是缺乏维生素、矿物质、氨基酸，其中最容易缺乏的是维生素和必需氨基酸。腐败变

质的饲料是致病的重要因素。劣质饲料不但无法提供鱼体生长和维护健康所需要的营养，而且还会直接导致鱼体中毒和抵抗力下降，更易受病原生物的感染，导致疾病的发生。投喂饲料没有采用定时、定量、定质、定位的原则，不但影响养殖鱼类的正常摄食与健康生长，而且会引起鱼体抵抗力下降，易受病原生物感染而暴发疾病。

②养殖密度　放养密度过大，超过水体养殖容量，水体中溶氧量缺乏，水质变化剧烈，可导致鱼体营养不良，生长差，体质减弱，容易发生各种疾病。

③混养比例　混养比例不合理，水体浮游生物种群发生变化，水质容易恶化，且易造成饵料利用不足，鱼类营养不良，体质变弱，容易发生和流行各种鱼病。

(2) 水质管理　水质好坏不仅影响养殖鱼类的正常摄食生长，同时影响养殖鱼类病害的发生，以至生存。

①施肥　施肥是提高池塘鱼产量的有效措施之一。但施肥过量会导致肥料沉积，底泥和水体中的营养盐、有机物浓度升高，透明度下降，从而引起化学与生物耗氧加剧、底泥 pH 值降低、水质恶化等一系列问题，给养殖生产带来极大的危害。因此，必须根据池塘水质、鱼活动情况、天气情况等灵活掌握，实行“量多次少”原则。施肥应以发酵好的有机肥、生物肥为主，避免大量使用化学肥料。

②加注新水　加注新水能提高池塘生态系的泥水质量，增加水中的溶氧量。但如果操作过于剧烈，会导致池底淤泥泛起、引起鱼体应激，易导致疾病发生。

③滥用药物　水体中丰富的浮游生物和有益微生物群落对维持水体生态环境和保持良好水质极为重要，但频繁使用外用药物、滥用药物或大剂量使用药物，会杀灭水体中浮游生物与有益菌群，导致水体生态平衡破坏，影响养殖对象的健康与对疾病的抵抗能力。

(3) 生产操作　在施药、换水、分池、捕捞、运输和饲养管理等操作过程中，往往由于工具不适宜或操作不小心，使养殖鱼类身体与网具、工具之间摩擦或碰撞，都可能给鱼体带来不同程度的损伤。受伤处组织破损，功能丧失或体液流失，渗透压紊乱，引起各种生理障碍以至死亡。除了这些直接危害以外，由于鱼体受伤而体质较弱，抗病力较差，伤口易受到病原微生物的侵入，造成继发性细菌病。

①体表损伤　鳞片脱落、局部皮肤擦伤、鳍条折断都属于这一类损伤，体表损伤可导致鱼体抵抗力下降，有害微生物趁机侵入，引发疾病。

②创伤　鱼体创伤使得致病微生物得以侵入鱼的血液，继而引起局部发炎、溃疡等。

③内伤　鱼类在捕捞和运输过程中，容易受到压伤、碰伤，虽然体表不一定显现症状，但是内部组织或器官受损，正常生命活动受到影响，甚至发生死亡。

④拉网操作　在高温季节进行大宗淡水鱼类拉网操作时，往往由于鲢鱼体表受伤和池底淤泥的泛起可导致细菌性暴发病的发生。经验表明，高温季节拉网操作后，每立方米水体泼洒0.5～0.8克漂白粉，可以减少拉网操作导致的鲢、鲫鱼暴发性出血病的发生。

⑤加注新水　给池塘加注新水时，如果操作过于剧烈，会导致池底淤泥泛起以及引起鱼体应激，易导致疾病发生。

（三）内在因素与外在因素的关系

导致鱼病发生的原因可以是单一病因的作用结果，也可以是几种病因混合作用的结果，并且这些病因往往有互相促进的作用。疾病的发生通常是鱼体（内在因素）、病原与环境（外在因素）相互作用、相互影响的结果。

1. 病原　导致大宗淡水养殖鱼类疾病的病原种类很多，且无处不在，不同种类的病原对鱼体的毒力或致病力各不相同，同一种病原在鱼体不同生活时期对鱼体的致病力也不尽相同。

病原在鱼体上必须达到一定的数量时，才能使鱼体发病。从病原侵入鱼体到鱼体显示出症状的这段时间称为潜伏期，潜伏期的长短往往随着鱼体机体条件和环境因素的影响而有所延长或缩短。病原对鱼体的危害主要有4个方面。

（1）引起出血　大多数细菌和病毒病原感染鱼体后，能通过血液系统转播至组织靶器官，引起体表毛细血管与内脏器官出血，导致鱼体患病乃至死亡。

（2）夺取营养　病原以鱼体内已消化或半消化的营养物质为营养源，致使鱼体营养不良，身体瘦弱，甚至贫血，抵抗力降低，生长发育迟缓或停止。

（3）分泌有害物质　有些寄生虫（如某些单殖吸虫）能分泌蛋白分解酶(proteolytic enzyme)，有些寄生虫（如蛭类）的分泌物能阻止伤口血液凝固，有些病原（包括微生物和寄生虫）能分泌毒素，使鱼体受到各种毒害。

（4）机械损伤　有些寄生虫（如甲壳类）可用口器刺破或撕裂宿主的皮肤或鳃组织，引起宿主组织发炎、充血、溃疡或细胞增生等病理症状。有些个体较大的寄生虫，在寄生数量很多时，能使宿主器官腔发生阻塞，引起器官的变形、萎缩、功能丧失。

2. 宿主　鱼体对病原的敏感性（sensitivity）有强有弱。鱼体的遗传性质、免疫力、生理状态、年龄、营养条件、生活环境等都能影响鱼体对病原的敏感性。

3. 环境条件 水域中的生物种类、种群密度、饵料、光照、水流、水温、盐度、溶氧量、酸碱度及其他水质指标都与病原的生长、繁殖和传播等有密切的关系，也严重地影响着鱼体的生理状况和抗病力。

水质和底质影响养殖池水中的溶解氧，并直接影响鱼类的生长和生存。各种鱼类对溶解氧的需要量不同，鱼类正常生活所需的溶氧量约为4毫克/升以上，当溶氧量不足时，其摄食量下降，生长缓慢，抗病力降低；溶氧量严重不足时，出现浮头，此时如果不及时解救，溶氧量继续下降，养殖鱼类就会窒息而死，导致泛塘。发生泛塘时水中的溶氧量随着鱼的种类、个体大小、体质强弱、水温、水质等的不同而有差异，一般为1毫克/升左右。患病的鱼特别是患鳃病的鱼对缺氧的耐力特别差。

养殖水体中的有害物质有些是由于饵料残渣和鱼粪便等有机物质腐烂分解而产生的，使池水发生自身污染。这些有害物质主要为氨和硫化氢。除了养殖水体的自身污染以外，有时外来的污染更为严重。这些外来的污染一般来自工厂、矿山、油田、码头和农田的排水。工厂和矿山的排水中大多数含有重金属离子（如汞、铅、镉、锌、镍等）或其他有毒的化学物质（如氟化物、硫化物、酚类、多氯联苯等）；油井和码头往往有石油类或其他有毒物质；农田排水中往往含有各种农药。这些有毒物质都可能使养殖鱼类发生急性或慢性中毒。

鱼类终生生活在水中，摄食、呼吸、排泄、生长等一切生命活动均在水中进行，因此相较于陆生动物以陆地为生长环境，它们与水环境的接触更加密切，水体既是它们的生长环境，又是排泄物的处理场所，存在的病原体数量较陆地环境要多。水中的各种理化因子（如溶解氧、温度、pH值、无机三氮等）复杂多变，病原在水中也较在空气中更易于存活、传播和扩散。这些也导致了水产养殖鱼类发现病情难、早期诊断难、隔离难和用药难的特点。

总之，鱼类病害的发生是鱼体（内在因素）、病原和环境（外在因素）相互作用、相互影响而产生的结果。养殖环境条件的变化导致鱼体出现应激反应，抵抗力下降，使病原的入侵成为可能，导致疾病的发生。在当今的大宗淡水鱼类养殖过程中，由于集约化程度高，放养密度增大，随之投饵量不断增加，养殖鱼类的排泄量对水体的污染程度增大，使得环境极易恶化，同时疾病的发生与传播机会增大。当养殖环境的恶化，病原体的侵害超过了鱼体的内在抵抗力时，就导致了鱼病的发生。

二、鱼病药物预防

池塘养殖的鱼病药物预防主要抓好药物清塘、鱼体和水体消毒、科学用药等方面的工作。清塘药物的种类很多，其中以生石灰清塘效果最好，漂白粉次之。消毒主要包括鱼体消毒和池水消毒等方面，投放鱼种时的鱼体消毒主要目的是杀灭可能带入养殖池塘的外来病原生物，池水消毒主要目的是杀灭病原生物，避免病原生物在鱼体上形成感染而导致疾病发生。药物预防工作特别要做好以下“五消”和投喂药饵工作。

（一）鱼种消毒

①3%～5%食盐水浸浴5分钟左右，杀灭寄生虫，防治水霉病、竖鳞病。

②10克/米^{3}漂白粉溶液浸浴20～30分钟，杀死鱼体上的细菌，预防赤皮病、烂鳃病。

③8克/米^{3}硫酸铜溶液浸浴15～30分钟，杀死鱼体上的多种寄生虫，预防寄生性鱼病。

④20克/米^{3}高锰酸钾溶液浸浴15～20分钟，防治原生动物引起的鱼病。

⑤注射疫苗，草鱼放养前，每尾注射出血病毒灭活疫苗0.2～0.5毫升。

（二）食场消毒

①漂白粉挂篓。食场框架挂竹篓3～6只，每只篓装漂白粉100克，每天调换1次，3天为1个疗程。5～9月份经常用漂白粉食场挂篓，可以防止或减少细菌性皮肤病和烂鳃病的发生。

②鱼病流行季节10天1次或连续3天为1个疗程，每次用150～200克漂白粉配成溶液泼洒食场消毒。

③硫酸铜和硫酸亚铁合剂（5∶2）挂袋。发病季节每周1次，食场挂袋3个，每袋装硫酸铜100克、硫酸亚铁40克，预防寄生性鱼病。

④夏、秋季节每次用2.5～5.0千克生石灰对水溶化成浆泼洒食场，防治草鱼黏细菌、烂鳃病。

（三）工具消毒

将工具放入20克/米^{3}漂白粉混悬液、20克/米^{3}高锰酸钾溶液或10克/米^{3}硫酸铜溶液浸洗5分钟再用。大型工具可在阳光下晒干后再用。

（四）饵料消毒

1. 动物性饵料消毒 动物性饲料需用清水洗净或将其放入8克/米^{3}硫酸铜溶液浸洗20～30分钟后再投喂，防病效果更好。

2. 植物性饲料消毒 对水草等植物性饵料用6克/米^{3}漂白粉混悬液浸洗

20～30 分钟后再投喂。

（五）水体消毒

①生石灰 15～20 千克/667 米^2（水深 1 米），全池泼洒。从 5 月份开始，每 20～30 天 1 次，有预防草鱼“四病”和改变水质的效果。

②漂白粉 1 克/米^3 全池泼洒，隔天 1 次，连续泼洒 2 次。从 5 月份开始，每 15～30 天全池泼洒 1 次，可防治细菌性烂鳃病、肠炎病等。

③0.3～0.5 克/米^3 强氯精全池泼洒，对芽孢、病毒、真菌孢子等有较强的杀灭作用，此外还有灭藻、除臭与净化水质的作用。

④0.7 克/米^3 硫酸铜和硫酸亚铁合剂（5∶2）全池泼洒，每月 1 次，可防治鳃隐鞭虫、车轮虫、中华鱼蚤等寄生虫。

⑤0.2～0.5 克/米^3 敌百虫（90％晶体）全池泼洒，可防治寄生虫性鳃病和皮肤病。

（六）投喂药饵

在 4 月下旬至 6 月下旬适当投喂药饵，可重点预防草鱼“三病”（烂鳃病、赤皮病、肠炎病）。

①每 50 千克饵料中拌 250 克食盐和 250 克大蒜头，对预防草鱼肠炎病有良好的效果。

②选择抗生素（四环素、土霉素、金霉素）或磺胺类药物，拌入饲料中制成药饵，浓度 1‰～3‰，可防治肠炎和其他细菌性疾病。6 天为 1 个疗程，每天投药饵 1 次。

三、用药方法及注意事项

在大宗淡水鱼类养殖过程中，常会碰到各种各样的鱼病，选用何种药、如何使用才能获得最佳的预防和治疗效果，一直是一个无法很好回答的问题。为了充分发挥药物防治水产养殖动物疾病的作用，现将几种常规用药方法及注意事项总结出来，供广大养殖户在生产中按实际情况参考选用。

（一）全池泼洒法

此法是将药物加水溶解兑匀后全池遍洒，是疾病防治中最常用的一种方法。此法不仅可以杀死养殖对象体表的病原体，还可以杀死池水中的病原体，但是此法无法杀死养殖对象体内的病原体，因此常将此法和“内服法”结合使用。

注意事项

①此法只适用于池塘养殖的水体，对流水养殖水体不适用。

②用此法时必须准确计算养殖水体的体积和用药量。

③药物要充分溶解、兑匀，避免未溶解颗粒被鱼误食而中毒死亡。

④盛装药物的容器最好选用木制或塑料容器，以免使用铁制容器时药物与容器发生化学反应而降低药效或生成有毒化学物质。

⑤若既要泼洒杀虫药又要泼洒杀菌药时，一般先泼杀虫药，第二天再泼杀菌药，同时要注意药物之间的拮抗作用。

⑥两种药物混合使用时，首先要确定两种药物是否能混合使用，然后应先分别溶化后再混合。以下药物不能混用：漂白粉与生石灰，硫酸铜与生石灰，敌百虫与生石灰等。

⑦施药时间一般应安排在下午 4～6 时。施药后夜间要给池塘增氧，避免因缺氧而导致泛塘。清晨缺氧和中午阳光直射时不能施药。

⑧池塘泼洒药物时应从上风处开始逐步向下风泼，这样可使药物泼洒更为均匀，且避免对操作人员的伤害。

⑨药物泼洒完后 1～2 小时，操作人员尽量不要离开池塘，应观察鱼体反应，一旦发现鱼严重浮头或有死鱼时，应迅速注入新水。

（二）内服法

内服药物可以有效杀灭鱼体内的病原体，常用于预防或治疗体内病原生物感染而引起的疾病。此外，在进行鱼体免疫刺激、代谢改良以及抗应激预防时还常采用内服法，以达到增强鱼体抗病能力的目的。

注意事项

①用来配制药饵的饲料必须要选用正常饲养时投喂的饲料或鱼喜食的饲料。

②药饵在水中的稳定性要好，便于鱼摄食。

③药物的量要计算准确。一般按摄食鱼体重计算用药量，以每千克鱼体重克或毫克计算。

④为使鱼体中药物保持有效浓度，投喂药饵时可首剂量加倍，有利于彻底杀灭病原，避免抗药性产生。

⑤内服药饵必须按要求连续投喂 1 个疗程（一般 3～5 天或 7 天）。

⑥投喂方法：一是投喂药饵的前 1 天，投喂量应比平时减少些，以保证病鱼第二天吃进足够药饵。二是药饵要撒均匀，保证病鱼吃到足够的药饵；反之，假如药饵撒得不均匀，病鱼的摄食能力较差，往往就吃不到足够的药饵，达不到治病之目的。三是投喂药饵时，可减少饲料量至正常投喂量的 70%～80%，

便于所有药饵都被鱼摄食。四是投喂药饵时，最好选择风浪较小时投喂；否则，因风浪大，撒在水面的药饵很快被吹到下风处，沉入水底，鱼就吃不到足够的药饵，影响治疗效果。

⑦治疗期间及刚治愈后，不要大量交换池水，不要大量补充新水及捕捞，以免给鱼带来刺激，加重鱼的病情或引起复发。

⑧在使用内服药的同时，最好配合外用药泼洒，杀灭水中病原菌（虫），可避免病情反复。

（三）浸浴法

此法是将鱼集中在较小的容器或水体内，配制较高浓度的药液，在较短时间内强制给药，以杀死其体表和鳃上的病原体。此法通常在苗种放养或养殖对象转塘时使用。

注意事项

①所用浸洗容器不应与药物发生化学反应。

②必须根据水温和养殖对象的耐受程度等情况灵活掌握浸浴时间，一般15～20分钟。时间太短达不到杀死病原体的目的，时间太长又会对养殖对象造成伤害，影响其在以后养殖过程中的摄食和生长。

（四）悬挂法

此法又叫挂袋、挂篓法。是将药物装在有孔的容器中悬挂于食场周围或网箱以及流水环境养殖的水体中，利用药物的缓慢溶解，在水体中保持一定的药物浓度，以达到消毒杀灭病原生物的目的。此法一般在疾病流行病季节来到之前的预防或病情较轻时采用。

注意事项

①悬挂的容器一般采用布袋、塑料编织袋或竹篓。

②挂篓挂袋时药物装入量不能太多，一般以200～500克为宜。

③如果挂篓挂袋后明显影响鱼摄食，应停止或减少药物剂量。

（五）涂抹法

此法是直接将药物涂抹于养殖对象的病灶处，是一种最简单直接的治疗方法。适用于皮肤溃疡病及其他局部感染或外伤。

注意事项　采用此法治疗鱼病时，防止涂抹药物迅速在水中溶解，一般适用药膏类药物。此法对于经济价值较高的养殖动物比较适用。

（六）注射法

鱼病防控过程中的注射法有两种，分别是肌内注射法和腹腔注射法。对于药物溶解度高、肌肉吸收良好的药物一般采用肌内注射法；对于免疫预防时注射的疫苗一般采用腹腔注射法，疫苗通过黏膜系统吸收而进入机体。注射法具有药量准确、吸收快、疗效高、效果佳等优点。

注意事项

①注射法治疗鱼病时，避免因操作不当损伤鱼体。

②注射时掌握进针程度，避免伤及鱼内脏组织，一般在针头端套 1/2 长度的塑料软管可避免注射时伤及鱼体内脏器官。

第三节　鱼病诊断方法

一、鱼病诊断步骤

鱼病诊断是鱼病防控的首要步骤，只有先确定鱼患的是哪一种病，再进行对症治疗，才能取得良好的治疗效果。因此，鱼病的正确诊断是鱼病防治工作的一个关键环节。

（一）现场调查

现场调查的主要目的是调查了解养殖环境、池塘结构、水源水质状况、养殖品种规格、发病历史与死亡情况等各种现场情况，不同的养殖模式、养殖环境、养殖品种、养殖阶段、投喂方式、操作方式，鱼病发生的规律都不同。现场调查可获得第一手信息，便于对疾病发生的原因进行综合分析与判断。

（二）水质检测

养殖池水的酸碱度、溶解氧、氨氮、亚硝酸盐、硫化氢和水的肥瘦等与鱼病的发生关系密切，很多因素是疾病发生的重要诱因。可使用商品化的水质测定试剂盒对养殖池水的酸碱度、溶解氧、氨氮、亚硝酸盐、硫化氢等主要化学指标进行检测。

（三）调查饲养管理情况

①调查池塘清淤、池塘修整、药物清塘以及用药情况。

②调查苗种的来源、规格、投放时间、密度、搭配比例等情况。
③调查投喂的饲料种类、日投喂次数、投喂时间、持续时间、鱼摄食情况。
④调查水体培肥、水体消毒、水质调控、拉网操作、增氧换水等情况。
⑤调查发病前后的用药历史，包括药物种类、剂量、次数、效果等情况。

（四）鱼体检查诊断

选择症状明显、濒死患病鱼作为检查对象，首先进行肉眼检查，确认患病鱼体表是否有病原体存在以及体表典型病灶部位，然后进行解剖检查，检查的部位包括鳃、内脏组织等；鳃的检查重点是鳃丝，需于洁净载玻片上制备鳃丝压片进行显微镜检查；内脏组织的解剖检查主要包括胃、肠、肝、脾、肾、胆、鳔等器官的检查，查看内脏器官是否有病原体存在或内脏器官炎性肿大、出血或充血、腹水等症状。鱼病诊断过程中的肉眼检查与解剖检查所获得的信息对于鱼病初步诊断有重要意义。

二、鱼病诊断方法

（一）肉眼初步诊断

肉眼检查又称目检，是诊断鱼病的主要方法之一。用肉眼找出鱼患病部位的各种特征或一些肉眼可见的病原生物，从而诊断鱼病。

对鱼体进行目检的部位和顺序是体表、鳃和内脏。具体方法如下：

1. 体表　将濒死患病鱼置于洁净解剖盘中，对鱼的头、眼睛、鳞片、鳍条、泄殖孔等仔细检查，可以发现大型病原体，如线虫、鲺、钩介幼虫、水霉等以及细菌感染引起的赤皮、白皮、打印、疖疮以及充血、出血等症状。

2. 鳃　鳃部的检查以鳃丝为重点。掰开鳃盖，用剪刀剪去鳃盖，观察鳃片的颜色是否正常，黏液是否较多，鳃丝末端是否有肿大或腐烂病灶。如是细菌性烂鳃病，则鳃丝末端腐烂；鳃霉病，则鳃片颜色比正常鱼的鳃片颜色较白，略带血红色小点，如是口丝虫、隐鞭虫、车轮虫、斜管虫、指环虫和三代虫等寄生虫性疾病，则鳃片上有较多黏液；如是中华鳋、狭腹鳋、双身虫、部分指环虫以及黏孢子虫囊等寄生虫，则常表现鳃丝肿大、鳃盖张开等病状。

3. 内脏　内脏检查包括肝、脾、肾、肠、胃、胆、鳔等内脏组织。于鱼体一侧将腹部剪开，先观察是否有腹水和肉眼可见寄生虫，如鱼怪、线虫、黏孢子虫孢囊、舌状绦虫等。再仔细观察各个内脏的外表是否正常，随后取出内脏，逐一检查是否有充血、出血、肿大、坏死等病症。

目检主要以病状为依据。一般情况下，有经验的鱼病工作者可以通过目检结果基本判定鱼病的种类。目检时需要特别注意以下情况：即相同的症状可能是不同的疾病，如草鱼的肠道充血发红症状，有可能是草鱼出血病的肠炎型病症状，也有可能是草鱼的肠炎病，此时应综合分析养殖鱼规格、肠道肿胀、充气、腹水与肛门是否发红等症状，从而判定是否是病毒性出血病或是细菌性肠炎。这种情况如能进一步的实验室诊断其结果将更具说服力。又如，患病草鱼体色发黑、鳍条基部充血、蛀鳍等，这些病状有可能是草鱼细菌性赤皮病、疖疮病、烂鳃病、肠炎等病所共有，需要在目检时辅助其他症状加以区分。因此，在目检时，做到仔细检查、全面分析、详细记录，可为准确诊断鱼病提供第一手的资料，亦可为进一步的镜检与实验室诊断提供参考。此外，目检时一定要检查有典型症状的濒死鱼，死亡时间久且出现体色发白、组织糜烂、炎症消退、腐烂发臭的病死鱼不能作为目检材料。

（二）镜　检

镜检是根据目检时所确定下来的病变部位，做进一步检查。常见的鱼病只需镜检体表、鳃、肠道、眼和脑等部位即可。

1. 体表　用解剖刀在患病鱼体表病灶部位刮取组织或黏液置于载玻片上，滴加蒸馏水1～2滴后盖玻片压片，置于显微镜下观察。在患病鱼体表常可观察到车轮虫、斜管虫、鱼波豆虫、钩介幼虫、黏孢子虫以及真菌菌丝等。

2. 鳃　用剪刀剪取一小块鳃丝，置载玻片上，滴加蒸馏水1～2滴后盖玻片压片，镜检可发现指环虫、三代虫、车轮虫、隐鞭虫、黏孢子虫等病原体。

3. 肠道　用剪刀剪取一节肠道，将其内容物置载玻片上，显微镜镜检可发现毛细线虫、艾美耳球虫、黏孢子虫等病原体。

4. 眼　将整个眼球水晶体压在载玻片上镜检，如果见到双穴吸虫囊幼虫则为双吸虫病。

5. 脑　如果鱼患有疯狂病，可将病鱼脑打开，仔细观察在脑旁拟淋巴液处是否有白色的黏孢子孢囊，用镊子将此孢囊取出，放在载玻片上压碎，在镜检时可观察到孢子，即为脑内孢子虫感染。

（三）实验室诊断技术

1. 组织病理学诊断技术　组织病理学诊断技术主要是指光学显微镜进行患病鱼的组织病理学观察。进行组织病理学诊断之前，首先需将患病鱼病灶组织或内脏组织进行石蜡切片或冰冻组织切片，然后利用各种组织化学染色方法或荧光标记抗体染色方法检查器官、组织和细胞的病理变化。通过组织病理学诊断，一般可以发现患病鱼发生的组织病理学变化，如细胞肿大、细胞核裂解、细胞或组织坏死等，从而进行鱼病诊断。在对病毒性鱼病进行组织病理学诊断时，通常可以观察到感染细胞内病毒包涵体的存在，是诊断病毒性鱼病的重要指标之一。

2. 电子显微镜诊断技术 电子显微镜较之光学显微镜具有更大的放大倍数，可以直接观察到病原体的精细结构或细胞超微结构变化，是进行鱼类疾病尤其是鱼类病毒性疾病实验室诊断的重要方法。利用电子显微镜技术进行鱼病诊断，主要环节是电镜观察样品制备。通过对纯化的病原体进行负染色，或对患病鱼病灶组织或内脏组织或病毒感染细胞超薄切片样品染色后再进行电镜观察，可以观察到病原体的超微结构，特别是确认是否有病毒颗粒存在以及病毒的形态学特征和细胞超微结构病理变化特征，从而确定是否是病毒感染引起的疾病以及是什么病毒感染引起的疾病。许多鱼类疾病的准确诊断以及鱼类新疾病的发现，都离不开电子显微镜技术。现代电子显微镜技术并不局限于观察细胞病变、病毒的形态大小和结构等，已扩展到用于了解病毒的感染和复制机制、病毒的形态发生等。但是，由于电镜样品的制备较困难，而且对于形态特征相似的病毒则难以鉴别，所以电子显微镜技术主要用于检测病毒的有无及初步鉴定病毒的类型，而对于种和型的鉴别必须借助于特异性更强的方法。

3. 病原菌分离培养与鉴定 对于细菌性病原感染引起的鱼病，在实验室内开展病原菌分离、培养与生化鉴定和分子鉴定，可以确认疾病的种类与病原。其一般程序为：采集出现典型症状的濒死患病鱼，进行体表消毒后于无菌条件下取血液样品、腹水样品或肝脏组织，进行细菌培养平板涂布接种，恒温培养至生长出优势菌落，然后对单个菌落进行生化鉴定、分子鉴定以及人工感染试验，通过鉴定结果与人工感染试验复制出的患病鱼症状，可以准确诊断鱼病或发现新疾病。

4. 细胞培养 通过细胞培养技术分离致病病毒是准确诊断鱼类病毒性疾病的经典方法之一。对于疑似病毒感染引起的鱼病，采集出现典型症状的患病濒死鱼内脏组织，进行充分匀浆与冻融后，离心取上清液，超微滤膜过滤（0.22微米孔径滤膜），接种宿主动物细胞系，恒温培养观察细胞病变效应，可准确地确定疾病病原。在进行初次组织毒来源病毒接种细胞时，一般需要盲传几代才能出现细胞病变效应。如能将出现细胞病变效应的细胞进行超薄切片电镜观察，将更加有助于确认病毒病原。在进行鱼类病毒病诊断的过程中，使用细胞培养的病毒进行人工感染试验，观察是否能在健康鱼体上复制与自然发病相同的症状，是准确诊断鱼类病毒病的重要步骤。在采用细胞培养技术分离鉴定病毒进行鱼病诊断时，如遇到缺乏宿主动物的细胞系时，可以在现存已有的细胞系上进行感染试验筛选病毒敏感细胞系，如果感染细胞培养的病毒连续传代都能出现致细胞病变效应，此时如辅助超薄切片电子显微镜观察细胞培养物中的病毒，可以确认病毒病原的存在，且使用的细胞系对该病毒敏感，是病毒病诊断的重要证据。

5. 免疫学检测技术 利用抗原抗体反应的免疫学原理，进行病原或抗体检测，是实验室内采用免疫学方法诊断鱼病的重要技术。用于鱼类疾病诊断的免疫学技术很多，但多数集中在实验室诊断中，实际应用的免疫学诊断技术仍然有待进一步发展，这主要依赖一大批鱼类专用抗体的商品化以及诊断试剂盒的产业化等。目前，鱼病免疫学诊断的主要技术包括免疫凝集试验、免疫沉淀试验、补体结合试验、中和试验、酶联免疫吸附试验（ELISA）以及荧光免疫技术等，其中以中和试验、酶联免疫吸附试验和荧光免疫技术应用较为广泛。

（1）*中和试验* 病毒中和试验是以特异性的标准抗血清和病毒稀释液或者以恒量的病毒中和不同稀释度的抗血清，经一段时间培育后，接种于培养细胞以测定混合液的残余感染力，据此判断是否被中和以及中和指数的大小。虽然病毒中和试验在操作上较为麻烦，判定结果的时间也比较长，但由于中和反应有严格的种、型特异性，可用中和试验对所分离的病毒进行准确的鉴定，所以中和试验仍是病毒检测中使用最为普遍的血清学技术。

（2）*免疫酶技术* 免疫酶技术是当前广泛采用的鱼病免疫诊断技术，特别适用于快速检测。酶联免疫吸附实验是利用抗原或抗体能非特异性地吸附于聚苯乙烯等固相载体的表面性质，使抗原—抗体反应在固相载体表面进行。包括间接法、双抗体夹心法等。许多已经制备出多克隆抗体或单克隆抗体的鱼病病原生物，特别是鱼类病毒病原，如草鱼出血病呼肠孤病毒、鲤春病毒、鲤疱疹病毒等都能通过酶联免疫吸附试验进行检测或诊断。

（3）*荧光免疫技术* 荧光免疫抗体是将免疫化学和血清学的特异性和敏感性与显微镜技术的直接观察特性相结合的方法，是实验室内进行鱼病诊断的重要方法。将荧光色素与某些特异性抗体以共价键基团牢固结合后，此复合物在一定的波长光的激发下可产生荧光，将此标记抗体在一定反应条件下与检测样品反应，使之与标、检测样本中相应的抗原产生结合反应，经过反复洗涤后，在荧光显微镜下进行观察，荧光的出现表明了抗体的存在及与抗体结合的相应抗原的存在。此技术的主要特点是特异性强、速度快、敏感度高，适用于病原检测、抗体检测以及组织化学染色多个方面。目前，该技术已广泛应用于细菌、病毒、真菌以及原虫等的鉴定与相应疾病的诊断。

6. 分子生物学诊断技术

(1) 核酸杂交技术　随着分子生物学的发展，疾病诊断技术已经进入到基因组诊断的分子水平。分子杂交（molecular hybridization）技术是一个脱氧核糖核酸（DNA）单链或核糖核酸（RNA）单链与另一被测 DNA 单链形成双链，以测定某一特定序列是否存在。这种方法不但已经成为遗传学和分子生物学等基础学科的重要研究方法，而且已经应用于水产动物疾病的病原鉴定。分子杂交的种类很多，有原位杂交、打点杂交、斑点杂交、Sorthern 杂交、Northern 杂交等，但它们都是应用了核酸分子的复性动力学原理，都必须有探针的存在。探针是指特定的具有高度特异性的已知核酸片段，它能与其互补的核酸序列进行退火杂交，因此标记的核酸探针可以用于待测核酸样品中待定基因序列的检测，核酸分子探针又可根据它们的来源和性质分为 DNA 探针、cDNA 探针、RNA 探针及人工合成的寡聚核苷酸探针等，其诊断的原理是通过标记的病原体核酸片段制备的探针与病原体的核酸片段杂交，观察是否产生特异的杂交信号。

核酸杂交技术已用于鱼类病毒的检测和鉴定，具有高度的特异性和敏感性。Subramanian 等（1993）利用所合成的 cDNA 探针，通过核酸杂交试验检测感染细胞和组织中的水生呼肠孤病毒的 dsRNA。Lupinai 等（1993）应用制备的 RNA 探针通过 RNA-RNA 印迹杂交法分析了 19 种不同水生呼肠孤病毒的遗传特性。但是应用同位素标记核酸探针做分子杂交有放射性，操作复杂，而非放射性标记探针敏感性较差，所以目前该技术在鱼类病毒检测方面的应用需要进一步的加强和发展。

(2) 多聚酶链式反应技术（PCR）　多聚酶链式反应（Polymerase chanin reaction，PCR），简称 PCR 技术，是在模板 DNA、引物、Mg^{2+} 离子和 4 种脱氧核糖核苷酸等存在的条件下依赖于 DNA 聚合酶的酶促反应。PCR 技术的特异性取决于引物和模板 DNA 结合的特异性，因此引物设计与模板 DNA 的纯化至关重要。根据已经测定的病毒基因组序列，通过设计特异性引物，目前已经建立了针对草鱼出血病呼肠孤病毒、鲤春病毒以及锦鲤疱疹病毒的 PCR 检测方法，并被广泛应用。

(3) 实时荧光定量 PCR 技术（Real time PCR）　实时荧光定量 PCR 技术于 1996 年由美国 Applied Biosystems 公司推出，由于该技术不但实现了 PCR 从定性到定量的飞跃，而且与常规 PCR 相比，它具有特异性更强、有效解决 PCR 污染问题、自动化程度高等特点，目前已得到广泛应用。所谓实时荧光定量 PCR 技术，是指在 PCR 反应体系中加入荧光染料、荧光标记核酸探针或荧光标记分子信标等，利用荧光信号积累实时监测整个 PCR 进程，最后通过标准曲线对未知模板进行定量分析的方法。实时荧光定量PCR最大的优点是可以对病原生物进行定量分析，尤其适用于鱼病的早期诊断与潜伏感染检测。目前，针对大宗淡水鱼的主要疾病，特别是病毒性疾病，已经建立了相应的实时荧光定量PCR检测技术，并得到了较为广泛的应用。但是，由于实时荧光定量PCR技术依赖于较为昂贵的仪器，一般的实验室装备起来尚存在困难。

（4）环介导等温扩增技术（Loop-mediated isothermal amplification，LAMP）LAMP技术是一种体外恒温核酸扩增技术，该技术针对靶基因（DNA、cDNA）的6个区域，设计4种特异引物，利用一种链置换DNA聚合酶（Bst DNA polymerase）在恒温（一般为65℃左右）条件下反应1小时，即可高效、快速、特异地完成靶序列的扩增反应，反应结果直接靠扩增副产物焦磷酸镁的沉淀浊度进行判断，整个反应程序不需模板热变性、长时间温度循环、凝胶电泳、紫外观察等过程。LAMP用于检测草鱼出血病呼肠孤病毒时其灵敏度高达3皮克的病毒核酸量，比常规PCR技术的灵敏度高10倍以上。由于LAMP技术不依赖于昂贵的仪器设备，并且容易组装成整套的试剂盒，故该技术特别适用于鱼病的现场诊断与快速诊断工作。

第四节　主要病害防治

一、青鱼肠炎病（青鱼出血性肠道败血症）

（一）病原体与流行情况

1. 主要病原体　青鱼肠炎病由嗜水气单胞菌（*Aeromonas hydrophila*）感染所致。病原呈杆状，两端钝圆，单个散在或两个相连，有运动力，极端有单根鞭毛，无芽孢，无荚膜。革兰氏染色阴性，少数染色不均。琼脂板上培养菌落呈圆形，24小时直径为0.9～1.5毫米，48小时为2～3毫米，灰白色，半透明，表面光滑湿润、微凸，边缘整齐，不产生色素。适宜生长温度为4℃～40℃，32℃左右生长繁殖最快，43℃不生长，pH值5.5～10时生长。嗜水气单胞菌能产生外毒素，具有溶血性、肠毒性及细胞毒性，有强烈的致病性和致死性。

2. 流行情况　对各阶段养殖的青鱼都有危害，包括当年青鱼种、大规格青鱼种（1龄和2龄青鱼种）以及青鱼成鱼，主要危害1龄和2龄青鱼种，死亡率可达到50%～90%，是青鱼养殖中比较严重的细菌性疾病。流行季节4～9月份，其中有两个高峰期：5～6月份主要是1～2龄青鱼发病，8～9月份当年青鱼种发病。水温在25℃以上时开始流行，27℃～35℃为流行高峰。该病在主要青鱼养殖区域都流行，常与细菌性烂鳃病并发。在水质恶化、溶氧量不足、过度投喂、饲料单一以及水温变化显著等条件下，青鱼易发生此病。

（二）诊　断

1. 临床诊断

①病鱼离群独游，活动缓慢，徘徊于岸边，食欲减退，严重时完全停止吃食。

②病鱼体色发黑，但体表完整，腹部稍显肿大，肛门红肿，呈紫红色；轻压腹部，肛门处有黄色黏液和带血的脓汁流出。

③剖开鱼腹，可见腹腔内有积液，肠道发炎充血发红，部分出现糜烂。肠壁充血、发炎，轻者仅前肠或后肠出现红色，严重时则全肠呈紫红色（图7-1），肠内一般无食物，含有许多淡黄色的肠黏液或脓汁。

图7-1　青鱼肠炎病　（示青鱼肠道出血发红）

2. 实验室诊断　病原分离培养、生化反应检验与鉴定符合嗜水气单胞菌特征。

（三）防控措施

1. 预　防

（1）阻断病原

①种源　培育健康的老口鱼种，提高鱼种抗病能力。

②水源　要求清新、无污染，设置进水预处理设施。再者，进排水系统分开，减少交叉感染的机会。

③饵源　不投劣质或变质的配合饵料，遵守饲料投喂的“四定”原则；青鱼投喂时还需要补充鲜活饲料，并采取饵料消毒措施，以防病从口入。

(2) 改善环境

①彻底清淤消毒　为了杜绝感染源，除了要彻底清淤外，还应对池塘进行严格消毒。可采取暴晒、翻耕和泼洒生石灰、漂白粉等方法进行池塘清淤消毒。由于养殖青鱼的池塘水一般比较深，池塘底质的消毒处理对养殖成功与否十分重要。

②适当混养和轮养　减少青鱼相对密度，适当搭配其他养殖品种，可达到控制水质、改善养殖环境的目的。实践表明，在青鱼养殖池塘中搭配适当数量的鳙鱼，可以很好地控制水质环境。另外，不同品种轮养，还可减轻单一品种连续养殖造成的环境压力。

③控制养殖密度　高密度使养殖对象出现应激反应，导致免疫力下降，以及增加相互感染机会，建议混养密度在50～150尾/667米^{2}较为适宜。

④强化操作管理　养殖期间注意除了强化各个操作程序的消毒措施外，还要避免滥用药物，以保持水中的微生物种群的生态平衡和水环境的稳定，提高青鱼的抗病能力。

⑤加强水质监控　定期检测水中硫化氢、亚硝酸根离子、有毒氨、重金属离子等有害理化因子含量是否超标，避免水质恶化导致疾病暴发。适当使用改水剂或底质改良剂等微生态制剂对青鱼养殖水质控制有良好的作用。

(3) 药物预防　一般每月使用生石灰进行水体消毒1～2次；内服药饵以抗菌天然植物药物为主，如大青叶、黄连等，煮水拌饲料投喂，每15天1次，每次投喂2～3天。

(4) 生态预防　施用光合细菌（PSB）、EM制剂、底质改良剂等微生态制剂对改善水生态环境与预防青鱼肠道败血症作用明显。

(5) 免疫预防　利用从患肠炎病的青鱼体内分离的嗜水气单胞菌制备全菌灭活疫苗或提取细菌外膜或细菌脂多糖LPS制备亚单位疫苗免疫青鱼，可以诱导青鱼体内的免疫应答反应，提高鱼体细胞免疫与特异性免疫的水平，显著增强免疫青鱼的保护力。在高密度专养或以青鱼为主的养殖模式下，采用免疫的方法预防青鱼肠炎病，对于养殖的成功尤其重要。

2. 治　疗

①二氧化氯全池泼洒，浓度为0.2～0.3毫克/升，全池泼洒1～2次，间隔2天泼洒1次。

②内服恩诺沙星或氟苯尼考，每千克鱼体重用50～100毫克，拌饵投服，连用4～6天。

③内服大蒜头，每千克鱼用捣碎大蒜头5克，添加少许食盐，拌饵投服，连用6天。

二、草鱼出血病

(一) 病原体与流行情况

1. 主要病原体 草鱼出血病是我国最为严重的大宗淡水鱼病毒性疾病，其病原为草鱼呼肠孤病毒（*Grass carp Reoviruses*，GCRV）。草鱼呼肠孤病毒为20面体的球形颗粒，直径为70～80纳米，具双层衣壳，无囊膜。病毒基因组由11条分节段的双链RNA组成。病毒对热（56℃，1小时）、酸（pH值3）、碱（pH值10）处理稳定。此病毒可以在GCO、GCK、CIK、ZC-7901、PSF及GCF等草鱼细胞株内增殖，在感染细胞2天后出现细胞病变。1983年从患病的草鱼中分离提纯到本病毒，鉴定为呼肠孤病毒科水生呼肠孤病毒属。在不同地区存在不同的毒株。

2. 流行情况 草鱼出血病是一种严重危害当年草鱼鱼种和2龄草鱼鱼种的传染性病毒性疾病，具有流行范围广、发病季节长、发病率高、死亡率高等特点，主要危害7～15厘米的当年鱼种，2龄草鱼鱼种也会患此病，死亡率超过80%。每年6月下旬至9月底为该病的主要流行季节，有些地区每年10～11月份仍有流行。当年鱼种培育至当年8月份后开始发病，8～9月份为流行高峰季节。一般水温在20℃～30℃时该病发生流行，最适流行水温为27℃～30℃。在浅水塘、高密度草鱼饲养池呈急性型发病，发病急，来势凶，死亡严重，发病3～5天即出现大批死亡，10天左右出现死亡高峰，2～3周后即大部分死亡；在稀养的大规格鱼种池为慢性型发病，病情发展缓和，死亡高峰不明显，常与草鱼的烂鳃病、肠炎病以及赤皮病并发。此外，最近几年的草鱼出血病调查与检测结果还显示，草鱼出血病在大规格草鱼鱼种和成鱼中经常发生，并且已经从患病大规格草鱼体内检测出与分离到呼肠孤病毒，这可能意味着草鱼呼肠孤病毒的感染特性发生了变化。

(二) 诊　断

1. 临床诊断

①病鱼食欲减退，离群独游，活动缓慢，徘徊于岸边，严重时完全停止摄食。

②病鱼体色发黑，尤其头部、背部，在水中尤为明显，有时尾鳍边缘处可见褪色，背部两侧也会出现一条白色浅带；病鱼的口腔、上下颌、头顶部、眼眶周围、鳃盖、鳃及鳍条基部明显充血，眼球突出，肛门红肿外突；剥去皮肤，可见肌肉呈点状或块状充血、出血，严重时全身肌肉呈鲜红色，鳃常因贫血而

呈灰白色。

③剖开鱼腹部检查，病鱼各器官、组织有不同程度的充血、出血现象。肠壁充血，但仍具韧性，肠内无食物，肠系膜及周围脂肪、鳔、胆囊、肝、脾、肾也有出血点或血丝；出血严重时，病鱼发生贫血，病鱼的肝、脾、肾颜色变淡。

④全身性出血是此病的重要特征，但病鱼的症状并不完全相同，出血症状有的以肌肉出血为主，有的以鳃盖体表出血为主，有的以肠道充血为主。根据病鱼所表现的症状及病理变化，可以分为“红肌肉型”“红鳍红鳃盖型”“肠炎型”3种类型。

红鳍红鳃盖型：病鱼的鳃盖、鳍条、头顶、口腔、眼腔等表现明显充血，有时鳞片下也有充血现象，但肌肉充血不明显，或仅局部表现点状充血。这种类型在规格为10～15厘米的草鱼种中比较常见（图7-2A）。

红肌肉型：病鱼外表无明显的出血现象，或仅表现轻微出血，但肌肉明显充血，有的表现为全身肌肉充血，有的表现为斑点状充血。与此同时，鳃瓣则往往严重贫血，出现“白鳃”症状。这种类型一般在较小的草鱼种，也就是在规格7～10厘米的草鱼鱼种中比较常见（图7-2B）。

肠炎型：其特点是体表和肌肉充血现象不太明显，但肠道严重充血，肠道全部或部分呈鲜红色，肠系膜、脂肪、鳔壁有时有点状充血。这种症状在大小草鱼种中都可遇见（图7-2C）。

以上3种类型的症状不能截然分开，有时可2种类型甚至3种类型同时都表现出来，混杂出现。

大规格草鱼鱼种出血病症状见图7-2D，主要表现为鳃盖、眼眶周围、下颌、前胸部充血，眼球凸出；草鱼成鱼出血病症状见图7-2E，主要表现为全身性充血或出血，眼球凸出。

2. 实验室诊断

（1）组织病理学检查　患病鱼解剖观察或组织超薄切片电镜观察。

（2）细胞培养方法　通过将患病鱼内脏组织匀浆液感染草鱼细胞培养物，观察细胞病变效应、测定病毒增殖滴度、提取病毒核酸，SDS-PAGE电泳分析。

（3）血清学诊断　酶联免疫吸附试验和酶联染色技术，可确诊此病的感染。

（4）分子检测　病毒核酸特异性引物的反转录—聚合酶链式反应（RT-PCR）扩增反应可以特异性地检测出病毒基因或核酸片段。

图 7-2 草鱼出血病

A. 红鳍红鳃盖型 B. 红肌肉型 C. 肠炎型 D. 大规格草鱼种 E. 草鱼成鱼

（三）防控措施

1. 预 防

（1）建立亲鱼及鱼种检疫机制 水源无污染，进排水系统分开；投喂优质饵料或天然植物饲料；提倡混养、轮养和低密度养殖；加强水质监控和调节。

（2）使用含碘消毒剂杀灭病毒病原 如全池泼洒聚维酮碘或季铵盐络合碘等含碘制剂，剂量为 0.2～0.3 毫升/米^3，发病季节预防每 10～15 天泼洒 1 次，水质较肥时可以适当增加剂量。使用含氯消毒剂（漂白粉、二氯异氰尿酸钠、三氯异氰尿酸、二氧化氯以及二氯海因等）全池泼洒，彻底消毒池水也可预防该病。在养殖期内，每 15 天全池泼洒漂白粉精 0.2～0.3 毫克/升，或二氯异氰尿酸钠或三氯异氰尿酸 0.3～0.5 毫克/升，或二氧化氯 0.1～0.2 毫克/升，或二氯海因 0.2～0.3 毫克/升。

（3）加强饲养管理，进行生态防病 定期加注清水，泼洒生石灰。高温季节注满池水，以保持水质优良，水温稳定。投喂优质、适口饲料。食场周围定期泼洒漂白粉或漂白粉精进行消毒。

（4）免疫预防 用草鱼出血病疫苗进行人工免疫预防本病具有较好的效果。目前，主要有浸泡法和注射法两种方式进行免疫。鱼种在入池前进行免疫疫苗浸泡或注射呼肠孤病毒细胞培养灭活疫苗或减毒活疫苗；夏花鱼种在运输前加入 3%～5%疫苗溶液浸泡，大规格鱼种分别在 2%食盐和 5%～10%疫苗溶液中浸泡5～10分钟，可使草鱼种获得免疫力，成活率达82%；采用皮下腹腔或背鳍基部肌内注射，一般采用一次性腹腔注射，疫苗量视鱼的大小而定，一般控制在大规格鱼种腹腔注射0.2～0.5毫升/尾。免疫产生的时间随水温升高而缩短，免疫力可保持14个月。

2. 治　疗

(1) 外用消毒剂　使用含碘消毒剂如聚维酮碘或季铵盐络合碘等全池泼洒杀灭病毒病原，剂量为0.3～0.5毫升/米^3，连续泼洒2～3次，间隔1天1次，第三次视疾病控制情况确定是否使用。水质较肥时可以适当增加剂量。

(2) 内服天然植物抗病毒复方制剂　出血病暴发时采取内服天然植物抗病毒复方制剂5～6天有效。治疗时按1.0克/千克鱼体重计算药量，称取药物，文火煮沸10～20分钟或沸水浸泡20～30分钟。冷却后均匀拌饲料制备成药饵投喂，连续投喂5～6天即可。

(3) 施用植物血细胞凝集素（PHA）　植物血细胞凝集素是一种非特异性的促淋巴细胞分裂素，可促进机体的细胞免疫功能，调节体液免疫功能。PHA通过口服或浸泡途径治疗草鱼出血病的效果也比较明显。

(4) 施用大黄　大黄经20倍0.3%氨水浸泡提效后，连水带渣全池遍洒，浓度为3毫克/升。

［案例7-1］　利用疫苗控制草鱼出血病

2012年3月9日，大宗淡水鱼产业技术体系病毒病岗位科学家团队联合洪湖水产技术推广站利用草鱼出血病细胞灭活疫苗50瓶（500毫升/瓶），浸泡免疫小规格草鱼苗，按20～30倍生理盐水稀释后每瓶疫苗浸泡苗种40千克，大约可浸泡苗种2吨。参与农户5户，面积8公顷，浸泡草鱼苗1500千克。疫苗使用后草鱼成活率在90%以上，取得了明显的防病效果。

三、草鱼烂鳃病

（一）病原体与流行情况

1. 主要病原体　柱状黄杆菌（*Flavobacterium columnaris*），为中等大小形态偏长的杆菌。菌体柔软、易弯曲，菌体长为2～24微米、宽约为0.4微米，两端钝圆、无荚膜及芽孢，革兰氏染色阴性、无鞭毛，滑行运动。该菌在嗜纤维菌培养基（*Cytophage medium*）上生长良好，25℃培养48小时出现稀薄的菌落，菌落边缘不整齐、假根状、中央较厚、呈颗粒，最初与培养基的颜色相近，以后逐渐变为淡黄色，一般在培养5天后则不再生长。在嗜纤维菌培养基（液体）中25℃培养时生长旺盛，表面有一层淡黄色的菌膜。在pH值6.5～7.5生长良好、pH值8生长较差、pH值6以下和pH值8.5以上不生长；在25℃条件下生长良好、毒力强，4℃不生长，65℃经5分钟即死亡；在含7克/升以上氯化钠条件下即能抑制其生长，在厌氧条件下也能生长但生长很慢。

2. 流行情况 在春季本病流行季节以前，带菌鱼、被污染的水及塘泥是该病的主要传染源，其中带菌鱼是最主要的传染源。本病的发生是鱼体与病原直接接触引起的，鳃受损（如被寄生虫寄生或受机械损伤等）后特别容易引发感染。在水质好、放养密度合理且鳃丝完好的情况下则不易感染。本病主要危害草鱼和青鱼的鱼种与成鱼，水温在15℃以上开始流行；在15℃～30℃，水温越高烂鳃病越易暴发引起大量死亡，致死时间也短。水中病原菌的浓度越大，鱼的密度越高，鱼的抵抗力越小，水质越差，则越易暴发流行。该病常与传染性肠炎、出血病、赤皮病并发，流行地区广，全国各地养殖区都有此病流行，一般流行于4～10月份，尤以夏季流行为多。

（二）诊　断

1. 临床诊断

（1）*活动情况* 由于病鱼呼吸困难而浮至水面，游动缓慢，对外界刺激反应迟钝；食欲减退，鱼体消瘦；有的病鱼离群独游，不摄食。

（2）*外部检查* 病鱼体色发黑，头部乌黑，鳃上黏液增多，鳃丝肿胀，呈紫红色、淡红色或灰白色，鳃小片坏死脱离，鳃丝软骨外露；鳃盖内表面皮肤充血发炎，中间部分糜烂呈透明小窗，俗称“开天窗”（图7-3A）；病变鳃丝末端形成淡黄色（图7-3B）。

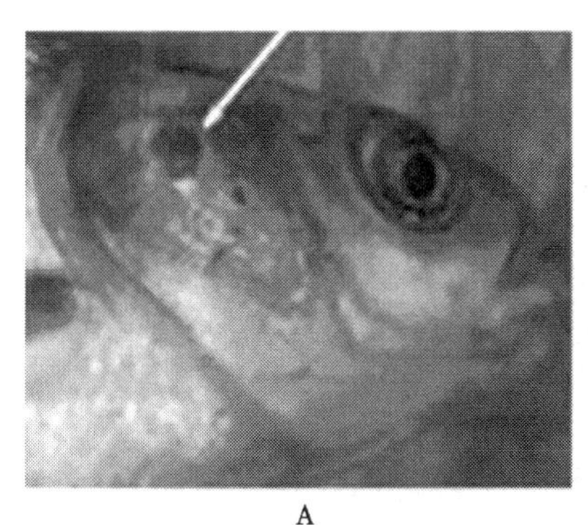
A

B

图7-3　草鱼烂鳃病

A. 患病鱼鳃盖上“开天窗”病灶　B. 患病鱼鳃丝肿大末端腐烂

(3) 镜检　剪取少量病灶处鳃丝或取鳃上淡黄色黏液，置载玻片上，加上2～3滴无菌水（或清水）盖上盖玻片压片，于显微镜下观察，鱼体鳃上无大量寄生虫或真菌，高倍镜下可观察到大量细长、柔软、滑行的杆菌，有些菌体一端固定，另一端呈括弧状缓慢往复摆动，有些菌体聚集成堆，从寄生的组织向外突出，形成圆柱状像仙人球或仙人柱一样的“柱子”，也有的柱子呈珊瑚状以及星状。

2. 实验室诊断

(1) 菌落观察及革兰氏染色　取病鱼鳃丝采用平板画线的方法分离病原，尽量产生单个分散的菌落，进一步纯培养后观察菌落的形态并进行革兰氏染色，检验、鉴定是否符合柱状嗜纤维菌特征。

(2) 生化检测　利用全自动细菌分析仪和细菌生化鉴定管鉴定。试验内容包括明胶液化试验、酪素水解试验、淀粉水解试验、七叶灵水解试验、几丁质分解试验、分解纤维素试验、酪氨酸水解试验、硝酸盐还原试验、靛基质试验、硫化氢试验、枸橼酸盐利用试验、过氧化氢酶试验、葡萄糖利用产气试验。

(3) 酶免疫测定　以病毒鳃上的淡黄色黏液进行涂片，丙酮固定，加特异性抗血清反应，然后显色、脱水、透明、封片，在显微镜下见有棕色细长杆菌，即为阳性反应，可确诊为细菌性烂鳃病。

（三）防控措施

1. 预　防

①彻底清淤，漂白粉或生石灰干法清塘，往年发生过此病的尤其必要；鱼池施肥时应施用经过充分发酵后的粪肥。

②加强水体水质培养管理，发病季节要注意勤换水，使用增氧机调节水质，保持池塘水质肥、活、嫩、爽，池水透明度在25～30厘米为宜。

③在4～10月份流行高峰季节，每10～15天全池遍洒生石灰1次消毒，使池水的pH值保持在8左右（用药量视水的pH值而定），一般为15～20毫克/升，可以改善水质，杀灭病原菌，有效预防草鱼烂鳃病。

④将干乌桕叶进行提效，然后连水带渣全池遍洒，浓度为3毫克/升。

⑤大黄经20倍0.3%氨水浸泡提效后，连水带渣全池遍洒，浓度为3毫克/升。

⑥在食场周围采用生石灰或漂白粉挂篓挂袋的方法，对预防草鱼烂鳃病效果明显。

2. 治　疗

①鱼种下塘前用10毫克/升漂白粉混悬液或15～20毫克/升高锰酸钾溶液，

药浴15～30分钟，或用2%～4%食盐水药浴5～10分钟。

②全池遍洒生石灰对治疗草鱼烂鳃病效果显著，生石灰化水后全池泼洒，剂量为30～35毫克/升。水质恶化较为严重、pH值在8.5以上的池塘可以采用二氧化氯全池泼洒的方法治疗该病，其剂量为0.3毫克/升。全池泼洒二氧化氯时，可以视疾病的治疗情况再泼洒1次，时间间隔为2～3天，使用剂量相同。

③在全池泼洒外用药的同时，可选用天然植物抗菌药物拌饲料内服，疗效更好。

四、草鱼赤皮病

（一）病原体与流行情况

1. 主要病原体 草鱼赤皮病的病原为荧光假单胞菌（*Pseudomonas fluorescens*）。该菌属假单胞菌科，是一种条件致病菌。菌体呈短杆状，两端钝圆，大小为（0.7～0.75）纳米×（0.4～0.45）纳米，可单个散在，但大多数两个相连。革兰阴性菌，无芽孢，可游动，极端具1～3根鞭毛。琼脂培养基上菌落呈圆形，半透明，直径1～1.5毫米，微凸，表面光滑，边缘整齐；20小时左右开始产生绿色或黄绿色素，弥漫培养基。明胶穿刺24小时后，环状液化，72小时后层面形成液化，液化部分现色素。适宜温度为25℃～35℃，55℃下30分钟即死亡。

2. 流行情况 该病又称赤皮瘟，是草鱼的主要疾病之一。2～3龄草鱼易发生此病，当年鱼种也可发生，常与肠炎病、烂鳃病同时并发。传染源为被荧光假单胞菌污染的带菌鱼、水体及用具。荧光假单胞菌是条件致病菌，体表无损的健康鱼病原菌无法侵入其皮肤，只有当鱼体受到机械损伤、冻伤，或体表被寄生虫寄生而受损时，病原菌才能进入鱼体引起发病。该病在我国各养鱼地区一年四季都有流行，尤其是在捕捞、运输后及北方越冬后，最易暴发流行。

（二）诊　断

1. 临床诊断

①病鱼行动迟缓，反应迟钝，离群独游，发病几天就会死亡。

②体表出血发炎，鳞片脱落，尤其是鱼体两侧及腹部最为明显（图7-4）。

③鳍条的基部或整个鳍条充血，鳍的末端腐烂，常烂去一段，鳍条间的软组织也常被破坏，使鳍条呈扫帚状或像破烂的纸扇，俗称“蛀鳍”，在体表病灶

处常继发水霉感染。

④部分鱼的上、下颌及鳃盖也充血发炎，鳃盖内表面的皮肤常被腐蚀成一圆形或不规则形的透明小圆孔，显示与细菌性烂鳃病的复合感染。

⑤严重时解剖可见肠道等处也充血发炎。

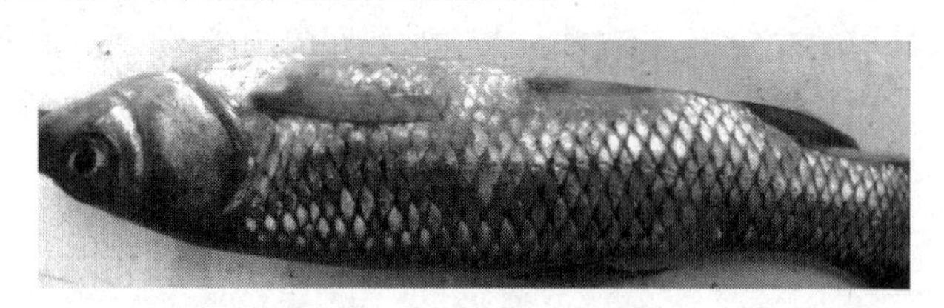

图 7-4　草鱼赤皮病　（示体表出血、发炎，鳞片脱落）

2. 实验室诊断　实验室内对病原进行分离后观察菌落形态和革兰氏染色检验，鉴定是否符合荧光假单胞菌特征。应特别注意的是，该病原是条件致病菌，有受伤史的鱼是感染的对象；同时，还要注意将该病与疖疮病相区别。

（三）防控措施

1. 预　防

①捕捞、运输、放养等操作过程中减少鱼体受伤，鱼种下塘前使用食盐或消毒剂浸泡消毒，3%～4%食盐水浸 5～15 分钟或 5～8 毫克/升漂白粉混悬液浸洗 20～30 分钟。

②加强水体水质培养管理，发病季节要注意勤换水，使用增氧机调节水质，保持池塘水质肥、活、嫩、爽，池水透明度在 25～30 厘米为宜。

③定期将乌桕叶扎成数小捆，放在池水中浸泡，隔天翻动 1 次。

④含氯消毒剂全池遍洒，以漂白粉（含有效氯 25%～30%）1 毫克/升浓度换算用量。

⑤将干乌桕叶（新鲜乌桕叶 4 千克折合 1 千克干乌桕叶）用 20 倍重量的 2%石灰水浸泡过夜再煮沸 10 分钟进行提取，然后连水带渣全池遍洒，浓度为 3 毫克/升。

2. 治　疗

①全池泼洒二氧化氯，剂量为 0.2～0.3 毫克/升。可视疾病的控制情况连续泼洒 2 次，间隔 2～3 天 1 次。

②恩诺沙星或氟苯尼考内服，每千克鱼体重每天用药 10～30 毫克拌饲料内服，3～5 天为 1 个疗程。

③磺胺嘧啶拌饲料投喂，第一天用量为每千克鱼用药 100 毫克，以后每天用药 50 毫克，连喂 1 周。方法是把磺胺嘧啶拌在适量的面糊内，然后与草料拌

合，稍干后投喂草鱼。

五、草鱼肠炎病

（一）病原体与流行情况

1. 主要病原体 草鱼肠炎病的病原菌为肠型点状单胞菌（*A. punotata f. instestinalis*）。该菌为革兰氏阴性短杆菌，多数两个相连。两端钝圆，可游动，极端具单鞭毛，无芽孢。琼脂培养基上，经 24～48 小时培养后菌落半透明，周围可产生褐色色素，其他培养基上可产生其他色素。适宜生长温度为 25℃，60℃以上死亡。pH 值 6～12 时均能生长。水和底泥中常大量存在，也是肠道的常居菌种。

2. 流行情况 肠型点状气单胞菌为条件致病菌，在健康鱼体肠道中是一个常居菌，但是只占体内总菌的 0.5%。当水体环境恶化、鱼体抵抗力下降时，该菌即在肠道内大量繁殖，从而引起疾病暴发。病原体随病鱼及带菌鱼的粪便而排到水中，污染饲料，经口感染。

草鱼从鱼种到成鱼都可感染，死亡率高，一般死亡率在 50%左右，发病严重时可达到 90%以上。流行季节为 4～10 月份，常表现两个流行高峰，1 龄以上的草鱼多发生在 5～6 月份，有时提前到 4 月份，当年草鱼种大多在 7～9 月份发病。水温 18℃以上开始流行，流行高峰水温为 25℃～30℃。全国各养鱼区均有发生，此病常和细菌性烂鳃病、赤皮病并发。

（二）诊　断

1. 临床诊断

①病鱼离群独游，活动缓慢，徘徊于岸边，食欲减退，严重时完全不摄食。

②病鱼鱼体发黑；严重时腹部肿大，两侧常有红斑；肛门红肿突出，呈紫红色；轻压腹部，肛门处有黄色黏液和带血的脓汁流出。

③剖开鱼腹，可见腹腔积水，肠壁充血、发炎，轻者仅前肠或后肠出现红色，严重时则全肠呈紫红色，肠内一般无食物，含有许多淡黄色的肠黏液或脓汁（图 7-5）。

2. 实验室诊断

①从肝、肾、血中分离检验病原，鉴定是否符合产气单胞杆菌的特征。

②血清学诊断：其代表菌株的抗血清可用于该病的快速诊断。

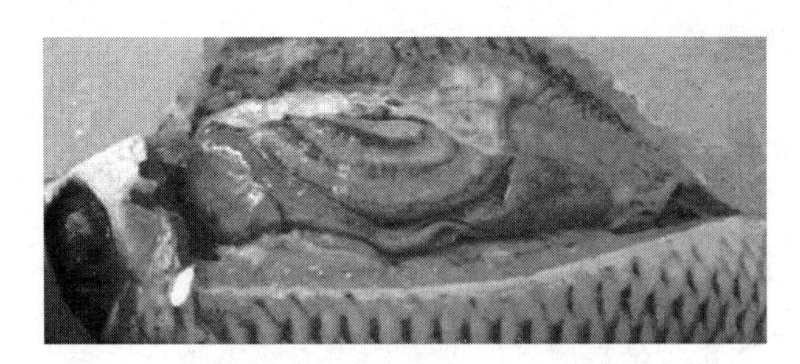

图 7-5 草鱼肠炎病 （示肠道充血发红，肠内无食物）

（三）防控措施

1. 预　防

①彻底清淤，漂白粉或生石灰干法清塘；加强水质管理，发病季节要注意勤换水，使用增氧机调节水质，保持池塘水质肥、活、嫩、爽。

②严格执行“四消、四定”措施，投喂优质配合饲料是预防此病的关键。在预防草鱼肠炎病的实践中，定期给草鱼投喂一定量的青饲料，并且最好对青饲料进行消毒处理，对于预防草鱼肠炎病效果显著。

③在 5～9 月份流行高峰季节，每隔 15 天用漂白粉或生石灰在食场周围泼洒消毒；或用浓度为 1 毫克/升漂白粉溶液或 20～30 毫克/升生石灰溶液全池泼洒，消毒池水，可控制此病发生。发病时可用以上任一药物每天泼洒，连用 3 天。

④在食场周围采用生石灰或漂白粉挂篓挂袋的方法对食场进行消毒，是预防草鱼肠炎病的关键措施之一。

2. 治　疗

①鱼种放养前用 8～10 毫克/升漂白粉混悬液浸洗 15～30 分钟。

②每千克鱼体重每天用大蒜素 0.02 克、食盐 0.5 克，拌饲料分上、下午 2 次投喂，连喂 3 天。

③每千克鱼体重每天用干的穿心莲 20 克或新鲜的穿心莲 30 克，打成浆，再加盐 0.5 克拌饲料分上、下午 2 次投喂，连喂 3 天。

④投喂恩诺沙星或氟苯尼考药饵，每千克鱼体重第一天用药 10～30 毫克，第二至第四天用药量减半，连喂3～4 天。

⑤全池泼洒含氯消毒剂，如漂白粉、二氧化氯等，进行水体消毒以杀灭病原菌。漂白粉的剂量为 1 毫克/升，可连续泼洒 1～2 次，间隔 1 天 1 次；二氧化氯的剂量为 0.3 毫克/升。

［案例 7-2］ 草鱼“三病”的防治方法

1. 养殖情况

养殖面积 3.33 公顷，平均水深 1.6 米，长方形，南北走向，进、排水均方便，主养草鱼，体重 1.5～2.5 千克，套养少量鲫鱼和花白鲢。池塘水质经检验均符合养殖标准，发病前拉过一次网，拉网后消毒未及时跟上，发病前后草鱼摄食量大增。

2. 发病情况

现场取病鱼进行检查，主要症状为：乌头，体背发黑，体表一侧出血发炎，鳞片脱落，背鳍和背鳍的基部充血，鳃盖、口腔充血。打开鳃盖鳃丝苍白无血色，鳃丝末端被污物粘着。打开腹腔，肠道有充血现象，肝脏颜色发白但在靠近胆的部位颜色发绿，胆明显变大。根据目测基本确定为因拉网引起的草鱼新三病混发病。因该养殖池拉网后未及时消毒，导致池内鱼类出现零星死亡，养殖户前期使用溴氯海因消毒后，其他鱼类死亡现象基本消失，但草鱼死亡数量明显加大，由最初每天死亡 10 余尾发展为每天死亡 100 尾以上。其间养殖户大量使用各类药物，包括 98%恩诺沙星、98%诺氟沙星、10%利巴韦林、三黄散、保肝类、免疫多糖等多种药物，但疗效均不明显。

3. 治疗方案及结果

①因为前期大量使用药物，所以在治疗前先用硫代硫酸钠全池泼洒，解除原有药性。②全池泼洒聚维酮碘，连续 2 天。③根据池塘投饵量及大概鱼体重，每吨饲料加 10%恩诺沙星 6 千克、10%磺胺二甲嘧啶（含有 TMP）13 千克，连续投喂 5 天。投喂药饵前 1 天停食。用药后，第三天死鱼现象开始减少，到第五天死亡现象基本消失，其后偶尔见 1～2 条死鱼。

六、淡水鱼出血性暴发病

（一）病原体与流行情况

1. 主要病原体 主要淡水鱼出血性暴发病的病原为嗜水气单胞菌（*Aeromonas hydrophila*）。该病原形态呈杆状，两端钝圆，单个散在或两个相连，有运动力，极端有单根鞭毛，无芽孢，无荚膜。革兰氏染色阴性，少数染色不均。琼脂板上培养菌落呈圆形，24 小时直径为 0.9～1.5 毫米，48 小时为 2～3 毫米，灰白色，半透明，表面光滑湿润，微凸，边缘整齐，不产生色素。适宜生长温度为4℃～40℃，32℃左右生长繁殖最快，43℃不生长，pH值5.5～10适宜生长。嗜水气单胞菌能产生外毒素，具有溶血性、肠毒性及细胞毒性，有强烈的致死性。该毒素能溶解鲫鱼、团头鲂、鲢、鳙等多种淡水鱼类的红细胞。该毒素对热敏感。

2. 流行情况 嗜水气单胞菌可感染鲢、鳙、鲤、鲫、团头鲂、草鱼等多种淡水养殖鱼类，从夏花鱼种到成鱼均可感染。嗜水气单胞菌感染鲫、鲢鱼等可引起出血性暴发病，池塘老化、水质恶化、高温季节拉网操作、天气骤然变化以及不科学的施肥用药是该病暴发的主要诱因。主要淡水鱼出血性暴发病的流行季节为3～11月份，6～7月份是暴发高峰季节，10月份后病情缓转。流行水温为9℃～36℃，以28℃～32℃为高峰，水温持续在28℃以上以及高温季节后水温仍在25℃以上时尤为严重。各地精养池塘、网箱、网栏、水库都有发生，严重时发病率可高达80%～100%，平均死亡率可达90%以上。该病是我国养鱼史上危害鱼种最多、危害鱼龄范围最大、流行地域最广、流行季节最长、危害养鱼水域类别最多、造成损失最严重的一种急性传染性鱼病。

（二）诊　断

1. 临床诊断

①病鱼体表出血，严重时上下颌、眼眶周围、鳃盖、鳍基充血发红，皮肤有瘀斑瘀点（图7-6 A、B），肛门红肿外突，腹部膨大。

②剖开患病鱼腹部，肉眼可见肝和肾肿大、出血，消化道严重出血、水肿；腹腔内有淡黄色或红色浑浊腹水；显微病变以全身各主要器官的细胞广泛性破坏、出血、溶血为特征。

③肝细胞被破坏最为严重，表现为肝细胞空泡变性，细胞破碎、消失，有的只剩下肝组织结构的网状支架。

④镜检观察，患病鱼红细胞肿胀，有的发生溶血，在脾、肝、胰、肾中均有较多的血源性色素沉着。

A

B

图7-6　淡水鱼出血性暴发病

A. 患病白鲢体表、鳃盖、鳍基发红出血　B. 患病鲫鱼体表出血、腹部肿大

2. 实验室诊断 从患病鱼内脏或腹水分离、检出嗜水气单胞菌即可确诊。针对该病病原菌 16S rDNA 基因设计的特异性引物进行 PCR 扩增与序列分析，可以检测该病的病原菌。

（三）防控措施

1. 预 防

①鱼池整场，清除过厚的淤泥是预防本病的主要措施。冬季干塘彻底清淤，并用生石灰或漂白粉彻底消毒，以改善水体环境。

②加强卫生管理，发病鱼池用过的工具要消毒，病鱼、死鱼不要到处乱扔，以免污染水体。

③根据当地条件、饲养管理水平及防病能力适当调整鱼种放养密度。

④加强日常的饲养管理，科学投喂优质饲料，提高鱼体的抗病力。

⑤流行季节，每隔 15 天全池泼洒生石灰，浓度为 25～30 毫克/升，以调节水质；食场也要定期用漂白粉、漂白粉精等进行消毒。

⑥鱼种下塘前进行鱼体消毒。可用 15～20 毫克/升高锰酸钾溶液药浴 10～30 分钟。

⑦免疫预防：鱼种放养前，可使用嗜水气单胞菌灭活疫苗溶液浸泡或者注射鱼体。

2. 治 疗

①全池泼洒含氯消毒剂，如二氧化氯，按 0.3 毫克/升剂量全池泼洒 1～2 次，间隔 2～3 天泼洒 1 次。

②内服氟苯尼考，每千克鱼体重用氟苯尼考 5～15 毫克制成药饵投喂，每天 1 次，连用 3～5 天。

③内服复方新诺明，每千克鱼体重第一天用量 100 毫克，第二天开始药量减半，拌在饲料中投喂，5 天为 1 个疗程。

④针对鲢等鱼类，可使用恩诺沙星、氟苯尼考等药物与麸皮混合后撒入水面治疗。

⑤高温季节拉网操作后，可全池泼洒漂白粉，剂量为 1 毫克/升，可控制该病暴发。

⑥对于老化池塘或水质恶化池塘，可全池泼洒底质改良微生态制剂、光合细菌、芽孢杆菌等微生态制剂，可控制该病的暴发。

⑦天气气温骤然变化或全池泼洒消毒后，切记要保障池塘增氧，可控制该病的暴发。

七、鲤春病毒血症

（一）病原体与流行情况

1. 主要病原体 鲤春病毒血症的病原为鲤弹状病毒（*Rhabdovirus carpio*）。该病毒是一种单链 RNA 病毒，病毒粒子呈棒状或弹状，外层包裹有囊膜。该病毒对乙醚、酸和热敏感，pH 值 7～10 稳定，56℃热处理可使病毒失活。病毒能在鲤鱼性腺、鳔原代细胞、FHM、BB、BF-2、EPC 等鱼类细胞上增殖，其中在 FHM 和 EPC 上增殖最好；在 FHM 细胞株上增殖温度为 15℃～30℃，适宜温度为 20℃～22℃。病变细胞染色质颗粒化，细胞变亮变圆，最后坏死脱落。当病鱼为显性感染时，肝、肾、鳃、脾、脑中含大量病毒。

2. 流行情况 鲤春病毒血症主要危害各种规格的鲤鱼，包括养殖的鲤鱼成鱼。近年发现鲤春病毒可感染鲤鱼水花，造成大量死亡。水温是鲤春病毒感染的关键，主要流行在春季水温 13℃～20℃时，最适温度为 16℃～17℃，不同鱼龄的鲤鱼患病后可发生大量死亡。水温 23℃时，仅幼鱼会发病死亡，成鱼则不再发病。患病鱼、病死鱼、携带病毒的鲤鱼亲本、污染患病鱼黏液样粪便的水体是该病的主要传染源，病毒还可通过吸血昆虫、鲺、水蛭等进行传播。病毒侵入鱼体可能是通过鳃和肠，在毛细血管内皮细胞、造血组织和肾细胞内增殖，破坏了体内水盐平衡和正常的血液循环。疾病流行季节该病在鲤鱼苗、种的发病率可高达 100%，死亡率可达 50%～70%或者更高。成年鲤鱼和鲤鱼亲本可发生病毒血症，表现出该病的症状，但通常死亡率很低。

（二）诊　断

1. 临床诊断

①病鱼呼吸和运动减缓，群聚于出水口，往往因失去平衡而侧游。

②病鱼体色发黑，皮肤和鳃上有大量出血斑点或斑块。

③鳃因贫血和呈淡红色或灰白色，并有出血点，眼球突出和出血，腹部肿大，肛门红肿（图 7-7）。

④剖开鱼腹，可见腹腔有大量的带血腹水，肌肉出血呈红色，肠壁充血发炎，其他实质性器官肿大，颜色变淡，鱼鳔出血点最为严重，是该病的典型症状之一。

2. 实验室诊断

①取新鲜的肝、肾、脾或者鳃等病变组织做成切片，电镜下可以观察到大量的病毒颗粒。

A　　　　B

图 7-7　鲤春病毒血症

A. 示眼球突出，体表有出血斑点、斑块　B. 鳔出血严重

②用 FHM 和 EPC 细胞株分离培养病毒，在 20℃～22℃条件下可观察到典型的细胞病变效应（CPE）。

③用鲤弹状病毒的特异性中和试验抗血清可快速确诊该病毒病。

④用间接荧光抗体试验和酶联免疫吸附试验可快速确诊。

⑤用针对病毒核酸序列设计的特异性 PCR 扩引物，进行 RT-PCR 扩增反应，可以检测出病毒核酸特异性的 RT-PCR 扩增产物。

（三）防控措施

1. 预　防

①由于鲤春病毒可以通过携带病毒的鲤亲鱼进行垂直传播，因此建立亲鱼及鱼种检疫机制，可从根本上杜绝该病毒源的传入而预防该病的发生；选育对鲤春病毒血症有抵抗力的品种也是预防该病发生的重要措施。

②彻底进行池塘清淤消毒，杀灭淤泥中的病毒病原。池塘清淤消毒可以采用漂白粉或生石灰进行。

③消毒池水杀灭病毒，用 100 毫克/升碘伏溶液消毒池水可杀灭病毒，养殖池塘全池泼洒含碘制剂杀灭病毒时，其剂量为 0.3～0.5 毫升/米^3，每 10～15 天 1 次。

④杀灭鲺和水蛭，能从传播途径上减少该病的发生。

⑤用抗病毒中草药预防，流行季节每月采取内服天然植物病毒克星复方制剂，连续投喂 3～4 天即可。

⑥采用免疫预防的方法，用病毒灭活疫苗或弱毒病毒株活疫苗进行免疫。

2. 治　疗

①全池泼洒含碘制剂，可有效杀灭水体中的病原菌。泼洒聚维酮碘时，其剂量为 0.3～0.5 毫升/米^3，连续泼洒 2～3 次，隔天 1 次，第三次视用药效果确定是否继续泼洒。

②内服天然植物抗病毒复方制剂。出血病暴发时采取内服天然植物病毒克星复方制剂5～6天有效。治疗时按1克/千克鱼体重计算药量，称取药物，文火煮沸10～20分钟或沸水浸泡20～30分钟。冷却后均匀拌饲料制备成药饵投喂，连续投喂5～6天即可。

③植物血细胞凝集素（PHA）是一种非特异性的促淋巴细胞分裂素，可促进机体的细胞免疫功能，调节体液免疫功能。

八、鲤疱疹病毒病

（一）病原体与流行情况

1. 主要病原体 鲤疱疹病毒病的病原为鲤疱疹病毒Ⅲ型（*Cyprinid Herpesvirus* Ⅲ，CyHV-3）。病毒颗粒直径为140～160纳米，核心直径为80～100纳米，为有囊膜的DNA病毒。整个病毒粒子近似球形，核心为二十面体，呈六角形，外有一层囊膜。病毒在细胞质中组装，在出芽时获得囊膜。病毒对乙醚、pH值及热不稳定。病毒可在KF-1、Koi-Fin、FHM、MCT及EPC等细胞上增殖，并引起典型细胞病变效应；被感染的细胞染色质边缘化，核内形成包涵体，约5天开始出现细胞病变，核固缩，出现空斑，并逐渐脱落，细胞病变的过程可持续10～12天。

2. 流行情况 养殖鲤鱼的疱疹病毒病是由锦鲤疱疹病毒（CyHV-3）感染养殖鲤鱼所引起，该病是一种急性、接触性传染性鱼病，是近十多年来世界范围内影响较为严重的水产病害。1996年德国锦鲤与养殖鲤鱼有零星发病病例，1998年该病在以色列首次发现并得到确认，死亡率高达75%～100%；同年，南非也有此病的报道；此后该病在英国、欧洲大陆、美国及以色列等国家和地区暴发流行；印度尼西亚、日本、韩国、我国台湾省等地养殖的锦鲤也因锦鲤疱疹病毒病而大量死亡，日本于2003年10月首次证实了该病的存在，2004年我国台湾省报道流行锦鲤疱疹病毒病，2008年我国将其列为二类动物疫病。近些年，锦鲤疱疹病毒病在我国北方、中部以及南方部分省份池塘养殖的鲤鱼中连年暴发，造成了巨大的经济损失，其病原已确认为鲤疱疹病毒Ⅲ型（CyHV-3）。

（二）诊　断

1. 临床诊断

①病鱼因生长受到抑制而消瘦，游动迟缓，生长迟缓；脊柱常常出现畸形

弯曲、骨软化、头盖骨下陷等症状，皮肤上出现出血点或苍白色块状斑与水疱。

②感染初期病鱼鳃出血并产生大量黏液或组织坏死，类似柱形黄杆菌感染鳃部引起的病变症状，不同于草鱼烂鳃病的鳃丝肿大与鳃丝末端腐烂（图7-8）。

③中期时体表出现乳白色小斑点，并覆盖一层薄的白色黏液，白斑大小和数目逐渐增多、扩大和变厚，有时会融合成一片。

A

B

图 7-8 鲤鱼疱疹病毒病

A. 患病鱼体表出血 B. 患病鱼鳃部并发的细菌感染

2. 实验室诊断

①病理组织学检查：患病鱼上皮细胞及结缔组织异常增生，细胞层次混乱，组织结构不清，大量上皮细胞增生堆积，有些上皮细胞的核内有包涵体，染色质边缘化。

②电镜观察：增生的细胞可以看到大量的疱疹病毒颗粒，病毒在细胞质内已经获得了囊膜，核内仅有少量周边染色质。

③根据鲤疱疹病毒核酸序列设计特异性 PCR 扩增引物，可以扩增出鲤疱疹病毒基因组特异性产物，经序列测定与分析，可以确诊该病。

（三）防控措施

1. 预 防

①建立严格的检疫机制，杜绝感染源的侵入。

②彻底清淤消毒，消除病毒病原，提倡混养、轮养和低密度养殖。

③加强综合饲养管理，加强水质监控和调节，投喂全价饲料，提高鱼体抗病能力。

④将病鱼放入溶氧量高的流水中，体表蜡状增生物会逐渐脱落。

⑤疾病流行季节，全池抛洒含碘制剂，每10～15天1次，以杀灭水体中的病毒病原。

⑥疾病流行季节，内服天然植物抗病毒药物预防，每15～20天内服天然植物病毒克星复方制剂3～4次有效，剂量为每千克鱼体重0.5克，沸水浸泡20分钟后拌饲料投喂。

2. 治　疗

①全池泼洒含碘制剂，可有效杀灭水体中的病原菌。泼洒聚维酮碘时，其剂量为0.3～0.5毫升/米^3，连续泼洒2～3次，隔天1次，第三次视用药效果确定是否继续泼洒。

②内服天然植物抗病毒复方制剂。鲤疱疹病毒病暴发时，内服天然植物病毒克星复方制剂5～6天有效。治疗时按1克/千克鱼体重计算药量，称取药物，文火煮沸10～20分钟或沸水浸泡20～30分钟。冷却后均匀拌饲料制备成药饵投喂，连续投喂5～6天即可。

③因鲤疱疹病毒病暴发时常伴随有鳃部柱形黄杆菌并发感染，在治疗时，可适量添加抗菌药物拌饲料投喂，以内服恩诺沙星或氟苯尼考效果最佳，其剂量为每千克鱼体用药10～30毫克制成药饵投喂，每天1次，连用3～5天。

九、鲫疱疹病毒病

（一）病原体与流行情况

1. 主要病原体　鲫疱疹病毒病的病原为鲤疱疹病毒Ⅱ型（*Cyprinid Herpesvirus* Ⅱ，CyHV-2）。病毒颗粒直径为140～160纳米，核心直径为90～100纳米，为有囊膜的DNA病毒。整个病毒粒子近似球形，核心为二十面体，呈六角形，外有一层囊膜。病毒在细胞质中组装，在出芽时获得囊膜。病毒对乙醚、pH值及热不稳定。病毒可在KF-1、Koi-Fin、FHM、MCT及EPC等细胞上增殖，并引起典型细胞病变效应；被感染的细胞染色质边缘化，核内形成包涵体，约5天开始出现细胞病变，核固缩，出现空斑，并逐渐脱落，细胞病变的过程可持续10～12天。

2. 流行情况　鲫疱疹病毒病的病原最先在患病的观赏金鱼中发现，称为“金鱼造血器官坏死病病毒（*Goldfish hematopoietic necrosis virus*，GFH-NV）”。该病原是一种感染金鱼的高致病性病毒，因其是第二个分离自鲤科鱼类的疱疹病毒，国际病毒系统分类与命名委员会将其命名为鲤疱疹病毒Ⅱ型（*Cyprinid Herpesvirus* Ⅱ，CyHV-2）。1992年秋季和1993年春季日本西部养殖的金鱼发生疱疹病毒性造血器官坏死病，造成疾病大流行，死亡率几乎高达100%；1995年我国台湾省东北部某金鱼孵化场因引进进口的亲本金鱼携带病毒导致繁殖的金鱼鱼苗发生暴发性疾病，死亡率高达90%，发病的症状与疱疹病毒性造血器官坏死病极为相似。1997年春季在美国西海岸一循环水养殖的金鱼幼鱼暴发此病，死亡率高达80%以上，经证实美国西海岸发生的病例与该国中部和东海岸发生的金鱼暴发性死亡均是CyHV-2感染引起，表明该病在美国分布广泛；此后在澳大利亚、新西兰相继有该病发生；我国大陆仅有零星CyHV-2病毒感染观赏金鱼的报道，2011年，我国出口马来西亚的金鱼被通报检出金鱼疱疹病毒CyHV-2。2009—2010年，我国鲫鱼主要养殖地区江苏省盐城市等地的池塘养殖鲫鱼发生以体表和内脏组织广泛性出血为主要症状的鲫鱼暴发性出血病，死亡率高达90%以上。2011—2012年，该病在江苏省大部分地区再次大范围暴发，除了盐城外，射阳、大丰、宝应、高邮、兴化、洪泽、楚州等地也大面积发病，同时在江西省新干县，湖北省武汉市江夏区、建始县、洪湖市等地也有零星发生。2012年，经过现场诊断调查与实验室病原分离与鉴定研究，获得了人工感染试验、组织病理学、超薄切片电镜观察、分子诊断、病毒培养等关键性实验数据，确认近年在我国江苏大部分地区暴发的养殖鲫鱼出血病为鲫疱疹病毒病（鲫疱疹病毒性脾肾坏死症），其病原为鲤疱疹病毒Ⅱ型（CyHV-2）。目前的调查与研究结果显示，鲫疱疹病毒病具有流行范围广、传播速度快、持续时间长、死亡率高的特点，可感染不同品种以及各种规格的养殖鲫鱼，对我国鲫鱼养殖业构成巨大威胁。

（二）诊　断

1. 临床诊断

①患病鲫鱼体表、眼眶周围、下颌部、鳃盖以及侧线鳞以下胸、腹部充血或出血，鳃盖肿胀，有明显的充血或出血症状（图7-9A、B）。

②患病鲫鱼解剖后，发现肝脏充血肿大，脾脏和肾脏充血严重，肝、脾、肾器官质地易碎；肠道内无食物，充血发红，有时有少量腹水；鳔器官充血或有出血点（图7-9C、D）。

③患病鲫鱼鳃组织显微镜镜检，有时可观察到车轮虫、指环虫、斜管虫、孢子虫等寄生虫病原。

2. 实验室诊断

（1）病理组织学检查　取患病鲫鱼肾脏、脾脏组织进行石蜡切片或冷冻切片染色观察，可观察到细胞坏死、染色质裂解或边缘化等病理现象，还可从切片组织中观察到病毒包涵体。

（2）电镜观察　取患病鲫鱼肾脏、脾脏组织进行超薄切片电镜观察，可观察到大量的典型疱疹病毒样颗粒。

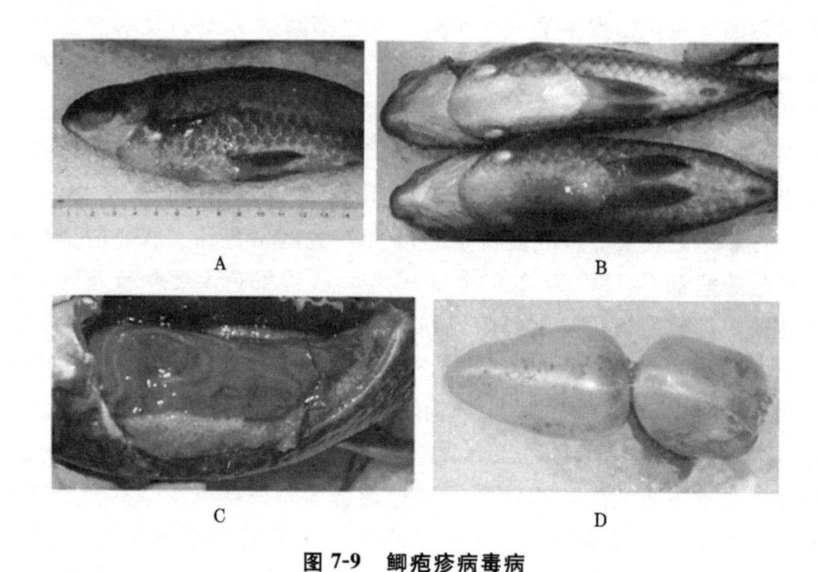

图 7-9　鲫疱疹病毒病

A. 体表出血症状　B. 胸、腹部症状　C. 内脏组织症状　D. 鳔出血

（3）细胞培养　取患病鲫鱼肾脏、脾脏组织匀浆后超微过滤，接种锦鲤鳍条组织细胞 Koi-Fin，培养 5～7 天后细胞出现典型病变效应。

（4）分子检测　根据 GenBank 中公布的鲤疱疹病毒 II 核酸序列设计特异性引物，可以从患病鲫鱼肾脏、脾脏等组织中扩增出特异的靶基因产物，经序列测定与比对分析，可确诊该病。

（三）防控措施

1. 预　防

①建立严格的检疫机制，杜绝感染源的侵入，潜伏感染可能是本病重要的特征之一。

②彻底清淤消毒，消除病毒病原，提倡混养、轮养和低密度养殖。

③加强综合饲养管理，投喂全价饲料，调节好水质，加强抗应激措施，提高鱼体抗病能力，可预防该病。

④疾病流行季节，全池抛洒含碘制剂，每 10～15 天 1 次，杀灭水体中的病毒病原。

⑤疾病流行季节，内服天然植物抗病毒药物预防，每 15～20 天内服天然植物病毒克星复方制剂 3～4 次可有效预防该病。剂量为每千克鱼体重 0.5 克，沸水浸泡 20 分钟后拌饲料投喂。

2. 治　疗

①全池泼洒含碘制剂，可有效杀灭水体中的病毒。泼洒聚维酮碘时，其剂量为0.3～0.5毫升/米^3，连续泼洒2～3次，隔天1次，第三次视用药效果确定是否继续泼洒。

②内服天然植物抗病毒复方制剂。鲫疱疹病毒病暴发，内服天然植物病毒克星复方制剂5～6天有效。治疗时按1克/千克鱼体重计算药量，称取药物，文火煮沸10～20分钟或沸水浸泡20～30分钟。冷却后均匀拌饲料制备成药饵投喂，连续投喂5～6天即可。

③因鲫疱疹病毒病暴发时有时并发寄生虫或细菌感染，所以治疗该病时需要检查是否有寄生虫感染以及是否需要采取杀虫措施。如发现该病并发细菌感染，可适量添加抗菌药物拌饲料投喂，以内服恩诺沙星或氟苯尼考效果最佳，其剂量为每千克鱼体用药10～30毫克制成药饵投喂，每天1次，连用3～5天。

十、淡水鱼黏孢子虫病

（一）病原体与流行情况

1. 主要病原体　黏孢子虫（*Myxcosporidia*），属于黏体门（Myxozoa）、黏孢子纲（Myxosporea）。这一类寄生虫种类很多，海水、淡水鱼类中都可以寄存，寄生部位包括鱼的皮肤、鳃、鳍和体内的肝、胆囊、脾、肾、消化道、肌肉、神经等器官组织。每一孢子有2～7块几丁质壳片，多数为2片；有些种类的壳上有条纹、褶皱或尾状突起；第一孢子有1～7个球形、梨形、瓶形的极囊，多数为2个极囊；极囊以外充满胞质，有的种类在胞质里还有1个嗜碘泡（图7-10A）。

2. 流行情况　黏孢子虫病没有明显的季节性，一年四季都会发生，常以5～9月份症状更为明显。各种虫体广泛寄生于多种鱼类。寄生在淡水鱼中危害较大的黏孢子虫有：鲢鱼碘泡虫、野鲤碘泡虫、鲫碘泡虫等。黏孢子虫的生活史必须经过分裂生殖和配子形成的两个阶段，宿主的感染是通过孢子。黏孢子虫的种类多、分布广、生活史复杂，随着集约化养殖水平的提高，其危害也越来越大。

（二）诊　断

1. 临床诊断

①鱼体变黑，身体瘦弱，头大尾小，尾部上翘，脊柱弯曲变形。

②病鱼在水中离群独游打转，有的跳出水面，又钻入泥中，如此反复，有的侧向一边游泳打转，失去平衡能力，变得十分疯狂焦躁。

③解剖检查，肉眼可见组织器官中的白色包囊，如鳃、肌肉和内脏组织等。

④显微镜压片检查：取出肉眼可见的包囊，将胞囊压成薄片，用显微镜进行观察，可观察到孢子虫（图 7-10B）。

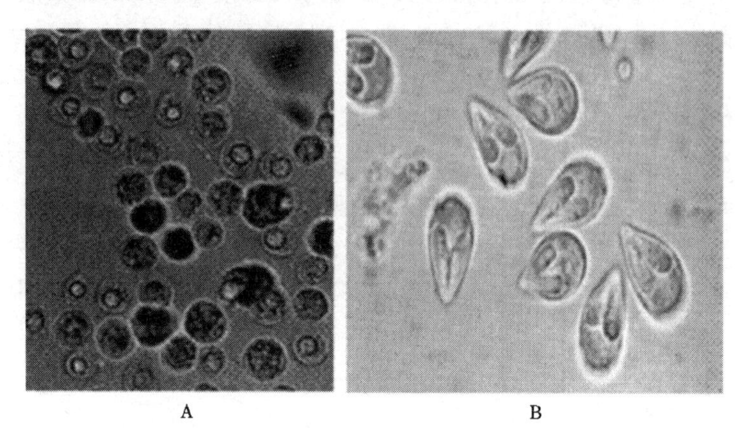

图 7-10 不同放大倍数下的黏孢子虫

2. 实验室诊断

①酶消化患病鱼的头部，然后用 55%葡萄糖溶液离心沉淀后进行镜检。

②组织匀浆后，加生理盐水拌匀，用浮游生物连续沉淀器进行沉淀后再镜检。

③组织匀浆后，加生理盐水拌匀，用 100 目筛网过滤，1 000～1 500 转/分离心 10～15 分钟，多次反复加入生理盐水后离心，取沉淀物镜检。

（三）防控措施

1. 预　防

①应对苗种进行严格的检疫，发现有孢子或营养体的存在应重新选择鱼种，防止带入病原。

②鱼苗放养前对池塘进行彻底清淤，每 667 米^2 水面用 150 千克生石灰以杀灭池中可能存在的孢子。

③投喂经熟化后的鲜活小杂鱼、虾，以免携带入病原体。

④发现患病鱼、病死鱼，应及时捞出，深埋或高温处理或高浓度药物消毒处理，不能随便乱扔。

⑤对有发病史的池塘或养殖水体，每月全池泼洒敌百虫 1～2 次，浓度为

0.2～0.3 毫克/升。

2. 治　疗

①病鱼池用"孢虫净"全塘泼洒。

②选用含苦楝、五倍子和皂棘合剂煎汁泼洒。

③每千克鱼体投喂阿维菌素 0.05 克，连投 3～4 天。

④寄生在肠道内的黏孢子虫病，用晶体敌百虫或盐酸左旋咪唑等拌料投喂，同时全池泼洒晶体敌百虫，可减轻病情。

十一、淡水鱼车轮虫病

（一）病原体与流行情况

1. 主要病原体　车轮虫（*Trichodina*）和小车轮虫（*Trichodinella*）属的一些种类。属纤毛门、寡膜纲（Oligohynenophora）、缘毛目（Peritrichida）、车轮虫科（Trichodinidae）。能寄生于各种鱼类的体表和鳃上。我国常见种类：显著车轮虫（T. *nobilis*）、杜氏车轮虫（T. *domerguei*）、东方车轮虫（T. *orientalis*）、卵形车轮虫（T. *ovaliformis*）、微小车轮虫（T. *minuta*）、球形车轮虫（T. *bulbosa*）、日本车轮虫（T. *japonica*）、亚卓车轮虫（T. *jadranica*）和小袖车轮虫（T. *murmanica*）。

侧面看虫体呈一个毡帽状，反面看呈圆碟形，运动的时候像车轮一样转动（图 7-11）。有一大一小两个核，大核马蹄状，围绕前腔；小核在大核的一端，

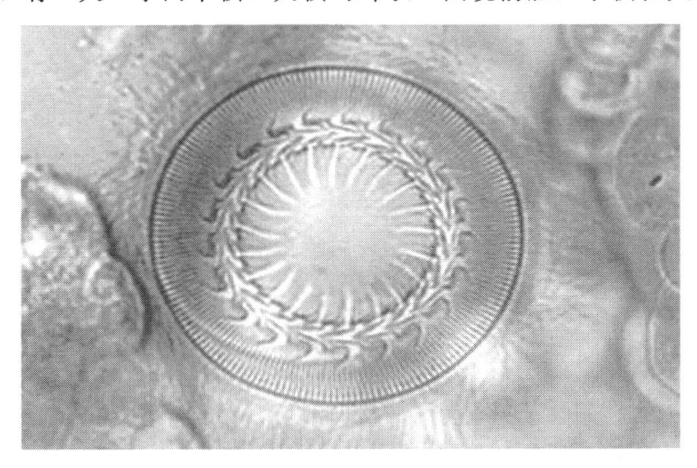

图 7-11　车轮虫

球形或短棒状。用反口面的附着盘附着在鱼的体表或鳃丝上，来回滑动，有时离开宿主在水中自由游泳。游动时用反口面像车轮一样转动，所以取名车轮虫。

纵二分裂和接合生殖。分裂后的两个子体各承受母体的一半齿环和一半辐线环，旧齿环不久就消失，在旧齿环的内侧再长出新齿环；旧辐线仍保留，并从每两条旧辐线之间再长出一条新辐线，这样齿体和辐线的数目就与母体相同了。接合生殖是两个等大或不等大的虫体，一个虫体的反口面接到另一个虫体的口面上。

2. 流行情况 可寄生在多种淡水鱼的鳃、鼻孔、膀胱、输尿管及体表上。主要危害鱼苗和鱼种，严重感染时可引起病鱼大量死亡，成鱼寄生后危害不严重。全国各养殖区一年四季均可发生，主要流行于4～7月份，以夏、秋季为流行盛季，适宜水温20℃～28℃。环境良好的健康鱼体上车轮虫存在的数量很少，环境不良时，如水质恶化、放养密度过大，或鱼体发生其他疾病、身体衰弱时，则车轮虫往往大量繁殖，易暴发病害。该病可通过接触、水媒、水生动物、操作工具等传播。

（二）诊　断

1. 临床诊断

①病鱼体色发黑发暗，失去光泽，摄食困难，甚至停止摄食。

②鱼群聚于池边环游不止，呈“跑马”症状；由于鳃上皮增生，妨碍呼吸使得病鱼呼吸困难。

③大量寄生时，在寄生处来回滑行，刺激病鱼大量分泌黏液而在寄生处黏液增多，形成黏液层。

2. 实验室诊断

①从病鱼鳃或鳃丝、体表处刮取少许黏液，置于载片上，加一滴水制成封片，在显微镜下可以看到虫体，并且数量较多时可诊断为车轮虫病；少量虫体附着时是常见的，不能认为是车轮虫病。

②种类鉴定：需用蛋白银染色或银浸法染色鉴定。

（三）防控措施

1. 预　防

①鱼池及水体用生石灰或者漂白粉消毒。

②加强水体水质培养管理。

③鱼种放养前使用8～10毫克/升铜铁合剂、2%～4%食盐水药浴10～30分钟。

2. 治　疗

①全池泼洒 1.2～1.5 毫克/升铜铁合剂。

②全池泼洒 25～30 毫克/升甲醛溶液，隔天再用 1 次。

③全池浸泡 50 毫克/升楝树叶。

十二、淡水鱼小瓜虫病

（一）病原体与流行情况

1. 主要病原体　淡水鱼小瓜虫病的病原为小瓜虫（*Ichthyophthirius* spp.），小瓜虫病亦称白点病（*White spot disease*）。生活史经过成虫期、幼虫期及包囊期。成虫卵形，周身布满排列有序的纤毛，在近前端腹面有胞口，体内可见许多伸缩泡，胞内细胞核一大一小，大核马蹄形，小核圆球形，小核位于大核马蹄形的凹洼（图 7-12 A）。寄生在鱼体上时进行不等分的分裂生殖，一般分裂 3～4 次后就不分裂了。主要生殖方法是成虫离开寄主后在水中游动一段时间，分泌一层无色透明的膜形成包囊，再沉到水底或其他物体上，进行 9～10 次分裂，一般能形成 300～500 个幼虫。

2. 流行情况　主要危害各种淡水鱼类，全国各地均有流行，对宿主无选择，也没有年龄限制，但对鱼种危害最大。初冬、春末为流行盛季，温度在 15℃～25℃时为流行高峰，水温在 10℃以下或者 26℃以上时较少发生。但在水质恶劣、养殖密度高、鱼体抵抗力低的时候，在冬季及盛夏也可能发生。生活史中无须中间宿主，靠胞囊及其幼虫传播。新孵出的幼虫侵袭力较强，然后随着时间的推延而逐渐减弱；水温在 15℃～20℃时侵袭力最强。

（二）诊　断

1. 临床诊断

①病鱼体色发黑，消瘦，游动异常，呼吸异常。

②鱼体体表、鳃和鳍条布满无数白色小点，所以也叫白点病。

③病情严重时，躯干、头、鳍、鳃、口腔等处都布满小白点，有时眼角膜上也有小白点，并同时伴有大量黏液，表皮糜烂、脱落，甚至蛀鳍、瞎眼。

2. 实验室诊断　鱼体表出现小白点的疾病很多，除小瓜虫病外，还有黏孢子虫病、打粉病等多种病，所以最好是用显微镜进行检查是否符合小瓜虫的特征（图 7-12B），不能仅凭肉眼看到鱼体表有很多小白点就诊断为小瓜虫病。

(三) 防控措施

1. 预　防

①合理施肥，培养水体浮游动植物，用生石灰彻底清塘。

②当鱼的抵抗力强时，即使小瓜虫寄生上去后，也不会暴发该病，所以加强饲养管理，保持良好环境，增强鱼体抵抗力，是预防小瓜虫病的关键措施之一。

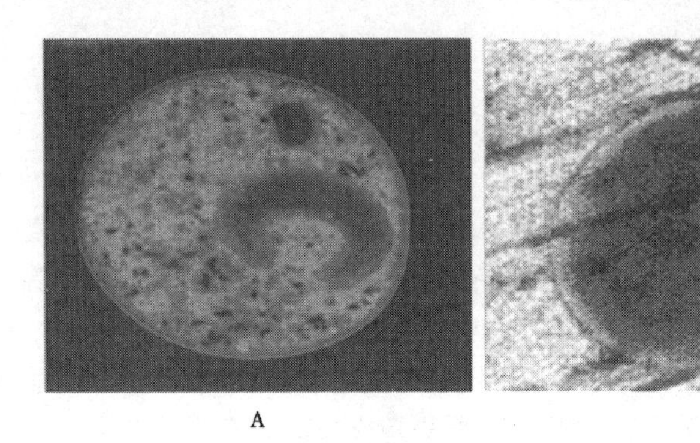

图 7-12　小 瓜 虫

A. 小瓜虫马蹄形核　B. 鳍条上寄生的小瓜虫

③清除池底过多的淤泥，水泥池壁要进行洗刷，并用生石灰清塘消毒。

④鱼下塘前抽样检查，如发现有小瓜虫寄生，应立即采用 20～30 毫克/升甲醛溶液药浴 5～10 分钟。

2. 治　疗

①鱼病塘选用含大黄、五倍子与辣椒粉合剂药物煎汁泼洒有一定疗效。

②全池泼洒 10～25 毫克/升甲醛溶液，换水肥塘。

③全池遍洒亚甲蓝，使池水成 2 毫克/升浓度，连续数次。

十三、淡水鱼指环虫病

(一) 病原体与流行情况

1. 主要病原体　指环虫（*Dactylogyrus* spp.）属指环虫目（Dactylogyridea）、指环虫科（Dactylogyridae）。虫体扁平，呈长圆形，前端有 2 个头器，头部背面有 4 个眼点。有一前一后两个固着器，但以体后端腹面的圆形后固着器为主要附着器官，其中央有 2 个锚状物。广泛寄生于鲤科鱼类鳃、皮肤和鳍，生长、繁殖的适宜温度为 20℃～25℃。

指环虫属种众多，致病种类主要有：页形指环虫（D. *lamellatus*），寄生于草鱼鳃、皮肤和鳍；鳙指环虫（D. *aristichthys*）寄生于鳙鳃；小鞘指环虫（D. *vaginulatus*），寄生于鲢鳃上，为较大型的指环虫；坏鳃指环虫（D. *vastator*），寄生于鲤、鲫、金鱼的鳃丝。

指环虫均为卵生，卵大而少，呈卵圆形，一端有柄状极丝。温度与卵的发育速率和卵的发育率都有着密切关系，温暖季节虫体不能产卵、孵化。幼虫身上有 5 簇纤毛、4 个眼点和小钩。当在水中遇到适当的宿主时即附着上去，随后纤毛退去，发育成为成虫。

2. 流行情况 全国各地区都有发生，危害 900 多种淡水鱼类，是水产病害中的常见多发病。对寄主有严格的选择性，主要危害鲢、鳙和草鱼，靠虫卵及幼虫传播，大量寄生时可使苗种大批死亡。多流行于春末夏初，适宜水温 20℃～25℃时。不少种类指环虫能引起鱼类严重的疾病，造成重大经济损失。

（二）诊　断

1. 临床诊断

①病鱼轻度感染时，主要是鳃丝组织的完整性受到破坏，引起鳃丝局部的机械性损伤，从而引起鳃瓣缺损、出血、坏死和组织增生。

②病鱼中度感染时，虫体寄生的鳃丝颜色苍白，寄生处局部发生贫血，部分鳃丝血管充血，出现轻微肿胀，形成一块由数层呼吸上皮组成的细胞板，严重影响鳃丝的呼吸功能，造成窒息死亡。

③病鱼重度感染时，对鳃丝的损害范围扩大，即全鳃性的。肉眼观察，病鱼鳃丝黏液显著增多，全部呈苍白色，鳃部明显水肿，鳃瓣表面分布着许多由大量虫体密集而成的白色斑点，虫体寄生处发生大量细胞浸润，同时鳃丝上皮细胞大面积严重增生、肥大，呼吸上皮与毛细血管发生严重脱离，出现如鳃丝肿胀、融合等炎症或坏死、解体等严重的病理变化，造成鱼类死亡。

2. 实验室诊断 取病鱼的鳃做成压片，显微镜下检查指环虫：头部背面有四个黑色眼点，呈方形排列，口位于前端腹面眼点附近呈管状或漏斗状，虫体后端可见一圆盘状的后吸盘，盘的中央有 1 对大锚钩；当发现有大量指环虫寄生（每片鳃上有 50 个以上虫体或在低倍镜下每个视野有 5～10 个虫体）时，可确定为指环虫病。

（三）防控措施

1. 预　防

①放养前用生石灰对蓄水池和养殖池进行彻底清塘消毒。

②甲苯咪唑药物预防，尽量选择指环虫病刚开始发生时使用，虫体数量不多，亚成体指环虫比成虫对药物敏感度高、易杀灭，可有效减少并发症的发生。

③鱼种放养前，用20毫克/升高锰酸钾溶液浸洗15～30分钟，以杀死鱼种上寄生的指环虫。

④养殖期间加强水体培养，每天抽样，及时镜检 。

2. 治　疗

①全池泼洒0.5～1.0毫克/升甲苯咪唑，施药后保持5天不换水，保证药物的效果。

②全池泼洒0.1～0.2毫克/升指环速灭溶液，可一次性杀灭虫体。

③全池遍洒90%晶体敌百虫溶液，使池水达0.2～0.3毫克/升的浓度，或2.5%敌百虫粉剂1～2毫克/升浓度或者敌百虫面碱合剂（1∶0.6）0.1～0.24毫克/升的浓度全池遍洒。

十四、淡水鱼斜管虫病

（一）病原体与流行情况

1. 主要病原体　斜管虫（*Chilodonella*）。虫体呈卵圆形，腹面平坦，背面隆起，前端薄、后端厚。腹面有1个胞口，呈漏斗状的口管，末端弯转处为胞咽。具有两型核，管营养的大核是多倍体，呈椭圆形位于虫体后部；管生殖的小核是二倍体，呈球形，在大核的一侧或后面。前、后端各有1个伸缩泡（图7-13）。

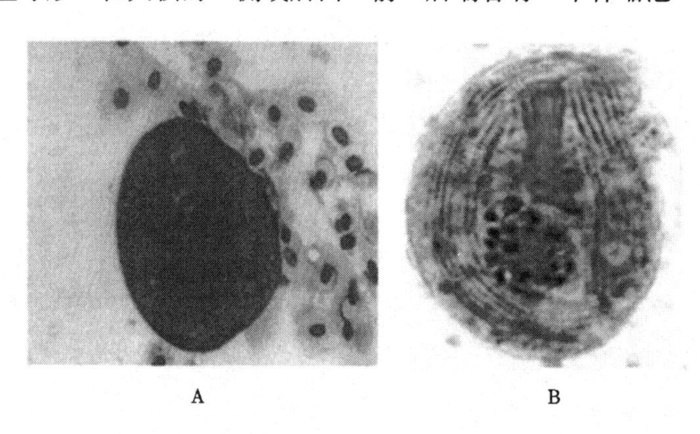

图7-13　斜管虫的染色样本

无性分裂为横二分裂，有性生殖为独特的接合生殖。环境良好时分裂繁殖，原来的口管消失，重新长出新口管。适宜繁殖温度为 12℃～18℃，最适繁殖温度为 15℃，当水温低至 2℃时还能繁殖。环境恶劣时形成胞囊，当环境好转时再开始繁殖。

2. 流行情况 对温水性及冷水性淡水鱼都可造成危害，主要危害鲤鱼、草鱼、鳜鱼、鲢鱼等多种鱼类的鱼苗及鱼种。我国各养鱼地区都有发生，是一种常见多发病。每年 3～4 月份和 11～12 月份是此病的流行季节。适宜斜管虫繁殖的水温为 8℃～25℃，最适繁殖水温为 5℃～12℃。在水质恶劣、鱼体抵抗力弱时，越冬池中的亲鱼也发生死亡，能引起鱼大量死亡，是北方地区越冬后严重的疾病之一。

（二）诊　断

1. 临床诊断

①鱼体瘦弱发黑，游动迟钝，鱼苗游动无力，在水中侧游、打转。

②体色发暗、发红，即鱼体表、鳍、鳃部有充血现象。

③因为虫体大量寄生在病鱼的鳃和皮肤，会引起这些地方产生大量的黏液，体表组织损伤，形成苍白色或淡蓝色的黏液层，病鱼呼吸困难。

④鱼苗患病时，有时有拖泥症状。

2. 实验室诊断 因为该病的病原体较小，必须用显微镜进行检查。取病鱼的尾鳍和鳃丝镜检，发现大量活动的椭圆形虫体，在显微镜下视野内达 10 个以上，虫体符合斜管虫形态特征即可确诊。

（三）防控措施

1. 预　防

①苗种放养前用生石灰对蓄水池和养殖池进行彻底清塘消毒。

②苗种孵化及暂养用水需进行消毒，苗种用 7 毫克/升铜铁合剂浸泡 10～20 分钟后再下塘。

③饵料鱼投放前，用 7 毫克/升硫酸铜消毒 10～20 分钟，避免带入病原。

④鱼苗、鱼种培育阶段加强水体培养，每天抽样，及时镜检。

⑤越冬前对鱼体进行消毒，杀灭鱼体上的病原体，再进行育肥；尽量缩短越冬期的停食时间。

2. 治　疗

①8 毫克/升铜铁合剂浸洗患病鱼体 10～20 分钟。

②患病鱼的池塘用 10～25 毫克/升甲醛制剂全池泼洒，可一次性杀灭虫体，

同时增氧或换水。

③患病鱼的池塘用0.1～0.2毫克/升斜管纤灭制剂全池泼洒，可一次性杀灭虫体。

④水温在10℃以下时，全池泼洒硫酸铜及高锰酸钾合剂（5∶2），使池水成0.3～0.4毫克/升浓度。

第八章
养殖用水处理及环境保护

阅读提示：

本章针对养殖源水和为满足我国《渔业水质标准》的养殖用水处理方法进行了介绍。养殖用水处理方法大致可以分为物理方法、化学方法、生物方法和综合处理方法4类。其中，过滤、絮凝、沉淀、消毒等理化方法比较适用于水质较好的源头水处理，主要去除悬浮物、漂浮物以及有害生物等；但水资源比较紧缺、水资源需要重复利用的地区，常常需要采用生物或综合处理的方法。生物或综合处理方法以人工湿地处理系统与污水稳定塘处理系统较为实用。从实际运行效果看，水处理系统不仅需要构建有效运行的主体设施，而且还要布局预处理设施；同时，为了便于管理和保证处理系统的稳定运行，需要配备必要的电力、水泵和控制系统。本章还介绍了养殖废水、底泥及病死鱼的处理办法，以期养殖者能保护好养殖环境，做到环境友好型养殖。

第一节　养殖用水处理

一、原水处理

水产养殖业中种类繁多的水处理方法大致可以分为物理方法、化学方法、生物方法和综合处理方法 4 类。其中，前两者也就是物理方法和化学方法比较适用于水质较好的源头水处理，而后两者是在许多水资源比较紧缺、水资源重复利用率较高的地区，来处理水质相对较差的多级用水。

（一）物理方法

依据水体及水体中污染物的理化性质，采取曝气、过滤、沉淀、吸附、气浮等方法净化水质。

1. 曝气　给水体增氧，清除氨气、氯气等有害气体。一般有两种方法，一是静置 48 小时，二是机械搅水（如叶轮式增氧机增氧）。如用自来水养鱼，先要静置一段时间，以使有害气体（如氯）逸出。增氧机能使池塘水体上、下水层对流，增加溶解氧，同时使水中有毒气体逸出，起到改良水质的作用。通常池塘养鱼多使用叶轮式增氧机增氧，最近发明的水质改良机能翻喷池底的淤泥，搅动池塘水体，使池水上、下循环，尤其在夏季晴天中午，浮游植物光合作用释放大量氧气，上层水体溶解氧饱和，水体的有序翻动使整塘水体得到了充足的溶解氧。

2. 过滤　过滤的目的是清除水中固态废弃物、悬浮物及大型水生生物等。常用的过滤器有：机械过滤器、压力过滤器、沙滤器等。

3. 沉淀　水中的悬浮物容易吸附在鱼鳃上，使其呼吸受阻，同时使水体的浑浊度和黏滞性增大，对鱼苗孵化不利，故常设置蓄水池先进行沉淀处理。以深井水或者高山溪流为水源时，设置沉淀池还有提升水体温度的作用。

4. 吸附　多孔性的固相物质，如活性炭、硅胶、浮石粉等，能吸附水体中的有毒物质（如氨氮）。用高分子重金属吸附剂吸附水体中的重金属离子，是目前正在研究的水体净化新技术。吸附剂的粒径在 0.3～1.2 毫米，用于吸附水体中的铜、锌、铅、镉，而并不产生水的二次污染。活性炭材料以其发达的毛细孔结构以及易改性的表面特性而倍受关注。此外，活性炭材料来源充足，可再生利用，对环境友好，是一类天然绿色化学品。活性炭不但对水中溶解的有机物，如苯类化合物、酚类化合物、石油及石油产品等具有较强的吸附能力，而且对用生物法及其他方法难以去除的有机物，如色度、异臭异味、表面活性物质、除草剂、农药、合成洗涤剂、合成染料、胺类化合物以及许多人工合成的有机化合物都有较好的祛除效果。根据处理水水质的不同对活性炭进行相应的改性有着重要意义。表面化学改性主要改变活性炭的表面酸、碱性，引入或除去某些表面官能团，使其具有某种特殊的吸附或催化性能。研究表明：用臭氧和氢氧化钠对活性炭改性后，活性炭表面含氧官能团，尤其是酚类和羧基类基团明显增多；而经过硝酸氧化则可显著增加其表面酸性基团的含量。用1∶1的硝酸氧化的活性炭在300℃～400℃条件下进行热处理，其表面产生较多的酸性基团，可获得较高的阳离子交换量，对重金属离子Cr（3价）有很好的吸附交换能力；若将氧化处理的活性炭在高温下800℃以上灼烧，则其表面会产生较多的碱性基团，获得较高的阴离子交换容量，对阴离子表现出较强的吸附交换能力。采用酸、碱交替改性方法处理普通活性炭，可提高活性炭对苯及其同系物的吸附量。活性炭与超滤或微滤技术联用比传统的吸附工艺在满足严格出水水质要求方面以及去除微污染物方面有更强的竞争力。活性炭的作用不仅在于吸附难降解的有机物，而且能作为悬浮性生物载体，提高系统的生物量。

5. 泡沫分离技术 向水中通气，水中的表面活性物质被微小的气泡吸附，浮于水面形成泡沫，可去除水中溶解物和悬浮物。但此技术不适用于淡水，只能在盐度大于5的半咸水和海水中使用。以此原理设计的泡沫浮选分离器市场上已有售。

6. 新型物理水处理方法 利用电磁原理对水中重金属离子等污染物进行电磁分离，是目前较新颖的水处理方法。其中，包括磁处理、静电处理、高频处理、电子场等方法。

由于水产养殖的特殊性，我们的目的并不是要使处理后的水质到达很高的标准，而是要使其能最大限度地适宜养殖品种的生长。所以，从综合效益出发，之前介绍的曝气、沉淀、过滤以及吸附是最适合水产养殖源水处理的经济实用的物理处理方法。

（二）化学方法

该方法可以利用化学反应来处理水中的污染物或悬浮胶粒。包括凝絮、中和、络合、氧化还原、消毒等。

1. 凝絮 凝絮用无机或有机化学试剂，使水中的微小颗粒及胶体凝聚成大絮凝体，加速沉淀。常用的凝絮剂有铝盐（硫酸铝、铝酸钠、碱式氯化铝等），以及高分子絮凝剂等。

2. 中和 改善水体的 pH 值。常用生石灰或石灰水使水呈中性或弱碱性，还能增加水体中钙的含量，改良底质，并杀灭病原体。pH 值过高时，可采用草酸、醋酸等弱酸中和。

3. 络合 最常用的是 EDTA，主要用于清除水中过高的重金属离子（如 Cu^{2+}），特别是那些鱼贝类敏感的重金属离子。

4. 氧化还原 一些含氯消毒剂、臭氧、过氧化氢、高锰酸钾等可以与水中的有毒物质（如氰离子、硫离子）发生氧化还原反应，降低或消除毒性，还可以杀灭水中的病原菌。常用的含氯消毒剂有漂白粉、二氧化氯、二氯异氰尿酸钠、三氯异氰尿酸等。臭氧通过强烈的氧化作用可除去水中有机物、铁、锰、臭味及色度等，但因它对细菌具有极强的杀灭效果，以致水中的有益菌也被杀死，故只用于较特殊的地方。

（三）生物方法

利用微生物和自养性植物（如绿色藻类、高等水生植物）改良水质。其原理是这些微生物和植物可以吸收利用水体中的营养物质（残饵及水产养殖动物的代谢产物），有助于防止残饵与代谢产物积累所引起的水质败坏。

1. 微生物制剂 微生物在水产养殖同化食物链和异化食物链中具有重要地位，它们通过光能合成、化能合成和对有机物质的转化能力在水体生产中占有相当的比重。目前，主要应用于水产养殖的微生物包括光合细菌、芽孢杆菌、复合有益微生物等。光合细菌是一种以光作能源、以二氧化碳或小分子有机物作碳源、以硫化氢等作供氢体，行完全自养性或光能异养性的一类微生物的总称。只要有水和光存在，无论环境中有氧或无氧，均能生存繁殖。光合细菌能降低水中氨氮、硫化氢等有害物质，水中投入光合细菌后，有益菌大量增加，形成优势种群，抑制了病原的繁殖。养殖中应用光合细菌，具有改善水质、减少病害、提高养殖经济效益的作用。复合有益微生物能消耗有机物，起水质净化作用的微生物不少，有枯草芽孢杆菌、地衣芽孢杆菌、蜡状芽孢杆菌、巨大芽孢杆菌、乳酸杆菌、乳链球菌、酵母菌、假单胞菌等，它们是一类非致病的有益细菌。目前在水产养殖中应用的多数是多菌株组成的复合产品，能发挥各个菌株的不同功能，起到协同作用，克服单一品种适应性差、应用面狭窄的不足。较有代表性的是兼有好氧与厌氧代谢机制的多菌株复合制剂，常用的有利生素、有效微生物制剂 EM 等。

2. 生物膜法 生物膜法在养殖水体原位或异位修复应用中也逐渐增多。吴伟采用弹性生物填料为人工基质，培养固定微生物菌膜系统对养殖水体进行原位修复，TN、TP、COD、叶绿素等去除率达 11.3%～90%。周艳红利用阿科蔓生态基+复合微生物群落原位修复滩涂海水种植—养殖系统水体中的磷，能够达到良好稳定的处理效果，且对底泥中的磷也有一定的修复作用。杨清海设计构建的生物膜生态反应器，引入了植物以及水生动物，利用植物泌氧作用为生物填料上的微生物种群生长和污染物降解提供氧气，强化了水体生态修复效果，达到良好的水质净化效果。

3. 微生物过滤 微生物过滤技术利用微生物在滤器载体上产生的生物膜进行水处理。常用的生物滤器，如浸没式滤器、滴滤器、转筒式生物滤器、生物转盘、生物固定床、生物流化床、珠状滤池、浮球滤器等，经常应用于循环养殖系统中。

4. 水生植物 水生植物能通过光合作用，利用水中的二氧化碳、氮元素等合成自身有机物质，因而能净化水质。在湖泊、池塘中人为种植水生维管束植物（如苦草、轮叶黑藻、黑麦草、金鱼藻等）；在河沟、池塘内种植莲藕、茭白等水生蔬菜，能有效地改善养殖水体的水质，达到养殖用水的标准和要求。

（四）综合处理方法

以节省水资源消费为特征的养殖模式是形势的需要，从效益出发，综合物理、化学和生物的水处理方法引人关注。封闭循环式工厂化水产养殖系统和利用生态原理设计的综合养殖模式就是采用生物或综合性的水处理方法。

1. 封闭循环式工厂化水产养殖系统 封闭循环式工厂化水产养殖属于“设施渔业”范畴，其关键技术是水质净化处理，它融入了生物学、微生物学、微生物工程学、水处理装备、信息与计算机等学科，科技含量高。目前，在技术研究上主要有：固液分离技术，以生物滤器为主要设备的生物过滤技术，泡沫分离技术，臭氧消毒技术等。

2. 利用生态原理的综合养殖模式 整个养殖系统大体上由蓄水池、养鱼池、沉淀池、生物净化池等组成。养鱼池的废水流到沉淀池，沉淀池利用物理或化学方法进行水处理；生物净化池内种植水生植物，培养藻类或加入轮虫等，起到净化水质的作用。再将经过净化的水抽到蓄水池供养鱼用。

（五）总　结

我国水资源形势不容乐观，未来社会对养殖业的要求越来越高，“生态型健康养殖模式”和“绿色食品”的提出，要求对养殖用水水处理技术的研究必须跟上生产发展的步伐。这就要求在保证养殖用水达标的情况下，尽量降低原水处理的难度以及成本，提高养殖综合效益。

[案例 8-1] 采用综合生物塘处理原水和排放水，进行循环水养殖

一、实施背景

工程选址于中国水产科学研究院长江水产研究所试验基地。随着城市化进程的加快和当地工业的发展，试验基地从远郊变为近郊。大量的工业和生活废水污染了附近水域，地面水水源也因湖泊淤塞萎缩而极度匮乏，鱼类正常的养殖生产和实验研究靠抽取地下水来进行。但地下水铁、锰含量高、溶氧量低，不利于鱼类养殖。因此，如何实现养殖用水净化和回用已经成为试验基地继续生存发展的前提。

二、系统构建

处理系统采用综合生物塘，由一口老旧池塘改建而成，占地面积 600 米^2，水深 1.5～2.0 米。塘内四周设置生态浮床（图 8-1），总面积为 200 米^2，水面覆盖率为 30%。生态浮床均由楠竹、竹片、网片组成（图 8-2），其中浮床框架为直径约 10 厘米的楠竹，浮床中间每 50 厘米用竹片间隔、固定，浮床底部用网目大小为 4 厘米^2 的网片兜底，网底与浮床框架距离约为 50 厘米。将所有的浮床用铁丝相连，呈“回”字形置于池塘中。浮床栽植水生植物选择生物量大、对水质具有较好净化作用的空心菜、水葫芦两种。当植物进入生长盛期，移入生态浮床，放置于生物塘内。塘内放养鲢、鳙等部分滤食性鱼类，加上塘内固有的藻菌共生关系，由此构成具有多级食物链结构的综合生物塘系统，收集的雨水和养殖回用水在此得到净化。

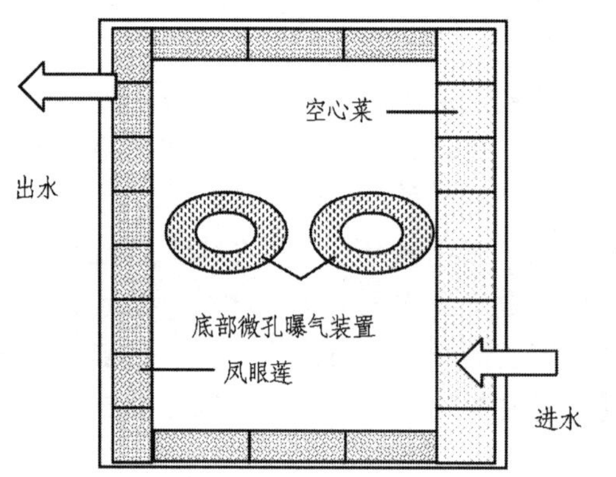

图 8-1 生物塘布局图

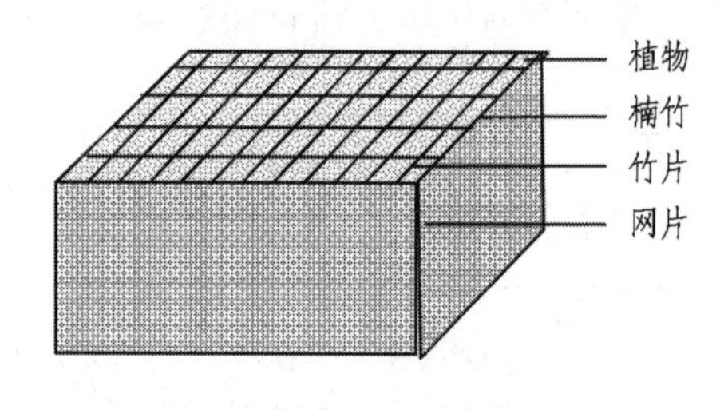

图 8-2 浮床示意图

三、处理效果

近1年的检测数据表明，将栽种空心菜和水葫芦的生态浮床置于生物塘中，作为综合生物塘来处理养殖用水，取得了很好的效果。在日交换量不超过30%的条件下，综合生物塘可有效地去除水中的氨氮（去除率20.8%）、总氮（去除率10.8%）、总磷（去除率27.1%）、磷酸盐（去除率26.7%）、BOD（去除率31.3%）、COD（去除率19.2%）、叶绿素（去除率37.7%）等。综合生物塘出水基本能够满足养殖用水的要求。

本研究采用常见的水葫芦、空心菜两种水生植物，成功构建了一个以生态浮床作为处理单元的综合生物塘，在水源性缺水和水质性缺水日益严重的地方，本研究结果对实际的生产应用有一定的推广价值。

二、排放水处理

传统的水产养殖生产方式不但与人类争夺水资源，而且养殖废水中所包含的来源于粪便和饲料的颗粒态固体废物、溶解态代谢废物、溶解态营养盐、抗微生物制剂和药物残留等大量排放后，会造成对自身水体和周边环境的污染。与工业废水和生活污水相比，水产养殖产生的废水具有高氨氮、低有机污染物两个非常明显的特点。在净化回用的过程中，通常养殖废水中的营养性成分、溶解有机物、悬浮固体和病原体是处理的重点。新的形势下我国广大专家呼吁从水资源污染处理技术方面入手，进而提高水资源的重复利用效率，减少水资源的污染浪费。以下从物理、化学及生物的角度对水产养殖排放水处理技术做介绍。

（一）物理化学方法

物理方法可分为机械过滤、泡沫分离、重力分离、化学絮凝、臭氧氧化、紫外线照射消毒技术等。

1. 机械过滤 机械过滤是水产养殖系统中用来进行固一液分离的主要手段，通常可去除粒径60～200微米的颗粒物。该技术主要依靠过滤设备来对养殖污水中颗粒物进行固液分离，以达到除污净化的作用。一般常见的机械过滤设备有弧形筛、固定筛、旋转筛、振动筛、沙滤器和滤膜等，过滤设备一般会配备有反冲洗设备，能做到很好的反冲洗，不仅能够提高设备的固液分离速率，更能够延长设备的使用寿命，降低投入成本，目前已经成为一种被广泛应用的技术。弧形筛是目前在国内外养殖系统中逐步推广的另一种微筛过滤器，优点是无动力消耗，结构简单，维护成本低，但自动化程度低，需每天人工清洗。固定筛和旋转筛在养殖生产过程中使用较少，沙滤器一般较为常见，它主要采用填充一定粒径的介质（沙子或其他微粒物质）形成孔隙截留水中的固体颗粒物。目前，研究较多的是滤膜技术，它主要采用不同孔径的膜滤除颗粒物，是依膜孔径截留不同粒径颗粒物的过程。养殖污水处理技术中主要使用微滤和超滤技术，微滤膜（孔径 0.1～10 微米）用于微米级颗粒的分离和浓缩，而超滤膜则主要用于相对分子量为 1 000～500 000 物质的分离。膜处理技术的污染及其洗涤问题成为当前研究的重点，解决膜的污染和清洗技术能够更大地延长膜的使用寿命，降低成本，为膜技术的推广应用提供前提条件。

2. 泡沫分离 泡沫分离技术又称浮选分离技术，主要处理养殖废水中的小颗粒固体废物（粒径小于 50 微米）和溶解性有机物，如溶解蛋白质、有机酸等。泡沫分离就是向水中通入气体形成气泡，利用气泡吸附、浓缩水中表面活性物质或疏水的微小悬浮物，上浮后将其分离的过程。泡沫分离的机制概括为：溶解的表面活性有机物吸附在气液界面，富集于泡沫；溶解的非表面活性有机物与表面活性溶质结合，亦富集于泡沫。泡沫分离可将蛋白质等有机物在未转化为氨化物和其他有毒物质前去除，避免了有毒物质在水体中积累。泡沫分离一般置于过滤工序之前。

根据气泡产生、气液接触及收集方式的不同，泡沫分离器大致有以下四种类型：直流式、逆流式、射流式、气液下沉式。影响泡沫分离净化效率的因素主要有气液比、气泡大小、气泡与废水接触的时间、气流速度、有机物浓度、分离器高度等，而且各因素之间相互制约，其中有机物浓度是关键因素。泡沫分离技术常用于封闭的循环海水养殖系统中，因为在海水中易产生泡沫，而在淡水养殖系统中仅在有机物浓度较高的情况下才使用该技术。泡沫分离法适合分离粒径在 10～30 微米的具有表面活性的微颗粒，这能为水处理系统流程设计提供依据。

缺点：泡沫分离技术由于无法去除褐色有机物（锈蚀质等）、氨基酸、氨、硝酸盐等，故仍需要生物过滤、脱氨、活性炭等的处理。此外，泡沫发生量容易受水槽内鱼的活动状况、密度、投饵量所左右；另外，气泡在整个分离槽的均匀分布对处理效率也有一定的影响。

3. 重力分离 重力分离技术主要是通过自然沉降或者借助机械旋流沉降，来达到固液分离的目的，从而去除养殖污水中的大型颗粒。重力分离技术一般以沉淀池的自然沉降和沉淀槽等设施的机械旋流沉降的方式达到去除污水中大颗粒物，减轻养殖水处理工艺下各环节的负荷，提高处理工艺对养殖污水中污染物的高效去除效果。常用的重力分离技术有自然沉淀法（如沉淀槽、管状沉淀器）和水力旋转法（如水力旋流器、离心机）等。在水产养殖业中，因循环水养殖系统中悬浮颗粒物的平均相对密度略大于水的相对密度，一般可采用自然沉淀来达到初步去除大颗粒物。

4. 化学絮凝 化学絮凝技术原理是依靠投放化学药物与水体中污染物反应，并生成沉淀析出，进而被吸附、浮选分离出水体或者水体中污染物被氧化成无害物质，而达到净化水体的目的。如明矾和氯化铁等也可促进悬浮颗粒物以及磷的去除，其中磷的去除效率可高达89%～93%。对于采用离心机来处理养殖废水，只有续流式离心机才有实用价值，但投入成本高，一般很少采用。

5. 臭氧氧化 臭氧具有极强的氧化能力，既能够迅速灭除细菌、病毒和氨等有害物质，又能增加水中溶解氧。虽然臭氧的水处理效果很好，但臭氧残留对水产养殖动物毒害很大，需要设置专门的去除残留装置，一般使用活性炭进行去除残留臭氧。臭氧可以降低膜污染，导致微生物细胞液溶出，并为反硝化提供碳源，还可以杀灭丝状菌，防止污泥膨胀，低臭氧投放量可促进污染水体中颗粒的加大程度，促进絮凝。臭氧氧化技术现已较广泛应用于池塘精养用水的前处理和养殖过程中的水质调节，但其成本过高并伴有一定的副作用，且不能减少池塘营养物质氮、磷含量，因此在养殖废水的后处理中应用较少。

6. 紫外线照射消毒 紫外线消毒（UV）广泛用于水产养殖系统中，可破坏残留的臭氧和杀死病菌，且具有低成本和不产生任何毒性残留的优点。紫外线照射消毒技术主要用于水产养殖的病害防治，配置紫外线照射消毒设备主要是以杀灭水体中病原体为主，以此达到净化水体的目的。

（二）生物方法

生物方法主要是利用生物过滤技术去除或转化养殖废水中溶解的无机或有机物。它是当前水产养殖废水处理技术和养殖污染控制方法的研究热点。该方法对环境友好、费用低，适用于各种环境条件的水域，是一项有发展前途的“绿色”养殖污染控制技术。其优点是使用不可再生材料和能源比较少，并且不会对环境造成二次污染。目前，采用较多的是植物过滤、生物膜及固定化微生物技术等。

1. 植物过滤 植物过滤主要是利用植物光合作用吸收无机氮、磷后转化为有机物，达到去除水中营养性污染物的目的。目前，水产养殖废水处理中采用较多的植物过滤技术有藻类过滤和水培植物技术。

（1）*藻类过滤* 它是一种较好的植物过滤技术。但该技术在淡水养殖废水处理中应用较少，在海水养殖中多采用大型藻类，主要有石莼、红藻、红皮藻等来处理污水。近年来，由于微藻利用及收获技术的研究得到了关注，微藻过滤养殖废水技术也随之得到很大发展。20世纪80年代，微藻固定化技术也发展起来，与游离的细胞相比，固定化藻类具有跟固定微生物类似的优点，且处理效率更高、速率更快。藻类固定化技术在废水处理中具有广阔的应用前景，但是该技术目前主要处于实验研究阶段，在实际应用中还存在许多问题：固定化藻球的制备程序复杂，需要离心、冲洗等较多步骤；固定化载体还能限制光能的获得和物质的传递；微藻对氮、磷的吸收会受到固定化载体、底物浓度、藻细胞密度、pH值及温度等因素的影响；使用一定时间后，藻细胞的生长造成固定化藻球破裂；藻细胞的收获也较繁琐。

（2）水培植物　养殖废水中含有的有机或无机营养物质恰恰是水培植物生长所必需的，因而可以利用种植水培植物的方法去除营养物。水培植物是将循环水水产养殖系统与水培蔬菜、花卉或草药生产系统相连，组成复合生物系统。该技术不但可以去除水中的溶解性营养污染物，而且可以去除和固定化养殖污泥。应用最为广泛的水培植物技术是生物浮床技术。我国在1991年开始推广生态浮床技术，目前生物浮床已广泛应用于大型水库、湖泊、城市河道、运河等水域的水质处理，并且取得了较好的净化效果。在水产养殖领域，生物浮床的研究和应用尚属起步阶段。

生物浮床作为一种具有净化水产养殖水体污染、修复养殖生态环境等功能的新型生态环境技术，呈现出良好的发展前景。将生物浮床技术应用于水产养殖领域，不仅扩展了生物浮床技术的研究和应用范围，还使得水产养殖中的废水处理和生态环境维护等问题的解决走上了绿色环保、可持续发展的道路。但其本身也存在以下问题：①对水体性质有一定选择。养殖水体中的溶解氧、营养状态、pH值、污染物的形态、离子浓度、氧化还原电位等都会影响浮床中植物的生长。因此，在实际应用中必须考虑以上影响因素。②浮床植物的选型和群落的配置需仔细考虑。由于污染水体的水质存在差异，不同植物对各污染物的去除效果也不同。因此，选择不同的植物非常重要。这要对水生植物的生理生态、水生植物间的协同作用进行研究，以达到促进植物生长的最终目的。此外，大多数植物在冬季生长状况不佳，特别是北方地区，净化效果也会受到影响，需筛选适合不同季节浮床生长的植物。③需进一步开发合适的浮床载体。生物浮床可分为有机材料浮床、生物秸秆浮床和无机材料浮床。当前浮床载体通常为有机高分子材料或竹子、木条制成的，在耐腐蚀、牢固性及抗风浪方面有所欠缺，有机高分子材料（泡沫塑料和聚氯乙烯）还存在二次污染的风险，并且很难维系动物、植物和微生物的协同效应及形成稳定的生态系统；无机材料具有多孔结构，水肥吸附性能好，适合微生物附着而形成生物膜，有利于污染物质的分解，浸泡时性质稳定；但管理不便，制作工艺复杂，在大面积水体中铺设困难，成本高。④受气候条件影响大。生物浮床中的植物对气候较为敏感，受气候条件影响大。

2. 生物膜 生物膜法除污机制是依靠滤池或者滤器填料上形成的生物膜，对污水中的污染物进行吸收、转化、利用和去除。现有成熟的生物膜工艺主要有生物滤池、生物转盘、生物流化床和生物接触氧化设备，主要以各种生物滤池和滤器形式存在。生物滤器一般通过自然或人工环境进行挂膜和驯化，因而培养出的生物膜能够适应养殖废水的寡营养环境，并且成熟的反应器内微生物群体的氧化作用和生物絮凝作用、颗粒填料的吸附截留过滤作用以及微生物生态系统的食物链分级捕食作用等可以部分去除污水中的有机物、悬浮物等，实际应用中生物滤器具有处理效果好、抗冲击负荷能力强、基础建设和运行费用低、污泥的发生量少、易于实现自动化管理等优点。但是在处理养殖废水时，由于水量大、营养物浓度低，因而微生物生长比较慢。另外，曝气生物滤器中填料对微生物无明显阻隔作用，生物滤器中微生物难以迅速积累，因此用于养殖废水处理的生物滤器挂膜时间一般比较长且微生物量亦不会很高；而此点对于生物滤器的硝化功能构建极为不利，硝化细菌是自养型细菌，其生长速率远低于异养型细菌，因而在生物滤器中硝化细菌积累比异养菌的积累更为困难，形成稳定完整的硝化能力耗时更长。

常见的生物滤器有淹没式滤器、悬浮式滤器、滴滤器、转筒式生物滤器、生物转盘、生物固化床、生物流化床、珠状滤器、柱状滤器、罐状滤器等，很多生物滤器已经被生产成商品销售，用于一些小型的养殖污水处理工作。而生物滤池主要以 BAF 形式存在，且处理效果较好、占地少、抗负荷高等优点被广泛应用于生产，其主要分为 BIOCARBONE、BIOFOR、BIOSTYR 三大类。BAF 工艺是依靠生物膜来处理污水中的污染物，而生物膜是由微生物在载体上附着粘连而成，因此促进生物膜附着生长的填料成为国内外研究的重点、热点。常用的填料有碎石、陶粒、沙粒、沸石、活性炭、聚丙烯丝状材料、塑料颗粒、塑料蜂窝、方便面式塑料板等。碎石、沙粒的比表面积较小，并不利于微生物附着形成生物膜，所以目前对此类填料的研究较少；陶粒在国内研究较多，陶粒的研究逐渐发展到轻质陶粒、纳米陶粒，整体的成膜性能和污水处理效果在相关研究中均较好；沸石、活性炭、贝壳等填料的研究也较多，其中贝壳有调节 pH 值和很好的除磷效果，并且能为硝化反应提供碱源，因此近年贝壳也被用于生物滤池填料。一些有机材料填料也在国内外被广泛地研究应用，有研究表明压缩率为 70%的多孔弹性滤料在水停留为 15 分钟条件下，可去除 94.2%的水中生物可降解溶解有机碳。目前研究倾向于开发轻质、廉价、亲水性能好的滤池填料方向发展。生物膜技术具有占地少、抗负荷大、处理效果好、简单易操作等优点，在养殖废水封闭循环处理中应用较广泛。

3. 固定化微生物 向开放水域直接投加微生物制剂已被证明对水质净化具有一定的效果，但是，这同时也增加了水域环境的生态风险，而且微生物制剂在开放体系中很容易失效。因此，20 世纪 60 年代开始，一门新兴生物技术——固定化微生物技术发展起来，该技术利用物理或化学的措施将游离微生物细胞或酶定位于限定的空间区域，并使其保持活性从而反复利用。目前，经常采用的生物固定化方法主要有吸附法、包埋法、交联法和共价结合法，尤以包埋法和吸附法最为常用。固定化细胞载体主要有天然高分子凝胶载体（琼脂、海藻酸钙等）和有机合成高分子凝胶载体（如聚乙烯醇 PVA、聚丙烯酰胺 ACAM 等）。当前，固定化微生物技术在水产养殖的污水处理方面有较多的研究和实践，取得了较好的处理效果，应用较多的是光合细菌和硝化细菌。将微生物同载体结合并固定化，不但可以增强沉降性，使水质净化效率提高、稳定性增强，微生物质量分数提高，还具有抗环境因子影响能力强、可长期保持包埋菌占优势而防止其他有害菌生长等优点。

（三）生态工程化措施

1. 人工湿地处理 人工湿地是指通过选择一定的地理位置和地形，并模拟天然湿地的结构和功能，根据人们的需要人为设计并建造起来的一种污水净化综合系统。水体、透水性基质（如土壤、沙、石）、水生植物和微生物种群是构成人工湿地系统的基本要素，其除污原理主要是利用湿地中的基质、水生植物和微生物之间通过物理、化学和生物的三种协同作用净化污水。人工湿地系统通过沉积和过滤去除沉降性有机物；主要通过微生物降解去除可溶性有机物；通过基质的吸附、过滤、沉淀以及氮的挥发、植物的吸收和微生物的硝化、反硝化作用去除氮；通过湿地中基质、水生植物和微生物的共同作用去除磷。目前，人工湿地用于养殖废水的净化已经得到一些应用，而且越来越引起人们的关注。

人工湿地处理方法的主要优点有：投资较省，能耗少，运行管理费用较低；污泥量少，不需要复杂的污泥处理系统；便于管理，对周围环境影响较小。但是，人工湿地处理系统也存在很多缺点：土地占用量较大，相对影响其应用价值；处理效果容易受季节温度变化的影响，水生植物具有季节性，因此湿地技术的应用必须解决水生植物季节更替带来的影响，及时地调整水生植物种类，做好季节的衔接，才能保证湿地净化技术能够突出经济效益和生态效益两大优势；建于地下的厌氧系统出泥困难，且维修不便；并且还有污染地下水的可能。因此，这种处理模式对于中小型养殖场仍然是不适用的。

2. 生物塘处理 生物塘又称为稳定塘、氧化塘，是一种利用天然净化能力对污水进行处理的构筑物的总称，其净化过程与自然水体的自净过程相似，通常是将土地进行适当的人工修整，建成池塘，并设置围堤和防渗层，依靠塘内生长的微生物来处理污水。主要利用菌、藻的共同作用处理废水中的有机污染物。在普通生物塘的基础上发展形成了综合生物塘，综合生物塘是在传统生物塘技术的基础上，运用生态学原理，将各具特点的生态单元，按照一定的比例和方式组合起来的具有污水净化和出水资源化双重功能的新型生物塘技术。它占地面积相对较小，净化效率较高，能做到"以塘养塘"，是适合于我国中小城镇目前经济、技术和管理水平、节省能耗的实用技术。

3. 生态坡处理 生态坡是近年来国内外都大力提倡和推行的一种生态型的护坡结构形式，其涉及的范围很广泛，包括河流护坡、湖泊护坡、池塘护坡、高速公路护坡、航道护坡、水利工程护坡等不同应用范围。目前，生态坡技术主要应用于高速公路护坡和河道、湖岸治理等方面，在养殖池塘方面应用很少。传统水产养殖池塘一般采用水泥预制板护坡，存在着成本高、易塌陷、生态效果差、影响池塘生物自净能力等问题，应用于池塘养殖系统的生态坡是利用池塘边坡和堤埂修建的水体净化设施，利用池塘的自然条件和辅助设施构建的原位水体净化设施。目前，一般利用沙石、绿化砖、植被网等固着物铺设在池塘边坡上，并在其上栽种植物，利用水泵和布水管线将池塘底部的水提升并均匀地布洒到生态坡上，通过生态坡的渗滤作用和植物吸收截流作用去除养殖水体中的氮、磷等营养物质，达到净化水体的目的。

（四）综合养殖处理

综合养殖是运用生态学原理，将各具特点的生态单元，按照一定的比例和方式组合起来使其具有污水净化功能的高效无污染的养殖系统。目前，按种类来划分，有鱼、虾、蟹、贝、藻之间的二元、三元或四元综合养殖；按混养种类的时空来划分，有同池综合养殖和异池综合养殖两大类。综合养殖可以通过养殖生物间的营养关系实现养殖废物的资源化利用，可以利用技术措施、养殖种类、养殖系统间功能互补或偏利作用平衡水质，从而实现养殖水体资源的充分利用。

目前，综合生态养殖的几种主要模式如下：

1. "渔一牧"复合型模式 一种充分利用畜禽养殖的排泄物和废弃物作为养鱼的饲料和肥料，使养畜、养禽的饲料得到再利用，既节省了饲料和能源，又减少了水质污染的程度。

2. "渔一农一牧"复合种养模式 也称"渔一农""渔一牧"二元结构。如

“畜、禽、鱼综合饲养”“稻、鱼”立体开发的模式，“鱼、牛、鸡、草”模式等。

3. “渔一农一工一商”综合模式 即养殖、捕捞、加工、畜牧、销售形成一条龙，使综合经营达到更高级的形式，提高了综合生产能力和生态经济效益。

4. 池塘立体生态养殖模式 如广东的“桑基鱼塘”模式采用种桑养鱼相结合；湖南等地的“渔一菜”模式将种菜、喂猪、养鱼结合起来，猪粪肥水养鱼、塘泥肥田等。

5. 稻田生态养殖模式 根据稻鱼共生的生态原理，利用稻田的浅水条件，辅以人工措施，把种植和养殖有机地结合起来，促进物质和能量的良性循环转化，以获得“稻、鱼”双丰收。

6. “鱼一草”共生模式 即采取池塘岸边种草，塘内养鱼，草喂鱼，鱼粪便肥田。

7. 生物操纵模式 利用滤食性鱼类（如鲢、鳙等）控制水体中的蓝藻水华，达到控制蓝藻生长减轻富营养化的目的。

8. 比例调节模式 如通过放养肉食性鱼类，控制吃食浮游动物的生物量，使水体中的浮游动物量上升；而浮游动物又通过摄食水体中的浮游植物、细菌和悬浮有机碎屑，从而起到改善水质的作用。

[案例 8-2] 构建人工湿地一养殖池塘复合生态系统，净化养殖废水

一、实施背景

针对我国水污染严重、养殖用水缺乏以及养殖废水随意排放的现实，提出将人工湿地应用到池塘养殖水质的净化和管理，通过构建人工湿地一养殖池塘复合生态系统，以期达到有效解决池塘养殖过程中出现的自身污染严重、养殖废水随意排放等问题。

下面以中国科学院水生生物研究所官桥实验基地为例进行说明。官桥实验基地位于武汉市东湖高新技术开发区内，西临庙湖，占地面积 15.45 万米^2。基地建设初期，用作养殖用水的水源丰富，水质清新，养殖池塘设施齐全，是进行鱼类养殖和研究的良好场所。从 20 世纪 80 年代以来，由于庙湖水体富营养化严重，水质波动较大，用作养殖水源的水质指标大大超过渔业水质标准（GB 11607—89）（表 8-1），官桥基地鱼类正常的养殖生产和试验受到很大的影响，大多数池塘由于淤泥堆积，蓝藻水华暴发而闲置弃用。正因为如此，我们在官桥基地靠庙湖一侧选择了一块面积约为 330 米^2 的空地，利用比邻闲置的四口池塘，构建了用于试验研究、兼具一定生产应用价值的人工湿地一养殖池塘生态

系统（图 8-3）。

表 8-1　养殖水源水质调查　（单位：毫克/升）

项　目	COD cr	BOD_5	NH_4^+-N	TSS	DO	Chla（微克/升）
变化范围	45.0～194.8	1.3～37.8	0.17～7.64	1.5～240.0	0.31～11.0	1.39～351.5
参考值	＜20.0	＜5.0	0.02～0.5	＜10.0	＞5.0	＜10.0

图 8-3　人工湿地—养殖池塘复合生态系统实景

二、系统构建

1. 系统组成

试验系统由人工湿地、养殖池塘和水道（管）三个部分组成（图 8-4）。其中人工湿地用作系统的水质调控，池塘进行鱼类养殖，水道在起输送水的同时还承担复氧的功能。

2. 人工湿地构建

(1) 人工湿地类型　为潜流型湿地。利用池塘边面积为 330 米^2 的空地构建了两组（A 组、B 组）平行的复合垂直流潜流型人工湿地，每组湿地由串联的

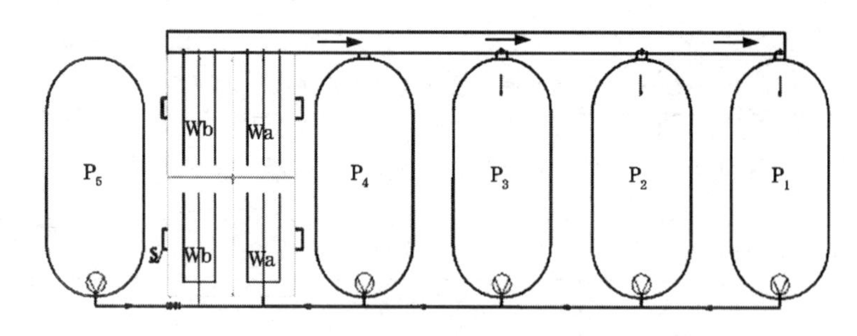

图 8-4　系统组成平面示意图

P_1、P_2、P_3、P_4 为池塘，P_5 为补水塘，W_a、W_b 为平行的两组湿地，

S为分层采样井，箭头代表水流方向

L×W×H＝10 米×8 米×1.1 米两个单元组成（图 8-5）。这两个单元分别称为下行流池和上行流池，池底坡降 3‰。

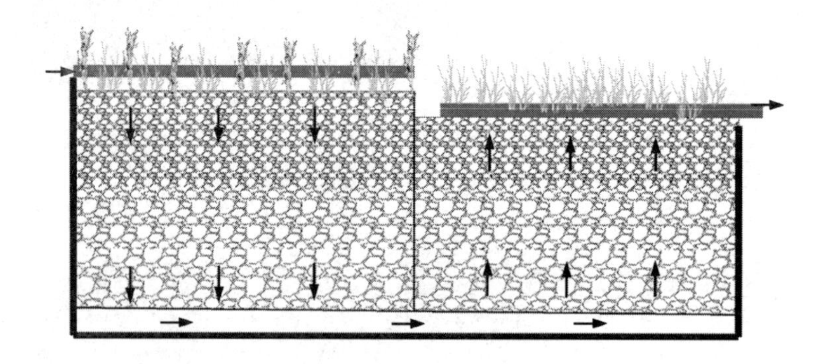

图 8-5　人工湿地结构示意图　（箭头为水流方向）

（2）基质选择　基质为粒径不同的碎石（表 8-2）。从上到下分为 3 层，碎石粒径逐级增大，其中下行流池基质深 80 厘米，上行流池基质深 70 厘米，下行流池基质高于上行流池 10 厘米。

表 8-2　人工湿地基质组成

项　目	下行流池		上行流池	
	粒径（毫米）	厚度（毫米）	粒径（毫米）	厚度（毫米）
上　层	8～16	300	8～16	300
中　层	24～32	300	24～32	200
下　层	32～60	200	32～60	200

（3）植物选择　以选择武汉地区和亚热带区域较典型的水生、湿生，根系发达，生物量大，多年生的植物为原则。A组湿地：下行流池为红花美人蕉和水竹间作，上行流池在收集管上铺垫种植土后种植绿色草皮；B组湿地：下行流池为黄花美人蕉和水竹间作，上行流池种植香蒲、菖蒲和剑麻。

（4）布水系统及收水系统　管网布设：布水管为两侧钻有小孔的PVC穿孔管，平行3根，设置在下行流基质表面上方10厘米，一端于垂直的进水管相连；收集管同样为钻有小孔的PVC穿孔管，平行3根，与上行流基质表面平行，末端流出湿地，以自由跌水方式汇于水道。两级湿地间设有穿孔隔墙，在底部相通，每组湿地均设排空管，平行3根，均与一根主管相通，必要时可对湿地积水进行排空。布水方式：采用间歇和喷灌的方式。进水水量：整个试验阶段一次性进水量所分布的区域以不超过下行流基质中上层为准。人工湿地设计参数见表8-3。

表8-3　试验系统中人工湿地设计参数

参　数	特　征
湿地工艺	复合垂直流，平行两组（A、B组）
湿地占地面积	320米^2
处理规模	50～160米^3/天
湿地植物	美人蕉（黄花、红花）、香蒲、菖蒲等
基质级配	16～64毫米
基质空隙率	0.28
理论停留时间	＞8小时
水力负荷	157～338毫米/天
配水方式	间歇进水，间隔时间大于8小时

3. 养殖池塘

养殖池塘4口（塘1、塘2、塘3、塘4），养殖池塘均呈近椭圆形。

4. 水道（管）

湿地出水通过水道排入各塘，水道基本水力参数为：L×W×H＝60米×0.5米×0.25米、坡降$i \leqslant 5‰$，通过潜水泵将池塘养殖用水泵入湿地，水道将湿地净化出水引入池塘，水道内沿水流方向布置大小不一的鹅卵石，可起到增大复氧作用。

三、水处理效果

当系统运行水力负荷在157～274毫米/天时，人工湿地对TSS、COD cr和BOD_5去除率的变动范围分别为80.5%～82.9%、45.2%～64.2%和61.0%～77.0%，对NH_4^+－N、NO_3^-－N、TN去除率的变动范围分别为51.5%～67.8%、－90.6%～40.0%和29.1%～68.6%，对TP和IP的去除率为72.7%～89.1%和0～33.3%；湿地系统对细菌总数、总大肠菌群、藻类等生命物质也具有较好的祛除效果。湿地出水水质除溶氧量外均能达到《国家渔业水质标准》规定值。出水溶氧量低的状况通过曝气和生态沟复氧功能而得到有效恢复。

第二节　环境保护

一、养殖池底泥处理

（一）养殖池塘底泥处理的背景

当前，为了追求高效高产，在高密度、集约化的养殖模式条件下，养殖池塘中营养物质氮的输出，鱼类仅占总输出的20%～27%，沉积的氮占54%～77%；鱼类磷仅占总输出的8%～24%，沉积的磷占72%～89%，饲料中氮、磷除小部分供给养殖鱼类的生长外，大部分沉积于池底，导致浪费和污染。精养池塘底质以每年10～15厘米的速度增加，且疾病暴发频繁、养殖鱼类抵抗力下降、产品质量下降等。据统计，一个养殖周期内底质的沉积量可以达到（1.85～1.99）$\times 10^5$千克/公顷。另外，养殖池塘中鱼类排泄物和动植物残体等长期积累及泥沙沉积，外来水源补充的过程中带有的固态和液态的有机质以及施放的化肥、药物等化学添加剂等的外源投入，池塘底泥富集了大量的污染物，如重金属、氮、磷等营养物和难降解有机物等，难以得到有效的分解与去除。同时，我国20世纪80年代以来相继开挖的池塘由于护坡方式不恰当，池埂坍塌而导致的底泥加速累积，近年来不得不进行清淤，养殖池塘底泥处理处置问题已经逐渐显现出来。

底泥生态疏浚是维持自然水体生态系统可持续发展的修复方法，在重污染底质沉积层采用工程措施，最大限度地将贮积在该层中的污染物质移出，改善水生态循环，以遏制自然水体退化。为了改善池塘养殖环境，避免底泥过厚对养殖造成危害，定期对养殖池塘清淤是养殖生产过程中最佳的养殖管理措施，但清淤底泥如果处置不当可能成为水体污染的重要次生污染源，对人类健康和生存环境构成严重的威胁。这些被清除出来的底泥中含有大量的有机物和腐殖质，常年堆积在池塘周边会对养殖和周围的土壤造成一定的影响。这种底泥在阴雨天气时会变得很稀，易随水流动而重新流入池塘。由于没有严格的污泥排放监管，为了追求简单的污水处理率，尽可能地简化甚至忽略了污泥处理处置单元；目前我国虽然对污泥问题开始关注，但我国的池塘底泥处理处置处于严重滞后状态。在污染环境治理中如何实现资源化利用途径，降低对环境的污染，促进经济可持续发展有着非常重要的意义。

（二）养殖池塘底泥处理方法

底泥处置（sludge disposal）是指清淤的污泥，弃置于自然环境中（地面、地下、水中）或再利用，达到长期稳定并对生态环境无不良影响的最终消纳方式，达到无害化和资源化利用的目的。我国已经逐步实现生活污泥合理处置，采取的方式主要有污泥填埋，焚烧和多种形式的土地和工业利用。底泥也是池塘养殖面源污染问题之一，将未做任何处理的湿污泥随意外运、简单填埋或堆放，给生态环境带来了极不安全的隐患，但目前还未有池塘底泥处置的相关规范。污水污泥及工业废渣等城市固废中由于重金属含量较高且含有一些有毒成分，因此焚烧和填埋比例较大。养殖池塘疏浚底泥的排放量大且集中，含水率较高，污染物成分简单、含量低，含有各种有益、有害成分，理化性质与土壤接近等。底泥经过稳定化、无害化处理后进行资源化利用，具有广阔的前景。因此，养殖池塘底泥的处置目前主要借鉴河流、湖泊污泥处置方法，主要依靠多种资源化技术来解决此问题。主要的利用方式如下：

1. 农业利用　林地、城市绿地、农田等土地利用是轻、中度污染的疏浚底泥处置较为经济的资源化方法，对底泥的营养成分进行评估，使其作为陆生植物的有机肥，不但能解决底泥处置的问题，还可以获得充足的肥源，合理施用可改良土壤、节约大量处置费用，具有技术简单、经济性好和处理效果明显等优点。

如果农用污泥中含有污染物质，则会对作物品质产生危害，施用不当也会破坏土壤结构，引起作物减产、污染物含量超标及地下水污染等不良后果。在疏浚底泥投放或制作堆肥之前有必要对其肥力特征及环境危害性进行调查。在实际生产中注意此类底泥重金属含量要低于污泥农用的最大限值，如果高于本地土壤本底值，就要考虑有重金属迁移的危害了。超标的底泥也可经处理后再施用到农田，利用生物（植物、动物和微生物）对底泥中的污染物进行吸收、降解、转化，减少其中有毒有害物质的浓度或使其完全无害化，利用土著微生物和筛选出来的外源微生物优势种来改善系统中的微生物代谢特征，提升底泥有机物的降解速率，抑制有害菌的繁殖。另外，在底泥农业利用过程中，监测地表水以及地下水中硝酸盐含量的变化，研究底泥农用所引起的硝酸盐淋溶程度，是完善底泥资源化利用的重要内容，对于底泥的合理利用具有重要意义。调查研究不同区域、不同深度底泥中金属污染物的含量对养殖池塘底泥的资源化利用方式有重要的指导意义。

由于养殖规划不合理，我国现有的大部分养殖场均缺乏清淤底泥的堆放地点，池塘进行清淤后往往只能将清淤底泥集中堆放在某一个沉淀塘，这种底泥堆积后通过暴晒、深翻或添加石灰消灭病菌后适合进行鱼藕轮作。然而底泥中重金属含量包括铬和汞成为轮作藕的限制因素。池塘养殖中的重金属污染呈越来越严重的趋势，对一些养殖病害多发、用药频繁的池塘中的底泥，在进行轮作水生经济作物时有必要对底泥和作物可食用部分进行检测，对其安全性进行评估后再进入市场和食用。

2. 用作建筑原材料 王中平等利用苏州河底泥制作陶粒的实验研究结果表明，经适当的成分调整，用高温焙烧后能烧制出700号的黏土陶粒产品，并且底泥中的重金属将大部分固熔于陶粒中，不会对环境造成新的污染。薛世浩等利用南淝河底泥制砖的试验结果表明，成品符合MU 7.5级砖的等级要求。低于烧结普通砖容重，其导热系数比烧结普通砖低，具有一定保温隔热性能。梁启斌等利用东湖底泥和粉煤灰作为主要原料，辅以伟晶花岗岩和石英添加剂，可以烧制出达到国家有关质量标准的瓷质砖。上述研究表明底泥中有机污染物和重金属元素不会造成二次污染和危害，工业化中试产品能达到国家有关质量标准要求。在适宜条件下对疏浚底泥进行预先处理，先通过改良其含水量高、强度低的性质，使其适合于工程要求，然后进行回填施工，作为填方材料进行使用。

3. 底泥制成环保材料 蒋成爱等将活性污泥提取驯化制成微生物絮凝剂，可去除悬浮物、脱色及进行油水分离，并能改善污泥的沉淀性能，降解有机物。徐淑红等采用自制的底泥陶粒和外购对照陶粒为滤料材料，对印染废水进行处理，比较了两者对印染废水中的主要污染物COD、氨氮和色度的处理效果。结果表明，底泥陶粒对印染废水中主要污染物（COD、氨氮、分散深蓝HGL的色度、分散蓝2BLN的色度）的处理效果明显，均优于对照陶粒，且易再生。

（三）小　结

养殖池塘底泥处理应依据处理分散化、处置集约化、技术多元化的方针，选择成本低、对原生态破坏小、处理效果明显的技术和方式。农业利用作为养殖池塘底泥资源化利用的一种方式，不仅解决了底泥的出路问题，同时也变废为宝，充分利用了底泥氮、磷、有机质等养分含量较丰富的特点，有效补充了植物生长所需营养，是当前养殖池塘底泥处置的最佳方式，适合大力推广。但在底泥农业利用的同时必须充分关注底泥对环境可能产生的二次污染。因此，在养殖池塘资源化利用过程中应在研究疏浚底泥的养分特征及污染化学性质的基础上，充分评估底泥的污染程度，根据污染程度的不同采用不同的资源化利用方式。采取有效措施最大限度地利用底泥中的有益价值，把底泥对环境的有害作用控制在最低水平。同时，在底泥资源化利用方面积极尝试其他利用途径，多方面、多角度研究底泥的出路，选择环境效益、经济效益以及社会效益最优化的方式。

另外，为实现养殖池塘底泥的资源化和商品化利用，应开展相关池塘底泥处置技术研究，为进一步深入利用池塘底泥提供一定的理论依据，加强在各个途径方面关键技术的研究和相关设备的研制开发，化害为利、变废为宝，带来一定的经济效益，走上一条可持续发展的道路。

最后，底泥处置问题的解决亟须管理体制、市场机制、标准体系、技术政策等方面的系统性支撑。编制系统的养殖池塘污泥处理处置规划，涵盖技术规划、技术方案、管理体制、责任划分、相关政策、公众参与等内容。在估算不同处理方式的养殖池塘底泥处理处置成本的基础上讨论各种处理处置方案的前景和出路，并在不同地区因地制宜地采取适合各自地区的污泥处理处置技术路线，制定养殖池塘底泥的土地利用规范。疏浚底泥的处置费用高，是决定景观水体具体疏浚规模和项目投资的主要因素。养殖池塘底泥没有额外的底泥处置经费来源，只能靠养殖户自己承担，农业部门应把养殖池塘污泥处理处置作为农村面源污染处理系统中非常重要的环节，在考虑地区产业结构、土地资源的基础上，适当加大相关污染底泥的处置投入和补贴。

二、病死鱼无害化处理

病死鱼的无害化处理是指用物理、化学或生物学的方法处理带有或怀疑带有病原体的水生动物尸体、水生动物产品及其他物品，达到彻底消灭病原、切断传播途径、阻止病原扩散目的的一系列措施。无害化处理是水生动物防疫工作的一项重要内容，若处置不当，就有可能留下疫源隐患，对公共环境和卫生安全造成潜在威胁。

（一）无害化处理的原则

在实施无害化处理时，应综合考虑以下原则：

1. 灭活原则 选择的处理方法必须以保证灭活病原为基本原则。

2. 适时原则 应确保能够迅速地采取无害化处理措施，及时并尽可能地减少和阻断病原的散播途径。

3. 安全原则 在处理时应确保工作人员的安全，在处理工作开始前应对工作人员进行安全操作、卫生防护等相关培训，并提供适当的个人防护装备。

4. 环保原则 不同的处理方法对环境可产生不同影响，如焚烧会产生烟和异味；深埋销毁可能导致渗出液的产生，进而导致对空气、土壤和水源的潜在污染。

5. 保障原则 一是应尽早确定和准备足够的资金以确保工作顺利开展；二是保证有充足的经过良好训练的技术人员参与工作。

6. 其他 一是装载、运输、挖掘等相关设备在使用后应经过彻底的清洁和消毒，运输设备应具有防漏功能；二是避免食腐动物或其他媒介动物接触病料，以免造成疫病的传播。

（二）无害化处理的方法

病死鱼通常可分为高风险和低风险，本文介绍的几种无害化处理方法既可用于因感染传染性疫病死亡或被捕杀的高风险水生动物病料的处理，也可用于因非传染性疾病或其他原因死亡的低风险水生动物病料的处理。在进行无害化处理前，应根据具体疫病暴发情况、需处理的水生动物病料数量、使用的场地、设备、物资、资金等实际情况，遵循无害化处理的原则，选择适当的方法，制订科学严谨的计划和措施。此外，除了本文中所介绍的几种常规方法外，任何经过行政主管部门批准的可以有效灭活病原体的方法都可以用于无害化处理。

1. 深埋销毁 深埋销毁具有花费少、处理迅速、操作方便简单的优点，也是目前水生动物无害化处理中习惯上最常使用的方法。但深埋销毁也有一些缺点，其中最值得关注的就是其潜在的对环境的不利影响，特别是其对水质可能造成的影响及病原在环境中持续存在的风险。虽然深埋销毁非常迅速，但留在深埋坑内的水生动物病料可能会长时间存在，从而留下环境污染的隐患。因此，在条件允许的情况下，应尽量选择可以彻底灭活水生动物病原的方法。

以下是深埋处理中的技术要点：

（1）**场地选择** 在选择深埋处理场地时需综合考虑以下因素：①深埋地点应具备便于挖掘及填埋工程设备和运输水生动物病料和其他物资车辆进出的道

路条件。②应综合考虑深埋点与生产、生活水源的距离，地下水位的高度，与人类活动地点特别是居民区的距离，土壤的渗透性、地势、主风向等环境条件。③应避开岩石区域，选择稳固、能满足挖掘和填埋的机械工作需要的场地。

（2）工程机械设备　深埋处理过程中挖掘机是较适宜的设备，它可以有效地挖掘出长而且深、坑壁垂直于地表的深埋坑，并可以方便地将水生动物病料倾倒进坑中并快速填埋。如果工程量较小，除挖掘机外还可以使用装载机、推土机、反铲装载机等设备。因为挖掘机和反铲装载机在挖掘过程中不需要经常移动，所以挖掘速度更快，对深埋场所周围的破坏也较小。

（3）深埋坑的修建　深埋坑的大小取决于需处理病料的体积、场所条件及所使用的机械设备。深埋坑应足够深，同时要考虑设备的挖掘能力、土质及地下水水位的限制。坑的宽度不应太宽，以便于病料的倾倒和填埋，确保病料能均匀地放置在坑内，坑的长度由需处理病料的体积来决定。深埋坑的底部应高于地下水水位至少 1 米，并远离任何河道或水道。

（4）填埋　先将需处理的病料分层放入深埋坑中，每层覆盖生石灰，比例为：85 千克生石灰/1 000 千克病料。加入生石灰可以促进分解，阻止食腐动物的侵扰并防止蚯蚓将其带出地表。所有病料倾倒入坑后，在其上覆盖一层厚度为 40 厘米的土层，再覆盖一层完整的生石灰层后继续填埋封坑。

水生动物病料被填埋后其距离地面应在 2.5 米以上，将填埋剩余的土壤堆加在深埋坑的上方，大量土壤的覆盖能防止病料被食腐动物挖掘、阻止异味散发并帮助吸收因腐烂变质产生的液体。深埋点外应建设相应排水设施以确保表层土壤能维持原状。必要时应在深埋坑周围修建排水沟或分流堤，以防止地表径流流入坑中或深埋坑中的液体流出。

（5）其他注意事项　深埋完成后应定期观察深埋点情况，以便在出现浸出液渗漏或其他情况时可迅速采取应对措施。此外，在作业过程中应有相应的安全保障措施，做好卫生防护、紧急救援及防尘器械的准备，确保施工人员的人身安全。

2. 焚烧销毁　焚烧销毁一般用于较少量的水生动物病料处理。只有在深埋销毁无法实施的情况下才应该使用焚烧销毁的方法。因为焚烧销毁操作较为复杂，需要的资金量较大并且如果在露天进行会造成明显的空气污染并产生异味。焚烧销毁的方式包括焚化炉焚化和柴堆焚烧。

（1）焚化炉焚化　焚化炉焚化是指在固定的焚烧装置或可移动气幕焚化炉中进行的可控的燃烧过程。

固定的焚烧装置（生物焚化炉）是非常有效率的无害化处理系统，可以安全彻底地处理水生动物病料。焚化炉是封闭式的，焚化产生的废气可以经过特殊装置的处理而减少环境污染。但这种焚化炉设备昂贵、运行成本高，也无法根据需求随意移动，会给实际操作带来很多困难。从感染现场运送水生动物病料到焚化炉必须遵守特定的传染性物品运输管理规定，并严格对运载工具、车辆进行消毒。

可移动气幕焚化炉可以方便地用于现场的无害化处理，但目前国内没有这种设备。可移动气幕焚化炉最初用于处理木材加工厂的木材废料，其大小相当于一个集装箱，它通过大功率的鼓风机使大量空气进入燃烧室并形成气幕，从而提供燃烧所需的充足的氧气，并使热气流在燃烧室内循环，促进充分燃烧，由此可以将焚化速度提高 6 倍。焚化后留下的灰烬应进行掩埋处理。可移动气幕焚化炉具有很多优点，一是燃烧效率高，排放物少，相对于露天焚烧更加环保；二是可以移动到现场操作，省去了病料运输环节；三是焚化产生的高温足以使所有已知的水生动物病原失活；四是焚化速度快，1 台气幕焚化炉 1 天可以焚化 37.5 吨水生动物病料。

（2）柴堆焚烧　柴堆焚烧是将水生动物病料放置在燃烧物之上并保证充足的空气，使其在短时间内完全燃烧的方法。鱼类一般来说比较难于燃烧，并且与陆生动物相比排列更加紧凑，增加了火焰熄灭的风险，因此需要在火势旺盛后再逐渐投入更多需焚烧的病料。柴堆焚烧的操作步骤和要点如下：

①位置　需考虑燃烧产生的热量、烟雾及异味对附近的设施、建筑物特别是居民区的影响。

②交通　须有相当的道路条件以确保用来搭建柴堆、控制火势、运输所需燃料与病料的设施和车辆顺利进出。

③环境　焚化堆周围须有适当的防火带，需告知当地的消防部门并得到允许，焚化时需有相应的消防设施。

④燃料　需有充足的燃料以确保能充分焚烧。可获得的燃料类型和数量需有充分估计，所需燃料应在焚化前全部到位。

⑤准备柴堆　为充分通风，柴堆应摆放在垂直于当时风向的位置，以保证通风效果。为增强空气流通，还可以采取在柴堆下开通风孔或架高柴堆的方法。通风孔大小应为 30 厘米×30 厘米，方向与风向保持一致，在柴堆下每隔 1 米设置一个，如果焚烧的是小型的水生动物病料，通风孔上应铺上钢丝网以防止焚烧物堵塞通风孔。或者也可以利用长形木料（如废火车枕木）架高柴堆，实现同样的通风效果，具体操作方法是：将大块的木材以平行于风向的方向平行放置在柴堆底层，每块木料间应留出 20 厘米的距离，在其上再交叉铺上第二层木料，然后在其上放置稻草、煤、小木块、碎木屑等其他类型的燃烧物。焚化堆的大小可以方便为原则自行选择，一般来说，一个大小为 2.5 米×2.75 米的

焚化堆可用于焚烧约1吨的鱼类。因为水生动物病料含水量大，点火前只能在柴堆上放置少量的待处理病料。

⑥点火　在天气条件合适的情况下，用柴油浇透燃料和病料，在焚化堆上隔10米设置1个点火点。点火点可用煤油浸泡的布条制成。在疏散所有人员、车辆及设备后，由一人从上风处引燃点火点。

一旦火势稳定，可将剩余水生动物病料逐渐投入火堆。这项工作可由装载机或其他适用设备来完成。投入物品时须防止一次性投入过多导致火焰熄灭。

使用前置式装载机或其他设备适时添加燃料以确保火焰持续燃烧。任何从火堆中掉落的物质都须再重新投入火堆。因为水生动物相比陆生动物脂肪含量较少，因此相比陆生动物需要消耗更多的燃料，但同时由于水生动物质量较小，焚化速度相对较快。一个建造良好的柴堆可以在48小时内焚烧完所有的病料。焚烧所剩余的灰烬应填埋处理，焚烧结束后应对场地进行清理、恢复。所有接触过水生动物病料的容器、工具、设备都需消毒处理。

⑦燃料需求　不同情况下所需燃料类型和数量不同，以下是在焚烧1吨鱼类或甲壳类时所需燃料的参考数量：重型木材6根（2.5米×0.1米×0.75米）、稻草两大捆、小木材70千克、煤400千克、柴油10升。

3. 化制　化制可以有效地杀灭所有已知的水生动物病原。化制一般来说是在一个封闭系统中通过对动物组织进行机械处理和热处理的综合方法，可得到稳定的、消毒后的产品，如鱼粉、鱼油等。最终产品的质量取决于原料的质量。化制过程需在专业工厂里进行，只有采用高温、批量生产工序的工厂才可用来进行病料的无害化处理。在基本的化制工序中，原材料先被碎解，再慢慢加热至95℃至少1小时，通过压榨和离心使油脂与蛋白质分离。所得的鱼肉和油脂部分在160℃下继续加热40分钟，此温度可以破坏所有的鱼类病原体，但也不会因温度过高而破坏鱼类蛋白质。化制后生产的鱼粉和鱼油产品应通过相关微生物学检测后才可使用，且这些鱼粉和鱼油不应用作水生动物饲料。

4. 堆肥　堆肥法并不能杀灭所有的水生动物病原。如果水生动物病料传播疾病的风险较小，堆肥是个可供选择的处理方法，这个方法更适于处理鱼类尸体。堆肥应选择在一个安全的地方以防止动物和鸟类接触。如果水生动物病料传播疾病的风险较高，则应在堆肥前经过适当的热处理（如加热至中心温度达85℃并持续25分钟）。堆肥处理具有操作迅速、可将水生动物病料处理成为商品有机肥的优点。

正确的堆肥方法取决于pH值、温度、湿度、堆积时间等因素的综合作用，根据不同堆肥的类型、堆肥原料、气候条件，堆肥过程中的温度变化及堆肥物质之间的热量分配会有所不同。如果是露天堆肥，应使温度保持在55℃以上至少2周；如果是在封闭场所堆肥，应使温度保持在65℃以上至少1周。

5. 生产沼气 将水生动物病料用于发酵生产沼气也不能杀灭所有的水生动物病原，高风险的水生动物病料需经过其他可靠方法处理（如热处理），以杀灭病原后再用于生产沼气。沼气生产是有机物质在一定温度、湿度、酸碱度和厌氧条件下，经各种微生物发酵及分解作用而产生沼气的过程。沼气生产是一个连续的过程，每隔一定的时间（2小时至几天）一部分最终产物将被排出沼气池，因此新放入的物质有可能在几小时或者几天后就被排出沼气池，从而带来风险。

6. 高温处理 温度低于100℃的热处理方法也被称为巴氏消毒法，适当的温度和加热时间可杀灭相应的病原体。通过热处理使水生动物病原灭活的最低标准是使病料的中心温度达到90℃以上并至少持续1小时。加热温度应以病料中心温度为准。此外，为提高处理效率，在热处理前最好将水生动物病料分解为大小不超过5厘米的小块。经过热处理后，水生动物病料可再进行二次处理（如化制、堆肥、生产沼气等），也可以进行掩埋处理。

第九章
养殖场养殖档案与数据分析

阅读提示：

本章介绍了建立和完善水产养殖档案的重要意义，明确了如何针对水产养殖和经营管理具体活动填写水产日志、经营记录和其他有关记录，并介绍了水产养殖档案管理的主要内容和基本方法。通过阅读本章，旨在让水产养殖者和管理人员明确水产养殖档案建立的责任和意义，自觉建立完善水产养殖档案，确保养殖档案的规范填写，并不断完善水产养殖档案的管理工作。

本章还介绍了渔场经济效益评价的作用、方法和重要生产性能检测指标，分析了渔场进行生产经营目标管理的原因并介绍渔场实施生产目标管理的步骤，同时还用实际案例从总产量、总产值、总成本、利润 4 个方面对渔场的经营效率进行了分析。通过阅读本章，旨在帮助水产养殖者更好地开展渔场经营管理，学习渔场经济效益分析评价的内容及指标体系，初步掌握渔场经济效益分析评价的一般技能。

第一节　记录保存

建立和保存水产品生产经营记录，是规范水产养殖过程的有效措施，是实现水产品质量安全可追溯的重要依据。当前，人们对水产品质量安全的关注和要求达到前所未有的高度。对于水产养殖者来说，只有推行健康养殖，规范养殖行为，生产消费者认可的产品，才能有销路、出效益，而记录保存是其中重要的环节。养殖档案是水产养殖场经营管理的重要依据，对于开展工作、促进科学决策，提高管理效率具有重要意义。因此，做好水产养殖的生产记录、经营记录，建立养殖生产、技术和销售档案，是非常必要的。水产养殖者要按照《水产养殖质量安全管理规定》的要求，建立《水产养殖生产记录》《水产养殖用药记录》和《水产品销售记录》等，做好档案保存和分析工作。

一、生产日志

（一）建立和完善生产日志的重要意义

水产养殖日志包含生产记录，用药记录，渔药、饲料采购入库记录，内容包括了水产养殖主要的活动。建立和完善水产养殖日志有利于推动水产品养殖规范化，从源头上控制水产品品质，实现水产品质量可追溯管理。对水产养殖者来说，生产日志是安排养殖生产管理活动的重要依据，还有助于养殖者在生产过程中摸索总结养殖经验，增进养殖生产技能，提高养殖效益。生产日志中记录饲料和苗种等相关情况，可以让养殖生产活动有据可查，便于确认饲料安全、比较饲料效率，也可以帮助防止鱼种退化、优化养殖品种。当水产养殖出现问题的时候，查阅此前的饲料、苗种、投喂、渔药等情况都是关键的线索。此外，做好水产养殖日志还有助于领取水产品养殖专项资金补助、申报各级渔业专项补助资金项目和无公害产品等扶持政策。

因此，填写生产日志、保存养殖记录具有重要意义。水产养殖者要将养殖生产日志的记录作为养殖管理的一项重要内容，自觉建立生产日志管理制度，完善养殖生产记录工作，记录内容要详细、完整、准确，定期汇总归档，以备查阅，不断使记录工作规范化、完整化和日常化。

（二）正确填写《水产养殖生产记录》

根据农业部《水产养殖质量安全管理规定》第十二条要求，水产养殖单位和个人应当填写《水产养殖生产记录》，格式见表 9-1。记载养殖种类、苗种来源及生长情况、饲料来源及投喂情况、水质变化等内容。《水产养殖生产记录》应当保存至该批水产品全部销售后 2 年以上。

表 9-1 水产养殖生产记录表

池塘号：　　　　；面积：　　　　米^2；养殖种类：　　　　　　　　　　　　201　年　　月

饲料来源		检测单位					
饲料品牌							
苗种来源			是否检疫				
投放时间			检疫单位				
时　间	体　长	体　重	投饵量	水　温	溶解氧	pH 值	氨　氮

养殖场名称：　　　　养殖证编号：（　）养证［　］第　号　　养殖场场长：　　　　养殖技术负责人：

具体操作上，一是填写池塘和种类基本信息，内容包括：池塘号、面积（米^2）、养殖种类和记录年月。二是填写饲料和苗种使用情况。内容包括：饲料来源、饲料品牌、检测单位、苗种来源、苗种投放时间、是否检疫、检疫单位。三是记录本月内的生产活动。内容包括：时间、体长、体重、投喂量、水温、溶解氧、pH 值、氨氮。四是养殖场和人员信息，内容包括：养殖场名称、养殖证编号、养殖场场长、养殖技术负责人等情况。

水产养殖者应当及时记录水产养殖生产活动，将其作为养殖生产经营的日常工作，伪造水产养殖管理记录的行为将被查处。生产记录应依法保存 2 年，确保质量安全可追溯和生产过程可追查。

（三）正确填写《水产养殖用药记录》

水产养殖用药情况也是生产日志的重要内容。做好《水产养殖用药记录》是规范水产养殖用药、提升质量安全水平、建立水产养殖用药“可追溯制度”的关键环节。规范填写水产养殖用药记录能够帮助水产养殖者合理科学用药。治疗疾病时参考施药及其效果的有关记录，酌情制订用药方案，有助于提高防治效果。当出现养殖水产品药残超标的质量问题时，可根据《水产养殖用药记录》的信息进行有效追溯，查出问题根源，有针对性地进行整改，并为有关部门提供处理依据。

《水产养殖质量安全管理规定》第十八条规定，水产养殖单位和个人应当填写《水产养殖用药记录》，格式见表9-2，记载病害发生情况，主要症状，用药名称、时间、用量等内容。《水产养殖用药记录》应当保存至该批水产品全部销售后2年以上。

表9-2　水产养殖用药记录表

序　号				
时　间				
池　号				
用药名称				
用量/浓度				
平均体重/总重量				
病害发生情况				
主要症状				
处　方				
处方人				
施药人员				
备　注				

水产养殖用药记录内容包括：序号、时间、池塘号、用药名称、用药数量/浓度、所养鱼类平均体重/总重量、病害发生情况、主要症状、处方人、施药人员和备注等。备注可以标明用药效果及其他事项。

水产养殖者要以规范水产养殖用药记录为契机，严格遵守药物的使用对象、使用期限、使用剂量和休药期等，杜绝非法用药行为，避免使用违禁药物，生产质量安全有保障的产品，不让药物残留危害消费者健康。

（四）其他生产事项的记录

除了《水产养殖生产记录表》和《水产养殖用药记录表》，水产养殖者还应根据自身生产情况，将鱼苗鱼种、饲料、渔药和添加剂等情况纳入水产养殖生产日志的记录工作中。

建立并正确填写鱼苗、鱼种的引进记录（表 9-3），填写内容包括池塘号、种类、引进时间、来源、数量和消毒用药等，以确保鱼苗、鱼种来源有据可查，便于池塘鱼种的鉴别和准确计数，保证消毒用药规范安全，为养殖生产管理和商品鱼出塘销售准确核算提供依据。

表 9-3 鱼苗、鱼种引进记录

池　号	种　类	引进时间	来　源	数　量	消毒用药

建立并完善渔药、饲料等投入品采购记录（表 9-4），内容包括日期、商品名称及主要成分、购入数量、生产厂家、生产批号、保质期和贮存地点等信息，以加强投入品管理，便于进行成本核算，有助于生产决策。

表 9-4 投入品入库记录表

类　别	购买日期（月/日）	商品名及主要成分	购　入		生产厂家	生产批号	保质期	贮存地点
			数　量	单　位				
渔药或其他化学制剂								
饲料或饲料添加剂								
生物制剂或其他								

二、经营记录

水产养殖活动中，既要养好鱼，更要管好鱼、卖好鱼。建立水产养殖经营记录，是养殖成本效益计算的基础资料，是优化管理、提高效率的重要依据，也是水产品质量安全可追溯的路线图里重要的一环。因此，水产养殖者要重视记录养殖经营活动。

正确填写水产品销售记录（表 9-5）。内容包括时间、池号、品种、检测情况、规格、数量、销往地（单位）及其联系方式等。

表 9-5　收获与销售情况记录表

捕捞时间（月/日）	塘　号	捕捞品种	产品是否检测	检测单位	检测结果	上市规格	捕捞量（千克）	销售收入（元）	销售去向	联系人手机号

水产养殖经营记录应当反映养殖活动的投入和产出两个方面。水产品销售记录表和产品产值估算表（表 9-6）能够反映水产养殖的产出和收入，包括实际和预期的情况。

表 9-6　产品产值估算表

日　期	品　种	已售产量（千克）	估算存塘重量（千克）	平均规格（克）	价　格（元/千克）	预期收入（元）	备　注

投入方面则包括承包费、建设清整费用、苗种费、饲料费、药物费、水电费和人工费等方面。根据养殖经营活动的记录，可以得出养殖成本效益的有关指标，如表 9-7 所示。

表 9-7　产品经济效益分析表

	品　种	产　值
总产值（元）		
	合　计	
总投入（元）	承包费	
	清整费	
	苗种费	
	饲料费	
	药物费	
	水电费	
	人　工	
	其　他	
	合　计	

续表 9-7

总利润（元）	
每 667 米^2 均利润（元）	
比上年增加（+） 或减少（-）（元）	
投入与产出比	

三、养殖档案管理

建立和完善水产养殖档案是标准化养殖、规范化管理的体现。档案里不仅详细记载每个池塘的放养时间、面积、品种及苗种来源，还应记录采取的技术管理方法、病害发生情况、用药种类、用药量以及休药期管理、药残抽检情况等。养殖管理档案是推进水产养殖规范化管理的基础资料，是水产养殖者绩效分析、维护权益的重要依据，是保障水产品质量安全的必要手段。水产养殖者应当明确养殖档案建立的责任和意义，自觉建立完善水产养殖档案，确保养殖档案的规范填写，并不断完善水产养殖档案的管理工作。

对每个池塘均应建立档案记录资料，水产养殖者可以依据具体情况自行设计水产养殖档案，主要内容应涵盖 3 个方面：一是生产日志及销售记录等相关文件，二是水产养殖技术档案，三是养殖经营活动发生的有关票据及凭证。具体见表 9-8。

表 9-8　水产养殖档案主要内容

水产养殖档案主要内容
水产养殖生产记录表
水产养殖用药记录表
鱼苗、鱼种引进记录
投入品入库记录表
收获与销售情况记录表
水产品养殖水质管理与池塘环境记录表
苗种检疫证明及供苗单位资质证明（复印件）
饲料、药物等投入品购入凭证
水生动物疾病诊断处方

建立水产养殖技术档案，记载池塘环境条件、水源、水质、底质情况和养殖模式，并对清塘、注水、施肥、鱼种放养、投喂、浮头，增氧、鱼病及防治、

排水与补水、水质测定结果、拉网及鱼类出塘等重要技术措施逐一详细记录归档。

健全养殖档案管理制度。水产养殖档案应该选派专人负责，记录要及时准确、分类编号，定期汇总存档，以备接受监督检查。要保持养殖档案管理工作的连续性，相关人员发生变动时，要及时办好交接手续，防止档案管理工作间断和信息遗失。同时，要科学有效利用养殖档案资料，让档案为你出谋划策、寻找规律、发现问题、总结提高，进一步优化养殖工作。

第二节　数据分析

渔场的生产经营活动是一个复杂的过程，由多方面的内容和环节构成，将渔场生产经营过程中的投入和产出进行比较，就能够得出渔场的经济效益。一般来说，渔场的经营者会关注两个方面：一是跟过去相比，自己经营渔场的经济效益有没有提高？二是自己经营的渔场跟同行业的其他渔场相比，经济效益是更好还是更差？因此，渔场通过计算反映渔场生产性能（经营效果）的指标有着重要意义。通过当期生产周期的经济效益分析，不仅使渔场能与生产之初的预期目标进行比较，与同行其他渔场进行比较，还能使渔场对未来的经营决策进行调整。

一、渔场重要生产性能检测指标及意义

（一）渔场经济效益评价的作用和方法

所谓经济效益，是通过对商品和劳务的对外交换而取得的社会劳动节约，即以最少的投入取得最多的产出，或者是以同等的投入去取得更多的经营产出，是资金占用、劳动成本支出和有用生产成果之间的比较。简言之，经济效益好，就是资金占用量少，劳动成本支出低，有用生产成果多。用简单计算公式表示为：

$$经济效益=\frac{生产总值}{生产成本}$$

渔场的经济效益通过渔场生产经营活动中的投入和产出之间的比较进行评价和衡量。渔场的“投入”包括场地、设施设备、苗种、饲料、低值易耗品等物质投入，以及生产、管理、财会、销售等各环节的劳动投入；“产出”就是水

产品这一形式的经济产出。

1. 渔场经济效益评价的作用 评价和衡量渔场的经济效益对渔场经营有着重要作用：

第一，帮助渔场发现经营活动中的不足。例如，渔场在一个生产经营周期结束后，计算当期的经济效益，并与生产周期之初的预计目标进行比较，可以发现在哪些方面达到甚至超出预期，哪些方面没有实现目标，跟目标的差距有多大，从中找出不足，总结经验并加以调整，从而指导下一生产周期的经营活动。

第二，方便渔场与周边渔场进行效益比较，明确向同行学习改进的地方。渔场之间进行经济效益比较，可以让渔场发现自己在哪些方面比同行有竞争优势，在哪些方面不如同行，及时向同行学习较为先进或实用的养殖管理技术、养殖模式等，为渔场提升自身的经济效益指明努力的方向。

2. 渔场经济效益评价的方法 渔场经济效益分析是采用统计、数学的具体方法，这些方法是多种多样的，渔场应根据分析的目的、渔场自身特点和数据的掌握程度选择合适的方法去分析。

（1）*因素分析法* 因素分析法又称连环替代法，把综合性指标分解成各个原始的因素，以便确定影响经济效益的各个原因，主要用于分析某一项指标的完成情况受到哪些因素的影响及影响程度。根据测定的结果，可以初步分清主要因素与次要因素，从而抓住关键性因素，有针对性地提出改善经营管理的措施。因素的排列顺序要根据因素的内在联系加以确定。例如，影响渔场成鱼销售收入的因素有养殖面积、单产、单价，即

渔场成鱼销售收入＝养殖面积×单位面积产量×成鱼单位售价

当期的成鱼销售收入发生变化，是上述3个因素中的哪一个发生变化所导致的，各因素的影响程度有多大都可以直接反映出来。

（2）*结构分析法* 结构分析法也称比重分析法，这种方法就是计算某一项指标各项组成部分占总体的比重，分析其内容构成的变化，从而区分主要矛盾和次要矛盾。从结构分析中，能够掌握事物的特点和变化趋势。例如，渔场在某一个生产周期的生产成本包括种苗费、饲料费、渔药费、固定资产折旧、低值易耗品支出、人工工资及福利、其他费用等。一般来说，固定资产折旧的年度变化不大，那么，影响当期生产成本的主要因素究竟是哪类费用支出起主要作用？通过结构分析并与上期进行比较便能一目了然。

（3）*动态分析法* 动态分析法是将不同生产周期的同类指标的数值进行对比，计算动态相对数值以分析指标发展的方向和增减速度。例如，以2010年作为基准年，该年的某一项指标定为100，将2011—2014年的指标与2010年基准年的指标相比较，换成百分数；或者采用环比的方法将当年的某项指标与上一

年进行比较，分析某项指标的变化趋势。值得注意的是，动态分析法要求进行比较的指标的计量标准、统计方法、统计口径和统计时间应当统一起来，否则就没有可比性。例如，渔场 2014 年的成鱼产量是 25 000 千克，2013 年的成鱼产量是 20 000 千克，则 2014 年的成鱼产量比 2013 年增长了 25%。

除上述方法，经济效益分析方法还有动态平衡点分析法、产出率分析法等。

（二）渔场重要生产性能检测指标

评价渔场经济效益的高低，需要一个客观的、可比的生产性能监测指标体系。由于水产养殖活动具有较强的行业特性，生产活动又较为复杂，仅凭少数几个指标难以全面衡量整个渔场的经济效益。再者衡量渔场经济效益需要从多个维度进行反映，不同维度（指标）的计量单位又可能不同。因此，为了便于衡量和评价，渔场不仅需要尽量对各指标进行数量化，还需要构建一整套相互联系的指标体系。

渔场构建的经济效益指标体系是从渔场生产经营的需要出发的，能够较为准确、科学、合理地反映渔场各种生产要素的投入和经营产出之间的内在关系，通过统一的尺度来分析和比较，从中发现渔场经营的关键影响因素，进而为渔场的健康发展提供决策依据。

一般来说，渔场的经济效益指标包括 3 大类：

1. 经济效益衡量指标 经济效益衡量指标是主体指标，是通过具体的数值形式直接反映渔场经济投入和经济产出之间的对比关系，可以直接计算和度量，能够为渔场提供横向和纵向比较。这类指标主要是根据渔场的生产经营性质和内容去构建，一般都要从生产资料的利用效率去反映经济效益。目前，渔场经济效益衡量指标主要有水域产出率、劳动生产率、资金产出率等。

（1）水域产出率指标组 即单位养殖面积所能生产的水产品的产量、产值或净产值，计算公式为：

$$单位养殖面积产量=\frac{养殖总产量}{养殖总面积}$$

$$单位养殖面积产值=\frac{养殖总产值}{养殖总面积}$$

$$单位养殖面积净产值=\frac{养殖净产值}{养殖总面积}$$

（2）劳动生产率指标组 即单位劳动时间所能生产的水产品的产量或产值，通产是计算单个渔业生产劳动力的平均水产品产量或产值，计算公式为：

$$劳动生产率=\frac{水产品总产量（总产值）}{劳动时间}$$

由于劳动时间有活劳动时间和物化劳动时间之分，而物化劳动时间又难以用统一尺度进行还原和计算，所以通常说的劳动生产率实际上是活劳动生产率。渔场的劳动生产率计算公式变为：

$$劳动生产率=\frac{水产品总产量（总产值）}{活劳动时间}$$

为了统计和计算方便，当前一般是计算渔场的劳均生产商品率，其计算公式为：

$$劳均水产品商品量=\frac{养殖总产量-渔业生产消费量-渔民生活消费量-存塘量}{渔场劳动力人数}$$

$$劳均水产品创造价值=\frac{养殖总产值-当期生产成本}{渔场劳动力人数}$$

(3) 资金产出率指标组　即单位资金所能生产的水产品的产量或产值，包括成本产出率和资金占用生产率两类指标。

①成本产出率

$$单位成本=\frac{生产总成本}{养殖总产量}$$

$$成本利润率=\frac{利润}{生产总成本}\times 100\%$$

②资金占用生产率

$$流动资金占用的产品产量=\frac{养殖总产量}{流动资金占用额}\times 100\%$$

$$流动资金占用的产品产值=\frac{养殖总产值}{流动资金占用额}\times 100\%$$

$$固定资金占用的产品产量=\frac{养殖总产量}{固定资金占用额}\times 100\%$$

$$固定资金占用的产品产值=\frac{养殖总产值}{固定资金占用额}\times 100\%$$

$$资金利润率=\frac{利润}{资金占用总量}\times 100\%$$

2. 经济效益分析指标　经济效益分析指标一般处于辅助地位，用来反映形成渔场经济效益的因素、各环节对经济效益的影响程度，包括经济分析指标和技术分析指标两大类：

(1) 经济分析指标

①水域利用指标　包括养殖水域的水面利用率、总产量、总产值、净产值、

净利润、单位面积产量、单位面积产值、单位面积净产值、单位面积净利润。

②劳动生产率指标 包括劳均水产品产量、劳均水产品创造价值、劳均水产品创造利润。

③产品成本指标 包括生产总成本、单位面积成本、单位产出成本、成本利润率。

④资金利用指标 包括单位资金产量、单位资金产值、资金纯收入率、资金利润率。

⑤渔场基建投资回收期指标 包括静态投资回收期、动态投资回收期。

⑥其他项目投资财务指标 包括资金周转率、资金周转期、毛利率、净利率、总资产收益率、净资产收益率、利润增长率等。

(2) 技术分析指标 技术分析指标主要集中于养殖环节，包括渔场繁育种苗的出苗率、种苗自给率、种苗投放的成活率、增重倍数、饲料系数、放养密度、混养比例等。

3. 经济效益目的指标 这类指标主要体现渔场的企业社会责任，可包括渔场对国家提供的利税、水产品商品率、渔场劳动力人均收入等。

二、渔场生产经营目标管理

(一) 什么是目标管理

目标管理是以目标为导向，以人为中心，以成果为标准，而使组织和个人取得最佳业绩的现代管理方法。目标管理亦称“成果管理”，俗称责任制，是在企业个体职工的积极参与下，自上而下地确定工作目标，并在工作中实行“自我控制”，自下而上地保证目标实现的一种管理办法。当企业的最高层管理者确定了企业经营目标后，必须对经营目标进行有效分解，转变成各个部门以及各个人的分目标，管理者根据分目标的完成情况对下级进行考核、评价和奖惩。20 世纪 80 年代初，目标管理方法开始在我国企业中推广，具体的运用如干部任期目标制、企业层层承包等。

(二) 渔场为什么要进行生产经营目标管理

渔场的生产经营活动是按照预定的经营目标和经营计划，充分利用渔场各种资源从事水产品品种、数量、质量、成本控制、水产品交易的过程。对渔场进行生产经营目标管理，是为了对渔场的生产经营活动进行计划、组织、指挥、控制等一系列活动进行目标导向和责任严控，以提高渔场的经济效益。

明确的目标是成功的开始。渔场只有具备了明确的生产经营目标，在渔场内部形成紧密合作的生产经营团队，然后根据生产经营目标制定生产经营计划，加以实施和控制，生产经营目标才能最终得以实现。例如，渔场高层管理者有时制订了不恰当的薪酬体制，使渔场聘用人员缺乏工作热情和主动性，误导生产管理人员的行为，导致管理者和雇员之间的工作不协调。渔场要提高经营效益，要谋求发展，首先要制定统一和具有指导性的目标，这样可以协调所有的活动，并保证最后的实施效果。这就是为什么需要进行生产经营目标管理的原因。

渔场的发展取决于生产经营目标是否明确。只有对目标做出精心选择后，渔场才能生存、发展和繁荣。一个谋求发展的渔场要尽可能满足渔场不同岗位工作人员的需求，这些需求和员工、管理层、股东和顾客相联系。高层管理者负责制定渔场的总体经营目标，然后将其转变为不同部门或岗位人员的具体目标。例如，如果渔场总体的净利润目标是 100 万元，养殖人员就需要根据养殖面积制定养殖产量目标，而饲料采购人员也应根据需要将饲料采购成本控制，同时设立不同岗位的具体目标。目标是共同制定的，不应强加给下属。目标管理如果能得到充分的实施，各岗位的人员甚至会采取主动，提出他们自己认为合适的目标，争取获得批准和认同。这样一来，渔场从上层管理到基层养殖的每一个人，都能清楚地知道自己需要去实现的是什么目标。

（三）渔场怎样进行生产经营目标管理

渔场的生产经营目标管理要解决好 8 个问题：①生产经营目标是什么？②生产经营目标要达到什么程度？③哪些人去完成生产经营目标？④生产经营目标要在什么时候完成？⑤完成生产经营目标需要哪些措施和方法？⑥如何保证生产经营目标能够完成？⑦生产经营目标是否达到预期？⑧如何对待生产经营目标的完成情况？

围绕上述 8 个问题，渔场生产经营目标管理的实施步骤应为：

1. 设置目标 总目标体现了渔场在一定时期内各项工作的努力方向和管理目的。总目标可以采用相应的指标进行体现，例如制定产品品种指标、产品质量指标、产品产量指标、产值指标、利润指标。举个例子，某渔场（养殖户）2015 年的生产经营总目标为产出 5 万千克高质量草鱼，目标产值为 90 万元，实现净利润 20 万元。

2. 分解目标 将渔场的总目标分解成各部门或岗位的分目标和个人目标，形成渔场目标管理的目标体系，应尽量使目标定量化，确保目标考核的可行性和准确性，目标分解要和不同部门或岗位人员充分协商，寻求一致，以便明确目标责任者和协调关系。例如，为了实现渔场年净利润 20 万元的总目标，渔场设置了鱼苗成活率、病害防控、饲料营养及有效利用等分目标。

3. 目标过程管理 目标过程管理重视结果，强调自主、自治和自觉，是渔场实行目标管理的核心内容，也是渔场或个人完成目标的阶段。实施过程管理，一是要进行定期检查；二是要及时沟通，互通实施进度；三是渔场要帮助个人解决工作中出现的问题，甚至及时调整分目标。

4. 目标考评 到预定期限后，渔场首先进行总体目标评估，形成总结报告，报告渔场总体目标是否实现及实现的程度；然后渔场对个人的分目标完成情况进行考核，决定奖惩，同时讨论下一阶段的目标，开始新的循环。

三、渔场经营效率分析

对渔场进行经营效率分析是判断渔场能否创造更多利润的一种手段。如果渔场的经营效率不高，那么渔场的高利润状态也很难持续。由于渔业生产经营效率分析的内容非常丰富，不同规模或不同经营模式的渔场的经营效率分析角度也有所不同，分析的侧重点也有所差别。本部分以一般规模的淡水养殖渔场为例，力图对大众化养殖渔场的经营效率计算和分析进行简单介绍。

（一）总产量分析

A渔场在某年的总产量和单位面积产量目标完成情况，见表9-9。

表9-9 某年某渔场主要产品产量目标完成情况

主要产品	养殖面积（万亩）			单产（吨）					总产（吨）						
	上年	本年		上年	本年		增减		上年	本年		比上年增减		比计划增减	
		计划	实际		计划	实际	比上年	比计划		计划	实际	数量	%	数量	%
成鱼	1	0.9	1	0.1	0.1	0.11	0.01	0.01	1000	900	1100	100	+10.0	200	+22.2

考察某年影响渔场总产量的因素：

按计划面积计划总产量＝0.9×0.1×10000＝900吨

按实际面积计划总产量＝1×0.1×10000＝1000吨

按实际面积实际总产量＝1×0.11×10000＝1100吨

那么，面积变动对总产量的影响为：1000－900＝100吨，即增加100吨，增幅约为11.1%。

单产变动对总产量的影响为：1100－1000＝100 吨，即增加 100 吨，增幅为 10%。

（二）总产值分析

A 渔场在某年的总产值目标完成情况，见表 9-10。

生产总产值计算渔场在生产年度内所有生产成果的总价值，包括仍未销售的存塘量。

表 9-10 某年某渔场主要产品总产值目标完成情况

主要产品	总产值（万元）						比较（万元、%）			
	上年实际		本年计划		本年实际		比上年		比计划	
	单价（万元/吨）	金额	单价（万元/吨）	金额	单价（万元/吨）	金额	金额	%	金额	%
成鱼	1	1000	1	900	1.1	1210	210	+21.0	310	+34.4

由表 9-10 可以看出，渔场某年的总产值比上年增加 210 万元，增幅为 21%。从生产经营目标完成情况看出，总产值实际完成数比计划数增加了 310 万元，超额完成计划的 34.4%。由于总产值＝单产×面积×单价，通过比较可以看出，当年渔场总产值的变动主要是因为哪个因素的影响所导致的。此处不再计算。

（三）总成本分析

A 渔场在某年的生产总成本情况，见表 9-11。

表 9-11 某年某渔场生产总成本情况

成本项目	上年实际（万元）	本年计划（万元）	本年实际（万元）	比上年		比计划	
				金额（万元）	%	金额（万元）	%
苗种费	80	70	60	－20	－25.0	－10	－14.3
饲料费	480	430	520	40	8.3	90	20.9
药品费	20	15	20	0	0.0	5	33.3
能源（燃料）费	50	45	40	－10	－20.0	－5	－11.1
工资及福利	100	100	110	10	10.0	10	10.0
办公及管理费	50	50	55	5	10.0	5	10.0
其他	20	20	30	10	50.0	10	50.0
合计	800	730	835	35	4.4	105	14.4

为了方便案例分析，核算 A 渔场的生产总成本时，不考虑固定资产折旧。表 9-11 反映了渔场当年各项可变成本及其变动情况。当年生产总成本比上年高出 35 万元，成本增长了 4.4%；与年初的成本控制目标相比，实际生产总成本为 835 万元，高出计划生产总成本 105 万元，超出了 14.4%。成本各分项中，只有苗种费和能源（燃料）费能够完成年初的预计目标，其余成本费用项均超出目标预算。

计算渔场的单位生产成本：$单位成本=\frac{总成本}{总产量}$

计算渔场的饲料费用产出率：$饲料费用产出率=\frac{总产值}{饲料费}\times 100\%$

计算渔场的苗种费用产出率：$苗种费用产出率=\frac{总产值}{苗种费}\times 100\%$

计算渔场的成本产值率：$成本产值率=\frac{总产值}{总成本}\times 100\%$

某年某渔场的成本产值比较见表 9-12。

表 9-12　某年某渔场的成本产值比较

	上年实际	本年计划	本年实际	比上年增减	比计划增减
成本产值率（%）	125.0	123.3	144.9	19.9	21.6
饲料费用产出率（%）	208.3	209.3	232.7	24.4	23.4
苗种费用产出率（%）	1250.0	1285.7	2016.7	766.7	731.0
单位成本（元/千克）	8.0	8.1	7.6	−0.4	−0.5

（四）利润分析

A 渔场在某年的总利润情况见表 9-13。

计算渔场的总利润：总利润=总产值−总成本

表 9-13　某年某渔场生产利润情况

上年利润（万元）	本年计划（万元）	本年实际（万元）	比上年增减		比计划增减	
			金额（万元）	%	金额（万元）	%
200	170	375	175	87.5	205	120.6

计算渔场的成本利润率见表 9-14：$成本利润率=\frac{总利润}{总成本}\times 100\%$

表 9-14 某年某渔场的成本利润率

	上年实际	本年计划	本年实际	比上年增减	比计划增减
成本利润率（%）	25.0	23.3	44.9	19.9	21.6

[案例 9-1] “凯利模式”的成本收益分析

湖南南县凯利特种水产养殖公司是一家养殖、销售经营多种名贵鱼类的专业公司。公司董事长段云帆是鱼贩出身，1986 年开始贩鱼，基于对市场信息的把握，2001 年他在乌嘴乡开发 9.8 公顷（147 亩）鱼塘进行淡水鱼养殖。该公司始建于 2002 年，注册资金 518 万元。公司现有员工 30 多人，其中工程师以上技术人员 4 人。公司严格按照国家农产品无公害质量的要求进行生产，生产产品乌鳢、鲶鱼、黄颡鱼、团头鲂获得了国家无公害认证。2002 年和 2008 年，公司先后投资 2 100 多万元，将乌嘴乡和中鱼口乡一共 133.33 公顷（2 000 亩）浅水荒废湖改造成国内一流的高标准养殖基地，基地内建有电排水站 5 座，500 吨级冷库 1 座，大小运输车辆 7 台，增氧机 180 台，全场范围电子监控系统 1 套，场内外水泥公路 10 多千米，池塘水泥护坡 20 万米^2，环场围墙 12 千米。公司根据消费者需求人性化生产产品，创造了“投入产出系统化，生产销售网络化，场内监管现代化”的凯利模式，极大地提高了劳动生产力。

2008 年，公司每 667 米^2 产乌鳢达到 4 000 多千克，每 667 米^2 产杂交鲶达 2 500 多千克，每 667 米^2 产加州鲈可达 2 000 多千克，每 667 米^2 水面纯利达 1 万多元，每个渔业劳动力创造的纯利达 50 万元左右。如果将公司 120.06 公顷（1 800 亩）水面满负荷投资，需资金 6 000 多万元，可获纯利近 3 000 多万元。可公司因大量资金用于基础设施建设和 2008 年雪灾重创，2009 年计划投资 1 600 万元，预计获利 1 100 多万元（2008 年纯收入 500 多万元），66.67 公顷（1 000 亩）水面不得不临时转租。

该公司 2009 年的养殖布局是：投产池塘 62 口，每个 0.83 公顷（12.5 亩），共 51.67 公顷（775 亩）。62 个池塘除 1 个草鱼苗种池不套养大规格草鱼，只套养鳙、鲢、鳖、黄颡鱼外，其他 61 口塘均套养草鱼、鳙、鲢、青鱼、鳖和黄颡鱼。乌鳢、杂交鲶、加州鲈、鳖、长吻鮠和草鱼苗种的放养面积分别为 10 公顷（150 亩）、32.5 公顷（487.5 亩）、6.67 公顷（100 亩）、0.83 公顷（12.5 亩）、0.83 公顷（12.5 亩）和 0.83 公顷（12.5 亩），设计单产分别为 3 500 千克/667 米^2、2 000 千克/667 米^2、2 000 千克/667 米^2、500 千克/667 米^2、2 500 千克/667 米^2 和 500 千克/667 米^2，计划总产量分别达到 52.5 万千克、97.5 万千克、20 万千克、0.625 万千克、3.125 万千克和 0.625 万千克。

从投入情况看，饲料成本占养殖成本的比重最高，约为78.2%，高出44户小规模养殖户18%，精养模式的投入比重在此可见一斑。2009年乌鳢、杂交鲶、加州鲈、长吻鮠、鳖、草鱼苗种的每千克成鱼产出的饲料成本预计分别为8元、6元、10元、12.4元、22元、7.6元，按照计划产量则所需的饲料总成本为420万元、585万元、200万元、38.75万元、13.75万元和4.75万元，合计1 262.25万元。苗种部分自供的约占40%、外来苗种占60%，苗种总费用约为124.47万元。除饲料和苗种费用外，其他成本还包括：药费10万元、电费15万元、工资40万元、生活费5万元、利息100万元、职工劳保及其他50万元，总开发费用合计1 606.72万元。若按乌鳢、杂交鲶、加州鲈、长吻鮠、鳖（商品）、鳖（幼）、草鱼苗种、草鱼、鳙鱼、鲢鱼、青鱼、黄颡鱼的出售单价分别是14元/千克、11元/千克、20元/千克、30元/千克、80元/千克、60元/千克、10元/千克、10元/千克、9.6元/千克、5.6元/千克、16元/千克、22元/千克计算，则2009年的养殖毛收入将为2 613.26万元，不包含承包费的毛利润率可达到62.6%。

与2008年相比，凯利特种水产养殖公司对投入情况做了调整。由于资金存在缺口，乌鳢单产设计2 000多千克，与最高产量比还有很大潜力，因此2009年设计3 500千克，面积适当减压，由13.33公顷（200亩）调到10公顷（150亩）。杂交鲶生长速度快、周期短、周转快，由上年27.33公顷（410亩）调到32公顷（480亩），单产由1 500多千克调到2 000多千克。苗种费2008年共投资100多万元，其中大口鲶50万元，2009年计划自繁，乌鳢、加州鲈、大口鲶的繁殖设施正在紧张建设中。杂交鲶夏花计划自培育，可节约30多万元，2009年可筹集1 600多万元投入生产。此外，调查时还投资400万元，计划建集休闲、办公于一体的大楼。2009年该公司牵头成立水产专业合作社，对社员统一供苗，统一技术服务，统一销售，带领千家万户走上致富路。

（案例提供者　刘景景）

参考文献

［1］陈洁，罗丹，等. 中国淡水渔业发展问题研究［M］. 上海：上海远东出版社，2011.

［2］戈贤平，赵永锋. 大宗淡水鱼安全生产技术指南［M］. 北京：中国农业出版社，2012.

［3］戈贤平. 大宗淡水鱼高效养殖百问百答［M］. 北京：中国农业出版社，2010.

［4］葛光华. 水产养殖企业经营管理［M］. 北京：中国农业出版社，1995.

［5］国家质量监督检验检疫总局译. 水生动物疾病诊断手册（第三版）［M］. 北京：中国农业出版社，2000.

［6］胡庚东，宋超，陈家长，等. 池塘循环水养殖模式的构建及其对氮磷的去除效果［J］. 生态与农村环境学报，2011，3：82-86.

［7］李爱杰. 水产动物营养与饲料学［M］. 北京：中国农业出版社，1994.

［8］李登来. 水产动物疾病学（水产养殖专用）（第 1 版）［M］. 北京：中国农业出版社，2004.

［9］李谷，钟非，成水平，等. 人工湿地—养殖池塘复合生态系统构建及初步研究［J］. 渔业现代化，2006，1：12-14.

［10］李谷. "鱼藕互惠" 养殖模式对池塘生态环境的改善［J］. 科学养鱼，2010，12：41-41.

［11］李晓莉，张世羊，陶玲，等. 基于生物塘处理的不同水交换率对池塘水质及鲫鱼生长的影响［J］. 水处理技术，2012，12：85-89.

［12］凌熙和. 淡水健康养殖技术手册［M］. 北京：中国农业出版社，2001.

［13］刘焕亮，黄樟翰. 中国水产养殖学［M］. 北京：科学出版社，2008.

［14］刘建康，何碧梧. 中国淡水鱼类养殖学［M］. 北京：科学出版社，1992.

［15］农业部《渔药手册》编辑委员会. 渔药手册［M］. 北京：中国科学技术出版社，1998.

［16］潘开宇. 渔业企业经营管理［M］. 北京：化学工业出版社，2011.

［17］汪开毓. 鱼病防治手册［M］. 四川：四川科学技术出版社，2000.

[18] 王恬，陆治年，张晨. 饲料添加剂应用及技术 [M]. 南京：江苏科学技术出版社，1994.

[19] 吴慧曼，卢凤君，李晓红，等. 我国大宗淡水鱼流通产业链问题研究 [J]. 中国渔业经济，2010，6：44-49.

[20] 夏章英. 渔政管理学 [M]. 北京：海洋出版社，2013.

[21] 杨凤. 动物营养学 [M]. 北京：中国农业出版社，1999.

[22] 张建英，邱兆祉，丁雪娟. 鱼类寄生虫与寄生虫病 [M]. 北京：科学出版社，1999.

[23] 张奇亚，桂建芳. 水生病毒学 [M]. 北京：高等教育出版社，2008.